"十三五"军队重点学科专业课程教材

机载雷达系统与信息处理

陈小龙　薛永华　张林　黄勇　编著

电子工业出版社

Publishing House of Electronics Industry

北京·BEIJING

内 容 简 介

机载雷达是指装在飞机上的各种雷达的总称，主要用于控制和制导武器，实施空中警戒、侦察，保障准确航行和飞行安全。本书共 9 章，具体内容包括机载雷达概述和应用、雷达信号基本理论、雷达杂波特性及计算、脉冲多普勒雷达原理及处理、机载雷达目标检测、机载雷达数据处理、机载雷达阵列处理、机载雷达高分辨成像、机载雷达新技术及发展趋势。全书内容严谨，系统性强，可帮助从事机载雷达相关工作的技术人员掌握机载雷达主要体制和工作方式、信号处理中涉及的基本原理和信号检测方法，熟悉机载雷达目标探测时的处理流程和模式，理解工作环境与机载雷达探测性能的关系。

本书可作为高等院校电子信息类专业的教材，也可作为从事雷达、机载雷达维修和使用等相关技术人员的参考书。

图书在版编目（CIP）数据

机载雷达系统与信息处理/陈小龙等编著. —北京：电子工业出版社，2021.8
ISBN 978-7-121-41746-7

Ⅰ.①机… Ⅱ.①陈… Ⅲ.①机载雷达－信息处理 Ⅳ.①TN959.73

中国版本图书馆 CIP 数据核字（2021）第 158432 号

责任编辑：窦　昊
印　　刷：北京盛通商印快线网络科技有限公司
装　　订：北京盛通商印快线网络科技有限公司
出版发行：电子工业出版社
　　　　　北京市海淀区万寿路 173 信箱　　邮编：100036
开　　本：787×1092　1/16　　印张：22.5　　字数：576 千字　　彩插：2
版　　次：2021 年 8 月第 1 版
印　　次：2023 年 8 月第 3 次印刷
定　　价：79.00 元

凡所购买电子工业出版社图书有缺损问题，请向购买书店调换。若书店售缺，请与本社发行部联系，联系及邮购电话：（010）88254888，88258888。

质量投诉请发邮件至 zlts@phei.com.cn，盗版侵权举报请发邮件至 dbqq@phei.com.cn。

本书咨询联系方式：（010）88254552，tan02@phei.com.cn。

序　言

机载雷达犹如飞机的"眼睛"，是飞机获取信息的关键装备。受飞机平台的约束和下视探测的要求，机载雷达的发展集中反映了雷达最新的体制和技术。体制方面，机载雷达由单一功能的测距雷达发展到单脉冲体制、脉冲多普勒体制，再发展到主流的相控阵雷达和新型数字阵列雷达等。技术方面，由多普勒域动目标显示、动目标检测发展到空时二维自适应杂波抑制，显著提高了机载雷达在强杂波背景下检测微弱目标的能力。随着合成孔径雷达和逆合成孔径雷达等高分辨成像技术的发展，机载雷达的距离、方位和多普勒分辨率进一步提高，为目标的判性和识别提供了有力支撑。因此，对于机载雷达的学习不仅要了解机载雷达系统的组成和性能参数，更要掌握机载雷达所用的信号和数据处理原理及方法，从而更好地发挥机载雷达的探测性能。

本书以机载雷达系统和信息处理方法为主要内容，强调机载雷达信号基本理论、雷达系统与目标和环境的相互作用，以及先进机载雷达系统中的信息获取、处理及数据处理技术。本书较全面地梳理了现代机载雷达信号和数据处理的方法与发展脉络，内容涵盖机载雷达系统组成、信号处理（杂波抑制、目标检测）、数据处理、阵列处理、成像、新体制等内容。与已有机载雷达的著作相比，增加了机载雷达环境杂波、非参量和自适应恒虚警检测、信息融合、数字阵列、空时自适应处理（STAP）、高分辨成像（SAR、ISAR）、机载雷达系统和技术展望等最新技术与方法的论述。

本书作者长期从事雷达信号处理、机载雷达对海目标检测的科研和教学工作，在分析总结国内外机载雷达主要技术脉络的基础上，结合多年来的教学实践经验和科研成果编写了本书。这是一部具有重要价值的专业著作。本书的出版是对现有机载雷达技术丛书体系的有益补充，对我国机载雷达领域人才培养和装备科研也将具有重要的促进作用。

中国工程院院士

2021 年 6 月

前　言

"机载雷达系统与信息处理"是学习机载雷达装备的基础课程。本书详细介绍机载雷达系统组成、工作原理、信号处理和数据处理方法、高分辨成像、阵列处理、新技术等内容，可以帮助从事机载雷达工作的相关技术人员掌握机载雷达的主要体制与工作方式、信号处理中涉及的基本原理和信号检测方法，熟悉机载雷达目标探测时的处理流程与模式，理解工作环境与机载雷达探测性能的关系。

本书分 4 个模块，共 9 章，具体说明如下。

1. **模块 1**——机载雷达概述和预备知识。包括第 1 章和第 2 章：第 1 章主要介绍机载雷达的基本概念和原理、工作体制，主要性能参数，以及机载雷达的典型装备及应用；第 2 章阐述雷达信号的基础理论，如雷达信号波形及参数、多普勒效应及频谱、脉冲压缩、模糊函数等，为后续的信号和数据处理奠定基础。

2. **模块 2**——机载雷达目标与环境的作用。只包括第 3 章：重点阐述雷达杂波分类及特性、杂波对雷达探测的影响、机载雷达杂波散射强度计算，以及典型的杂波特性等，强化关于环境对雷达探测性能的影响。

3. **模块 3**——机载雷达信号和数据处理。从杂波抑制、目标检测和跟踪三个方面展开，包括第 4 章至第 6 章：第 4 章主要介绍机载雷达杂波抑制方法，重点阐述机载雷达的典型信号处理体制，即脉冲多普勒（PD）体制，主要介绍 PD 雷达的组成与工作原理、PD 雷达回波谱、动目标显示（MTI）、动目标检测（MTD）、PD 雷达工作方式及比较；第 5 章主要介绍机载雷达目标检测技术，主要包括雷达信号检测过程、时域杂波图检测技术、恒虚警（CFAR）检测；第 6 章阐述目标检测后的数据处理技术，主要包括雷达数据处理、雷达跟踪、信息融合技术。

4. **模块 4**——先进机载雷达系统及技术。主要针对机载雷达新体制和新技术展开，包括第 7 章至第 9 章：第 7 章主要介绍机载雷达阵列处理，主要包括阵列雷达、数字波束形成和空时自适应处理（STAP）技术；第 8 章介绍机载雷达高分辨成像技术，包括合成孔径雷达（SAR）和逆合成孔径雷达（ISAR）成像原理；第 9 章对机载雷达技术和系统及应用的发展趋势进行展望与分析。

本书的主要特点如下。

1. 采用思维导图进行知识点梳理。机载雷达技术涉及信号处理、雷达系统、雷达原理等多门课程内容，知识点多且杂，初学者理解较为困难，为此，按照章节-专题-全书的体系，由小到大、由粗到细，配备思维导图，梳理相关知识点，形成较为系统的概念体系。扫描二维码可以查看思维导图。

2. 雷达图片素材和原理仿真结果丰富。编著者团队长期从事雷达尤其是机载雷达的科研和教学工作，在书中提供大量的图片和仿真素材，方便读者加深理解。

3. 与科研成果紧密结构。编著者团队承担了国家自然科学基金、军委装备预研、山东省重点研发等课题，部分研究成果融入本书内容，如雷达实测数据的处理结果等，

　　保证了技术内容的前沿性和实用性。

　　本书自 2016 年以来以讲义形式在近 10 期的本科教学中得到应用，效果较好，并于 2019 年列入"十三五"军队重点学科"海空预警侦察"教材建设目录。本书由陈小龙编写第 1 章、第 3 章、第 4 章、第 8 章、第 9 章，由薛永华编写第 2 章、第 7 章，由张林和黄勇编写第 5 章和第 6 章，全书由陈小龙统稿。衷心感谢贲德院士、邢孟道教授、王勇教授为本书提供的资料和宝贵的建议。感谢张海、孙保良、关键、李亮、刘传辉、唐小明、朱洪伟、张财生、金丹、邓兵等领导和同事的指导与帮助。在编写过程中参考了许多国内外文献资料和兄弟院校的有关教材，在此对原作者表示衷心的感谢。

　　机载雷达技术和体制一直在不断升级改进，且机载雷达信号和数据处理本身涉及的理论内容较多，由于编著者学识和水平所限，书中难免有不当及疏漏之处，敬请读者批评指正。

编著者

2021 年 4 月

扫描二维码

查看思维导图

目　录

第1章　机载雷达概述和应用

1.1　机载雷达基本概念和原理

雷达是集中了现代电子科学技术各种成就的高科技系统。众所周知，雷达已经成功应用于地面（车载）、舰载、机载方面，这些雷达已经在执行各种军事和民用任务。近年来，雷达应用已经向外层空间发展，出现了空基（卫星、航天飞机、宇宙飞船载）雷达。目前正在酝酿建造比地面预警雷达、机载预警雷达和超视距预警雷达更优越的星载预警监视雷达。同时，雷达也在向空间的相反方向发展，出现了各种探地雷达，已经或将要应用于探雷、资源勘探、地下构造"窥探"、地面危险物品侦察等方面。另外，在民用各部门诸如气象、天文、遥感测绘、船只导航、直升机和汽车防撞、交通管制等领域，雷达的应用越来越广泛，而且在数量上也远远大于军用领域。

雷达是英文缩写 RADAR（Radio Detection and Ranging）的音译，其基本功能是利用目标对电磁波的散射来发现目标并测定目标的空间位置。近年来，雷达采用了一些新理论、新技术和新器件，已进入新的发展阶段。特别是电子计算机的应用，给现代雷达带来了根本性的变革。雷达的功能已超出"无线电探测和测距"这一本来的含义，它还可以提取有关目标的更多信息，如测定目标的属性、目标识别等。

本章首先从雷达的定义出发，重点介绍雷达探测目标、测定目标空间位置这两个方面的基本概念，然后重点介绍机载雷达涉及的工作体制和性能参数，最后简单介绍机载雷达的发展和应用。

1.1.1　无线电探测

大多数物体（飞机、舰艇、汽车、建筑物、地面的各种特征等）都反射无线电波，如同它们反射光波一样。无线电波和光波实际上是同一种东西——都是电磁波。唯一的区别是光的频率要高得多。反射的能量向许多方向散射，但其中可探测到的部分通常是沿其原发射方向向后散射的那部分能量。

对于许多舰载和地基雷达采用的较长波长（对应较低的频率）来说，大气几乎是完全透明的；对于大多数机载雷达采用的较短波长，几乎也是这样。因此，通过检测被反射的无线电波，雷达不论是在白天还是在夜间都能"看见"物体，而且能够透过雾或云"看见"物体。

简易的雷达包含五个单元：一部无线电发射机，一部调谐到发射机频率的无线电接收机，两部天线和一台显示器（图 1.1.1）。为了探测物体（目标）的存在，发射机产生无线电波，并由其所连接的一部天线辐射出去，接收机则通过另一部天线接收"回波"。如果探测到了目标，显示器上将出现指示目标位置的光点。实际上，发射机和接收机通常共用一部天线（图 1.1.2）。

为了避免发射机干扰接收的问题，无线电波通常以脉冲形式发射，并在发射时"关闭"接收机（图 1.1.3）。发射脉冲的速率称为脉冲重复频率（PRF）。为了使雷达能够探测更远距离的目标并区分不同方向的目标，天线把辐射能量集中成一个窄波束。

为了找到目标，波束在目标预期出现的区域（通常称为目标空域）内做有规律的扫描，波束的轨迹称为搜索扫描图形（图 1.1.4），其中横线条数和帧的宽度与位置可由操作员控制。扫描覆盖的区域称为扫描空域或帧；波束扫过整个扫描帧所花时间的长度称为帧周期。

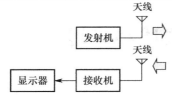

图 1.1.1　简易雷达的基本组成

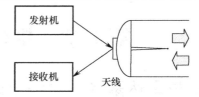

图 1.1.2　收发天线合并后的雷达基本组成

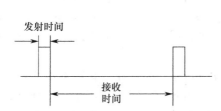

图 1.1.3　脉冲方式发射示意图

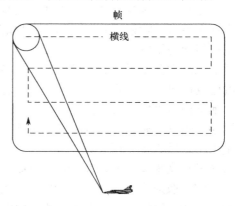

图 1.1.4　典型的波束搜索扫描图形

在雷达领域内，术语"目标"常常用得很广泛，几乎用来称呼希望探测的任何东西：飞机、舰艇、汽车、地面上的人造结构、地形的特定点、雨（气象雷达）、烟雾，甚至自由电子。大部分机载雷达所用频率的无线电波，基本上同光一样是直线传播的，因此，对于接收目标回波的雷达来讲，目标必须在视线范围之内。即使这样，目标回波也必须相当强，它应处在接收机输出噪声背景之上，或者在同时接收到的地面回波（地杂波）背景之上，才能被分辨出来。在有些情况下，地面回波可能比噪声还大。

目标回波的强度与目标距离的 4 次方成反比。因此，当远方目标靠近时，其回波强度迅速增强（图 1.1.5），但仅当它们出现在噪声背景和地杂波之上时才能被检测到。回波大到能被雷达检测到的距离取决于许多因素。最重要的因素包括：

（1）发射脉冲的功率和占空比。

（2）天线的尺寸。

（3）目标的反射特性。

（4）每次搜索扫描过程中目标位于天线波束中的驻留时间。

（5）目标出现的搜索扫描次数。

（6）无线电波的波长。

（7）背景噪声或杂波的强度。

在雷达方向上散射的回波强度随机地变大或变小，这非常类似于高速公路上远方小汽车反射的太阳光的闪烁和强弱变化（图 1.1.6）。由于这一点及背景噪声的随机性，对于任何一组雷达参数来说，任一给定目标的可被探测距离不会总是一样的，探测距离必须用概率来表示。而且，目标在任一特定距离上被探测到的概率可以预估出来。

通过优化参数，可以把雷达体积设计得相当小，使其能够放在战斗机的鼻锥里，但仍然能探测上百千米距离处的小目标。

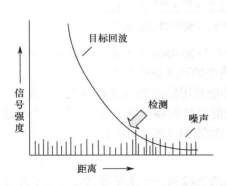

图 1.1.5　目标回波强度与距离的关系曲线

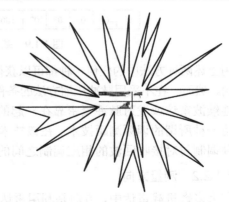

图 1.1.6　目标回波的闪烁和强弱变化

1.1.2　确定目标位置

在大多数应用中，仅仅知道存在目标是不够的，还要知道目标的位置，包括距离和方位（角度）。

1.1.2.1　测量距离

距离可通过测量无线电波到达目标和从目标返回的时间来确定。无线电波基本上以不变的速度（光速）传播。因此，目标的距离等于往返（双程）经过的时间乘以光速的一半。由于光速很大（约为 3×10^8m/s），因此测量距离的时间通常以微秒（μs）为单位。例如，往返经过时间 1μs 对应的距离为 150m，即

$$R = \frac{1}{2} \times (\text{往返时间}) \times (\text{光速}) = \frac{1}{2} \times 1 \times 10^{-6} \text{s} \times 3 \times 10^8 \text{m/s} = 150 \text{m}$$

最简单的传播时间测量方法是观察发射脉冲与接收该回波脉冲之间的时间，这种技术称为脉冲延迟测距（图 1.1.7）。为了不使相距很近的目标回波重叠在一起，且看起来是从单个目标来的回波，脉冲宽度通常要限制在 1μs 或者更小的量级。然而，要辐射足够能量来探测远处的目标，就要求脉冲宽度较宽。这个矛盾可通过发射脉冲压缩信号并进行脉冲压缩来解决。

一种脉冲压缩方法是线性调频脉冲压缩，即在整个脉冲发射期间线性地提高每个发射脉冲的频率（图 1.1.8）。然后，接收到的回波通过一个随频率增大而降低延迟的滤波器，由此将接收到的能量压缩成一个窄脉冲。另外一种脉冲压缩法是将每个脉冲分成多个窄段，当发射脉冲时，根据专用代码将某些段的相位反相，图 1.1.9 给出基于二进制相位编码的发射脉冲示例。当每个接收到的回波被解码时，其能量就被压成一个单段宽度的脉冲。

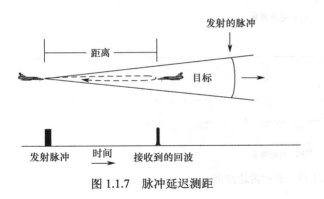

图 1.1.7　脉冲延迟测距　　　　　　　　　　图 1.1.8　线性调频脉冲压缩

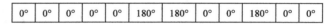

0°	0°	0°	0°	0°	180°	180°	0°	0°	180°	0°	0°

图 1.1.9   基于二进制相位编码的发射脉冲

用上述两种方法中的任何一种都可以获得 1 英尺（=30.48cm）左右的距离分辨率，而无距离限制。然而，在不采用脉冲压缩方法的条件下，典型的距离分辨率是几百英尺。

连续波雷达或发射脉冲紧密靠在一起的雷达不能利用脉冲延迟测距方法进行测距，这时要采用一种所谓的调频测距技术。在该技术中，发射信号的频率是变化的，而距离是通过观察这种调制与对接收回波的相应调制之间的时间来确定的（图 1.1.10）。

1.1.2.2   测量方向

在大多数机载雷达中，方向是利用雷达到目标的视线和一个水平参考轴（如正北方向或飞机机身）的夹角来测量的。这个夹角通常分解为它的水平分量和垂直分量。水平分量称为方位角，垂直分量称为俯仰角（图 1.1.11）。

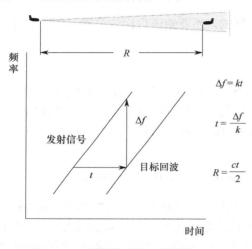

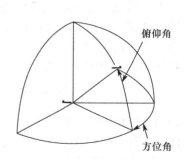

图 1.1.10   连续波雷达调频测距   图 1.1.11   角度的方位角和俯仰角分量

当为了检测和跟踪飞机而要求同时测量方位角和俯仰角时，波束做得近似于锥形，这种波束称为笔形波束（图 1.1.12a）。典型的波束宽度为 3° 或 4°。当用于远程监视、测绘或探测地面目标而只需要测量方位角时，波束可做成扇形（图 1.1.12b）。

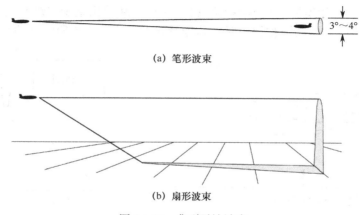

（a）笔形波束

（b）扇形波束

图 1.1.12   典型雷达波束

角位置测量精度可以比波束宽度的精度高得多。例如，假设回波是在方位角为 30°～34° 的搜索扫描范围内接收到的，那么可以断定目标的方位角非常接近于 32°。通常对回波进行更先进的处理，如自动跟踪处理，可更精确地确定角度。

1.1.2.3 目标跟踪

有时，需要跟踪一个或多个目标的运动，同时还要继续搜索其他目标。利用一种称为边扫描边跟踪的工作方式可做到这一点。采用这种工作方式时，根据天线波束扫过目标时获得的距离、距离变化率和方向的周期性样本，可对感兴趣的任一目标进行跟踪（图 1.1.13）。

边扫描边跟踪（TWS）有利于保持对态势的了解。它为导弹的发射提供足够精确的目标数据，并且可在发射后校正其弹道轨迹，尤其是在间隔较远的多个目标快速发射导弹的应用中极为有用。但它不能为战斗机火炮的目标航道预测或空中加油机的加油飞行路径预测提供足够精确的数据。对于这些类型的应用，天线应当以单目标跟踪模式连续指向该目标。

为了使天线能够以单目标跟踪模式连续指向一个目标，雷达必须能够检测其指向误差，这可用几种方法解决。一是转动波束，使其中心轴扫过一个对称于天线指向（视线）轴的小圆锥（图 1.1.14）。如果目标在视线上（无误差存在），那么在整个圆锥扫描上，其离开波束中心的距离是一样的，而接收回波的幅度不受扫描的影响。不过，由于波束强度在其边缘下降，如果存在跟踪误差，回波就将由扫描调制。调制幅度表示跟踪误差幅度，而扫描中幅度最小的那一点表示误差方向。

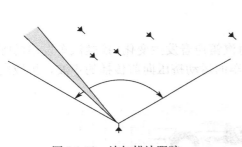

图 1.1.13 边扫描边跟踪

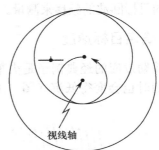

图 1.1.14 圆锥扫描技术

在更先进的雷达中，在接收期间，通过顺序地把波束中心放在视线的一边和另一边来检测角度误差，这种技术称为波瓣转换技术（图 1.1.15）。

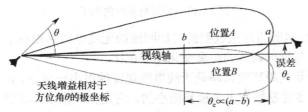

图 1.1.15 波瓣转换技术

为了避免因回波强度的脉间起伏而造成测量精度下降，较先进的雷达会同时形成多个波瓣，进而用单个脉冲来检测误差，即所谓的单脉冲测角技术，包括比幅单脉冲技术和比相单脉冲技术两种。如图 1.1.16 所示，如果存在跟踪误差，那么从目标到天线每一半的距离将稍有不同，它正比于误差。因此，该误差可以通过检测由两个波瓣接收到的信号的无线电频率的相位差来确定（图 1.1.16）。通过连续测出角误差，并且校正天线的指向，使该误差最小，就可使天线精确地跟随目标运动。

当对目标进行角跟踪时，可连续测量其距离和方向。距离变化率可根据连续测得的距离来计算，角度变化率（视线到目标的转动速率）可根据连续测得的方向来计算。知道了目标的距离、距离变化率、方向和角度变化率，就可计算其速度和加速度，如图 1.1.17 所示。

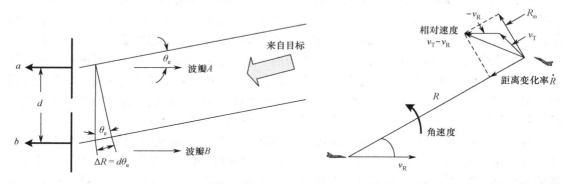

图 1.1.16　比相单脉冲技术　　　　　　图 1.1.17　目标的相对速度测量方法

为了获得更高的精度，可直接确定角度变化率和距离变化率。角度变化率可通过安装在天线上方位角和俯仰角轴运动灵敏的速率陀螺仪来测量；距离变化率可通过检测由多普勒效应引起的目标回波的频移来测量。

1.1.3　确定目标速度

多普勒效应的经典例子是火车头驶过时汽笛声音发生变化；疾驰汽车发出的呼呼声在经过我们时也会变得低沉（图 1.1.18），汽车的运动挤压向前传播的声波，扩散向后传播的声波。

图 1.1.18　多普勒效应的例子

由于多普勒效应，机载雷达接收到的目标回波的无线电频率相对于发射波频率通常都有一些频移。这种频移与反射物体的距离变化率成正比。

由于机载雷达碰到的距离变化率是无线电波速度的很小一部分，因此，即便是具有最快接近速度的目标，其多普勒频率也是极其微小的。它是如此微小，以至于可表示成目标回波无线电频率相位的脉冲间漂移。所以，要测量目标的多普勒频率，必须满足下列两个条件：

（1）至少从目标接收几个（有些情况下为大量）连续回波。

（2）每个脉冲的第一个波前必须与前一个脉冲的具有相同极性的最后一个波前相隔多个波长的整数倍，或者具有确定的关系，这种性质称为相参。

实际上，可通过从连续波切割出雷达发射脉冲来实现相参（图 1.1.19）。

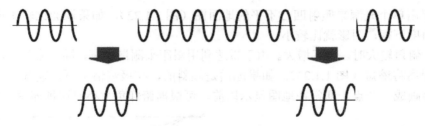

图 1.1.19　连续波切割成雷达的发射脉冲

通过测出多普勒频率，雷达不仅可以直接测出距离变化率，而且可以扩展其能力，其中之一就是抑制背景杂波。飞机的距离变化率通常与地面上大多数不动的或移动很慢的物体以及云雨等的距离变化率有很大差别。因此，通过测出多普勒频率，雷达能够把飞机的回波与杂波区分开来，并且抑制杂波，这种特性称为动目标显示（MTI）。在某些情况下，它也被称为机载动目标显示（AMTI），以区别于地面雷达中采用的较简单的 MTI。

对于必须工作在低空或下视搜索在载机下面飞行的飞机的雷达来说，动目标显示的价值不可估量。在这样的情况下，天线波束在目标的距离上通常会射到地面。不使用动目标显示，目标回波会淹没在地面回波中。采用动目标显示，就可根据多普勒频率差，将飞机和地面上运动车辆的回波与地杂波区分开。通常，可简单地根据多普勒频率大小来区分不同类型的目标（图 1.1.20）。当飞机在高空飞行并向前方观察时，动目标显示也具有重大价值，因为即使是在这种情况下，波束的下缘在远距离处也会射到地面。

雷达在需要时可通过测量多普勒频率来测量它本身的速度。为此，通常把天线波束指向前方并向下倾斜一个小角度。然后把波束投射到地面上某个地点的回波隔离出来并测出多普勒频率。依次在不同的方位角和俯仰角上进行几次这样的测量，就能精确地算出飞机的水平地面速度（图 1.1.21）。

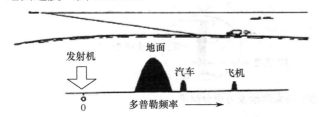

图 1.1.20　利用多普勒频率进行动目标显示

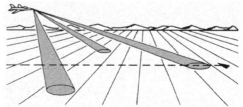

图 1.1.21　雷达利用多普勒频率测速

1.1.4　高分辨处理

雷达发射的无线电波由不同的物体以不同的强弱向雷达的方向散射——这些不同的物体，像湖泊、道路那样的光滑表面散射强度较小，像农田和灌木丛散射强度较大，而大多数人造结构的散射强度最大。因此，通过显示天线波束扫过地面时所接收信号强度的差异，就能产生一幅地面的图画，称为地面图。

雷达图像与航空照相、公路图不同。首先，由于波长的巨大差异，各种地形特性对无线电波的相对反射率与对可见光的有很大的不同。因此，照片上亮的物体在雷达图上也许不亮，反过来也一样。此外，不同于公路图，雷达图像上有阴影，可能还会变形，除非采用专门的措施来改善方位分辨率，否则很少能显示出细节。

当发射信号受到山脉及其他障碍物阻挡（部分或全部）时，就会产生阴影。好像一张在雷达站位置用单个光源来照射凹凸不平的地面图（图1.1.22）。如果地面比较平坦或者雷达以较陡的角度下视，阴影就比较小。

然而，俯角较大时，失真增大。由于雷达利用斜距来测量距离，同一方位上两点之间的视线水平距离将缩短（图1.1.23）。如果地面是倾斜的，在极端情况下，隔开一小段水平距离的两点会画成一个点。通常在地图显示以前，可根据俯仰角大小对这种缩短进行修正。

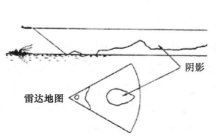

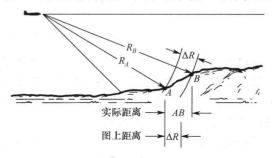

图1.1.22　阴影在雷达地图上留下无信号区　　　　图1.1.23　雷达图像中距离缩短的现象

雷达图像能够提供的精细程度取决于雷达的距离分辨率和方位分辨率。距离分辨率主要受雷达脉冲宽度的限制。通过发射宽脉冲及采用大量的脉冲压缩，雷达甚至可以获得很远距离上的强回波，同时达到1英尺左右的距离分辨率。高方位分辨率不易得到。进行常规地面测绘时（实波束测绘），方位分辨率由天线波束宽度确定（图1.1.24）。例如，即使波束宽度窄到3°，距离为10英里（1英里=1.609km）时的方位分辨率也不可能小于0.5英里（图1.1.25）。

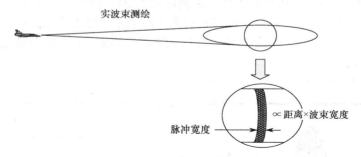

图1.1.24　雷达实波束测绘及方位分辨率

方位分辨率可以通过加大天线或者采用较高的频率来改善。然而，如果采用过高的频率，由于大气衰减，探测距离将会减小，而大多数飞机能够使用的天线的大小又有实际的限制。不过，可用一种称为合成孔径雷达（SAR）的技术来虚拟合成长天线。

与常规方式扫描地形不同的是，合成孔径雷达的波束指向侧面，照射感兴趣的地块。雷达辐射一个脉冲时，它起单个辐射单元的作用。由于飞机速度的缘故，每个这样的单元在沿飞行路径上的位置要更远一些。通过对大量脉冲回波进行存储并组合，如同一个馈电系统那样（它合成由真实天线的辐射单元接收的回波），雷达就能合成一个具有等效长度的线性阵列，以便提供较高的方位分辨率（图1.1.26）。

此外，通过提高合成阵列的长度，使其正比于被测绘区域的距离，就可使100km处的分辨率和几千米处的分辨率相同。

运动目标由于旋转运动，在SAR地图中往往是模糊的。利用目标的旋转运动，而雷达不动，也可得到目标成像，这项技术称为逆合成孔径雷达（ISAR）技术。

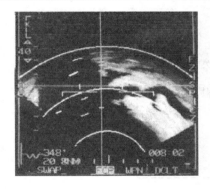

图 1.1.25 增强型实波束图

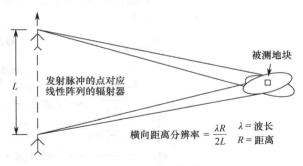

图 1.1.26 SAR 工作原理

1.2 机载雷达的工作体制

1.1 节中介绍了机载雷达的基本概念和工作原理，本节阐述机载雷达的工作体制，重点介绍三类工作体制。第一类是 20 世纪五六十年代全天候截击机雷达使用的工作体制，即脉冲体制，采用这种体制的雷达称为脉冲雷达。在各种机载应用中，脉冲雷达有许多不同的形式，目前仍然得到广泛应用。第二类是当代常规战斗机和攻击机常用的工作体制，即脉冲多普勒体制，采用这种体制的雷达称为脉冲多普勒雷达。这种类型的雷达有多种形式，它们还具有各种应用。第三类是为了降低雷达截获概率，灵活控制雷达天线束扫描，提高驻留时间的电扫阵列雷达。

1.2.1 脉冲雷达

脉冲雷达（图 1.2.1）能够进行自动搜索、单目标跟踪和实波束地面测绘。脉冲雷达是由四个基本功能单元组成的：发射机、接收机、分时共享天线和显示器。为了实现简单的实用雷达，还需要其他的一些单元，如图 1.2.2 所示。

1.2.1.1 主要组成

1）同步器

这个单元通过产生很短的、均匀间距的连续脉冲串，使发射机和指示器同步工作。它们指定雷达脉冲依次发射的时间，并提供给调制器和指示器。

图 1.2.1 典型脉冲雷达

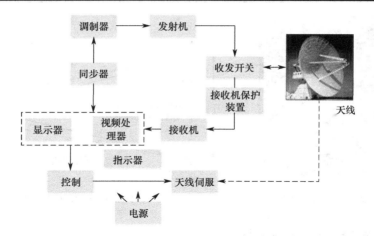

图 1.2.2　脉冲雷达结构框图

2）调制器

收到一个定时脉冲后，调制器就产生一个直流高功率能量脉冲，送往发射机。

3）发射机

这是一个高功率振荡器，通常是一只磁控管（图 1.2.3）。在来自调制器的输入脉冲的持续时间内，磁控管产生高功率射频波——实际上把直流脉冲转换为射频能量脉冲。射频能量的波长通常约为 3cm。频率的精确值是由磁控管的设计确定的，也可由操作人员在约 10% 的范围内调整。产生的射频波通过称为波导的金属管（图 1.2.4）馈入收发开关。

图 1.2.3　磁控管

图 1.2.4　波导的例子

4）收发开关

收发开关（图 1.2.5）实际上是一个波导开关。它类似于铁轨上的 Y 形道岔，把发射机和接收机与天线连接起来。与道岔不同的是，收发开关通常是一个无源器件，不需要扳动。由于收发开关对无线电波的流向很敏感，因此可以让来自发射机的电波几乎无损耗地通过它传给天线，而不让电波流入接收机。同理，收发开关让来自天线的电波无损耗地通过它传给接收机，而阻塞通往发射机的通路。

5）天线

简易雷达的天线通常包括一个辐射器和一个装在普通支架上的抛物面形反射面。最简单的辐射器是位于收发开关波导末端的一个喇叭形辐射口。喇叭把从发射机发出的无线电波射向反射面，反射面再将电波成形为一个窄波束（图 1.2.6）。由反射面接收到的回波反射至喇叭，并且经过同一波导送回收发开关，再从收发开关送至接收机（有些脉冲雷达不采用反射面天线，而采用简单的平面阵列天线）。

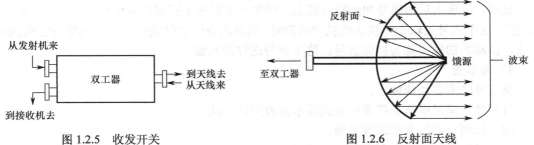

图 1.2.5　收发开关　　　　　　　　　　图 1.2.6　反射面天线

通常情况下，天线装在万向旋转关节上，可以绕水平轴和俯仰轴旋转。在某些情况下，可以采用第三个旋转关节，使天线不受飞机滚动的影响。各个旋转关节上的转换器正比于天线某个轴角位置的信号提供给指示器。

6）接收机保护装置

因为天线与连接天线的波导之间电气上不连续（阻抗失配），小部分电波能量将从天线反射回收发开关。由于收发开关完全根据能量流方向实现开关功能，因此不能防止反射能量与雷达回波一样输入接收机。反射能量总共只占发射机输出的很小一部分。但是，因为发射机的功率很高，所以反射能量相当大，足以损坏接收机。为了防止反射能量进入接收机，并阻止任何从收发开关中泄漏的发射机能量，采用了保护装置。

该器件实质上是一个高速微波开关，它允许从收发开关来的弱信号通过它转给接收机，衰减可忽略不计（图 1.2.7a），也能自动阻止任何足以损坏接收机的强无线电波（图 1.2.7b）。除了阻止泄漏能量和天线反射能量，该器件还会阻止任何可能从外部接收到的特别强大的回波——当雷达在波束无意中碰到墙壁或者另一部雷达直接发射的信号，而它又偶然对准该雷达天线时所接收到的强回波。

7）接收机

典型的接收机是超外差接收机（图 1.2.8），它把接收到的信号从微波频率转换为较低频率，在较低的频率上，滤波和放大都比较方便。频率转换是在一个把接收信号与低功率振荡器（称为本振）输出的信号进行"差拍"的电路（称为混频器）内完成的。所得信号的频率称为中频，它等于信号初始微波频率和本振频率的差。混频器的输出用调谐电路（中频放大器）加以放大。中频放大器将干扰信号滤去，并滤去回波信号频带之外的背景噪声。

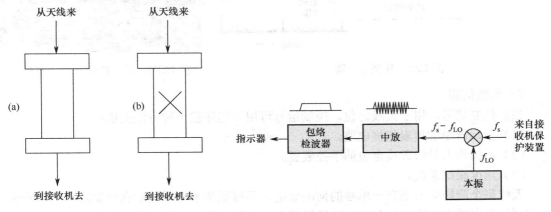

图 1.2.7　接收机保护装置　　　　　　图 1.2.8　超外差接收机结构示意图

最后，将放大后的信号加到检波器上，产生一个对应于回波的峰值振幅（或包络）的输出电压。这个信号类似于电视接收机中的信号，用来改变阴极射线管中描绘图像的射束强度。因此，检测器的输出称为视频信号。这个信号送往指示器。

8）指示器

指示器的主要功能如下：

（1）能以满足操作员需要的方式显示接收到的回波。

（2）控制自动搜索和跟踪功能。

（3）跟踪目标时提取所需的目标数据。

任何一种显示方式都可采用常用的机载雷达显示器，如距离–方位的 B 型显示器（图1.2.9）。在这种显示器中，视频放大器适当放大接收机输出的电平，以控制显像管中阴极射线电子束的强度。操作人员通常调节放大器的增益，让噪声的尖峰不那么明显。目标回波强度在噪声之上的信号将产生一个亮点，或"可视标志"。射束的垂直和水平位置的控制如下所述。

由同步器发出的每个定时脉冲触发产生一个线性增长的电压，使射束从显示器的底部到顶部画出一条垂直扫迹。由于每条扫迹的起始点都与雷达发射脉冲同步，如果接收到目标回波，那么从扫迹起始点到目标光点出现的那一点之间的距离将对应于回波的往返传输时间，因而也对应于目标的距离。这条扫迹称为距离扫迹，而射束的垂直运动则称为距离扫描。同时，利用天线的方位信号控制距离扫迹的水平位置，而利用俯仰信号控制位于显示器边缘上标志的垂直位置，给出俯仰角刻度。

当天线进行搜索扫描时，距离扫迹同天线的方位扫描协调地沿显示器做上下扫描。天线波束每扫过目标一次，就出现一个光点，向操作人员提供一幅目标的距离与方位的关系图（座舱中显示器的典型位置参考图1.2.10）。

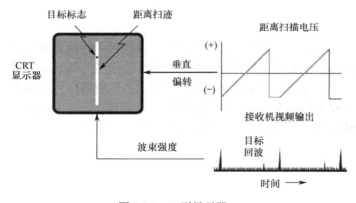

图 1.2.9　B 型显示器　　　　　　图 1.2.10　战斗机/攻击机的座舱

9）天线伺服

根据控制信号，用于天线定位。控制信号可用下述任意一种方法提供：

（1）显示器中的搜索扫描电路。

（2）由操作人员给天线定位的手控装置。

（3）角度跟踪系统。

天线每个旋转关节都有一单独的伺服通道，伺服系统工作原理示意图如图1.2.11所示。从控制信号中减去由旋转关节上的转换器得到的电压，产生一个与天线位置误差成正比的误差信号。然后，把这个信号放大并加到马达（电动机）上，使天线绕旋转关节的轴转动，从而把误差减小到零。

　　通常搜索扫描的方位角要比俯仰角大得多，为了使俯仰角搜索不受飞机姿态的影响，可以安装一个稳定装置（图 1.2.12）。如果天线有横滚旋转关节，那么把天线的横滚位置与垂直陀螺提供的参考位置做比较，所得误差信号用来纠正天线的横滚位置。否则，方位和俯仰误差信号要根据陀螺提供的参考值分解为水平和垂直分量。

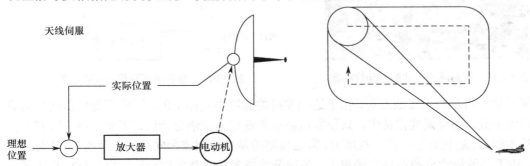

图 1.2.11　天线伺服系统工作原理示意图　　　图 1.2.12　天线的搜索扫描在倾斜和横滚方向保持稳定

10）电源

　　电源的作用是将飞机上典型的 115V/400Hz 初级电源变换为雷达需要的各种直流电。首先把 400Hz 的电源变换为所需的标准电压；然后把它变换为直流电，平滑，必要时稳压，以便当初级电源的电压和系统所用的电流出现变化时，使之保持不变。

1.2.1.2　自动跟踪

　　并非所有的雷达都能自动跟踪。事实上，大多数较简单的脉冲雷达都不能自动跟踪。当需要自动跟踪时，必须向系统添加三项内容：首先，必须通过某些方法把目标回波在时间（距离）上区分开；其次，必须把圆锥扫描和波束转换等跟踪扫描加到天线上；第三，必须提供控制方法，以便操作人员能够用来把雷达锁定到目标回波上。

　　为了进行锁定，通常会设计一种手动控制器（图 1.2.13）。操作人员能够把标志置于距离扫迹的任意预定点上，并设置一个按钮，操作人员可以通过这个按钮告诉系统已将标志套住希望跟踪的目标。为了锁住目标，操作人员控制天线，调节天线的方位，使目标光点位于距离扫迹的中心，再调节天线的俯仰，使光点的亮度达到最大，让标志上移，直到它正好位于光点之下，然后按下锁定按钮。

　　在指示器中，控制显示器上标志位置的电路同步打开电子开关，称为距离门，在距离扫描开始后，目标回波位于该距离门的时间内时将被接收。

　　距离门开启（开关闭合）的时间，正好能让目标回波通过并进入自动跟踪电路。锁定开关按下后，距离门的控制转到自动距离跟踪电路上，并使目标始终保持在距离门中心。与此同时，天线做跟踪扫描，天线伺服的控制转移给自动角度跟踪系统（图 1.2.14）。该系统从距离跟踪器的输出中提取与方位和俯仰跟踪误差成正比的信号，并将这些信号提供给天线伺服系统。

　　需要进行非常精密的跟踪时，可在天线上安装速率积分陀螺。陀螺惯性地建立稳定的方位轴和俯仰轴，并用它们控制伺服系统，进而控制天线。因此，飞机机动飞行时即使受到扰动，也会使天线固定在同一位置上（这种特性称为空域稳定）。进行适当的平滑并加以修正以补偿飞机加速对目标相对位置的影响后，跟踪误差信号被加到力矩马达上，使陀螺产生进动，改变陀螺所提供的参考轴的方向，进而将跟踪误差减小到零。

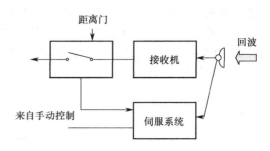

图 1.2.13 简易脉冲雷达的手动控制器 　　　　图 1.2.14 自动角度跟踪系统原理图

简易脉冲雷达的主要缺点是，由于连续发射的脉冲不是相干的，因此不能轻易区分机载目标和地杂波。在早期的雷达中，只使雷达波束免撞地面来避免杂波，因此严重地限制了雷达的战术能力。最初为了提供下视能力，雷达检测的是目标回波和同时接收到的杂波的拍频。然而，由于杂波通常分布在许多频率上，各种杂波频率之间及各种杂波频率与目标回波频率之间存在拍频，因此性能很差，但随着脉冲多普勒工作方式的出现和应用得到完全解决。

1.2.2　脉冲多普勒雷达

1.2.2.1　与简单脉冲雷达的差别

脉冲多普勒（Pulsed Doppler，PD）雷达（图 1.2.15）在体积上并不比前面提到的许多早期雷达大，但在性能上却有量级上的改进。它可探测远距离小型飞机，即使回波淹没在很强的地杂波中。脉冲多普勒雷达在连续搜索目标的同时，可在某一时刻跟踪单个或多个目标，可检测和跟踪地面运动目标，还可实现远、近程分辨率相同的实时高分辨率 SAR 成像。除了探测性能改善，在可靠性方面，这种雷达也有量级上的提升。

图 1.2.15 典型的脉冲多普勒雷达（AN/APG-68）

总之，PD 雷达有以下三个特点：

（1）相干性——能够检测多普勒频率。

（2）数字处理——保证精度和再现性。

（3）数字控制——具有极高的灵活性。

这种雷达的简化功能图可参考图 1.2.16。这种图与简单的脉冲雷达的结构框图（图 1.2.2）相比，具有如下差别：

（1）增加了雷达数据处理机。

（2）增加了激励器。

（3）取消了同步器（其功能一部分由激励器完成，多数由雷达数据处理机完成）。

（4）取消了调制器（其任务缩小到在发射机中即可完成）。

（5）增加了信号处理机。

（6）取消了指示器，其功能一部分由信号处理机完成，另一部分由雷达数据处理机完成。

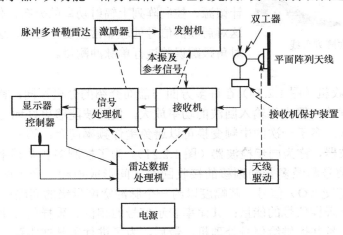

图 1.2.16　脉冲多普勒雷达的主要单元

1.2.2.2　主要组成

1）激励器

激励器产生一个连续、稳定的微波频率和相位的低功率信号送往发射机，产生在频率上有精确偏差的本振信号和基准信号。

2）发射机

发射机典型的一种是栅控行波管（TWT）的高功率放大器（图 1.2.17），它通过"通""断"从激励器的信号中切割出相干脉冲，并将该脉冲放大到期望的功率电平以便传输。该发射管是通过加到控制栅极的低功率信号接通和关断的。恰当地改变该信号，就能方便地改变高功率发射脉冲的宽度和重复频率，以满足各种工作要求。同理，改变激励器的低功率信号，就能容易地改变、调制或编码高功率脉冲的频率、相位和功率电平，以便进行脉冲压缩。栅控行波管工作原理见图 1.2.18。

图 1.2.17　栅控行波管

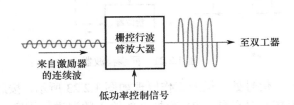

图 1.2.18　栅控行波管工作原理

图 1.2.19　平面阵列天线

3）天线

典型的天线是平面阵列天线（图 1.2.19），它是在光滑表面上分布了许多辐射器的阵列，以代替采用一个中心馈源将发射电波辐射到反射面上的抛物面天线。天线表面和背面波导壁上开槽作为辐射器。

尽管平面阵列天线要比反射面天线贵得多，但可以设计馈源、控制阵列上辐射功率的分布，使天线副瓣最低，这对后续的信号处理非常重要。而且，这种馈源还可实现对角跟踪误差进行单脉冲测量。

4）接收机

PD 雷达的接收机（图 1.2.20）在许多方面与前面介绍的分机不同：首先，设在混频器前面的低噪声前置放大器先将输入回波的功率放大，使回波能够更好地与混频器中的固有电噪声竞争；其次，多于一次的中频变换可以避免镜像频率问题；第三，视频检波器是一种特殊类型的检波器，称为同步检波器（图 1.2.21）。为了检测多普勒频率，该视频检波器在激励器的基准信号和经多普勒频移的接收回波之间形成拍频，产生两种极性的视频输出：同相（I）和正交（Q）信号，其幅度以约一个脉冲宽度量级的间隔进行采样。I、Q 信号的向量和正比于采样信号的能量：其比率表示信号的相位。采样信号由模/数（A/D）变换器变换成数字信号并提供给信号处理机；最后，为了进行单脉冲跟踪，必须至少提供两个并行接收通道。

5）信号处理机

信号处理机（图 1.2.22）是一种经专门设计以便有效进行实时信号处理的大量重复性加、减、乘运算的数字计算机。当前选择的工作模式所用的程序由数据处理机装入。

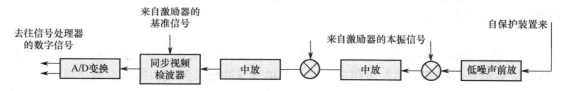

图 1.2.20　脉冲多普勒雷达的接收机

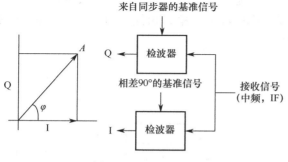

图 1.2.21　同步检波器

图 1.2.22　信号处理机

信号处理机的工作原理如图 1.2.23 所示，按照程序要求，信号处理机根据到达时间（即距离）对来自 A/D 变换器的输入数据进行排序，并将每个距离间隔的数据存入称为距离单元（bin）的内存位置，然后根据其多普勒频率，滤除大量地杂波。通过对每个距离单元形成一个窄带滤波器组，信号处理机就可积累来自同一个目标的回波（具有相同多普勒频率的回波）的能量，进一步降低噪声和背景杂波。

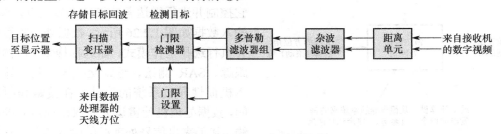

图 1.2.23　信号处理机的工作原理

处理机根据振幅超出该电平的情况，自动检测目标回波，然后确定目标的距离和多普勒频率。处理机并不把回波直接送到显示器，而把目标的位置暂时存储到存储器中。同时，处理机不断地对存储器做快速扫描，从而向操作人员提供一幅连续不断且明亮的关于所有目标位置的显示图像。这种功能称为数字扫描变换，它解决了由于天线波束方位扫描时间较长而使显示器上目标光点变暗的问题。目标位置通过具有均匀亮度的合成光点显示在清晰背景上，使光点非常容易看到（图 1.2.24）。

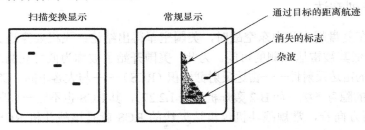

图 1.2.24　扫描变换显示器和普通显示器的对比

在以 SAR 地图测绘方式工作时，地面回波不再是杂波，而是信号。为了获得良好的距离分辨率，同时不限制检测距离，雷达发射宽脉冲并采用脉冲压缩技术。为了获得良好的方位分辨率，雷达存储并积累每个距离增量的成千上万个回波，以形成具有极窄带通的滤波器组，滤波器输出本身存储在扫描变换器中，以便在雷达显示器上产生一幅地图。图 1.2.25 是一幅 X 波段雷达产生的 SAR 图像。

图 1.2.25　雷达产生的 SAR 图像（X 波段）

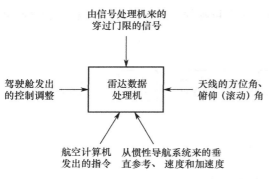

图 1.2.26　雷达数据处理机的主要输入数据

6）雷达数据处理机

雷达数据处理机是一部通用数字计算机，它控制并进行雷达各分机的常规运算，其主要输入数据如图 1.2.26 所示。数据处理机可规划并执行选择工作模式，如远程搜索、边扫描边跟踪、SAR 测绘、近距交战等。利用输入的飞机惯性导航系统的信号，在搜索和跟踪期间，数据处理机使雷达天线保持稳定并控制天线。基于来自信号处理机的输入信号，它控制目标截获程序，使操作人员在显示器上对跟踪的目标套上标识符号。

在自动跟踪时，数据处理机以这种方式计算跟踪误差信号：预测所有可测量和变量（雷达载机的速度加速度、期望目标速度、信噪比的变化范围等），然后形成非常平滑和精确的跟踪航迹。数据处理机可不断地监视雷达的所有操作，出现故障时，则把发生的问题告知操作人员。

1.2.3　电扫阵列雷达

1974 年，在复盘越南和中东空战时，美国空军得出结论：飞机要穿透强大的防空网非常困难，除非降低其被雷达探测的可能。为此，美国开始了被称为低可观测或隐身飞机的研制。常规战斗机的雷达反射性——雷达反射截面积（RCS）——与大客车的 RCS 差不多。相反，即便是相当庞大的隐身飞机，如 B-2 轰炸机（图 1.2.27），其 RCS 也不比一只鸟的 RCS 大。

从天线侧面方向看，常规战斗机仅雷达天线的 RCS 就是该战斗机 RCS 的许多倍。因此，将这样一种天线放在隐身飞机的鼻锥上是不行的，而且，即便飞机能避免被探测，雷达辐射的信号也会被敌人远距离截获，进而泄露飞机的位置。为此，第一架美国隐身战斗机 F-117（图 1.2.28）甚至不携带雷达。

图 1.2.27　B-2 轰炸机

图 1.2.28　第一架美国隐身战斗机 F-117

一般采用以下方法降低雷达的 RCS。

1. 降低天线的 RCS

第一项措施是将天线装在飞机结构上的一个固定位置，使其仰斜，让天线阵面在照射雷达方向上不反射无线电波（图 1.2.29）。当然，雷达波束这时不能机械扫描。这一要求严重影响了雷达的前端设计，下面介绍几种常用的非机械波束扫描方法。

最简单且最广泛使用的是无源电扫阵列（PESA）。这是一副平面阵列天线，在馈电系统中，每个辐射单元的后面直接插有一个由计算机控制的移相器（图 1.2.30）。通过独立控制移相器，阵列形成的波束可以扫描到相当广的区域内的任何地方。

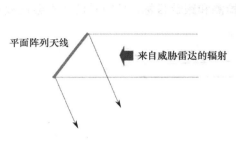

图 1.2.29　天线安装在一个固定位置以

减小雷达天线的 RCS

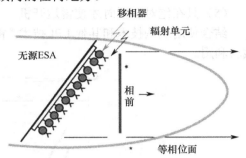

图 1.2.30　无源电扫阵列（PESA）天线

一种更灵活但更昂贵的实现方法是有源 ESA（AESA）。它与 PESA 的不同是，在每个辐射单元的后面插有一个小型收/发（T/R）组件（图 1.2.31）。为了控制波束，在每个组件中都包含控制该组件发射和接收的信号的相位与幅度的装置。

另一种方法称为光子实时延迟（TTD）波束扫描。在这种方法中，AESA 的各个收/发组件的辐射及接收信号的相位改变，是通过在单元馈源中引入可变时间延迟来控制的。其长度即信号通过的时间，通过将可变长度的光纤段接入和接出每个馈源来改变，这极大地拓展了天线的工作频率范围。

ESA 具有许多优点，其中一个很重要的优点是极好的波束捷变性。由于波束扫描没有惯性，因此，不论何时或需要多长时间来跟踪目标，波束都可交互地跳到几个目标中的一个或另一个上，而不会明显地中断波束的搜索扫描。AESA 的一个优点是能够在不同频率上辐射多个独立可控波束（图 1.2.32）。

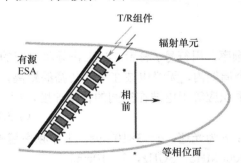

图 1.2.31　有源电扫阵列（AESA）天线

图 1.2.32　雷达以不同的频率辐射多个独立可控波束

2. 避免对雷达信号的检测

避免敌方有效地截获雷达信号特别具有挑战性。由于无线电波从雷达传送到距离为 R 处的目标，并由目标散射返回雷达，因此，目标回波强度按照 $1/R^4$ 衰减，而由目标接收到的雷达信号强度只按照 $1/R^2$ 衰减（图 1.2.33）。

为了克服这个困难，人们开发出了低截获概率（LPI）技术：

（1）充分利用雷达对目标回波进行相干积累的能力。

（2）在需要检测目标时，交互地将峰值发射功率降到最小。

（3）将雷达发射功率散布在很宽的频段上。

（4）在雷达数据中增补从红外传感器和其他无源传感器及非机载源获得的目标数据。

（5）只在绝对必要时才使雷达开机。

结合使用这些技术和其他 LPI 技术，雷达就能检测和跟踪目标，且同时信号不会被敌人截获利用。

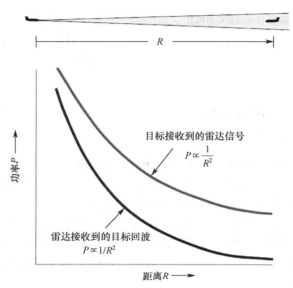

图 1.2.33　雷达和目标接收信号功率随距离的变化

1.3　机载雷达的性能参数

1.3.1　雷达的工作频率

1.3.1.1　工作频率的定义

雷达的工作频率就是雷达发射机的射频振荡频率，用符号 f 表示。与工作频率对应的波长称为工作波长。工作波长是指在射频信号的一个周期内，无线电波在空间传播的距离，用符号 λ 表示。由此可见，工作频率和工作波长的乘积应等于电波在空间的传播速度，即

$$\lambda f = c \tag{1.3.1}$$

式中，f 为频率，单位为 Hz；λ 为波长，单位为 m；c 为光速，$c = 3 \times 10^8 \text{m/s}$。工作频率越高，工作波长越短。例如，$f = 100\text{MHz}$，$\lambda = 3\text{m}$；$f = 3000\text{MHz} = 3\text{GHz}$，$\lambda = 10\text{cm}$。

1.3.1.2　雷达工作频段的划分

不同用途的雷达工作在不同的频率上。常用的雷达频率范围为 220MHz～35GHz，实际雷达的工作频率的两端都超出了上述范围。例如，天波超视距雷达的工作频率为 5～30MHz，地波超视距雷达的工作频率只有 2MHz，而毫米波雷达的工作频率高达 94GHz。工作频率不同的雷达在工程实现时差别很大。雷达工作频率和电磁波频谱如图 1.3.1 所示。

目前在雷达技术领域中，常用频段（或波段）的名称用 L、S、C、X 等英文字母来命名。这种命名方法是在第二次世界大战中一些西方国家为了保密而采取的措施，以后一直沿用下

来。这种用法在实践中被雷达工程师所接受，我国也经常采用。表 1.3.1 中列出了雷达频段与波长的对应关系。

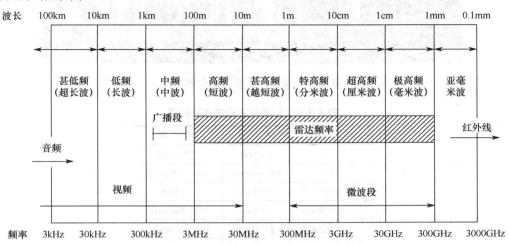

图 1.3.1　雷达工作频率和电磁波频谱

表 1.3.1　雷达频段与波长对应关系

原用名称	频率范围/MHz	现用名称	频率范围/MHz
高频（HF）	3～30		
甚高频（VHF）	30～300	I 波段	100～150
		G 波段	150～225
		P 波段	225～390
特高频（UHF）	300～3000	L 波段	390～1550
P 波段	230～1000		
L 波段	1000～2000		
S 波段	2000～4000	S 波段	1550～3900
C 波段	4000～8000	C 波段	3900～6200
X 波段	8000～12500	X 波段	6200～10900
Ku 波段	12500～18000	K 波段	10900～36000
K 波段	18000～27000		
Ka 波段	27000～40000		
毫米波段	30000～300000	Q 波段	36000～46000
		V 波段	46000～56000

表 1.3.1 中所列的频段有时也用波长表示。例如，L 代表以 22cm 为中心，S 代表以 10cm 为中心，C 代表以 5cm 为中心，X 代表以 3cm 为中心，Ku 代表以 2.2cm 为中心，Ka 代表以 8mm 为中心等。

图 1.3.2 中给出了美国电子电气工程师协会（IEEE）的命名方式，也被列入"美国国防部性能指标和标准索引"。电子战领域的工程师有时也采用另一组频段字母命名（如 J 波段干扰机），使用时必须注意区分。上述对整个电磁波频段和对雷达频段的划分是国外采用的。在我国，长期以来采用的划分方法如表 1.3.2 所示。

图 1.3.2　雷达频段的其他命名方式

表 1.3.2　无线电波的波长和频率

名　　称		波　　长	频　　率
长波		>1000m	<300kHz
中波		100～1000m	300～3000kHz
短波		10～100m	3～30MHz
超短波（米波）		1～10m	30～300MHz
微波	分米波	1～10dm	300～3000MHz
	厘米波	1～10cm	3000～30000MHz
	毫米波	<1cm	>30000MHz

1.3.1.3　雷达工作频率的选择

雷达的工作频率是一个极其重要的技术参数，雷达工程师在设计之初首先要选定的参数就是频率。频率的选择需要综合考虑多种因素，如物理尺寸、高频器件的性能、天线的波束宽度、大气衰减等。

雷达天线波束的宽度正比于波长与天线宽度之比。波束越窄，任一时刻集中在某个特定方向上的功率越大，且分辨率越高。为了得到给定的波束宽度，波长越长，天线的尺寸必须越宽。在低频上，为了得到可用的窄波束，一般必须使用非常大的天线。在高频上，比较小的天线就已足够。

一般而言，用来产生和发射无线电频率功率的硬件尺寸与波长成正比。在较低的频率（较长的波长）上，硬件通常又大又重。在较高的频率（较短的波长）上，雷达硬件较小，相应的重量较轻。由于波长对硬件尺寸的影响，波长的选择间接地影响雷达发射大功率的能力。图 1.3.3 中给出了不同频段有代表性的雷达图片，可以看出雷达天线孔径与频段的大致对应关系，进而可以得出：频段增高，雷达尺寸随之减小。

大气衰减也与频率选择有关。在通过大气的时候，无线电波由于吸收和散射而衰减。吸收主要是由氧气和水蒸气引起的，散射则几乎

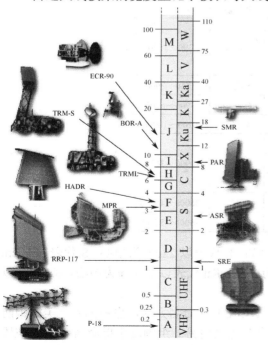

图 1.3.3　不同频段的雷达及其天线孔径大小

完全由凝结的水蒸气（如雨滴）引起。吸收和散射都随着频率的增加而增加。在 0.1GHz 以下，大气衰减可以忽略。在约 10GHz 以上，大气衰减会变得越来越严重，雷达的性能由于目标气象杂波的影响而变得越来越差。即使衰减不大，也可能有足够多的发射能量沿雷达方向散射回来，这就是气象杂波。在没有采用动目标显示处理的简单雷达中，气象杂波可能遮住目标。

此外，多普勒频率不仅与目标相对于雷达的径向速度成正比，而且与频率成正比。目标径向速度一定时，频率越高，产生的多普勒频率就越大。在有些情况下，可通过选择适当高的频率，增加多普勒灵敏度。

因此，雷达的用途是选择雷达工作频率的最重要的依据。每个频段都有其自身特有的性质，从而使它比其他频段更适合于某些应用。表 1.3.3 中给出了雷达频段的一般使用方法。一些典型的雷达选用频段如下：

（1）远程警戒雷达，用于潜射及洲际弹道导弹预警，美国的 AN/FPS-115 选用 UHF 波段。

（2）对空监视和引导雷达，美国的 GE-592 选用 L 波段。

（3）"爱国者"导弹武器系统中的搜索、跟踪、制导多功能相控阵雷达 AN/MPQ-53，选用 C 波段。

表 1.3.3　雷达频段的一般使用方法

频段（波段）	使 用 方 法
HF	超视距雷达，可以实现很远的作用距离，但具有低的空间分辨率和精度
VHF/UHF	远程监视（200～500km），具有中等分辨率和精度，无气象效应
L	远程监视，具有中等分辨率和适度的气象效应
S	中程监视（100～200km）和远程跟踪（50～150km），具有中等精度，在雪或暴雨情况下具有严重的气象效应
C	近程监视，远程跟踪和制导，具有高精度，在雪或中雨情况下有更大的气象效应
X	明朗天气或小雨情况下的近程监视，明朗天气下高精度的远程跟踪，在小雨条件下减为中程或近程（25～50km）
Ku/Ka	近程跟踪和制导（10～25km），专门用在天线尺寸有限且不需要全天候工作时，更广泛应用于云雨层以上各高度的机载系统中
V	必须避免在较远距离上信号被截获时，很近距离跟踪（1～2km）
W	很近距离跟踪和制导（2～5km）
毫米波	很近距离跟踪和制导（<2km）

1.3.2　雷达的主要战术指标

雷达战术指标主要由功能决定，合理地确定完成特定任务的雷达战术指标，在很大程度上决定了雷达的性能、研制周期和生产成本。

1．探测范围

雷达对目标进行连续观测的空域称为探测范围，也称威力范围，包括雷达方位观察空域（如两坐标监视雷达要求在 360° 范围内均能进行观察）、俯仰角观察空域（对于监视雷达，俯仰角监视范围是 0°～30°）、最大探测高度（h_{max}）、最大作用距离（R_{max}）和最小作用距离（R_{min}）。

图 1.3.4 所示的雷达威力图是一种用来描述雷达高度观察空域的方便形式。雷达探测的覆盖范围大小取决于雷达的各项参数及环境和目标的特性。

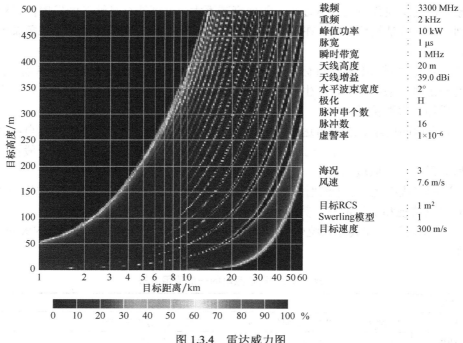

载频	: 3300 MHz
重频	: 2 kHz
峰值功率	: 10 kW
脉宽	: 1 μs
瞬时带宽	: 1 MHz
天线高度	: 20 m
天线增益	: 39.0 dBi
水平波束宽度	: 2°
极化	: H
脉冲串个数	: 1
脉冲数	: 16
虚警率	: $1×10^{-6}$
海况	: 3
风速	: 7.6 m/s
目标RCS	: 1 m²
Swerling模型	: 1
目标速度	: 300 m/s

图 1.3.4　雷达威力图

2. 观测时间与数据率

观测时间是指雷达用于搜索整个空域的时间，如图 1.3.5 所示，它的倒数称为搜索数据率，即单位时间内雷达对整个空域内任一目标所能提供数据的次数。对同一目标相邻两次跟踪之间的间隔时间称为跟踪间隔时间，其倒数称为跟踪数据率。在雷达探测性能中，观测时间是一个很重要的参数，与雷达波束目标驻留时间、相参积累时间等密切相关，通常对目标的观测时间越长，目标驻留时间越长，在相同时间内获得的积累脉冲数就越多，从而提高了雷达速度分辨率和积累增益，有利于探测微弱小目标。

图 1.3.5　雷达探测目标观测时间示意

3. 发现概率和虚警概率

发现概率是在一定条件下雷达能够正确无误地发现目标的能力。发现概率越大，雷达发现目标的能力就越强。一般远程警戒雷达的发现概率要求不低于 50%。图 1.3.6 中给出了不同探测距离条件下的目标检测概率，可以看出，随着距离的增大，目标检测概率下降，还可以看出目标的检测概率与雷达的参数及环境和目标特性参数密切相关。虚警概率是在没有目标时雷达误以为有目标存在的概率，要求越小越好。一般警戒雷达的虚警概率要求小于 10^{-6}。

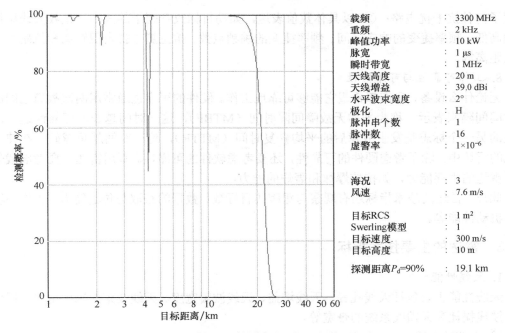

载频	: 3300 MHz
重频	: 2 kHz
峰值功率	: 10 kW
脉宽	: 1 μs
瞬时带宽	: 1 MHz
天线高度	: 20 m
天线增益	: 39.0 dBi
水平波束宽度	: 2°
极化	: H
脉冲串个数	: 1
脉冲数	: 16
虚警率	: 1×10^{-6}
海况	: 3
风速	: 7.6 m/s
目标RCS	: 1 m²
Swerling模型	: 1
目标速度	: 300 m/s
目标高度	: 10 m
探测距离P_d=90%	: 19.1 km

图 1.3.6　不同探测距离条件下的目标检测概率

4. 测量精度

测量精度是指雷达所测量的目标坐标与其真实值的偏离程度，即两者的误差。误差越小，精度越高。测量精度取决于系统误差与随机误差。系统误差是固定误差，可以通过校准来消除；但是，由于雷达系统非常复杂，系统误差不可能完全消除，一般给出一个允许的范围。随机误差与测量方法、测量设备的选择及信号噪声比（或信号干扰比）有关。

5. 分辨率

分辨率是指雷达对空间位置接近的点目标的区分能力。两个点目标可能在距离上靠近，也可能在角度上靠近。因此，分辨率又分为距离分辨率和角度分辨率。

距离分辨率是指在同一方向上两个或以上的点目标之间的最小可区分距离。角度分辨率是指在相同距离上两个或以上的不同方向的点目标之间的可区分程度。除了位置分辨率，对于测速雷达，还有速度分辨率要求。一般来说，雷达分辨率越好，测量精度越高。图 1.3.7 所示为距离分辨率与角度分辨率示意图。

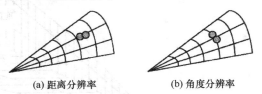

(a) 距离分辨率　　　　(b) 角度分辨率

图 1.3.7　距离分辨率与角度分辨率示意图

6. 跟踪速度

跟踪速度是指自动跟踪雷达连续跟踪目标的最大的可能速度。

7. 抗干扰能力

抗干扰能力是指雷达在干扰环境中能够有效地检测目标和获取目标参数的能力。通常雷达都是在各种自然干扰和人为干扰条件下工作的，这些干扰包括人为施放的有源干扰和无源干扰、近处电子设备的电磁干扰，以及自然界存在的地物、海浪和气象等干扰。

对雷达的抗干扰（ECCM）能力，一般从两个方面描述：① 采取了哪些抗干扰措施，使用了何种抗干扰电路；② 以具体数值表达，如动目标改善因子的大小、接收天线副瓣电平的高低、频率捷变的响应时间、频率捷变的跳频点数、抗主瓣干扰自卫距离和抗副瓣干扰自卫距离等。

8. 工作可靠性与可维修性

无论什么设备，我们都希望它能够可靠地工作。硬件的可靠性通常用两次故障之间的平均时间间隔来表示，称为平均无故障间隔时间（MTBF），这一时间越长，可靠性越高。可靠性的另一个标志是发生故障后的平均修复时间（MTTR），这一时间越短越好。在使用计算机的雷达中，除了考虑硬件的可靠性，还要考虑软件的可靠性。军用雷达还要考虑战争条件下雷达的生存能力，如抗核爆炸和轰炸的能力。

此外，雷达的战术指标还有观察与跟踪的目标数、数据的获取与传输能力、工作环境条件和机动性能等。

1.3.3　雷达的主要技术指标

1. 天线性能

天线性能主要包括天线孔径、天线增益、天线波瓣宽度、天线波束的副瓣电平、极化形式、馈线损耗和天馈线系统的带宽等。

1）天线的波瓣

雷达发射的无线电波因聚集成束而带有方向性。方向性的好坏用波瓣宽度来衡量。波瓣宽度分水平波瓣宽度和垂直波瓣宽度。水平波瓣宽度是指波束在水平截面的波瓣图上，两个半功率点之间的夹角；垂直波瓣宽度是指波束在垂直截面的波瓣图上，两个半功率点之间的夹角。图 1.3.8 所示为波瓣宽度立体图。

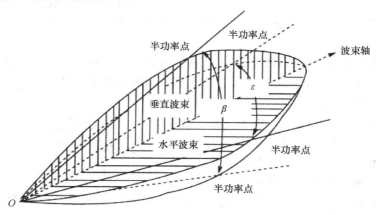

图 1.3.8　波瓣宽度立体图

波瓣宽度小，表示无线电波集中在一个很窄的方向上发射，方向性好，能增大探测距离，提高测角精度，抗干扰能力强，容易区分在方位角或俯仰（高低）角上靠得很近的两个目标，即有较高的角度分辨率。但当波瓣宽度太小时，无线电波束在同一时间内只能辐射很小的空域，容易漏失目标。实际上对不同用途的雷达有不同的要求，警戒雷达、引导雷达的垂直波瓣宽度较大，水平波瓣宽度较小；测高雷达则相反；瞄准雷达的垂直和水平波瓣宽度都较小。

2）天线的扫描方式

天线的扫描方式大体上分为两类，即机械扫描和电扫描。常用的雷达多采用机械扫描，相控阵雷达则采用电扫描。有些三坐标雷达同时采用两种扫描方式，如方位上机械扫描、俯仰（高低）上电扫描。按扫描时波束在空间的运动规律，扫描方式可分为圆周扫描、圆锥扫描、扇形扫描、锯齿形扫描和螺旋扫描等。

2. 发射机性能

发射机性能主要包括雷达信号形式、脉冲功率、发射机末级效率和发射机总效率等。雷达信号形式主要包括工作频率、脉冲重复频率、脉冲重复周期、脉冲宽度、信号带宽、信号调制形式等。

根据发射的波形，雷达主要分为脉冲雷达和连续波雷达两大类。当前常用的雷达大多数是脉冲雷达。常规脉冲雷达周期性地发射高频脉冲，其波形如图 1.3.9 所示。图中标出了相关的参数，它们是脉冲重复周期和脉冲宽度。

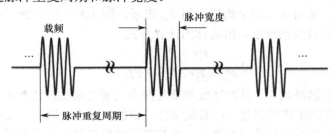

图 1.3.9　雷达发射脉冲的波形

1）工作频率

工作频率是雷达的主要技术参数之一。工作波段不同，雷达的结构和战术性能也有所不同。一般来说，米波雷达受气象的影响较小，探测范围较大，结构较复杂；但精度、分辨率较差，对阵地要求比较严格。厘米波雷达的精度、分辨率一般较好，阵地条件也较容易满足；但受气象的影响较大，遇到云雾、雨雪天气，其探测范围有所减小，雷达的结构也较复杂。分米波雷达则介于上述两者之间。

2）脉冲重复频率和脉冲重复周期

脉冲重复频率是雷达每秒发射的射频脉冲个数，一般用 f_r 表示。脉冲重复频率的倒数称为脉冲重复周期，它等于相邻两个发射脉冲前沿之间的间隔时间，一般用 T_r 表示。雷达的脉冲重复频率一般为几十赫到几千赫，对应的脉冲重复周期为 500～20000μs。

发射脉冲信号之间的间歇时间，是雷达接收回波信号的时间，因此雷达的脉冲重复周期必须与雷达的距离探测范围相适应，也就是要保证在距离探测范围内，最远的目标回波信号能在下一个发射脉冲信号发出之前返回雷达。因此，探测距离较远的雷达，其脉冲重复周期必须较长，或者说脉冲重复频率必须较低。但是，脉冲重复频率也不能太低，因为重复频率过低时，单位时间内从同一个目标反射回来的回波信号的次数太少，荧光屏上的回波不够清晰，影响对远距离目标的发现。

3）脉冲宽度

脉冲宽度是发射脉冲信号的持续时间，用 τ 表示。米波雷达的脉冲宽度一般为 5～20μs，厘米波雷达的脉冲宽度一般为 0.5～3μs。

脉冲宽度是影响雷达探测距离和距离分辨率的主要因素之一。增大脉冲宽度，发射脉冲信号的能量增大，能够增大雷达的探测距离。减小脉冲宽度，每个目标回波在显示器的时间基线上所占的宽度变窄，距离相近的两批目标的回波易于分开，便于分清批次，判别目标数量。因此，脉冲宽度窄，雷达的距离分辨率高。此外，脉冲宽度窄，显示器上主波所占的宽度也窄，有利于探测近距离的目标。图 1.3.10 中给出了脉冲宽度与距离分辨能力的示意图，可以看出，当两个飞行目标之间的间距小于一个脉宽对应的距离时，无法进行分辨。对于单载频波形雷达，雷达距离分辨率可以表示为

$$\Delta R = c\tau / 2 \tag{1.3.2}$$

现代雷达有多种脉冲宽度和调制波形供工作时选择，通常脉冲宽度与脉冲重复周期或重复频率相对应，长脉宽对应于低重复频率，短脉宽对应于高重复频率。

4）脉冲功率

雷达在发射脉冲信号期间输出的功率称为脉冲峰值功率，用 P_t 表示。根据雷达所担负任务的不同，脉冲功率大小不一，有的可达几兆瓦，有的则为几十千瓦。平均功率是指在一个重复周期内发射机输出功率的平均值，用 P_{av} 表示。图 1.3.11 中给出了脉冲峰值功率与平均功率的关系，根据该关系可以列出具体的计算公式

$$P_t\tau = P_{av}T_r \tag{1.3.3}$$

$$P_{av} = P_t\tau / T_r = P_t\tau f_r \tag{1.3.4}$$

发射脉冲信号的脉冲功率、脉冲宽度和重复频率三者对雷达探测距离的影响，是有密切联系的。因为雷达探测距离的远近，在其他条件一定的情况下，取决于发射脉冲信号的平均功率，即取决于发射脉冲信号的脉冲功率、脉冲宽度和重复频率三者的乘积。只有平均功率大时，雷达的探测距离才能远。

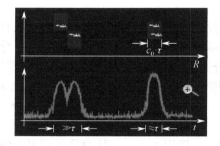 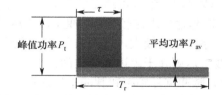

图 1.3.10　脉冲宽度与距离分辨能力的示意图　　　图 1.3.11　脉冲峰值功率与平均功率的关系

3．接收机性能

接收机性能主要包括接收机灵敏度、系统噪声温度（或噪声系数）、接收机工作带宽、动态范围、中频特性等。

接收机灵敏度是指雷达接收微弱信号的能力。灵敏度的高低，以接收机输出回波信号与噪声（杂波）的比值达到规定值时，天线输送给接收机的最小可检测回波信号功率（或电压）的数值来表示。接收机灵敏度与接收机内部噪声有关，如图 1.3.12 所示。灵敏度是衡量雷达性能好坏的重要因素之一。灵敏度越高，雷达接收微弱回波信号的能力就越强，雷达的探测距离就越远；反之亦然。

4．显示器形式和数量

显示器是雷达最常用的终端设备。显示器的形式和数量由雷达任务决定。早期雷达都是依靠显示器来发现目标、测量坐标的，并在显示器上监视目标的运动。带有计算机的雷达，其显示器既是雷达的终端，又是计算机的终端，既能显示雷达接收机输出的原始信息，又能显示计算机处理后的各种数据，操作手可通过对显示器的观察和对计算机的干预，实施各种控制。

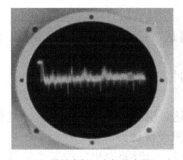 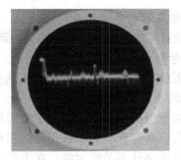

(a) 灵敏度低（内部噪声强）   (b) 灵敏度高（内部噪声弱）

图 1.3.12 接收机灵敏度

5. 信号和数据处理能力

雷达信号处理主要包括诸如动目标显示或动目标检测（MTD）的系统改善因子、脉冲多普勒滤波器的实现方式与运算速度要求、恒虚警率处理和视频积累方式等。雷达数据处理能力主要包括对目标的跟踪能力、二次解算能力、数据的变换及输入/输出能力。

1.4 机载雷达的发展与应用

雷达已广泛应用于探测地面、空中、海上、太空甚至地下目标。地面雷达主要用来对空中目标（飞机、导弹等）和太空目标进行探测、定位和精密跟踪；舰船雷达除探测空中和海上目标外，还可用作导航工具；机载雷达完成探测目标、火力控制等任务并保证飞行安全（导航、地形回避等），有的机载成像雷达可用于地形测绘和成像；在宇宙飞行中，雷达可用来控制宇宙飞行体的飞行和降落。在航天技术迅猛发展的今天，卫星上装载预警和监视雷达（星载或天基雷达），更可全天候地监视和跟踪目标，因而成为各国密切重视和发展的类型。下面首先介绍雷达的分类情况。

1.4.1 雷达的分类

雷达的分类标准很多，雷达工程师和使用人员可以依据不同的标准对雷达进行分类。

1. 按功能分类

雷达在军事和民事方面发挥着日益重要的作用。按照雷达的功能，可将军用雷达分为预警雷达、搜索警戒雷达、引导指挥雷达（监视雷达）、火控雷达、轰炸雷达、制导雷达、测高雷达（无线电测高仪）、炮瞄雷达、盲着陆雷达、护尾雷达、气象雷达、导航雷达等。

2. 按工作波长分类

按照雷达的工作波长，可将雷达分为米波雷达、分米波雷达、厘米波雷达、毫米波雷达、激光/红外雷达。

3. 按技术体制分类

随着雷达技术的迅速发展，新体制雷达不断出现。按照雷达采用的技术体制，可将雷达分为圆锥扫描雷达、单脉冲雷达、相控阵雷达、脉冲压缩雷达、频率捷变雷达、频率分集雷达、动目标显示（MTI）雷达、动目标检测（MTD）雷达、脉冲多普勒（PD）雷达、合成孔径雷达（SAR）、逆合成孔径雷达（ISAR）、噪声雷达、谐波雷达、冲击雷达、双/多基地雷达、天波/地波超视距雷达等。

4. 按测量目标的参量分类

按照测量目标的参量，可将雷达分为两坐标雷达、三坐标雷达、测高雷达、测速雷达等。

5. 按信号形式分类

按照采用信号形式的不同，可将雷达分为脉冲雷达和连续波雷达。

6. 按承载平台分类

按照承载平台的不同，可将雷达分为地面雷达、机载雷达、舰载雷达、星载雷达等。以各种固定翼飞机和直升机为承载平台的雷达称为机载雷达。

雷达的种类划分不是绝对的，在为雷达命名时，一般要突出它的某个特征，以使人们容易了解该雷达的主要特点。

1.4.2　雷达的"四大威胁"

自从雷达开始投入战争，雷达与反雷达的抗争就应运而生，抗争的结果决定雷达与目标的生存与否。总体来看，当前雷达面临着"四大威胁"：快速应变的电子侦察及强烈的电子干扰，具有掠地、掠海能力的低空、超低空飞机和巡航导弹，使雷达截面积减小的隐身飞行器，快速反应自主式高速反辐射导弹。为了应对"四大威胁"的挑战，雷达已在且继续在开发一些行之有效的新手段。

1. 综合电子干扰与抗干扰技术

在现代战争中，对付先进电子设备武器系统的方法有两种：① 火力摧毁手段，也称硬杀伤；② 电子干扰（ECM，又称电子对抗）手段，也称软杀伤。ECM 是指为了探测敌方无线电电子装备的电磁信息，削弱或破坏其使用效能所采取的一切战术、技术措施。

电子干扰（ECM）是人为有意识地对敌方雷达发射电磁波信号，或用某种器材对电磁波进行反射、吸收，进而使雷达迷茫或性能降低。雷达靠接收回波发现目标，因此敌人可以施放干扰电磁波，使雷达分不清目标，也可以产生假的目标回波欺骗雷达。因此，电磁干扰一般分为有源干扰和无源干扰。在目前对雷达实施的众多干扰中，有源干扰对雷达功能的威胁更大。

电子干扰在战争中发挥着越来越大的作用，电子干扰技术也得到飞速发展。现在干扰机的干扰频率已完全覆盖雷达发射频率，干扰幅度大于雷达发射波的幅度，可以全方位地同时干扰 10～15 个目标。各国军队有专门的电子战部队和电子战飞机。

在 1991 年的海湾战争中，多国部队在空战前 24 小时，用 EF-111A 和 EA-6B 电子战飞机，从远距离和近距离航线干扰伊拉克军队的预警雷达和引导雷达，用 EC-130H 电子战飞机的有源和无源干扰手段，扰乱伊军的通信、雷达系统，使伊军雷达失去侦察和警戒作用，无线电通信中断，进而使伊拉克的防空系统处于瘫痪状态。

ECM 技术的发展催生了反干扰技术的发展。雷达抗干扰的目的是将影响雷达正常工作的各种干扰信号减弱到可以容许的程度，或者完全避开干扰，保障雷达正常工作。为此，采用的主要技术如下。

（1）在天线方面，把握抵御外界干扰的第一道防线，利用收发天线的方向性，采用能产生雷达空间鉴别的技术，如低副（旁）瓣、副（旁）瓣消隐、副（旁）瓣对消、波束宽度控制、天线覆盖范围和扫描控制等。

（2）在发射机方面，适当地利用和控制发射信号的功率、频率和波形。这些技术措施包括：① 增加有效辐射功率，进而增加信号干扰功率比，这是一种对抗有源干扰的强有力的手段。但雷达的发射要采用功率管理，以减小平时雷达被侦察的概率。② 频率捷变或频率分集，前者是指雷达在脉冲与脉冲之间或脉冲串与脉冲串之间改变发射频率，后者是指几部雷达发射机工作于不同的频率而将其接收信号综合利用。这些技术可以降低被敌方侦察时的可检测度，并且加重敌方电子干扰的负荷，使得干扰更加困难。③ 发射波形编码，包括脉冲重复频率跳变、参差编码和脉间编码等，这些技术使得欺骗干扰更加困难，因为敌方无法获悉或无法预测发射波形的精确结构。

（3）在体制上，可以采用稀布阵综合脉冲孔径雷达技术、无源探测技术等。

2. 低空/超低空突防与反突防

低空/超低空是指地表之上 300m 以下的空间。雷达一般利用电磁波的匀速直线传播特性来定位，利用低空/超低空突防具有一些特殊优势：① 地形遮挡。地球是一个球体，受地球曲率的影响，雷达不能发现地平线以下的目标，因此会大大缩减雷达的有效探测距离。例如，雷达对高度为 1300km 的洲际弹道导弹的发现距离可达 5000km 以上，但对于高度为 150m 的超低空飞行的飞机，雷达的发现距离仅为几十千米。② 强表面杂波。要探测低空目标，雷达势必会受到地面/海面反射的强背景杂波的干扰。③ 多径效应。雷达电磁波的直射波、地面反射波和目标反射波的组合会产生多径效应，导致俯仰角上的波束分裂。

因此，低空/超低空是现代防空火力最薄弱的空域。在英阿马岛战争中，英军的"谢菲尔"号导弹巡洋舰第一次参战，阿军利用"飞鱼"导弹优越的低空突防性能，发射了两枚"飞鱼"导弹，以数米的高度做掠海飞行，英舰未用超低空预警雷达设备，无法发现导弹而被一举击沉，遭受毁灭性打击。军事专家认为，目前飞机和巡航导弹低空突防最佳高度在海上为 15m，在平原地区为 60m，在丘陵和山地为 120m。

雷达反低空突防方面的措施，归纳起来有两大类：① 技术措施，主要是反杂波技术，如设计反杂波性能优良的低空监视雷达，研制利用电离层折射特性的超视距雷达来提高探测距离（比普通微波雷达的探测距离大 5～10 倍，达到 3000～4000km）；② 战术措施，主要是物理上的反遮挡，如提高雷达平台高度来增加雷达水平视距，延长预警时间，或利用雷达组网，发挥雷达群体优势来对付低空突防飞行的目标。

3. 隐身与反隐身技术

所谓隐身技术，是指采用特殊材料、特殊结构或特殊技术，减小目标的雷达反射截面积（RCS），进而使对方雷达的作用距离大大减小。目前，隐身技术在特点及方法上大体分为以下几类：① 外形隐身，减少雷达反射截面积；② 加表面吸波涂层；③ 用吸波材料作为飞行器的结构材料；④ 采用阻抗加载技术；⑤ 采用等离子体。目前隐身技术集中在厘米波波段。

根据雷达方程，雷达发现目标的距离与雷达反射截面积的 4 次方根成正比。在其他参数不变的情况下，当目标的雷达反射截面积减小到原来的 1/10 时，雷达的作用距离将缩短为原来的 50%。隐身技术大大缩短了防御方的预警系统的有效探测距离和预警时间，从而增加了防御的难度。

隐身飞机是 20 世纪 80 年代以来军用雷达面临的最严重的电子战威胁。美国的 B-52 轰炸机的雷达反射截面积为 100m²；70 年代中期研制的 B1-B 战略轰炸机，其雷达反射截面积（RCS）只有原 B-52 的 3%～5%，从而使雷达对它的探测距离下降了 58%。80 年代以来，飞行器隐身技术有了突破性进展，第三代隐身飞机 F-117A（战斗轰炸机）和 B-2（隐身轰炸机）的 RCS 下降了 20～30dB，使雷达的探测距离下降为原来的 1/3～1/6。表 1.4.1 中比较了几种作战飞机的雷达反射截面积。

表 1.4.1　几种作战飞机的雷达反射截面积（RCS）

机　　型	RCS/m^2	隐身技术	机　　型	RCS/m^2	隐身技术
B-52	100	无	S-27	3	无
海盗旗	15	无	B-1B	0.75	是
FB-1H	7	无	B-2	0.1	是
F-4	6	无	F-117A	0.025	是

美国在 1991 年的海湾战争和 1999 年的科索沃战争中，使用了 F-117A 隐身轰炸机和 B-2 隐身战略轰炸机。在 2001 年的阿富汗战争中，还使用了 F-22 隐身战斗机。

但是，隐身性不是绝对的。例如，它主要减小从正前方（鼻锥）附近水平±45°、垂直±30° 范围照射时的后向散射截面，但目标其他方向特别是前向散射的 RCS 明显增大。另外，涂 覆的吸波材料有一定的频带范围，通常是 2～18GHz。也就是说，涂覆的吸波材料对长波长 是无效的。当飞行器尺寸和工作波长可以相比拟时，外形设计对隐身的作用明显下降。也就 是说，米波或更长波长的雷达具有良好的反隐身能力。

因此，反隐身可能采用的一些技术手段如下。

（1）根据隐身飞机是针对厘米波雷达而设计的弱点，采用米波雷达、毫米波雷达、激光 雷达抗隐身，可研制新体制雷达，如超视距雷达、长波雷达等。

（2）由于隐身飞机的隐身能力对于不同观察角度是不同的，可采取空中预警机、双/多 基地雷达等措施反隐身。

（3）采用功率合成技术和大压缩比脉冲压缩技术，增加发现隐身飞机的能力。

（4）实现雷达组网。利用多用途、多体制雷达的组网，形成整体雷达预警、指挥系统， 集中处理目标信息，提高对目标的发现概率和预警能力。

（5）战术上采用被动红外、激光、电视、跟踪杂波源等多种测量目标手段结合反隐身。

4. 反辐射导弹（ARM）与 ARM 对抗

反辐射导弹（ARM）又称反雷达导弹，它利用雷达辐射的电磁波束进行被动制导，从而准 确地击中雷达。ARM 沿雷达波束对雷达进行攻击，除可以直接摧毁雷达及其阵地外，还可杀伤 雷达操作手，给雷达操作手造成极大的心理压力，使其不敢长时间开机，严重影响其战斗力。

美国和苏联非常重视反辐射武器的发展，他们认为，在未来的战争中，对付雷达等先进 电子武器系统的最好办法是发展反辐射武器系统。20 世纪 60 年代研制的"百舌鸟"ARM 是第一代产品，它使用无源比相雷达引信，在越南战争和中东战争中使用时发挥了惊人的作 用，有效地摧毁了圆锥扫描的火控雷达。目前，ARM 发展到了第三代，采用了计算机与人 工智能技术，具有记忆跟踪能力，能攻击关机后的雷达，能自动切换制导方式，自动搜索和 截获目标，大大提高了对目标的命中精度和杀伤能力。在海湾战争中，多国部队仅 ARM 就 发射了数千枚，摧毁了伊方的多数雷达。

反辐射无人机是 ARM 的最新发展，它在无人机上配装被动雷达导引头或战斗部，可 以按照预先编好的程序，在战场上空或欲攻击雷达上空巡航，时间可达 6 小时，一旦雷达 开机，就立即实施攻击。

ARM 堪称雷达的克星，但也不是无懈可击，其致命弱点是依赖雷达辐射的电磁波进行 制导。通过一系列的战术技术手段，灵活运用战法，可以有效地防止 ARM 对雷达的摧毁。

一方面可以采用被动的抗 ARM 措施，设法使 ARM 难以截获和跟踪雷达信号；另一方面，可用有源或无源诱饵使 ARM 不能击中目标，或者施放干扰，破坏和扰乱 ARM 导引头的工作。具体而言，抗 ARM 的方式有如下 5 种类型。

（1）"隐"。建立隐蔽雷达站和电台，在关键时刻突然启用；严格控制雷达的使用时机和使用方向，尽量缩短和无规律地调整雷达开机时间、调整值班顺序；加强电磁情报的保密工作，对雷达的频率等技术参数严格保密。

（2）"分"。将雷达基地中的发射机和接收机、显示器等设备分别配置于不同空间和地点，设置"双基地雷达"或"多基地雷达"；分布式相控阵雷达拥有众多的辐射源子阵，使 ARM 因接收信号太多、太乱而无法精确测定雷达发射源子阵的位置，无法同时对多个子阵辐射源进行准确跟踪，即使个别子阵遭到摧毁，整个雷达系统仍能正常工作。

（3）"网"。将多部不同体制、不同频段、不同程式、不同极化的雷达在空间做适当的疏散配置，再借助各种通信手段连接成网，对抗 ARM 的攻击。在越南战争期间，越军就曾采取雷达组网的办法，多部雷达轮流开机和关机，防止美国的"百舌鸟"ARM 攻击。

（4）"骗"。设置假辐射源，隐真示假、以假乱真，诱骗 ARM 攻击，从而保护真雷达。在科索沃战争中，南联盟军队设置了几百个假雷达阵地，不仅有效地保存了部分雷达，而且使得北约部队分不清真假，白白浪费了大量 ARM。伪装也可以起到保护雷达的作用，利用烟幕、云雾天气，减少辐射信号，降低被 ARM 跟踪的可能性。

（5）"动"。适时采用机动雷达，以提高其战场生存能力。通常，ARM 发射后即进入自导状态，依靠目标辐射信号不断修正从飞行方向攻击预知位置的雷达，而机动式雷达使 ARM 难以精确定位。在俄军拥有的大批防空雷达中，机动式雷达已成为主导力量，如 425 单炮搜索雷达可在行进中进行搜索工作和射击。此外，采用频率捷变、多频工作和脉冲重复频率跳变技术，使得雷达发射信号的频率随机变化，均能增加 ARM 探测和跟踪的难度。

综上所述，"四大威胁"对雷达提出了更高的要求，在对抗"四大威胁"的进程中，雷达技术和雷达体制不断革新，已经且必将进入一个又一个新的高度。对抗"四大威胁"必然是上述一系列先进技术的综合运用，而不是某项技术手段所能奏效的。在采用新技术的基础上，各种新体制雷达，如无源雷达、双/多基地雷达、机/星载预警雷达、稀布阵雷达、多载频雷达、噪声雷达、谐波雷达、微波成像雷达、毫米波雷达、激光雷达及冲激雷达等，与红外技术、电视技术等构成一个以雷达、光电探测设备和其他无源探测设备为中心的极为复杂的综合空地一体化探测网，达到互相补充和信息资源共享的效果。

1.4.3　机载雷达的发展

从 1886 年至今，雷达走过了 100 多年的发展历程。下面先回顾雷达发展史上的一些重大事件，然后阐述机载雷达的演进与发展。

1.4.3.1　雷达的发展历程

最先，麦克斯韦、法拉第和安培等人将电磁场概念用数学公式来描述，并且预言了位移电流电磁波的存在。

1886—1888 年，德国物理学家海因里奇·赫兹（Heinrich Hertz）验证了电磁波的产生、接收和目标散射，这是雷达工作的基本原理。

1903—1904 年，德国科学家克里斯琴·赫尔斯迈耶（Christian Hulsmeyer）研制出了原始的船用防撞雷达，并且获得专利权。

1922 年，英国科学家马可尼（M. G. Marconi）在接受无线电工程师学会（IRE）荣誉奖章时的讲话中，提出了一种船用防撞测角雷达的建议。

1925 年，美国约翰斯·霍普金斯大学的科学家布莱特（G. Breit）和图夫（M. Tuve），通过阴极射线管观测到来自电离层的第一个短脉冲回波，测量了电离层的高度。

1934 年，美国海军研究实验室（Naval Research Lab）的科学家佩奇（R. M. Page）拍摄到了第一张来自飞机的短脉冲回波照片。

1935 年，英国科学家罗伯特·沃森·瓦特爵士（发明蒸汽机的那位瓦特先生的后代）显然继承了其祖先的优秀基因，成为世界上第一部雷达的研制者。当时正值第二次世界大战前，那时的轰炸机在战争中已经扮演了重要的角色，为了发现入侵的轰炸机，最初只能利用光学（如探照灯）或声学的手段，显然，这种方法提供的预警时间太短，不能满足防空需要。为了缓解巨大的防空压力，英国人可谓绞尽脑汁。后来，瓦特开发了一部能够接收电磁波的设备。1935 年 6 月，瓦特领导的团队赶制出了世界上的第一部雷达。多座高塔是这部雷达的最显著特征，高塔之间挂列着平行放置的发射天线，而接收天线则放置在另外的高塔上。7 月，这部雷达探测到海上的飞机。1936 年 5 月，英国空军决定在本土大规模部署这种雷达，称为"本土链"（Chain Home）。到 1937 年 4 月，"本土链"雷达工作状态趋于稳定，能够探测到 160km 以外的飞机；同年 8 月，已有 3 个"本土链"雷达站部署完毕。而到 1939 年初，投入使用的雷达站增加到 20 个，形成贯通英国南北的无线电波防线。1939 年，"二战"爆发。英德之间的不列颠空战成为雷达大显身手的舞台。"本土链"雷达网多次探测到德军的空袭，并为己方拦截机提供引导信息（图 1.4.1）。

图 1.4.1 "二战"时期英国的"本土链"雷达

1938 年，美国陆军通信兵的 SCR-268 成为首个实用的防空火控雷达，后来生产了 3100 部，该雷达的工作频率为 200MHz。

到 1941 年 12 月，已经生产了 100 部 SCR-270/271 陆军通信兵预警雷达。其中的一部雷达架设在美国的檀香山，它探测到了日本飞机对珍珠港的入侵，但将该反射回波信号误认为是友军飞机而铸成了悲剧。

20 世纪 30 年代，除英国、美国外，法国、苏联、德国和日本同时致力于雷达的研制。

第二次世界大战期间，在英国的帮助下，美国在雷达方面的研制水平大大超过了德国和日本，并在保证同盟国的胜利方面发挥了重要作用。在第二次世界大战末期，由于微波磁控管的研制成功和微波技术在雷达中的应用，雷达技术得到了飞速发展。与此同时，由于在第二次世界大战中雷达所起的作用很大，出现了对雷达的电子对抗，研制了大量各种频段的对雷达进行电子侦察与干扰的装备，并成立了反雷达特种部队。

20 世纪 50 年代末以来，由于航天技术的发展，飞机、导弹、人造卫星及宇宙飞船等均采用雷达作为探测和控制手段，因此各种类型的飞行器载雷达得到了飞速发展。20 世纪 60 年代中期，由于反洲际弹道导弹系统提出了高精度、远距离、高分辨率和多目标测量的要求，雷达技术进入蓬勃发展的时期。特别是 20 世纪 80 年代以后，弹道导弹由于具有突防能力、破坏力大，并且具有能够携带子母弹头、核弹头等优越性，成为现代战争中最具威胁性的攻击性武器之一。为了对付这一威胁，美国等加强了对弹道导弹防御系统的研究与部署。

美国的弹道导弹防御系统分为战区导弹防御系统（TMD）和国家导弹防御系统（NMD）。这类系统是一种将各种反导武器综合在一起的"多层"防御系统，它以陆地、海面和空中为基点，全方位地实施拦截任务，在来袭导弹初始段、飞行段或再入段将入侵导弹等武器予以摧毁。

战略弹道导弹防御系统，一般由光、电、红外探测分系统，信息传输分系统和指挥控制中心等部分组成，其导弹预警中心主要由陆基相控阵雷达网、超视距雷达网、红外预警卫星网和天基预警雷达网组成四合一的探测系统。这种四合一的战略导弹探测系统，除了能够可靠地探测敌方从任意地点发射的战略和战术导弹，提供比较充裕的预警时间及敌方的战略、战术导弹攻防态势信息，还能提供空间卫星和载人航天器的信息。

1.4.3.2 雷达技术的发展

在第二次世界大战后的雷达发展初期，主要出现了两个关键器件，即收发开关和磁控管。这一发明不仅可以使雷达接收和发射共用一副天线，简化了系统结构；而大功率磁控管发射机大大提高了雷达的探测性能。

20 世纪 60 年代，随着大规模集成电路和微型计算机的问世与广泛应用，雷达技术的发展日臻完善。新技术的应用使雷达实现了多种功能，且性能更加优异。例如，脉冲压缩技术的采用；单脉冲雷达和相控阵雷达研制的成功；在微波高功率放大管试制成功后，研制了主控振荡器-功率放大器型的高功率、高稳定度的雷达发射机，并且用于可控脉冲形状的相参雷达体系；脉冲多普勒雷达体制的研制成功，使雷达能测量目标的位置和相对运动速度，并具有良好的抑制地物干扰等能力；微波接收机高频系统中的许多低噪声器件，如低噪声行波管、量子放大器、参量放大器、隧道二极管放大器等的应用，使雷达接收机灵敏度大为提高，增大了雷达作用距离；雷达中数字电路的广泛应用及计算机与雷达的配合使用和逐步合成一体，使雷达的结构组成和设计发生了根本性变化。雷达采用这些技术后，工作性能大为提高，测角精度从 1 密位（1 密位=0.06°）以上提升到 0.05 密位以下，提高幅度超过一个数量级。雷达的作用距离提高到数千千米，测距误差约为 5m；单脉冲雷达跟踪带有信标机的飞行器，作用距离可达数十万千米以上。雷达的工作波长从短波扩展至毫米波、红外线和紫外线领域。在这个时期，微波全息雷达、毫米波雷达、激光雷达和超视距雷达相继出现。

自 20 世纪 70 年代以来，雷达的性能日益提高，应用范围也持续拓宽。由于 VHLSI 和 VLSI 的迅猛发展，数字技术和计算机的应用更为广泛和深入，使得动目标检测和脉冲多普勒等雷达信号处理机更为精致、灵活，性能明显提高；自动检测和跟踪系统得到完善，提高了工作的自动化程度。合成孔径雷达由于具有很高的距离和角度（切向距）分辨率而可以对实况成像；逆合成孔径雷达则可用于目标成像；成像处理中已用数字处理代替光学处理。更多地采用复杂的大时宽带宽脉压信号，以满足距离分辨率和电子反对抗的需要。高可靠性的固态功率源更成熟，可以组成普通固态发射机或分布于相控阵雷达的阵元上，组成有源阵。许多场合可用平面阵列天线代替抛物面天线，阵列天线的基本优点是可以快速和灵活地实现波束扫描和波束形状变化，因此有很好的应用前景。如前所述，当前雷达正面临着所谓的"四大威胁"，即快速应变的电子侦察及强烈的电子干扰，具有掠地、掠海能力的低空、超低空飞机和巡航导弹，使雷达截面积成百上千比例减小的隐身飞行器，快速反应的自主式高速反辐射导弹。因此，对雷达的要求越来越高。为了应对这些挑战，雷达界已在和正在继续开发一些行之有效的新技术，如频率、波束、波形、功率、重复频率等雷达基本参数的捷变或自适应捷变技术，功率合成、匹配滤波、相参积累、恒虚警处理、大动态线性检测器、多普勒滤波技术，低截获概率（LPI）技术，极化信息处理技术，扩谱技术，超低副瓣天线技术，多种发射波形设计技术，数字波束形成技术等。对抗"四大威胁"必然是上述一系列先进技术的综合运用，而不是某项技术所能奏效的。

1.4.3.3 机载雷达的演进

世界上第一部机载雷达诞生于英国。1935 年，为了对付困扰海上运输线的德国潜艇，英国开始研制机载雷达——空对海监视雷达。

1936 年，美国无线电公司开发出了一种小型电子管，它可以产生波长为 1.5m、工作频率为 200MHz 的电磁波，这成为人们把雷达装上飞机的"救命稻草"。1937 年 8 月，世界上第一部机载雷达试验机由英国科学家爱德华·鲍恩领导的研究小组研制成功，并将它安装到了一架双发动机的"安森"飞机上，探索作为截击雷达的可能性，这架"安森"飞机便成为最早载有雷达的飞机。不过雷达的功率虽然只有区区 100W，却让飞行员们感到不安——他们认为，雷达可能引起火花并点燃油箱，而且雷达的天线会妨碍飞机的机动飞行。

正式试飞开始后，结果有些出乎意料。雷达在空中没有发现任何空中飞机，却把海面上的几艘船看得清清楚楚。于是瓦特又特地安排这架飞机做观察英军舰船的进一步实验，结果令人鼓舞。很快，机载雷达的研发重点就从空-空截击转向空-海监视。这种情况发生的原因是，舰船反射雷达回波的能力要比飞机反射回波的能力强几十倍以上。因此，在海情良好的情况下，机载雷达发现舰船的距离要比发现飞机的距离远得多。但当海情恶劣时，舰船回波容易受到海浪的干扰，雷达发现距离会大幅度下降。

1939 年 11 月，第一种生产型机载空海监视雷达 ASV-1 开始试验，1940 年初投入使用，装备英国空军海防总队的三个海上巡逻机中队，用以在北海跟踪护航舰队。1940 年年末，随着希特勒"海狮计划"的破产，纳粹空军对英国的空中威胁大大减弱，不过德军潜艇的活动却越发猖狂。到 1941 年春，德军潜艇击沉了 100 多艘盟军商船，极大地破坏了英军的物资保障体系。于是，英国开始围绕海上交通线大举开展反潜战，机载雷达成为盟军反潜的利器。它能在更远的距离上发现水面航行的潜艇，引导飞机发起攻击。

早期的机载火控雷达还不是一部功能完善的雷达，它只能测距，所以称为测距机。因为当时战斗机的速度低，武器是机枪或者航炮，射程短，所以测距机能够基本满足当时机枪或者航炮瞄准的需要。

随着战斗机性能的提高和武器装备的发展，特别是空空导弹的发展，机载测距机作为火控雷达逐渐退出历史舞台；同时，各种机载全雷达（能进行天线扫描和角度跟踪的雷达）迅速发展，但它们在雷达体制上和测距机一样，仍然是普通脉冲体制。这种情况一直延续到20世纪60年代后期，即机载脉冲多普勒雷达出现以前，可视为机载雷达发展的第一阶段。机载雷达发展的第二阶段的标志是机载脉冲多普勒雷达研制成功，第三阶段的标志是机载相控阵雷达的出现。以有源电子扫描阵列（AESA）技术为基础的战斗机火控雷达系统技术的发展，将给21世纪作战飞机的作战性能带来重大的飞跃。

在脉冲多普勒技术发明之前，雷达检测到目标利用的是目标的回波强度。如果目标的回波足够强，强过接收机中根据电子随机起伏而产生功率（电子噪声，简称噪声），那么雷达就能发现目标的存在。这种方式是"普通脉冲"方式，它并未利用目标的速度信息。由于雷达下视时，地面的反射回波强度要比目标的回波强度强很多，所以在雷达显示屏上，操作员只能看到白花花的一片，目标回波淹没在杂波中，雷达因为"晃眼"而"暂时失明"。脉冲多普勒技术发明后，雷达在发现目标时，不仅利用目标的回波强度，而且利用目标和地面的速度信息，因为两者相对于雷达有不同的速度，从而目标和地面相对于雷达有着不同的径向速度，进而有着不同的多普勒频率。利用这一点可以区分目标回波和地面反射回波。这就是脉冲多普勒技术蕴含的简单道理。

米格-31是世界上最早装备无源相控阵雷达的战斗机。目前，俄罗斯的无源相控阵技术已经非常成熟，并在米格-29和苏-27/30系列中广泛应用，取代了原来的机械扫描雷达。有源相控阵技术从20世纪70年代中期才开始探索，至21世纪初，F-22及其AN/APG-77雷达的服役，才标志着有源相控阵火控雷达的成熟。

机载雷达的最新发展特点是，机载航空电子系统综合化、一体化和模块化，其典型代表是美国空军隐身战斗机F-22上的AN/APG-77雷达。新的机载雷达将发展成一个以雷达为主体，集多频段探测和干扰为一体，可以进行多传感器数据融合的集成系统。

21世纪的机载雷达将在不断完善自身的同时，逐渐与飞机上的其他航电系统融为一体。美国空军在20世纪80年代初提出了"数字航空电子综合系统""宝石柱"和"宝石台"计划，数字航电系统已在20世纪80年代设计的雷达型号上实现；2005年的F-22服役，则标志着"宝石柱"计划已在新世纪得以推行。在第一阶段，雷达失去了自己的显示器，与飞机上的其他仪表系统集成在一起；在第二阶段，随着计算机技术的发展，雷达又失去了信号处理和数据处理分系统，只剩下发射、接收和天线三个分系统。通用信号处理器（CIP）同时处理雷达与F-22飞机上的光电、红外、无源和电子战系统的信息。同时，飞机航电系统的数据开始在光纤上传输，传输速率可达10Gbps以上，而传统的1553总线的传输速率只有1Mbps。各种航电系统挂在基于光纤传输的总线上集成，并且多达60余种本应由硬件实现的功能都已由软件实现。技术的发展永远超出普通人的想象。让雷达在完善自身探测性能的同时，还能提供通信、侦察和干扰等能力，正在全球范围内广泛开展研究，并持续取得进展。

1.4.3.4 美国机载火控雷达的发展

按军用标准规定，美国军用电子设备（包括雷达）是根据联合电子类型命名系统（JETDS）来命名的，如图1.4.2所示。

第一个字母 （平台）	第二个字母 （类型）	第三个字母 （用途）	举例
A - Piloted Aircraft B - Underwater Mobile 　　(submarine) D - Pilotless Carrier F - Fixed Ground G - General Ground Use K - Amphibious M - Ground Mobile P - Human Portable S - Water (surface ship) T - Transportable (ground) U - General Utility (multi use) V - Vehicle (ground) W - Water Surface and 　　Underwater combined Z - Piloted/Pilotless Airborne	A - Invisible Light, Infrared) C - Carrier (electronic wave 　　or signal) D - Radiac (Radioactivity Detection, 　　ID, and Computation) E - Laser F - Fiber Optics G - Telegraph or Teletype I - Interphone and Public Address J - Electromechanical 　　or inertial wire covered K - Telemetering L - Countermeasures M - Meteorological N - Sound in Air P - Radar Q - Sonar and Underwater Sound R - Radio S - Special or Combination T - Telephone (Wire) V - Visual, Visible Light W - Armament 　　(not otherwise covered) X - Fax or Television Y - Data Processing Z - Communications	A - Auxiliary Assembly B - Bombing C - Communications 　　(two way) D - Direction Finding, 　　Reconnaissance 　　and Surveillance E - Ejection and/or Release G - Fire Control or 　　Searchlight Directing H - Recording and/or 　　Reproducing K - Computing L - no longer used. M - Maintenance or Test N - Navigation Aid P - no longer used. Q - Special or Combination R - Receiving or Passive 　　Detecting S - Detecting, Range and 　　Bearing, Search T - Transmitting W - Automatic Flight or 　　Remote Control X - Identification or 　　Recognition Y - Surveillance 　　(target detecting 　　and tracking) and Control 　　(fire control and/or air control)	AN/SPY-1 或 SPY-1 (也称 AEGIS) 平台-S：水平（舰载） 类型-P：雷达 用途-Y：监视和控制（火控）  Courtesy of US Navy

图 1.4.2　美国军用电子设备的命名规则（JETDS）

美国在机械扫描雷达和电子扫描雷达的发展方面都居于世界领先地位。当前在用的及发展中的雷达系统有 AN/APG-63(V)213、AN/APG-68(V)、AN/APG-73、AN/APG-77、AN/APG-79、AN/APG-80、AN/APG-81、AN/APG-82，以及雷声公司的先进作战雷达（Raytheon Advanced Combat Radar，RACR）和诺斯罗普·格鲁曼公司的可扩展捷变波束雷达（Scalable Agile Beam Radar，SABR）等。

1）APG-63 系列

雷声公司的 APG-63(V)2 型和 APG-63(V)3 型 AESA 雷达是由 F-15 原先配置的 APG-63 机械扫描雷达发展而来的，如图 1.4.3 所示。除了 AESA 雷达的前述特性，APG-63(V)2 型雷达采用了增强型环控系统，并与 BAE 系统公司的先进敌我识别子系统相结合，使整个系统在与 AIM-120 "先进中程空空导弹" 的配合使用方面得到了优化。APG-63(V)3 型雷达结合了 AESA 雷达波束转向控制组件，新的阵列电源及原 APG-63(V)1 型机械扫描雷达的低压电源、雷达处理器和模拟信号转换器及接收机/激励器。其功能包括空空上视/下视，同步跟踪/定位和可选择搜索等；当用于攻击任务时，还可提供空对地固定目标成像，高分辨率目标识别和武器支持成像，地面动目标探测、跟踪，以及海面目标探测、跟踪等工作模式。

APG-82 雷达是 APG-63(V)雷达家族的最后型号，又称 APG-63(V)4 型。它将 APG-63 系列 AESA 雷达的前端与 APG-79 系统的后端进行了组合，其工作模式包括空地定位、合成孔径地面测绘、地面动目标显示（GMTI）、海面搜索、空空搜索跟踪（TWS）、空空指令搜索和武器支持，未来还可能增加带内有源干扰和通信等功能。到目前为止，APG-63(V)2 型已安装在美国空军的 18 架 F-15 战斗机上，而 APG-63(V)3 型则用于装备新加坡空军的 F-15SG，且已被美空军国民警卫队选定为 F-15C/D 的升级设备，而 APG-82 雷达将用于改进美国空军的 F-15E 攻击机。

2）APG-68 系列

诺斯罗普·格鲁曼公司的 APG-68(V)系列机械扫描雷达目前仍广泛用于世界各国后期型

号的 F-16 战斗机上，其中 APG-68(V)9 如图 1.4.4 所示。自 20 世纪 80 年代在 F-16 多国分阶段改进计划（MSIP）中投入使用以来，该系列雷达已发展到最新的(V)5、(V)9 和(V)10 型配置。其中(V)5 型用于 F-16 BLOCK 50/52 飞机，在其可编程信号处理器（PSP）中采用了超高速集成电路（VHSIC）技术。(V)9 型用于最新制造的 F-16 BLOCK 50 系列战斗机，该雷达以前被称为 APG-68(V)XM，具有一系列新增的能力和改进的性能，包括增加了高分辨率合成孔径雷达（SAR）模式，提高了空空探测距离，使其可靠性提高了两倍。为便于加装 SAR 模式，该雷达还采用了捷联式惯性测距组件，以及新的商用开放式结构处理器，比原先的处理速度提高了 10 倍。从维护角度来看，该雷达已不需要中级维护，并且提高了故障隔离能力。更重要的是，(V)9 型支持高级空空作战模式，可与 AIM-9X 和 DAIM-120 空空导弹、联合头盔瞄准系统、J 系列灵巧弹药，Litening II 侦察吊舱和其他光电瞄准吊舱，以及 AN/ALQ-131、AN/ALQ-165 电子战系统相兼容。新的增程搜索模式（±60°扫描）取代了传统的空空扫描模式，具有多目标扫描能力，可同时捕获 4 个目标。APG-68(V)10 型是基于(V)9 型，为美国空军的 F-16BLOCK 50/52 战斗机研制的，计划配备美国空军 240 架 F-16。与(V)9 型相比，其空空探测距离增加了 33%，同时具备更强的高分辨率地形测绘能力及更高的可靠性。

图 1.4.3　F-15 战斗机上安装的 APG-63 雷达　　　图 1.4.4　APG-68(V)9 机载火控雷达

3）AN/APG-73

雷声公司的 AN/APG-73 雷达（图 1.4.5）是美国海军 F/A-18C/D 战斗机的标准配置。它是 AN/APG-65 雷达的全数字化升级型，采用了新的多功能数据/信号处理器、电源和接收机/激励器。其他改进包括增大了内存和带宽，实现了频率捷变，提高了模/数采样率、多普勒分辨率，增强了电子对抗能力。该雷达的可编程数据/信号处理器采用了双核 1750A 计算机，可提供模式和天线控制、目标跟踪和显示处理等功能，使系统能够通过更换软件适应新型武器和战术。AN/APG-73 雷达保留了 AN/APG-65 的行波管（TWT）发射机和天线，而接收机/激励器的电路和输入/输出接口采用了集成 AESA 雷达所需的配置。如果该型雷达进一步配置运动感知子系统，展宽波形发生器和特种测试设备、仪表和侦察（SIR）模块，那么可以生成高分辨率地形图，并且可以利用图像相关算法大大提高武器指示精度。目前，除美国海军/海军陆战队外，AN/APG-73 多模式雷达已广泛配备多个国家的战斗机，如澳大利亚、加拿大、芬兰、马来西亚、瑞士等国的 F/A-18"大黄蜂"系列战斗机。

4）APG-79 型 AESA 雷达

较新型号的 F/A-18E/F"大黄蜂"战斗机及 EA-18G"咆哮者"电子攻击机配备的是 APG-79 型 AESA 雷达，如图 1.4.6 所示。该雷达系统由主动阵列天线、接收机、激励器、通用集成传感器处理器（CISP）、雷达电源和用于补偿孔径运动的运动传感器分系统（MSS）组成。其中，有源阵列采用了第六代发射/接收模块（TRM），这是一种宽带多功能组件，支持空空、空地和电子战模式等各种波形。APG-79 雷达的接收机、激励器带有 4 个通道和可编程波形生成功能，可提供很宽的带宽、频率捷变功能。据雷声公司称，其 CISP 基于商业现成的 Power PC 模块设计，采用开放式系统架构和软件隔离技术，可延缓技术的过时。该雷达的特殊容错电源是专门为模块化收发机结构设计的。该雷达的空空探测性能据称可减轻机组的工作量，并且可在很远的距离上截获目标。空地模式包括高分辨率地形测绘，并且可以交错扫描。

图 1.4.5　美国海军 F/A-18C/D 战斗机的
AN/APG-73 脉冲多普勒雷达

图 1.4.6　APG-79 有源相控阵雷达

5）其他 APG 雷达

APG 雷达家族还包括诺斯罗普·格鲁曼公司的 APG-80 雷达。它是专门为阿联酋空军的 F-16E/F 战斗机研制的，具有以下主要特点：探测距离远，探测范围达到 140°，可自动跟踪地形，具备高分辨率合成孔径雷达成像能力，具有 20 个目标的跟踪能力和 500 小时的平均故障间隔时间。

F-22 战斗机安装的诺斯罗普·格鲁曼 APG-77 雷达是美国第一代 AESA 战斗机雷达，而其改进型——最新配置的 APG-77(V)1 属于美国第四代 AESA 雷达，通过新的软件实现了空地工作模式。该软件包含自动目标探测与分类、成像地理重合（含数字地形高程数据，可提供三维视图并减小目标定位误差），地面动目标探测和 3m 分辨率的远视合成孔径成像，以及综合空中跟踪更新设备。它综合采用了 APG-80 和 APG-81 雷达的技术元件，明显减少了组件数量，其中 AESA 雷达所用的收发机模块数量减少了 75%，从而极大地降低了生产和维修成本。

图 1.4.7　F-35 上的 APG-81 雷达

诺斯罗普·格鲁曼公司的 APG-81 雷达是专为 F-35"联合攻击战斗机"设计的，如图 1.4.7 所示，代表了目前 AESA 机载火控雷达的领先技术。除常规雷达性能外，该雷达还具有电子战能力，与飞机的光电目标定位和分布式孔径系统一起构成了 F-35 综合传感器系统的主体。F-35 飞机研发计划顺利完成后，至少将有 2000 架装备 APG-81 雷达。

6）RACR 与 SABR

美国雷达产业界对 AESA 技术充满了浓厚兴趣,并且不断地加大对机械雷达到电子扫描雷达升级潜力的研究投资,特别将重点放在了 F-16 飞机配置的雷达上。为此,诺斯罗普·格鲁曼公司研制的可扩展捷变波束雷达(SABR)与雷声公司的先进作战雷达(RACR)展开了激烈的市场竞争。

雷声公司的 X 波段 RACR 雷达销售广告宣称"可为第四代战斗机提供第五代传感器能力",可安装于多种高速喷气式战斗机上,包括 F-16A/B/C/D 型和 F/A-18A/A+/B/C/D 型等。该雷达的研制是为了提供一种利用现有电源和其他子系统的插入式替换系统。RACR 采用液体-空气热交换器的冷却方式。雷声公司声称,该雷达系统与现有的机械扫描雷达相比,总体性能提高了 3 倍,可靠性提高了 10 倍,并且具有在主机平台全寿命内使用的能力。

诺斯罗普·格鲁曼公司的 SABR 雷达的初始设计目的是,安装在新造的 F-16 飞机和对现有 F-16 A～D 型的改进上。公司声称其为"第六代"传感器,它将 AESA 组件和接收机/激励器、处理器集成为一体。该系统采用热交换器的冷却方式,并且配置了相关的泵、过滤器及天线电源转换器。如进行改装安装,要求拆除现有的雷达处理器、接收机/激励器、行波管发射机、天线组件和设备架。

据称,SABR 雷达与 F-16 的规定电源和冷却包线相匹配,不需要为支持现有的人机界面而进行结构性修改。其质量比所替换的雷达大大减小。工作模式有自主空空探测设置、扇区和线形搜索、空战、多目标跟踪及支持 AIM-120 空空导弹等。空地功能包括所有常规的地形测绘、地面动目标跟踪、表面散射和空地测距等,其他性能还包括辅助导航、系统健康与校准监测,以及电子战开放式增长路径和高速率数据通信等。

1.4.4　机载雷达的应用

本节简要探讨机载雷达的典型应用。其中,一些应用,如空中防撞、冰情巡逻和搜索、救援,主要是民事应用(图 1.4.8);另一些应用(如预警和导弹制导)是军事应用;还有一些应用,如回避风暴和风切变告警,则属军民两用。机载雷达的典型应用如表 1.4.2 所示。

图 1.4.8　海岸警卫队直升机配备有搜索、气象和信标模式的多功能雷达

表 1.4.2　机载雷达的典型应用

危害气象探测	侦察与监视
● 风暴回避	● 远程监视
● 风切变告警	● 预警
辅助导航	● 海上监视
● 远程设施标识	● 地面作战管理
● 便于空中交通管制	● 低空监视
● 空中防撞	**战斗机/截击机任务支援**
● 低空盲飞	● 空对空搜索
● 前向高度测量	● 敌机编队评估
● 精确速度更新	● 目标识别
地面测绘	● 火炮/导弹火控
● 冰情巡逻	● 导弹制导
● 地形测绘	**空地武器投射**
● 环境监控	● 盲目战术轰炸
● 法律实施	● 战略轰炸
● 盲着陆引导	● 防御压制
近程海洋搜索	● 近炸引信
● 搜索、救援	● 火炮
● 潜艇探测	● 制导导弹

1.4.4.1　危害气象探测

危害安全飞行的三种常见形式有紊流、冰雹和（尤其是在低空）风切变或微爆，所有这些威胁都是由雷雨造成的。机载雷达最常见的用途之一就是向飞行员警告这些危害。

1）风暴回避

如果雷达发射脉冲的频率选择适宜，那么雷达就能穿透云层，接收云层内和云层外的雨的回波。雨滴越大，回波越强。因此，通过检测回波强度随距离产生的变化率，雷达就可检测雷雨。通过对前方广阔的扇区进行扫描，雷达就能显示气候恶劣和充满溢流的区域，从而避开这些地方。图 1.4.9 给出的是气象雷达的显示画面。

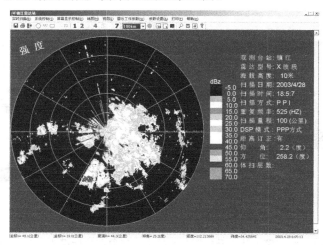

图 1.4.9　气象雷达的显示画面

2）风切变告警

风切变是一种强下降气流，会突然地在雷雨中发生。在低空，当飞机飞入下降气流时，从下降气流中心流出的空气会使飞机遇到不断增强的顶风，而当飞机飞出下降气流时，会遇到很强的尾风（图 1.4.10）。如果没有告警，这样的情况会造成起飞或着陆的飞机坠毁。

脉冲多普勒气象雷达不仅对降雨的强度敏感，而且对降雨的水平速度敏感，因此对暴雨中的风也十分敏感。通过测量水平风速的变化率，这种雷达可以检测前方 8km 降雨区内的风切变，为飞行员提供约 10s 的告警时间，以便采取躲避措施。

1.4.4.2　辅助导航

机载雷达常见的导航用途包括标识远程设施的位置、协助空中交通管制、避免空中相撞、测量绝对高度、低空盲飞和精确速度更新。

1）标识远程设施的位置

对于进场的直升机和飞机，可以用雷达信标来标识海上钻井平台、远处机场及类似场所的位置，最简单的信标（称为应答机）由接收机、低功率发射机和一副全向天线组成。接收到来自雷达的脉冲应答后，应答机以另一个频率发射应答脉冲（图 1.4.11）。即使功率很低，应答脉冲还是比雷达回波要强得多。此外，由于它的频率不同于雷达频率，不会伴有杂波，因此能在雷达显示器上清晰地显示。

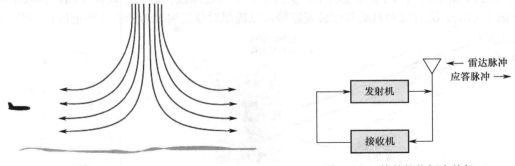

图 1.4.10　典型风切变中的气流　　　　图 1.4.11　简单的信标应答机

能力更强的信标系统包括一部询问机。它可以发射编码询问脉冲，应答机加以响应并返回编码应答脉冲（图 1.4.12）。询问机与搜索雷达同步，而应答机的应答信号显示在雷达的显示器上。最常见的这类信标有空中交通管制信标系统（ATRBS）。

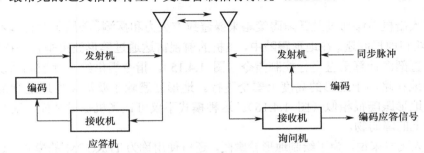

图 1.4.12　完整的雷达信标系统

2）协助空中交通管制

除了一些小型私人飞机，所有其他的飞机都装有 ATRBS 应答机。在重要的机场，ATRBS

应答机和空中交通管制雷达协同工作。询问机的单脉冲天线安装在雷达天线的顶端，并且随它进行扫描（图1.4.13），询问机脉冲和雷达脉冲同步。因此，操作员只要简单地用光笔"点击"雷达显示屏上的"标志"，就可以向飞来的飞机发出询问。ATRBS信标询问机的天线安装在空中交通管制雷达天线的顶端。通过编码信标脉冲和应答，雷达就可识别进场飞机并获得它们的高度及其他飞行数据。

通常，询问机只使用几种可能编码中的两种。一种要求载有应答机的飞机提供身份编码，另一种请求提供飞机的高度。这样，每架装备有信标的飞机就都可被确切地识别，它的位置也可用三维坐标来精确确定。

3）避免空中相撞

ATRBS应答机的另一个用途是交通告警和防撞（TCAS II）。通常，TCAS系统和飞机的气象雷达一起工作，询问任何一架恰好出现在雷达搜索扫描区内的飞机上的空中交通管制应答机。根据应答机的回答，TCAS系统可以判断飞机的方向、距离、高度间隔和接近速率。根据以上这些信息，TCAS就可以按照重点顺序排列威胁，以增加的速率询问重点关注的威胁，而且必要时还可提供垂直和水平的防撞指令。

4）测量绝对高度

许多情况下需要知道飞机的绝对高度。由于飞机下方通常是一大块距离几乎相同的地面，采用调频测距方法的小型低功率、宽波束、下视连续波雷达就可连续地精确读取绝对高度（图1.4.14）。测高仪和自动驾驶装置连接可以确保对仪表引导着陆的滑翔道进行平滑跟踪。

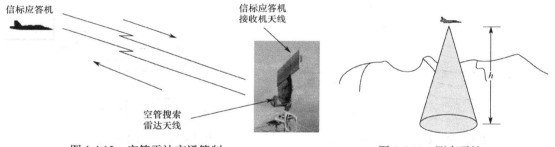

信标应答机

信标应答机
接收机天线

空管搜索
雷达天线

图1.4.13　空管雷达交通管制　　　　　　　图1.4.14　测高雷达

测高仪也可以是脉冲式的。在军用方面，通过发射很低的PRF脉冲信号及采用大量的脉冲压缩使脉冲功率分布在很宽的频带上，就可使敌方检测到测高仪辐射的可能性降到最小。

5）低空盲飞

为了使攻击机能够通过跳跃障碍策略来躲避敌方火力和探测，采用了两种基本的雷达模式：地形跟随和地形回避。在地形跟随中，飞机的前视雷达通过笔形波束垂直扫描前方地形，从得到的垂直剖面计算垂直飞行控制指令（图1.4.15）。指令提供给飞行控制系统后，就可使飞机自动地在略高于地形的高度上安全飞行。地形回避除了要周期性地进行雷达水平扫描，其他与地形跟随很相似（图1.4.16）。这种模式不仅可让飞机掠过地面，而且可让其避开飞行路线上的障碍物。

对于无人飞机来说，为了绘制地形轮廓图，还可使用称为TERCOM的模式。这种模式可让飞机沿地图上的已知路线按照精确定时的、预先编好程序的掠地轨迹飞行。离地高度是用一部功率非常小的雷达测高仪测量的。由于只照射飞机下方的地面，因此被敌方检测的可能性非常低，而且检测概率可以通过选择在大气衰减大的频率上工作而进一步降低。

图 1.4.15　在地形跟随中，雷达用笔形波束垂直扫描前面的地形

图 1.4.16　在地形回避中，雷达交替地垂直或水平扫描前面的地形（前视距离和高度测量）

当轰炸机在不平坦且不水平的地面上投弹时，须精确确定飞机相对于目标的距离和高度。要做到这一点，可将雷达波束对准目标并测量如下参数：① 天线俯仰角；② 雷达波束中心到地的距离（图 1.4.17）。该距离可从生成来自单脉冲（或波控）天线的近似于零俯仰角跟踪误差信号的回波中确定。

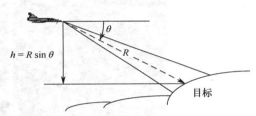

图 1.4.17　测量地面上某点的距离和相对高度

6）精确速度更新

通过测量前方地面上三点的回波的多普勒频率，前视雷达可以测量雷达的速度。这种测量方法可用于更新飞机的惯性导航系统。一旦惯性系统失效，雷达就可充当多普勒导航仪。

1.4.4.3　地面测绘

雷达地面测绘的应用很多，包括冰情巡逻、环境监测和执法，以及盲着陆引导等。

1）冰情巡逻

最早的民用雷达测绘应用之一是绘制冬季结冰水域中穿过冰层的道路。为此，巡逻飞机装备了称为 SLAR 的真实波束测绘雷达。雷达装有可从飞机两侧向外看的大型线性阵列天线。飞机直线飞行时，光学扫描器将雷达回波记录到胶片上，制成沿途景象的带状地图。尽管 SLAR 的分辨率有限，但在短距离上足以绘制冰层图（图 1.4.18）。而且，由于雷达结构简单且天线是固定的，它的价格也相当便宜。

对于导航、环境监测和地质勘探等应用来说，合成孔径雷达（SAR）的一大优点是，即使在远距离上也可提供高分辨率。干涉式 3D SAR 已被用于高精度、低成本地形测绘。当所要绘制的地区被茂密的热带雨林覆盖时，发射极短脉冲的雷达可以测量到树林覆盖之下的地面的距离——这种技术称为测深。

2）环境监测和执法

SLAR 和 SAR 在石油泄漏检测、渔场保护及打击走私和贩毒中发挥着重要作用。由于 SAR 在远距离上也可提供很高的分辨率，所以可以做到在揭露非法行为的同时又不惊动违法分子（图 1.4.19）。

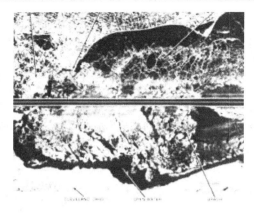

图 1.4.18 湖上的冰流，用真实波束侧视阵列雷达（SLAR）拍摄

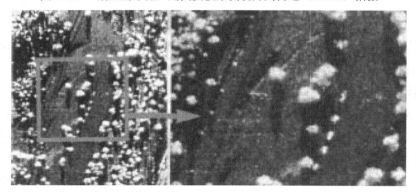

图 1.4.19 SAR 地图显示了远离公路的小路上的一队卡车

3）盲着陆引导

飞机正前方的地面不能用 SAR 进行测绘。因此，对着陆引导必须使用其他技术。一种技术是用单脉冲天线扫描前方的狭窄区域，在近距离上获得相当好的方位角分辨率，从而使得机组成员能够定位跑道和标志物，且在夜间或恶劣天气下自主地接近小型或未经改善的跑道，使得在没有辅助导航设备的着陆场实施盲进场成为可能（图 1.4.20）。

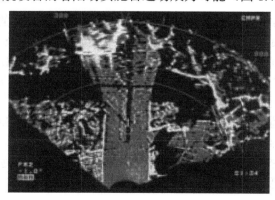

图 1.4.20 带有单脉冲天线的前视雷达用真实波束测绘填补 SAR 地图中的间隙

1.4.4.4 侦察与监视

在军事行动中，机载雷达的以下几项能力具有很大的价值：穿透烟、雾、云层和雨看

见目标，快速搜索大面积区域，检测远距离目标，同时跟踪远距离多目标。下面介绍四种典型应用。

1）远程空对地侦察

在美苏冷战中，U-2 和后来的飞行高度更高的 TR-1 飞机上的分辨率很高的合成孔径雷达（SAR），对苏联境内的军事设施进行了全天候监视；在海湾战争中，SAR 在为战斗机和轰炸机提供地面目标精确定位的能力再次得到证明。20 世纪 90 年代末期，为能够进行远程持久飞行的小型无人侦察机研制了能够执行这两种任务的 SAR。这种雷达可以通过卫星将分辨率为 1 英尺（1 英尺=30.48cm）的雷达图像直接传输给现场的用户（图 1.4.21）。

图 1.4.21 远程长航时无人侦察机可通过卫星将分辨率达 1 英尺的 SAR 地图直接传送给用户

2）预警与海洋监视

机载雷达可以检测低空飞行的飞机。在检测海上舰船的距离时，它也比地面雷达或舰船桅杆上的雷达所能看到的要远得多。因此，为了能够提供对敌方飞机、导弹临近的预警及维持海上监视，雷达被安装在高空飞行的巡航飞机上，如美国海军的"鹰眼"预警机和美国空军的机载警戒与控制系统（AWACS）飞机（图 1.4.22 和图 1.4.23）。

由于这些飞机体型巨大且行动缓慢，它们装载的雷达可以采用大尺寸天线，提供很高的角分辨率，而且这些雷达可以发射很高的功率。雷达可以提供 360°的覆盖范围，能够检测雷达水平线上的低空飞行的飞机，在 30000 英尺的高度上作用距离为 200 海里（1 海里=1.852km）以上，并且可以检测到在更远的距离上飞行高度更高的目标。此外，还可以同时跟踪几百个目标。空对地监视和作战 AWACS 可以监视大范围的空域，机载雷达也可监视地面上的大范围地区。

图 1.4.22 美国海军的航母载 E-2C "鹰眼" 预警机 ［圆形的天线罩（旋转罩）

内装有一副很大天线，天线连续旋转，覆盖范围为 360°］

图 1.4.23 美国空军的 E-3 AWACS 飞机载有高功率脉冲多普勒

雷达，24 英尺长的天线安装在圆形天线旋罩内

装备有长电扫侧视天线的美国联合监视目标攻击系统（JSTARS）雷达（图 1.4.24），可以用 MTI 检测和跟踪地面上的动目标并用 SAR 检测静止目标。当雷达在敌方边境后方几百英里、35000 英尺的高空以跑道形式飞行时，可以保持对敌方领土 100 英里以上区域的监视。通过安全通信链，JSTARS 可向地面上无限数量的控制站提供处理好的雷达数据。

图 1.4.24 美国 JSTARS 雷达

3）低空空中警戒和海上监视

在美国的禁毒运动中出现了一种机载监视雷达的新用途。美国海关部门试图通过在系留气球上安置大反射器、远程监视雷达来实现在美国南部边境设置雷达"警戒网"的目的（图 1.4.25）。该雷达有一副很大的抛物面反射天线，系留在 15000 英尺高空的雷达可以检测距离远达 200 海里的低空飞机。高空气球可在空中停留 30 天。在 70m/h 的风速下可以保持正常工作，在 90m/h 的风速下也不会受损。

图 1.4.25 载有轻型固态监视雷达的高空气球

1.4.4.5 任务支援

战斗机/截击机的任务是双重的：用飞机和导弹防御，同时控制既定区域上的空域。在这两个方面，战斗机雷达通常发挥四个重要作用：空对空搜索、敌机编队评估、目标识别和火控。

1）空对空搜索

战斗机雷达对目标的搜索必须达到什么样的程度是不尽相同的。在一种极端的情况下，战斗机可能会被"引导"，拦截那些已被检测和精密跟踪的目标。在另一种极端情况下，雷达可能被要求搜索很大空域范围内可能存在的目标（图 1.4.26）。

图 1.4.26 装备有高功率脉冲多普勒雷达的美国海军 F-14 战斗机

2）敌机编队评估

即使雷达有窄的笔形波束，雷达在远距离上可能还是无法分辨出正在接近的、紧密编队飞行的飞机。因此，战斗机雷达一般都配备有敌机编队评估模式。在这种模式中，雷达在维持态势感知的边跟踪边扫描模式和对可疑多重目标进行单目标跟踪模式之间更替，以提供非常好的距离和多普勒分辨率。

3）目标识别

为了识别视距之外的目标，一般需要一些雷达识别方法。典型的方法是 IFF，这是一种在第二次世界大战中使用的系统。民用空中交通管制信标系统就是以此为样本的。与战斗机雷达同步的 IFF 询问机发出问询脉冲，所有友机上的应答机将以编码应答脉冲进行响应。尽管使用了先进的编码技术，但是泄露密码的可能性总是存在的，所以设计了附加的非协作目标识别方法。其中之一是特征识别。这种方法利用从不同飞机接收到的回波特征来识别雷达目标的类型。另一种技术是提供高距离分辨率的一维距离像来识别目标。进一步改进的技术采用了 ISAR 成像技术，可以提供二维图像（图 1.4.27）。

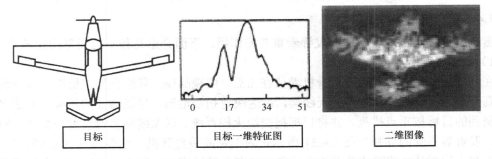

图 1.4.27 非协作目标识别系统获得的飞机在飞行中的一维和二维特征图

4）火控

根据目标距离，飞行员可以选用飞机上的火炮或导弹来进行攻击。在使用火炮攻击时，可以选择近距离作战模式。在这种模式下，雷达自动地以单目标跟踪模式锁定目标并持续地将目标的距离、速率、角度和角速率提供给飞机的火控计算机。后者将飞行员引导到指向目标的引导跟踪航线（图1.4.28）并在适当的距离上发出开火命令。在头盔显示器上同时显示操纵指令和开火命令，所以飞行员无须将视线从目标上移开。

然而，雷达制导导弹经常是从视距之外的地点开火的。典型例子有"凤凰"和AMRAAM。"凤凰"是美国海军F-14空中优势战斗机使用的一种远程导弹（图1.4.29），AMRAAM是一种中程空对空导弹（图1.4.30）。通常这两种导弹都是在战斗机雷达以边跟踪边扫描或边搜索边跟踪模式工作时发射的。因此，若干枚导弹可以很快的速度连续发射并同时飞向不同的目标。导弹半主动寻的战斗机扫描雷达提供的周期性目标照射，在近距离上转为主动制导。起初，在推进弹道阶段，"凤凰"为惯性制导，随后转为半主动制导。在这种模式下，导弹载有的雷达寻的器自动瞄准战斗机扫描雷达提供的周期性目标照射。在近距离上，寻的器转换为主动制导，这时导弹将可以提供自身的目标照射。

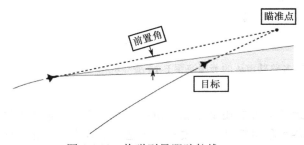

图1.4.28　炮弹引导跟踪航线

图1.4.29　从F-14空中优势战斗机上发射的远程"凤凰"导弹

AMRAAM配备有指挥惯性制导系统，该系统可在预先编程的拦截弹道上操纵导弹。这条弹道是根据发射前战斗机雷达获得的目标数据生成的。如果目标在导弹发射后改变了航线，目标更新信息将通过编码雷达的正常发射信号传输给导弹。导弹接收机接收这些信息，信息经过解码后用于纠正惯性制导系统中设定的航线。对于末端制导来说，导弹将控制转给其所装载的近程主动雷达寻的器。AMRAAM在预编程拦截弹道上为惯性制导；如果目标在导弹发射后出现机动，就从雷达接收更新信息。

第三种常用的雷达制导导弹是"麻雀"。它在单目标跟踪模式下发射，在其整个飞行过程中半主动对雷达提供的目标照射寻的。

1.4.4.6　武器投射

雷达在许多空对地攻击中都发挥着重要的作用。下面介绍几种不同类型的任务。

1）战术导弹瞄准

在这项任务中，一架攻击直升机潜伏在山后，俯视战场，只能看见螺旋桨桅杆顶端的近程超高分辨率（毫米波）雷达的天线架，雷达快速扫描地形，寻找潜在的目标。雷达自动将其检测到的目标按重点排列，并将目标提交给火控系统。该系统向目标发射小型的、独立制导的、发射后不管的导弹。图1.4.31所示是阿帕奇武装直升机，它装备有AN/APG-78型长弓毫米波火控雷达，该雷达具有地面、空中和海上目标模式，能够对多达256个目标同时进行广域搜索、精确识别、定位和分类。

图 1.4.30　AMRAAM 中程空对空导弹　　　　　图 1.4.31　阿帕奇武装直升机

（AN/APG-78 型长弓毫米波火控雷达）

2）战术轰炸

在这项任务中，攻击机在到达该地区时，操作员打开战斗机雷达以更新导航仪，随后绘制一张 SAR 地图。将地图显示在雷达显示屏上，操作员把光标置于目标的近似位置上。再次打开雷达，绘制一份详细的 SAR 地图，中心位于用光标做标识的点。识别目标后，操作员将光标置于其上。飞行员立即开始接收用于轰炸的操纵指令。炸弹将在最佳时间自动地投放。只需三次打破无线电沉默，雷达就可提供直接命中目标所需的全部信息。在该项任务中，在 20000 英尺高空飞行的隐形轰炸机的飞行小组打开轰炸机雷达的时间，足以绘制一份敌军指挥中心所在地的高分辨率地图。这份地图同样被冻结在显示屏上，但是刻度按 GPS 坐标标定。识别目标后，操作员将光标置于其上，把目标的 GPS 坐标输入炸弹的 GPS 制导系统。图 1.4.32 中给出了典型的盲轰炸过程。

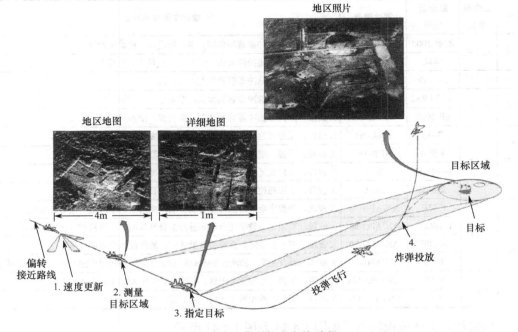

图 1.4.32　典型的盲轰炸过程

图 1.4.33　GPS 制导炸弹攻击目标示意图

炸弹在最佳时间自动释放，直到滑行到近目标正上方时，垂直俯冲向目标，精度为 2～3 英尺（图 1.4.33）。

3）地面防御压制

在辐射的情况下，可用高速反辐射导弹（HARM）来压制地面上敌方的空中搜索雷达和地对空导弹（SAM）基地。一架潜伏在敌军防御雷达视场外的具有特殊装备的飞机，可以根据通过数据链从其他信息源接收到的数据确定敌方雷达的方向与距离。飞行小组对 HARM 预编程，用于搜索雷达信号。向雷达方向发射的导弹很快就获得雷达信号。导弹在瞄准雷达后向其推进并在敌军意识到遭受攻击之前摧毁雷达。

1.4.4.7　对海搜索

机载雷达从诞生之日起，就在搜索海面舰船和潜水艇的任务中扮演着重要的角色。海岸警戒飞机一般都装备有多功能搜索和气象雷达。由于基本上所有的船只都配有能够反射强回波的雷达反射器，而且海面杂波与地面杂波相比通常要小许多，所以这些雷达，无论是脉冲的还是脉冲多普勒的，都可以发现远距离的小型船只。虽然无法看见海面以下的情况，但高分辨率使得雷达也可用于检测潜望镜和潜艇的通气管，如 ISAR 成像。

1.4.4.8　一些典型的机载雷达系统

本节主要介绍两类机载雷达系统：一是机载火控雷达，二是机载预警雷达。

1）机载火控雷达

世界各国部分现役机载火控雷达的型号和主要技术特征如表 1.4.3 所示。

表 1.4.3　世界各国部分现役机载火控雷达的型号和主要技术特征

国别	航空器类型	航空器型号	雷达型号	雷达主要技术特征
法国	战斗机	幻影 2000	RDY	X 波段全波形脉冲多普勒体制，多目标攻击，模块化设计
		阵风	RBE-2	X 波段无源二维相控阵天线，空对空、空对地、空对海
瑞典	战斗机	JAS-39	PS-50/A	X 波段全数字化脉冲多普勒体制，多功能
英国	战斗机	海鹞 FRS2	BlueVixen	X 波段，全波形脉冲多普勒体制，空对空、空对地、空对海多功能
		EF-2000	ECR90	X 波段，全波形脉冲多普勒体制，多功能，欧洲四国联合研制
俄罗斯	战斗机	苏-35	Zhuk-PH	X 波段，无源相控阵，脉冲多普勒体制，多功能，多目标攻击
		米格-1	SUB-16	X 波段，无源二维相控阵天线，脉冲多普勒体制，多目标攻击
		苏-30MKI	Bars	X 波段，反射式无源二维相控阵天线，脉冲多普勒体制
		米格-29	OCA	X 波段，无源相控阵脉冲多普勒体制、多目标攻击
美国	战斗机	F-15E	AN/APG-70	X 波段，全数字全波形脉冲多普勒体制，空对空、空对地、空对海多功能
		F-16C/D	AN/APG-68	X 波段，模块化、数字化全波形脉冲多普勒体制，双模栅控行波管发射机
		F/A-18E/F	AN/APG-79	X 波段，有源相控阵，脉冲多普勒体制，能跟踪单个地面目标
		F-22	AN/APG-77	X 波段，有源相控阵，脉冲多普勒体制，雷达有源方式和雷达无源方式，超高分辨率地图
	轰炸机	B-1B	AN/APQ-164	X 波段，无源二维相控阵天线。47%的插件与 APG-68 雷达通用
		B-2	AN/APQ-181	X 波段，无源二维相控阵天线，双通道，具有 21 种功能

一些雷达、雷达成像的例子如图 1.4.34 到图 1.4.43 所示。

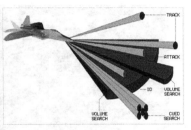

图 1.4.34　美国空军 F-22 战斗机的 AN/APG-77 有源相控阵雷达

图 1.4.35　米格-31 战斗机的 SBI-16 无源相控阵雷达，苏-30 MKI 战斗机的 Bars 无源相控阵雷达

图 1.4.36　苏-35 战斗机的 Irbis-E（雪豹）无源相控阵雷达

图 1.4.37　合成孔径雷达（SAR）

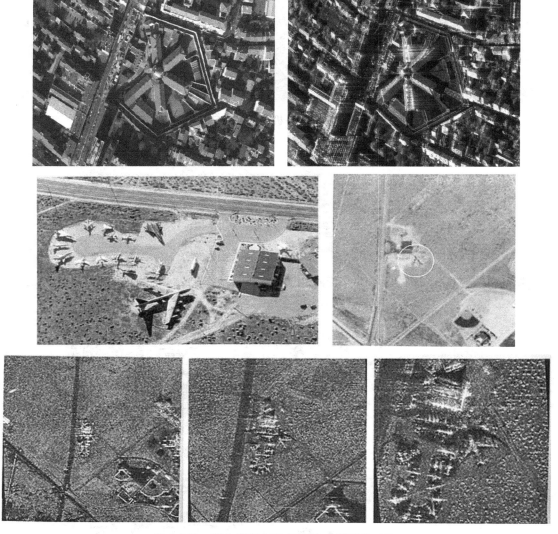

图 1.4.38　高分辨率 SAR 图像和光学图像对比

图 1.4.39　0.1m 分辨率 SAR 图像

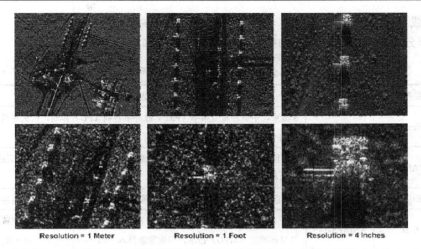

图 1.4.40　不同分辨率条件下的 M-47 坦克 SAR 图像

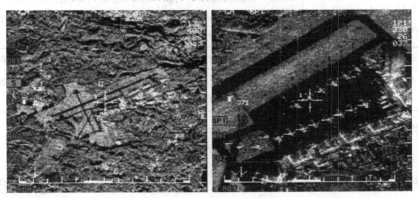

图 1.4.41　幻影 2000 战斗机 APG-76 机载合成孔径雷达的屏幕显示截图

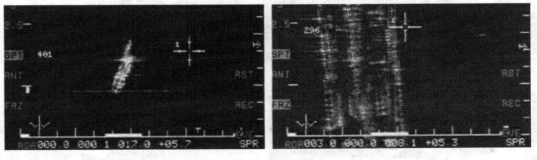

图 1.4.42　幻影 2000 战斗机 APG-76 雷达锁定舰艇目标屏幕显示截图

图 1.4.43　欧洲"台风"战斗机使用的 CEASAR 相控阵雷达

2）机载预警雷达

各国部分现役机载预警雷达的型号和主要技术特征如表 1.4.4 所示。

表 1.4.4　各国部分现役机载预警雷达的型号和主要技术特征

国别	航空器型号	雷达型号	雷达主要技术特征
英国	Nimrod		S 波束，中脉冲重复频率（PRF）脉冲多普勒（PD）体制，机头和机尾两个机械扫描的卡塞格伦天线
以色列	PUALCON	EL/M-2075	L 波段，有源相控阵雷达，6 面阵天线，覆盖方位 360°，机身两侧天线罩呈平板形，突出机身表面蒙皮
瑞典	Erieye	PS-890	S 波段，有源相控阵雷达，机身上面的双面阵天线，在机头和机尾各有 60°盲区
美国	E-2C	AN/APS-145	UHF 波段，低脉冲重复频率（PRF），双层八木端射阵列天线，旋转天线罩，数字动目标检测（MTD）技术，恒虚警率技术（CFAR）无源定位抗干扰
	E-3A（AWACS）	AN/APY-1/2	S 波段，高脉冲重复频率（PRF）脉冲多普勒（PD）体制旋转天线罩，方位机械扫描、俯仰电子扫描，极低副瓣天线，大动态高稳定 A/D 转换器，FFT，CFAR，5 种主要工作方式，强抗干扰能力
俄罗斯	图-126	野蜂	L 波段，外相参动目标显示（MTI）雷达，旋转天线罩，三脉冲存储管对消器 MTI
	A-50（IL-76）		S 波束，高脉冲重复频率（PRF）脉冲多普勒（PD）体制，方位机械扫描，俯仰多波束（3 个），速调管发射机

一些预警机的例子如图 1.4.44 到图 1.4.54 所示。

图 1.4.44　俄罗斯 A-50 预警机

图 1.4.45　美国海军 E-2C 预警机

图 1.4.46　美国空军 E-3A 预警机（AWACS）

图 1.4.47　以色列 PHALCON 预警机

以色列的 ELTA 公司在 1987 年到 1991 年间，研制了 L 波段的有源相控阵体制的机载预警雷达，雷达的载机为波音 707 飞机，整个系统命名为 PHALCON AEW。

图 1.4.48　装有 Erieye 空中预警雷达系统的瑞典 SAAB 340 空中预警管制机

同期，瑞典的爱立信公司研制了 S 波段的机载预警雷达，称为 Erieye，它采用了两个背靠背安装在飞机机身上方的有源相控阵天线，载机采用 Metro III 飞机，雷达采用高、低脉冲重复频率（PRF）的脉冲多普勒处理技术。

图 1.4.49　美国早期研制的预警直升机

图 1.4.50　俄罗斯的卡-31 警戒直升机

俄罗斯的卡-31 是在卡-27 反潜直升机基础上改装的警戒直升机，雷达天线的面积为 $6m^2$；最大探测距离如下：$5m^2$ 目标为 150km，大型舰船目标为 250km；最大巡逻高度 3500m，警戒范围为 450km。

图 1.4.51　英国的海王警戒直升机

英国的海王 MK2 配装海面搜索雷达，最大探测距离为 370km。升级后的 MK7 采用海面搜索 2000 雷达。

图 1.4.52　法国的美洲狮配备"地平线"雷达系统，3.5m×0.8m 的雷达天线安放在机身尾部

图 1.4.53　国产预警机（空警 500 和空警 200）

图 1.4.54　国产舰载警戒直升机（直 18）

小　结

通过发射无线电波并接收其回波，雷达能够全天候探测物体。通过将发射能量集中为窄形波束，雷达可以确定目标的方向，而通过测量信号的传播时间可以测出距离。为了找到目标，雷达波束在搜索扫描时不断扫动。目标一旦被探测到，就可对它自动跟踪，且其相对速度可以根据"在扫描过程中获得的目标距离和角位置的周期样本值"或"天线跟踪目标时获得的连续数据"来计算。在后一种情况下，目标回波必须按距离和多普勒频率进行分离，还必须提供诸如波束转换等手段以测量角跟踪误差。由于多普勒效应，雷达回波的频率偏移与

反射物体的距离变化率成正比。通过测量这种频率偏移（如果雷达脉冲是相干的），雷达不仅能够直接测量目标的接近速率，而且能够抑制杂波，并且区分地面回波和地面移动车辆，甚至还可测出其本身的速度。因为无线电波对不同地面特性有不同的散射，所以雷达能够产生地面图。通过合成孔径技术，能产生精细的地图。

机载雷达的三种基本工作体制是简单脉冲雷达、脉冲多普勒（PD）雷达和电扫阵列雷达。

脉冲雷达采用磁控管发射机、抛物面反射天线和超外差式接收机。在同步器的定时脉冲的触发下，调制器向磁控管提供直流功率脉冲，该脉冲被变换成高功率微波脉冲，然后经过收发开关馈入天线。天线接收的回波由收发开关并经保护装置馈送到接收机，由接收机放大并将其变换为视频信号，以便显示在距离扫迹上。

脉冲多普勒雷达与脉冲雷达的主要区别是相干性和大部分部件的数字化。发射机即栅控行波管放大器从激励器的低功率连续波中截取，具有可选择宽度和 PRF 的脉冲，可编码用于脉冲压缩。天线是具有一个单脉冲馈源的平面阵。接收机的特点是具有低噪声前置放大器和视频检波器，其 I/Q 通道输出以约一个脉冲宽度的间隔采样，经数字化后提供给数字信号处理机。数字信号处理机根据距离和多普勒频率对其排序，滤除地杂波并自动检测目标回波，将其位置存储到一个连续被扫描的存储器中，以提供给类似电视的显示器。

雷达工作的物理基础包括：电磁波在传播过程中遇到目标产生二次辐射的规律是雷达发现目标的基础；电磁波在空间匀速直线传播的规律是测定目标距离的基础；电磁波直线传播、定向辐射和接收的规律是雷达测定目标角度坐标的基础；目标回波的多普勒效应是测定目标速度的基础。从雷达的基本工作过程可引出脉冲雷达的基本组成：天线、收发开关及馈线、发射机、接收机、显示器、定时器、伺服系统、信号处理系统、电源等。雷达的性能包括战术性能和技术性能。战术性能由雷达的战术用途决定；战术性能决定技术性能，技术性能描述分系统要达到的指标。

机载雷达的典型应用包括危害气象探测、侦察/监视、辅助导航、战斗机/截击机支援、地面测绘、空/地武器投射、近程海洋搜索等，既有民事应用，又有军事应用，同时也有军民两用。通过列表和图片形式，给出了一些典型的机载雷达系统，主要包括机载火控雷达和机载预警雷达两种。

思 考 题

1. 雷达发现目标、测定目标距离和角坐标的物理基础是什么？
2. 画出脉冲雷达的组成框图，说明各部分的作用。
3. 脉冲多普勒雷达与普通地面脉冲雷达的主要区别是什么？
4. 机载雷达探测目标相比于地面雷达有哪些难点？
5. 什么是雷达的战术性能？它包括哪些主要内容？与雷达探测能力之间的关系是什么？
6. 什么是雷达的技术性能？对于脉冲雷达，它包括哪些主要内容？
7. 机载雷达的工作频率选择在哪些频段？雷达工作频率的选择与哪些因素有关？
8. 某雷达重复频率为 300Hz，脉冲功率为 100kW，脉冲宽度为 10μs，求平均功率 P_{av}。
9. 雷达在现代战争中面临的"四大威胁"是什么？在复杂的战场电磁环境中，如何提高雷达的生存能力并正常发挥其功能？
10. 机载雷达的发展历程经历了哪几个阶段？

参 考 文 献

[1] （美）斯廷森著，吴汉平等译. 机载雷达导论[M]. 北京：电子工业出版社，2005.

[2] 贾德，韦传安，林幼权. 机载雷达技术[M]. 北京：电子工业出版社，2006.

[3] 王守权. 机载雷达导论[M]. 北京：航空工业出版社，2020.

[4] 陈运涛，黄寒砚，陈玉兰，等. 雷达技术基础[M]. 北京：国防工业出版社，2014.

[5] 吴顺君，梅晓春. 雷达信号处理和数据处理技术[M]. 北京：电子工业出版社，2008.

[6] 张欣，叶灵伟，李淑华，王勇. 航空雷达原理[M]. 北京：国防工业出版社，2012.

[7] 张明友，汪学刚. 雷达系统[M]. 北京：电子工业出版社，2013.

[8] 许小剑，黄培康. 雷达系统及其信息处理[M]. 北京：电子工业出版社，2010.

[9] 王雪松，李盾，王伟. 雷达技术与系统[M]. 北京：电子工业出版社，2014.

[10] 张伟. 机载雷达装备[M]. 北京：航空工业出版社，2010.

[11] 丁鹭飞. 雷达原理（第 6 版）[M]. 北京：电子工业出版社，2020.

第 2 章　雷达信号基本理论

2.1　引言

雷达是通过发射电磁波信号、接收目标反射的电磁波信号并进行处理来完成目标探测的。发射信号是雷达目标探测性能的重要决定性因素之一。在接收信号中，不但有目标回波，而且有噪声、杂波及各种干扰信号。因此，要从复杂的信号中提取出目标的有用信息，雷达需要对回波信号进行一系列的信号处理。雷达信号及其处理理论是设计和使用雷达的基础理论，涉及面很广，内容十分丰富，本章只是导论性章节，着重介绍雷达信号的基本知识，包括脉冲压缩、模糊函数、雷达常用信号等，以及雷达信号的匹配滤波等现代雷达技术的原理及实现方法，为读者进一步掌握现代雷达技术提供必要的基础。

2.2　匹配滤波

匹配滤波器的脉冲响应或传递函数由滤波器匹配的信号决定。当匹配的信号加上白噪声通过匹配滤波器时，匹配滤波器输出端的信噪比（SNR）最大。在雷达应用中，SNR 至关重要，并且广泛使用匹配滤波器。大多数雷达信号都可视为窄带信号，使用信号的复包络。可用于窄带信号的匹配滤波器相对简单。

2.2.1　带通信号的复表示

雷达信号大多是窄带信号，其傅里叶频谱分布在以中心频率为 $\pm\omega_c$、频带宽度为 $2W$ 的频率范围内。一个窄带信号可表示成多种形式，其基本表示式为

$$s(t) = g(t)\cos[\omega_c t + \phi(t)] \qquad (2.2.1)$$

式中，$g(t)$ 是 $s(t)$ 的自然包络，$\phi(t)$ 表示瞬时相位。

另一种经典表示形式为

$$s(t) = g_c(t)\cos\omega_c t - g_s(t)\sin\omega_c t \qquad (2.2.2)$$

式中，$g_c(t)$ 和 $g_s(t)$ 分别表示同相分量和正交分量，可表示为

$$g_c(t) = g(t)\cos\phi(t) \qquad (2.2.3)$$

$$g_s(t) = g(t)\sin\phi(t) \qquad (2.2.4)$$

式中，$g_c(t)$ 和 $g_s(t)$ 均为中心频率为 0、带宽为 $2W$ 的基带信号。

窄带信号的同相分量和正交分量可以通过 I/Q 检测器获得，如图 2.2.1 所示。其中低通滤波器的截止角频率应大于 W 而小于 $2\omega_c$，I/Q 检测器输出的具体数学表达，感兴趣的读者可自行推导。

信号 $s(t)$ 的复包络 $u(t)$ 定义如下：

$$u(t) = g_c(t) + \mathrm{j}g_s(t) \qquad (2.2.5)$$

以复包络为基础，信号可表示成第三种形式：

$$s(t) = \mathrm{Re}\{u(t)\exp(\mathrm{j}\omega_c t)\} \qquad (2.2.6)$$

事实上，式（2.2.6）中的载波角频率 ω_c 可以是任意数值。换言之，同一个信号 $s(t)$ 可用不同的载波角频率 ω_c 来描述，只是不同的载波角频率 ω_c 对应的瞬时频率 $\phi(t)$ 、同相分量 $g_c(t)$ 、正交分量 $g_s(t)$ 和复包络 $u(t)$ 不同。

在无数个 ω_c 中，为方便数学分析，可选择满足以下条件的 ω_c ：

$$u(t)\exp(\mathrm{j}\omega_c t)=s(t)+\mathrm{j}\hat{s}(t) \tag{2.2.7}$$

式中， $\hat{s}(t)$ 是 $s(t)$ 的希尔伯特变换，即

$$\hat{s}(t)=s(t)\otimes\frac{1}{\pi t}=\frac{1}{\pi}\int_{-\infty}^{\infty}\frac{s(\tau)}{t-\tau}\mathrm{d}\tau \tag{2.2.8}$$

式中， $\otimes$ 表示卷积。

载波角频率 ω_c 按式（2.2.7）选取后，复包络 $u(t)$ 是一个基带信号，其频谱在 $\pm W$ 之间，如图 2.2.2 所示。

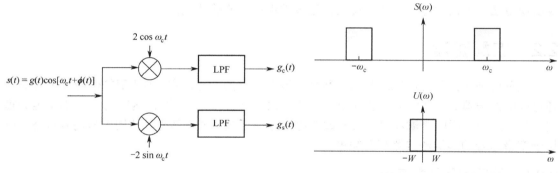

图 2.2.1 I/Q 检测器   图 2.2.2 窄带信号频谱（上）及对应
                          的复包络信号频谱（下）

显然，信号的自然包络等于其复包络的模，即

$$g(t)=\left|u(t)\right| \tag{2.2.9}$$

由于 $u(t)$ 为复信号，其频谱不一定关于原点对称，即 $U(\omega)\neq U^*(-\omega)$ ，其中 $U^*(\omega)$ 是 $U(\omega)$ 的复共轭。

窄带信号可用其复包络表示，由此可得窄带信号的第四种表示形式：

$$s(t)=\frac{1}{2}u(t)\exp(\mathrm{j}\omega_c t)+\frac{1}{2}u^*(t)\exp(-\mathrm{j}\omega_c t) \tag{2.2.10}$$

式（2.2.10）常用于推导窄带信号的匹配滤波器，关于匹配滤波器的定义见 2.2.2 节。

2.2.2 匹配滤波器的基本概念

雷达利用目标对发射信号的反射回波来完成对目标的探测，发射信号一般是已知的。目标检测概率与 SNR 相关，而不是接收信号的具体波形。因此，就目标检测而言，我们更倾向于最大化 SNR 而非保证接收信号不失真。匹配滤波器是对混合有高斯白噪声的输入信号可以获得最大 SNR 输出的线性滤波器，其传递函数是输入信号频谱的共轭。

　　匹配滤波器可从基带或带通实信号导出，对后一种情形，通常可从该信号的复包络导出。因此，我们也需要考虑复信号的匹配滤波器导出。考虑如图 2.2.3 所示的匹配滤波器原理框图，匹配滤波器的输入是信号 $s(t)$ 与加性高斯白噪声之和，高斯白噪声的双边功率谱密度为 $N_0/2$。下面

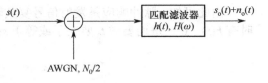

图 2.2.3　匹配滤波器原理框图

考虑在给定时刻 t_0 获得最大输出 SNR，滤波器的脉冲响应 $h(t)$ 或频率响应 $H(\omega)$ 应如何设计。换言之，应如何设计 $h(t)$ 或 $H(\omega)$ 使得下式最大：

$$\left(\frac{S}{N}\right)_{\text{out}} = \frac{\left|s_o(t_0)\right|^2}{n_o^2(t_0)} \tag{2.2.11}$$

　　观察式（2.2.11）不难发现，匹配滤波器的脉冲响应仅与信号 $s(t)$ 和给定的时刻 t_0 相关。令 $s(t)$ 的傅里叶变换为 $S(\omega)$，则在 t_0 时刻滤波器的输出信号为

$$s_o(t_0) = \frac{1}{2\pi} \int_{-\infty}^{\infty} H(\omega) S(\omega) \exp(\mathrm{j}\omega t_0) \mathrm{d}\omega \tag{2.2.12}$$

输出噪声的均方值与时间 t 无关，可表示为

$$\overline{n_o^2(t_0)} = \frac{N_0}{4\pi} \int_{-\infty}^{\infty} \left|H(\omega)\right|^2 \mathrm{d}\omega \tag{2.2.13}$$

将式（2.2.12）和式（2.2.13）代入式（2.2.11），得

$$\left(\frac{S}{N}\right)_{\text{out}} = \frac{\left|\int_{-\infty}^{\infty} H(\omega) S(\omega) \exp(\mathrm{j}\omega t_0) \mathrm{d}\omega\right|^2}{\pi N_0 \int_{-\infty}^{\infty} \left|H(\omega)\right|^2 \mathrm{d}\omega} \tag{2.2.14}$$

　　这里需要用到施瓦兹不等式，对于两个复信号 $A(\omega)$ 和 $B(\omega)$，式（2.2.15）成立：

$$\left|\int_{-\infty}^{\infty} A(\omega) B(\omega) \mathrm{d}\omega\right|^2 \leqslant \int_{-\infty}^{\infty} \left|A(\omega)\right|^2 \mathrm{d}\omega \int_{-\infty}^{\infty} \left|B(\omega)\right|^2 \mathrm{d}\omega \tag{2.2.15}$$

当且仅当

$$A(\omega) = K B^*(\omega) \tag{2.2.16}$$

时等号成立，其中 K 是任意常数。在式（2.2.15）中，选取

$$A(\omega) = H(\omega), \quad B(\omega) = S(\omega) \exp(\mathrm{j}\omega t_0) \tag{2.2.17}$$

并将它们代入式（2.2.14），得

$$\left(\frac{S}{N}\right)_{\text{out}} \leqslant \frac{1}{\pi N_0} \int_{-\infty}^{\infty} \left|S(\omega)\right|^2 \mathrm{d}\omega = \frac{2E}{N_0} \tag{2.2.18}$$

式中，E 表示无限时间信号 $s(t)$ 的能量，即

$$E = \int_{-\infty}^{\infty} s^2(t) \mathrm{d}t = \frac{1}{2\pi} \int_{-\infty}^{\infty} \left|S(\omega)\right|^2 \mathrm{d}\omega \tag{2.2.19}$$

　　将式（2.2.17）代入式（2.2.16），可知等号成立意味着输出 SNR 最大，此时

$$H(\omega) = K S^*(\omega) \exp(-\mathrm{j}\omega t_0) \tag{2.2.20}$$

　　至此，我们已得到匹配滤波器的频率响应，即式（2.2.20），取其逆傅里叶变换可得匹配滤波器的脉冲响应：

$$h(t) = K s^*(t_0 - t) \tag{2.2.21}$$

　　由此可知，脉冲响应是发射信号复共轭的镜像延迟。要使滤波器是因果的，就要在 $t < 0$ 时有 $h(t) = 0$，进而要求 t_0 要大于或等于 $s(t)$ 的持续时间，图 2.2.4 中给出了一个例子。

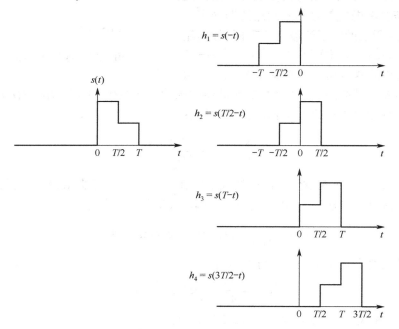

图 2.2.4　时间反转和平移

　　需要注意的是，由式（2.2.18）可知，匹配滤波器的输出信噪比为 $2E/N_0$，仅与信号的能量有关，与信号的形状无关。另外，匹配滤波器的推导是以 t_0 时刻滤波器的输出信号为出发点的，这一结论容易推广到任意时刻，任意时刻的输出信号可以表示为输入信号与匹配滤波器脉冲响应的卷积，即

$$s_o(t) = s(t) \otimes h(t) = \int_{-\infty}^{\infty} s(\tau) h(t-\tau) \mathrm{d}\tau = \int_{-\infty}^{\infty} s(\tau) K s^*[t_0 - (t-\tau)] \mathrm{d}\tau \qquad （2.2.22）$$
$$\underset{K=1, t_0=0}{=} \int_{-\infty}^{\infty} s(\tau) s^*(\tau - t) \mathrm{d}\tau$$

上式右边为信号的自相关函数，这也是匹配滤波器的另外一种实现方式。

　　综上，匹配滤波器有以下特点：其脉冲响应是发射信号复共轭的时间反转和频移；当输入为信号与高斯白噪声之和时，输出的最大 SNR 为 $2E/N_0$，最大 SNR 正比于信号能量，与信号形式无关。

2.2.3　简单脉冲的匹配滤波

　　为说明匹配滤波器的特性，考虑脉冲宽度为 T、幅值为 A 的矩形脉冲的情形。令 $t_0 = T$，该信号及其匹配滤波器（图 2.2.5）可表示为

$$s(t) = \begin{cases} A, & 0 \leqslant t \leqslant T \\ 0, & \text{其他} \end{cases} \qquad （2.2.23）$$

$$h(t) = \begin{cases} KA, & 0 \leqslant t \leqslant T \\ 0, & \text{其他} \end{cases} \qquad （2.2.24）$$

　　显然，信号的能量为

$$E = A^2 T \qquad (2.2.25)$$

匹配滤波器的输出信号为

$$s_o(t) = \int_{-\infty}^{\infty} s(\tau)h(t-\tau)\mathrm{d}\tau = \begin{cases} KA^2 t, & 0 \leqslant t \leqslant T \\ KA^2(2T-t), & T < t \leqslant 2T \\ 0, & \text{其他} \end{cases} \qquad (2.2.26)$$

匹配滤波器的输出如图 2.2.6 所示。

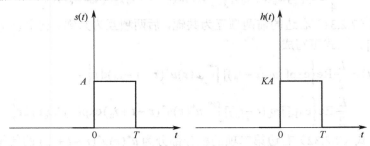

图 2.2.5　简单脉冲信号及其匹配滤波器

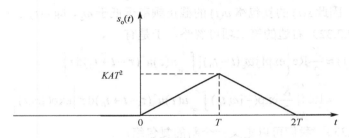

图 2.2.6　匹配滤波器的输出

在式（2.2.26）中，令 $t = T$，有

$$s_o(T) = KA^2 T = KE \qquad (2.2.27)$$

为获得 SNR，还需要计算输出噪声的均方值，

$$\overline{n_o^2(t)} = \frac{N_0}{2} \int_{-\infty}^{\infty} |h(t)|^2 \,\mathrm{d}t = \frac{N_0}{2} \int_0^T |KA|^2 \,\mathrm{d}t = \frac{N_0}{2} K^2 A^2 T \qquad (2.2.28)$$

输出 SNR 在 $t = T$ 时刻最大，根据以上两式可得最大 SNR 为

$$\mathrm{SNR}_{\max} = \frac{s_o^2(T)}{n_o^2(t)} = \frac{(KA^2 T)^2}{(N_0/2)K^2 A^2 T} = \frac{2A^2 T}{N_0} = \frac{2E}{N_0} \qquad (2.2.29)$$

2.2.4　窄带信号的匹配滤波

本节推导窄带信号匹配滤波器的近似。将窄带信号的表示式（2.2.10）代入式（2.2.22）得

$$\begin{aligned} s_o(t) = \frac{K}{4} \int_{-\infty}^{\infty} &[u(\tau)\exp(\mathrm{j}\omega_c \tau) + u^*(\tau)\exp(-\mathrm{j}\omega_c \tau)] \cdot \\ &\{u^*(\tau - t + t_0)\exp[-\mathrm{j}\omega_c(\tau - t + t_0)] + \\ &u(\tau - t + t_0)\exp[\mathrm{j}\omega_c(\tau - t + t_0)]\}\mathrm{d}\tau \end{aligned} \qquad (2.2.30)$$

交叉项展开得

$$s_o(t) = \frac{K}{4} \exp[j\omega_c(t-t_0)] \int_{-\infty}^{\infty} u(\tau) u^*(\tau-t+t_0) d\tau +$$

$$\frac{K}{4} \exp[-j\omega_c(t-t_0)] \int_{-\infty}^{\infty} u^*(\tau) u(\tau-t+t_0) d\tau +$$

$$\frac{K}{4} \exp[j\omega_c(t-t_0)] \int_{-\infty}^{\infty} u^*(\tau) u^*(\tau-t+t_0) \exp(-j2\omega_c\tau) d\tau +$$

$$\frac{K}{4} \exp[-j\omega_c(t-t_0)] \int_{-\infty}^{\infty} u(\tau) u(\tau-t+t_0) \exp(j2\omega_c\tau) d\tau$$

(2.2.31)

注意到，式（2.2.31）右边的前两项互为共轭，后两项互为共轭。利用 $(a+jb)+(a-jb) = 2a = 2\text{Re}[a+jb]$，上式可写成

$$s_o(t) = \frac{K}{2} \text{Re}\left\{ \exp[j\omega_c(t-t_0)] \int_{-\infty}^{\infty} u(\tau) u^*(\tau-t+t_0) d\tau \right\} +$$

$$\frac{K}{2} \text{Re}\left\{ \exp[j\omega_c(t-t_0)] \int_{-\infty}^{\infty} u^*(\tau) u^*(\tau-t+t_0) \exp(-j2\omega_c\tau) d\tau \right\}$$

(2.2.32)

不难发现，式（2.2.32）右边第二项的积分部分为 $u^*(\tau) u^*(\tau-t+t_0)$ 的傅里叶变换在角频率为 ω_c 处的值。事实上，若信号 $s(t)$ 是中心频率为 ω_c 的窄带信号，由于窄带信号的带宽远小于其中心频率，因此 $s(t)$ 的复包络 $u(t)$ 的截止频率远低于 ω_c，即 $u(t)$ 的频谱在 ω_c 处的值近似为零，故式（2.2.32）右边的第二项可忽略，于是有

$$s_o(t) \approx \frac{K}{2} \text{Re}\left\{ \exp[j\omega_c(t-t_0)] \int_{-\infty}^{\infty} u(\tau) u^*(\tau-t+t_0) d\tau \right\}$$

$$= \text{Re}\left\{ \left[\frac{K}{2} \exp(-j\omega_c t_0) \int_{-\infty}^{\infty} u(\tau) u^*(\tau-t+t_0) d\tau \right] \exp(j\omega_c t) \right\}$$

(2.2.33)

根据式（2.2.33），我们可以定义一个新的复包络：

$$u_o(t) = K_u \int_{-\infty}^{\infty} u(\tau) u^*(\tau-t+t_0) d\tau, \quad K_u = \frac{K}{2} \exp(-j\omega_c t_0)$$

(2.2.34)

于是匹配滤波器的输出信号可写成

$$s_o(t) \approx \text{Re}[u_o(t) \exp(j\omega_c t)]$$

(2.2.35)

式（2.2.34）和式（2.2.35）表明，窄带信号匹配滤波器的输出可用其复包络匹配滤波器的输出来近似表示，只不过常量 K_u 与 K 相差一个固定的相移。在窄带信号雷达中，研究其复发射信号包络 $u(t)$ 即可，得到匹配滤波器输出 $u_o(t)$ 后，根据式（2.2.35）即可得到 $s_o(t)$。在实际雷达信号处理中，处理的信号也是雷达发射信号的复包络。现代雷达利用接收机前端的 I/Q 检测器获得数字化的 I/Q 信号，即可获得信号复包络 $u(t)$，此后进行数字化匹配滤波处理。

2.3 模糊函数

2.3.1 模糊函数的定义

2.2 节关于匹配滤波的讨论中，假设目标是静止的。受到多普勒效应的影响，运动目标的回波会发生变化。如 2.1 节所述，对于窄带信号，多普勒效应可视为信号载频的偏移。在未获知目标多普勒频移时，雷达接收机无法修改其匹配滤波器使其与新的载频精确匹配，这

就会导致失配。本节讨论输入信号带有多普勒频移时，其匹配滤波器的输出 $u_o(t)$ 的确定问题。带有多普勒频移的信号复包络 $u_D(t)$ 可表示为

$$u_D(t) = u(t)\exp(\mathrm{j}2\pi f_D t) \tag{2.3.1}$$

用 u_D 替换式（2.2.34）中的第一个 u，令 $t_0 = 0$，$K_u = 1$，可导出一个关于时间和多普勒频移的函数，

$$u_o(t, f_D) = \int_{-\infty}^{\infty} u(\tau)\exp(\mathrm{j}2\pi f_D \tau)u^*(\tau - t)\mathrm{d}\tau \tag{2.3.2}$$

将 t 与 τ 互换后，有

$$\chi(\tau, f_D) = \int_{-\infty}^{\infty} u(t)u^*(t - \tau)\exp(\mathrm{j}2\pi f_D t)\mathrm{d}t \tag{2.3.3}$$

上式为模糊函数的一种重要的表示方式。

传统上一般将 $|\chi(\tau, f_D)|^2$ 定义为雷达信号的模糊函数。但在实际使用中，通常不严格区分以下函数：$\chi(\tau, f_D)$，$|\chi(\tau, f_D)|$ 和 $|\chi(\tau, f_D)|^2$，其中 $\chi(\tau, f_D)$ 和 $|\chi(\tau, f_D)|$ 具有电压量纲，$|\chi(\tau, f_D)|^2$ 具有功率或能量的量纲。

雷达模糊函数 $|\chi(\tau, f_D)|^2$ 的三维图形称为模糊函数图，有时也用 $|\chi(\tau, f_D)|^2$ 在-3dB 或 -6dB 处的截面积来表示，称为模糊度图。

2.3.2　模糊函数的基本特性

雷达信号的若干特性可由其模糊函数决定，这里不加证明地给出以下性质。感兴趣的读者可自行证明。

1. 原点处有极大值

原点处有极大值，即

$$|\chi(\tau, f_D)| \leqslant |\chi(0,0)| = 1 \tag{2.3.4}$$

上式说明，（相对于参考时间）延时为零，多普勒频率为零时，匹配滤波器输出信号能量最大，其他情形时会出现"失配"损失。

2. 关于原点对称

关于原点对称，即

$$|\chi(-\tau, -f_D)| = |\chi(\tau, f_D)| \tag{2.3.5}$$

上式说明，对于模糊函数我们只需关注其中两个相邻的象限，另外两个象限可利用对称性得出。

3. 唯一性

唯一性定理是指：若信号 $u_1(t)$ 和 $u_2(t)$ 分别具有模糊函数 $|\chi_1(\tau, f_D)|$ 和 $|\chi_2(\tau, f_D)|$，则当且仅当 $u_1(t) = cu_1(t)$ 且 $|c| = 1$ 时，有 $|\chi_1(\tau, f_D)| = |\chi_2(\tau, f_D)|$。这表明，对于一个给定的信号，它的模糊函数是唯一的，不同信号具有不同的模糊函数，这就为利用模糊函数进行信号设计提供了充分必要条件。

4. 模糊体积不变性

$$\int_{-\infty}^{\infty} \int_{-\infty}^{\infty} |\chi(\tau, f_D)|^2 \mathrm{d}\tau \mathrm{d}f_D = 1 \tag{2.3.6}$$

式（2.3.6）说明，模糊函数三维图在模糊曲面下的总体积是常量，只取决于信号的能量，而与信号的形式无关，这也称为模糊原理。雷达信号波形的设计只能在模糊原理的约束下进

行，但这并不是说雷达信号不需要设计，因为虽然体积不变，但由于信号形式不同，模糊函数图的分布也不同，因此其潜在分辨率理论测量精度及环境适应能力等因素也随之改变，可以通过改变雷达信号的调制特性来改变模糊曲面的形状，使之与雷达目标的环境相匹配。

5. 线性调频特性

如果给定复包络信号 $u(t)$ 的模糊函数为 $|\chi(\tau, f_{\mathrm{D}})|$，即

$$u(t) \Leftrightarrow |\chi(\tau, f_{\mathrm{D}})| \tag{2.3.7}$$

对其增加一个线性调频项后，有

$$u(t)\exp(\mathrm{j}\pi k t^2) \Leftrightarrow |\chi(\tau, f_{\mathrm{D}} - k\tau)| \tag{2.3.8}$$

该特性表明，添加线性调频调制后会生成变形后的模糊函数，这一特性是脉冲压缩的基础。

2.3.3 模糊函数的物理意义

匹配于特定距离和多普勒频率的滤波器应具有以下含义：一是该滤波器正好采样在发射信号到达目标再返回接收机的往返时间上（不考虑滤波器的物理可实现延时 t_0）；二是该滤波器的频率正好调谐到与匹配目标径向速度相对应的多普勒频移上。因此，任何雷达信号波形的模糊函数，其峰值位于原点，它的物理意义是：当所观察的目标具有与滤波器相匹配的距离和速度时，将产生最大的输出信号。

雷达模糊函数是分析雷达波形的距离分辨率、多普勒频率分辨率和模糊特性的有效工具。如果设计一个雷达波形处理器，它在一个特定距离和多普勒频率上与目标相匹配，那么通过对模糊函数的分析，可知雷达能够在何种程度上将两个距离上相差 $\Delta R = c\tau/2$、径向速度上相差 $\Delta v = \lambda f_{\mathrm{D}}/2$（其中 f_{D} 表示多普勒频率）的目标分开，即雷达对目标距离和速度的分辨率与可能的模糊度有多大。

假设两个目标回波 $s_1(t)$、$s_2(t)$ 相对于发射信号的延迟时间相差 τ，多普勒频率相差 f_{D}，它们的复包络分别表示为

$$s_1(t) = u(t - t_{\mathrm{R}})\exp[\mathrm{j}2\pi f_{\mathrm{V}}(t - t_{\mathrm{R}})] \tag{2.3.9}$$

$$s_2(t) = u(t - t_{\mathrm{R}} - \tau)\exp[\mathrm{j}2\pi(f_{\mathrm{V}} + f_{\mathrm{D}})(t - t_{\mathrm{R}} - \tau)] \tag{2.3.10}$$

式中，t_{R} 和 f_{V} 分别表示第一个目标回波的延时和多普勒频率。为了区分两个目标，可以求这两个目标回波信号复包络的均方差，即

$$\begin{aligned}
\varepsilon^2 &= \int_{-\infty}^{\infty} |s_1(t) - s_2(t)|^2 \, \mathrm{d}t \\
&= \int_{-\infty}^{\infty} |u(t - t_{\mathrm{R}})|^2 \, \mathrm{d}t + \int_{-\infty}^{\infty} |u(t - t_{\mathrm{R}} - \tau)|^2 \, \mathrm{d}t - \\
&\quad\; 2\mathrm{Re}\left\{ \int_{-\infty}^{\infty} u^*(t - t_{\mathrm{R}})u(t - t_{\mathrm{R}} - \tau)\exp[\mathrm{j}2\pi f_{\mathrm{D}}(t - t_{\mathrm{R}} - \tau) - \mathrm{j}2\pi f_{\mathrm{V}}\tau] \mathrm{d}t \right\}
\end{aligned} \tag{2.3.11}$$

式中，$\int_{-\infty}^{\infty} |u(t - t_{\mathrm{R}})|^2 \, \mathrm{d}t = \int_{-\infty}^{\infty} |u(t - t_{\mathrm{R}} - \tau)|^2 \, \mathrm{d}t = 2E$，其中 E 为信号的能量。

令 $t - t_{\mathrm{R}} - \tau = t'$，则

$$\varepsilon^2 = 2\left\{ 2E - \mathrm{Re}\left[\exp(-\mathrm{j}2\pi f_{\mathrm{V}}\tau) \int_{-\infty}^{\infty} u^*(t' + \tau)u(t')\exp(\mathrm{j}2\pi f_{\mathrm{D}}t') \mathrm{d}t' \right] \right\} \tag{2.3.12}$$

用 t 代表积分变量 t'，并用 $\chi(\tau, f_{\mathrm{D}})$ 表示式（2.3.12）右边的积分项，则有

$$\chi(\tau, f_{\mathrm{D}}) = \int_{-\infty}^{\infty} u^*(t + \tau)u(t)\exp(\mathrm{j}2\pi f_{\mathrm{D}}t) \mathrm{d}t \tag{2.3.13}$$

可见，$\chi(\tau, f_{\rm D})$ 是两个目标回波信号复包络的时间-频率复合自相关函数。与式（2.3.3）相比，式（2.3.13）就是从分辨率出发定义的模糊函数。

因为在式（2.3.12）中有

$$
\begin{aligned}
&{\rm Re}\left[\exp(-{\rm j}2\pi f_{\rm V}\tau)\int_{-\infty}^{\infty} u^*(t'+\tau)u(t')\exp({\rm j}2\pi f_{\rm D}t'){\rm d}t'\right]\\
&= {\rm Re}[\exp(-{\rm j}2\pi f_{\rm V}\tau)\chi(\tau, f_{\rm D})] \leqslant |\chi(\tau, f_{\rm D})|
\end{aligned}
\tag{2.3.14}
$$

所以有

$$
\varepsilon^2 \geqslant 2\left[2E - |\chi(\tau, f_{\rm D})|\right]
\tag{2.3.15}
$$

式（2.3.15）表明，两个信号的差别越大越容易分辨，$|\chi(\tau, f_{\rm D})|$ 的值越小越容易分辨。$|\chi(\tau, f_{\rm D})|$ 随着 τ 和 $f_{\rm D}$ 的增加下降得越迅速，ε^2 越大，两个目标就越容易分辨，也就是模糊度越小。所以，模糊函数是两个相邻目标距离-速度联合分辨能力的一种度量。

2.3.4　距离模糊函数和多普勒频移模糊函数

当两个目标的多普勒频率之差为 0 时，从式（2.3.3）可得信号的距离模糊函数为

$$
\chi(\tau, 0) = \int_{-\infty}^{\infty} u(t)u^*(t-\tau){\rm d}t = \int_{-\infty}^{\infty} |U(f)|^2 \exp({\rm j}2\pi f\tau){\rm d}f
\tag{2.3.16}
$$

式中，$U(f)$ 表示信号复包络 $u(t)$ 的频谱。

$\chi(\tau, 0)$ 可视为 $f_{\rm D}=0$ 平面对模糊函数图的切割。距离模糊函数就是信号的自相关函数，由于信号的自相关函数与信号的功率谱密度 $|U(f)|^2$ 构成傅里叶变换对，所以式（2.3.16）中的第二个等号成立，即信号的距离模糊函数由其功率谱决定。从滤波的角度看，$\chi(\tau, 0)$ 是匹配滤波器在没有多普勒频率失配时的响应。

当 $f_{\rm D} \neq 0$ 而是某个常数时，相当于用偏离最大值的某一 $f_{\rm D}$ 平面去切割模糊函数图，这时信号处理不在最佳状态，即有多普勒失配，所以匹配滤波器对具有多普勒频移的信号没有自适应性。

在只考虑多普勒频移的情况时，取 $\tau=0$，有

$$
\chi(0, f_{\rm D}) = \int_{-\infty}^{\infty} |u(t)|^2 \exp({\rm j}2\pi f_{\rm D}t){\rm d}t = \int_{-\infty}^{\infty} U(f)U^*(f-f_{\rm D}){\rm d}f
\tag{2.3.17}
$$

它称为多普勒模糊函数或速度模糊函数。它由信号复包络 $u(t)$ 决定。

2.3.5　模糊函数与雷达的分辨率

分辨率是指将两个邻近目标区分开来的能力。两个目标回波能否分开，主要取决于信噪比、信号形式和信号处理。信噪比越大，实际的可分辨能力就越好；最佳的信号处理是匹配滤波，因为此时能够获得最大输出信噪比。剩下的问题便是信号波形。不同的雷达信号波形具有不同的距离分辨率和多普勒分辨率，这称为信号的固有分辨率。

1. 距离分辨率

假设两个理想点目标（其散射强度均为 1）的回波信号仅有延时差 τ。根据均方差准则（2.3.12），有

$$
\varepsilon^2 = 2\left\{2E - {\rm Re}\left[\int_{-\infty}^{\infty} u(t)u^*(t+\tau){\rm d}t\right]\right\}
\tag{2.3.18}
$$

易知，式（2.3.18）右边方括号里为 $u(t)$ 的自相关函数可表示为

$$A(\tau) = \int_{-\infty}^{\infty} u(t)u^*(t+\tau)\mathrm{d}t \tag{2.3.19}$$

根据自相关函数的性质，$A(0)$ 最大且 $A(\tau)$ 在除 $\tau = 0$ 外的值越小，两个目标就越容易分辨。因此，雷达波形自相关函数的主瓣宽度越窄，其距离分辨能力就越强。于是，可用归一化的自相关函数 $|A(\tau)|^2 / |A(0)|^2$ 来表示两个目标回波在时间（距离）上的可分辨性能。当 $\tau = 0$ 时，$|A(\tau)|^2 / |A(0)|^2 = 1$，两个目标完全重合，不能分辨；而当 $|A(\tau)|^2 / |A(0)|^2$ 很小时，两个目标容易分辨。

式（2.3.19）表明，当两个目标的距离（与 τ 对应）一定时，对两个目标的分辨性能完全取决于雷达波形。显然，具有理想分辨率的信号波形，其自相关函数应是狄克拉冲激函数 $\delta(t)$，在频域应具有均匀的功率谱密度，所占带宽 $f \in (-\infty, \infty)$。虽然冲激信号不是真实存在的，但上述结果提示我们：要具有高的距离分辨率，所选择的信号通过匹配滤波器后的输出应具有很窄的主瓣波峰。这样的信号要么是具有很短持续时间的脉冲，要么是具有很宽频谱的宽带波形。

为进一步讨论距离分辨率与信号带宽之间的关系，我们来看带宽为 B、频谱形状为矩形的信号。信号的频域表示为

$$S(f) = 1, \quad f_0 - B/2 \leqslant f \leqslant f_0 + B/2 \tag{2.3.20}$$

对应的时域波形为

$$s(t) = \frac{\sin(\pi B t)}{\pi B t} \exp(\mathrm{j}2\pi f_0 t) \tag{2.3.21}$$

这是一个受到载频 f_0 调制的 sinc 函数，其主瓣的第一个过零点出现在 $t = 1/B$ 处。根据瑞利准则，当一个相应的波峰刚好落在另一个相应的过零点上时，它就是两个信号的可分辨点。因此，定义瑞利时间分辨率为

$$\delta_\mathrm{t} = 1/B \tag{2.3.22}$$

或距离分辨率为

$$\delta_\mathrm{r} = \frac{c}{2B} \tag{2.3.23}$$

式中，c 表示电磁波传播速度，B 表示雷达信号的带宽。

比较式（2.3.16）和式（2.3.19），可以看出雷达距离模糊函数为

$$\chi(\tau, 0) = \int_{-\infty}^{\infty} u(t)u^*(t-\tau)\mathrm{d}t = A(\tau) \tag{2.3.24}$$

2. 多普勒频率分辨率

根据时间域和频率域之间的傅里叶变换关系，距离分辨率讨论的结论很容易推广到目标多普勒频率（或径向速度）分辨率。因此，区分两个距离相同、径向速度不同的回波信号频谱的难易取决于

$$\varepsilon^2(f_\mathrm{D}) = \int_{-\infty}^{\infty} |U(f) - U(f - f_\mathrm{D})|^2 \, \mathrm{d}f \tag{2.3.25}$$

式中，$U(f)$ 为 $u(t)$ 的频谱，f_D 为两个目标之间的多普勒频率差。

$\varepsilon^2(f_\mathrm{D})$ 的值越大，表明目标越容易分辨。信号频谱的自相关函数为

$$A(f_\mathrm{D}) = \int_{-\infty}^{\infty} U(f)U^*(f - f_\mathrm{D})\mathrm{d}f = \int_{-\infty}^{\infty} |u(t)|^2 \exp(-\mathrm{j}2\pi f_\mathrm{D}t)\mathrm{d}t = \chi(0, f_\mathrm{D}) \tag{2.3.26}$$

根据均方差准则，用归一化的频率自相关函数 $|A(f_\mathrm{D})|^2 / |A(0)|^2$ 来表示两个目标回波在多

普勒频率（或径向速度）上的可分辨能力。

采用与距离分辨率类似的分析方式可得，信号的频率分辨率 δ_f 是和信号的持续时间 T 成反比的，因此多普勒频率分辨率为

$$\delta_{f_D} = \frac{1}{T} \tag{2.3.27}$$

对应的径向速度分辨率为

$$\delta_v = \frac{\lambda \delta_{f_D}}{2} = \frac{\lambda}{2T} \tag{2.3.28}$$

式中，λ 表示雷达发射电磁波波长。

需要说明的是，式（2.3.22）、式（2.3.23）、式（2.3.27）和式（2.3.28）具有普遍意义。

（1）雷达的距离分辨率由雷达发射信号的带宽决定。这种带宽可以是瞬时带宽（如极窄的脉冲），也可以是合成的（通过时间换取得到的，如脉冲持续时间长的线性调频波形）。在实际应用中，这种宽带信号可以是窄脉冲波形、线性调频波形、频率步进波形、随机或伪随机噪声波形等宽带调制信号。

（2）雷达的多普勒频率分辨率由雷达信号的持续时间决定。持续时间越长，分辨率越高。这种长时间的要求可以通过发射持续时间很长的脉冲串或连续波，或通过对多个脉冲的相参积累等来实现。

2.4　常用雷达信号及其模糊函数

单频矩形脉冲波形是最简单的雷达信号，即雷达的发射信号是一个载频为 f_0 的矩形脉冲串，根据单个脉冲之间相位的相参性，可分为非相干脉冲串和相干脉冲串两类波形。现代相参体制雷达系统采用的均是相干脉冲串。通过对雷达波形进行调频或调相可以得到宽带信号，因此，现代雷达系统经常用到线性调频脉冲串和相位编码脉冲串。

根据 2.3 节的讨论，理想的雷达波形，其模糊函数应具有如图 2.4.1 所示的形状，即一个二维 δ 冲激函数。此时，雷达既没有延时模糊，又不存在多普勒频率模糊。但实际上没有任何现实的波形能够得到这样的模糊函数，大多数雷达信号波形具有的模糊函数大致可分三类：刀刃形、图钉形和钉板形。

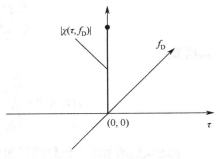

图 2.4.1　理想雷达波形的模糊函数

2.4.1　单频矩形脉冲

单一频率的矩形脉冲是单频率正弦振荡信号被矩形脉冲调制后的信号。矩形函数的定义为

$$\text{rect}(x) = \begin{cases} 1, & |x| < \dfrac{1}{2} \\ 0, & |x| \geqslant \dfrac{1}{2} \end{cases} \tag{2.4.1}$$

假设单频脉冲信号为

$$s(t) = u(t)\exp(\mathrm{j}\omega_c t) \tag{2.4.2}$$

其复包络为

$$u(t) = \frac{1}{\sqrt{t_\mathrm{p}}} \mathrm{rect}\left(\frac{t}{t_\mathrm{p}}\right) \tag{2.4.3}$$

且 $\int_{\infty}^{\infty} |u(t)|^2\,\mathrm{d}t = 1$，$t_\mathrm{p}$ 表示脉冲宽度，$\omega_\mathrm{c} = 2\pi f_\mathrm{c}$ 表示载波频率。

单频脉冲的傅里叶变换为

$$S(f) = \sqrt{t_\mathrm{p}}\,\mathrm{sinc}(\pi t_\mathrm{p} f - \pi t_\mathrm{p} f_\mathrm{c})$$

式中，$\mathrm{sinc}(x) = \dfrac{\sin x}{x}$ 为辛格函数，频谱宽度为 $1/t_\mathrm{p}$。

单频矩形脉冲信号的时域波形及其频谱如图 2.4.2 所示。

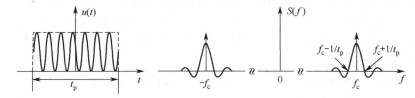

图 2.4.2　单频矩形脉冲信号的时域波形及其频谱

单频矩形脉冲的频谱是将矩形脉冲的频谱搬移到射频频率 f_c 处的连续谱线，第一个过零点在 $1/t_\mathrm{p}$ 处。

根据模糊函数的计算公式（2.3.13），单频矩形脉冲的模糊函数为

$$\begin{aligned}
\chi(\tau, f_\mathrm{D}) &= \int_{-\infty}^{\infty} u^*(t+\tau) u(t) \exp(\mathrm{j}2\pi f_\mathrm{D} t)\,\mathrm{d}t \\
&= \frac{1}{t_\mathrm{p}} \int_{-\infty}^{\infty} \mathrm{rect}\left(\frac{t+\tau}{t_\mathrm{p}}\right) \mathrm{rect}\left(\frac{t}{t_\mathrm{p}}\right) \exp(\mathrm{j}2\pi f_\mathrm{D} t)\,\mathrm{d}t
\end{aligned} \tag{2.4.4}$$

其模值为

$$|\chi(\tau, f_\mathrm{D})| = \begin{cases} \left(1 - \dfrac{|\tau|}{t_\mathrm{p}}\right) \mathrm{sinc}\left[\pi f_\mathrm{d} t_\mathrm{p}\left(1 - \dfrac{|\tau|}{t_\mathrm{p}}\right)\right], & |\tau| \leqslant t_\mathrm{p} \\ 0, & |\tau| > t_\mathrm{p} \end{cases} \tag{2.4.5}$$

上述模糊函数的三维轮廓图如图 2.4.3 所示，可见它属于刀刃形。一般绘制三维空间立体图形不方便，可以用二维图形表示，如图 2.4.4 所示。网格部分为模糊度图的强区，斜线阴影部分为弱区（但不为零），无阴影部分为零区。强区一般是以 −6dB 水平切割后的轮廓线（交迹）。可见，单个脉冲模糊函数的强区近似为椭圆形。这也说明，如果切割门限电平选取合适，则不会产生"额外"的多值性，该椭圆即为模糊度图。它沿时间轴的宽度为 t_p，沿频率轴的宽度为脉宽的倒数 $1/t_\mathrm{p}$。改变脉冲宽度 t_p 可以改变椭圆的形状。例如，宽脉冲时椭圆长轴和 τ 轴一致，而窄脉冲时其长轴与 f_D 一致。虽然椭圆的轴可通过控制脉冲宽度 t_p 使之变长或变短，但在另一个轴上则正好做相反的对应变化。原点附近不能同时沿 τ 轴和 f_D 轴都窄到任意程度。一般来说，具有刀刃形模糊函数的信号不能同时兼顾距离和速度两维分辨率，因而通常被用于测量距离或速度参量之一。

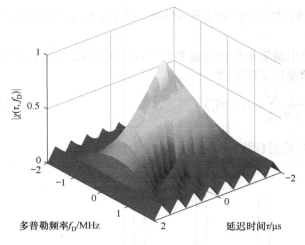

图 2.4.3　矩形脉冲的模糊函数图

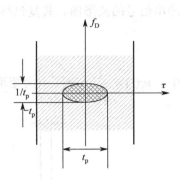

图 2.4.4　矩形脉冲的模糊度图

单个矩形脉冲的距离模糊函数为

$$|\chi(\tau,0)| = \begin{cases} 1 - \dfrac{|\tau|}{t_p}, & |\tau| \leqslant t_p \\ 0, & |\tau| > t_p \end{cases} \tag{2.4.6}$$

可见，它是一个三角函数，其延时分辨率为 t_p，距离分辨率为 $ct_p/2$。

单个矩形脉冲的多普勒模糊函数为

$$|\chi(0, f_D)| = \mathrm{sinc}(\pi f_d t_p) \tag{2.4.7}$$

它是一个 sinc 函数，多普勒分辨率为 $1/t_p$，速度分辨率为 $\lambda/2t_p$。图 2.4.5 中给出了单个单频脉冲的距离和多普勒模糊函数，图中假定 $t_p = 2\mu s$。

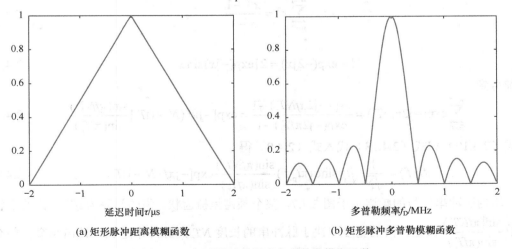

(a) 矩形脉冲距离模糊函数　　　　　　　　　　(b) 矩形脉冲多普勒模糊函数

图 2.4.5　矩形脉冲的距离和多普勒模糊函数

2.4.2　相参脉冲串

相参脉冲串在不减小信号带宽的前提下增大了信号持续时间。如果附加其他调制（如脉间频率编码），还可增大信号带宽，是大时宽带宽信号的一种。相参脉冲串信号既保留了脉冲信号高距离分辨率的特点，又兼具连续波雷达的速度分辨性能，是雷达信号中应用最广泛的一种。

均匀脉冲串信号是相参脉冲串信号中最简单但也最重要的一种。图 2.4.6 中示出了均匀脉冲串信号的波形图。其复包络的数学表达式可写成

$$u(t) = \frac{1}{\sqrt{N}} \sum_{n=0}^{N-1} u_1(t - nT_r) \qquad (2.4.8)$$

式中，$u_1(t) = \frac{1}{\sqrt{t_p}} \text{rect}\left(\frac{t}{t_p}\right)$ 为矩形子脉冲的复包络。

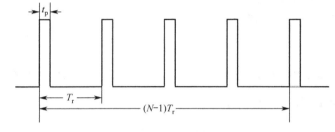

图 2.4.6　均匀脉冲串信号的波形图

根据傅里叶变换的叠加特性和延时特性，不难求得相参均匀脉冲串信号的频谱为

$$S(f) = \frac{1}{\sqrt{N}} S_1(f) \sum_{n=0}^{N-1} \exp(-j2\pi f n T_r) \qquad (2.4.9)$$

式中，

$$S_1(f) = \sqrt{t_p} \text{sinc}(\pi t_p f) \qquad (2.4.10)$$

为子脉冲的频谱。利用等式

$$\sum_{n=0}^{N-1} x^n = \frac{x^N - 1}{x - 1} \qquad (2.4.11)$$

和

$$1 - \exp(-2jx) = 2j\exp(-jx)\sin x \qquad (2.4.12)$$

不难得到

$$\sum_{n=0}^{N-1} \exp(-j2\pi f n T_r) = \frac{\exp(-j2\pi f N T_r) - 1}{\exp(-j2\pi f T_r) - 1} = \exp[-j\pi f(N-1)T_r]\frac{\sin(\pi f N T_r)}{\sin(\pi f T_r)} \qquad (2.4.13)$$

将式（2.4.10）和式（2.4.13）代入式（2.4.9）得

$$S(f) = \frac{1}{\sqrt{N}} \sqrt{t_p} \text{sinc}(\pi t_p f)\frac{\sin(\pi f N T_r)}{\sin(\pi f T_r)} \exp[-j\pi f(N-1)T_r] \qquad (2.4.14)$$

均匀脉冲串信号的频谱示于图 2.4.7，整个频谱呈梳齿状。齿的间隔为 $1/T_r$，齿的形状由函数 $\dfrac{\sin(\pi f N T_r)}{\sin(\pi f T_r)}$ 决定，齿的宽度取决于脉冲串的长度 NT_r，脉冲串越长，梳齿越窄。整个频谱的包络由函数 $\text{sinc}(\pi t_p f)$ 决定，子脉冲宽度越小，频谱越宽。

相参均匀脉冲串信号的模糊函数推导较为复杂，在此不再赘述，感兴趣的读者可参考相关文献。根据相关文献的结论，在 $t_p < T_r/2$ 的假设条件（该假设意味着脉宽小于脉冲重复周期的一半，在脉冲雷达的情形下，该假设很容易满足，一般都成立）下，相参均匀脉冲串信

号的模糊函数可表示为

$$|\chi(\tau,f_{\mathrm{D}})| = \begin{cases} \dfrac{1}{N}\displaystyle\sum_{m=-(N-1)}^{N-1}|\chi_1(\tau-mT_{\mathrm{r}},f_{\mathrm{D}})| \left|\dfrac{\sin[\pi f_{\mathrm{D}}(N-|m|)T_{\mathrm{r}}]}{\sin\pi f_{\mathrm{D}}T_{\mathrm{r}}}\right|, & |\tau|\leqslant NT_{\mathrm{r}} \\ 0, & |\tau|>NT_{\mathrm{r}} \end{cases} \quad (2.4.15)$$

式中，$|\chi_1(\tau,f_{\mathrm{D}})|$ 为单频矩形脉冲的模糊函数，其表达式为

$$|\chi_1(\tau,f_{\mathrm{D}})| = \begin{cases} \left(1-\dfrac{|\tau|}{t_{\mathrm{p}}}\right)\mathrm{sinc}\left[\pi f_{\mathrm{d}}t_{\mathrm{p}}\left(1-\dfrac{|\tau|}{t_{\mathrm{p}}}\right)\right], & |\tau|\leqslant t_{\mathrm{p}} \\ 0, & |\tau|>t_{\mathrm{p}} \end{cases} \quad (2.4.16)$$

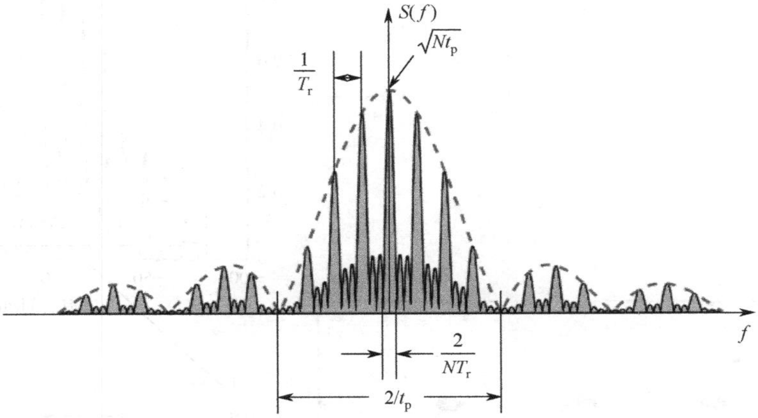

图 2.4.7　相参均匀脉冲串信号的频谱图

如果将延时 τ 限制在主瓣区域，即令 $|\tau|\leqslant t_{\mathrm{p}}$，则式（2.4.15）可简化成

$$|\chi(\tau,f_{\mathrm{D}})| = \begin{cases} |\chi_1(\tau,f_{\mathrm{D}})| \left|\dfrac{\sin N\pi f_{\mathrm{D}}T_{\mathrm{r}}}{N\sin\pi f_{\mathrm{D}}T_{\mathrm{r}}}\right|, & |\tau|\leqslant t_{\mathrm{p}} \\ 0, & |\tau|>t_{\mathrm{p}} \end{cases} \quad (2.4.17)$$

图 2.4.8 所示为 $N=8$、$t_{\mathrm{p}}/T_{\mathrm{r}}=1/4$、$t_{\mathrm{p}}=2.5\mu s$ 的均匀脉冲串信号的模糊函数图的中心部分，可见模糊函数图呈钉板形。图 2.4.9 所示是该均匀脉冲串信号的模糊度图（−6dB 切割剖面图）。

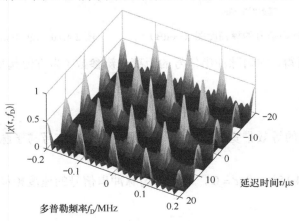

图 2.4.8　均匀脉冲串信号的模糊函数图

由式（2.4.15），令 $f_D = 0$，可得均匀脉冲串信号的距离模糊函数（自相关函数）为

$$|\chi(\tau,0)| = \begin{cases} \dfrac{1}{N}\sum_{m=-(N-1)}^{N-1}|\chi_1(\tau-mT_r,0)|(N-|m|), & |\tau| \leqslant NT_r \\ 0, & |\tau| > NT_r \end{cases} \qquad (2.4.18)$$

如图 2.4.10 所示，它相当于单个脉冲的距离模糊函数按脉冲串的时间间隔 T_r 重复出现，会出现距离模糊。

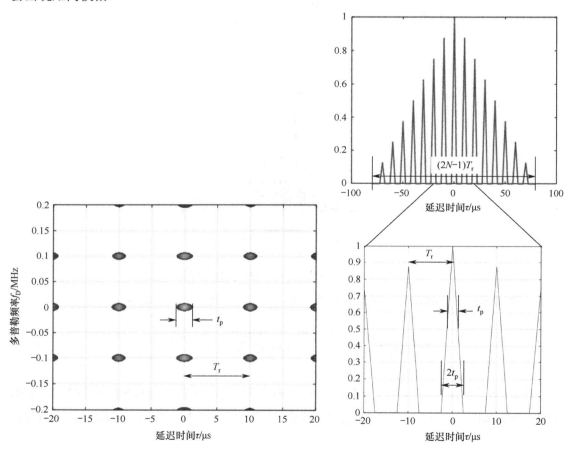

图 2.4.9　均匀脉冲串信号的模糊度图（–6dB）　　　　图 2.4.10　均匀脉冲串信号的距离模糊度图

由式（2.4.18）可得，均匀脉冲串信号的距离分辨参数（为方便起见，这里取主瓣的 6dB 宽度）为

$$\tau_{n,r} \approx \sqrt{2}/\beta \approx T \qquad (2.4.19)$$

由此可得，信号的等效带宽 $\beta \approx \sqrt{2}/\beta$。可见均匀脉冲信号与子脉冲信号具有相同的距离名义分辨率。

同理，由式（2.4.15），令 $\tau = 0$，可得均匀脉冲串信号的速度模糊函数（频率自相关函数）的表达式为

$$|\chi(0,f_D)|=|\chi_1(0,f_D)|\left|\frac{\sin N\pi f_D T_r}{N\sin \pi f_D T_r}\right|=\left|\frac{\sin \pi f_D T_r}{\pi f_D T_r}\right|\left|\frac{\sin N\pi f_D T_r}{N\sin \pi f_D T_r}\right| \tag{2.4.20}$$

如图 2.4.11 所示。由图可知，均匀脉冲串信号的速度模糊函数分裂为采样型的尖峰，该尖峰称为速度模糊瓣，尖峰宽度为 $1/NT_r$，间隔为 $1/T_r$。在这些模糊瓣之间还存在正弦型旁瓣，称为多普勒旁瓣。在多目标环境中，即使目标的速度分布范围不超过 $1/T_r$，这些多普勒旁瓣也会产生"自身杂波"干扰。

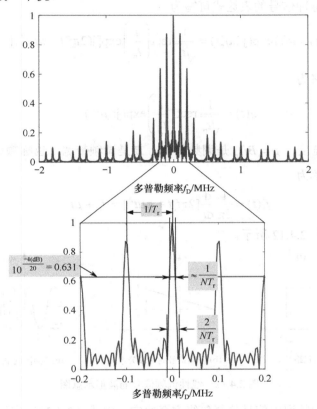

图 2.4.11　均匀脉冲串信号的速度模糊函数

由（2.4.20）可得，均匀脉冲串信号的速度分辨参数为（为方便起见，这里取主瓣的 4dB 宽度）

$$f_{D,nr}\approx\frac{\sqrt{2}}{\sigma}\approx\frac{1}{NT_r} \tag{2.4.21}$$

由此可知，信号的等效时宽为 $\sigma\approx NT_r$。

均匀脉冲串信号的优点是，大部分模糊体积移至远离原点的"模糊瓣"内，使得原点处的主瓣变得较窄，因而具有较高的距离和速度分辨率。其主要缺点是，当目标的距离和速度分布范围超过清晰区域时，会产生距离和速度模糊。克服其缺点的最简单的方法是在保证一维（如距离）不模糊的情况下，允许另一维（速度）模糊。例如，加大子脉冲间隔，消除距离模糊而容忍速度模糊；或减小子脉冲间隔，消除速度模糊而容忍距离模糊。当然，也可通过对脉冲串信号附加幅度、相位或脉宽调制的方法，达到抑制距离旁瓣的目的；或通过脉冲间相位编码、频率编码和重复周期参差等方法达到抑制距离旁瓣的目的。

2.4.3　线性调频脉冲

线性调频信号是研究得最早、应用最广泛的一种脉冲压缩信号，是在匹配滤波理论的基础上提出的。这种信号的突出优点是匹配滤波器对回波信号的多普勒频率不敏感，即使回波信号有较大的多普勒，匹配滤波仍能起到脉冲压缩的作用，缺点是输出响应将产生与多普勒频率成正比的附加延时。

线性调频矩形脉冲信号的表达式可写为

$$s(t) = u(t)\exp(j2\pi f_c t) = \frac{1}{\sqrt{t_p}}\mathrm{rect}\left(\frac{t}{t_p}\right)\exp[j(2\pi f_c t + \pi\mu t^2)] \tag{2.4.22}$$

式中，信号的复包络为

$$u(t) = \frac{1}{\sqrt{t_p}}\mathrm{rect}\left(\frac{t}{t_p}\right)\exp(j\pi\mu t^2) \tag{2.4.23}$$

式中，t_p 表示脉冲宽度；$\mu = B/t_p$ 是调频斜率，B 是调频带宽，也称频偏。

信号的瞬时频率为

$$f_i(t) = \frac{1}{2\pi}\frac{\mathrm{d}}{\mathrm{d}t}[2\pi f_c t + \pi\mu t^2] = f_c + \mu t \tag{2.4.24}$$

信号波形示意图如图 2.4.12 所示。

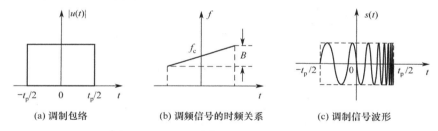

(a) 调制包络　　　　　　(b) 调频信号的时频关系　　　　　　(c) 调制信号波形

图 2.4.12　线性调频信号的波形示意图

线性调频信号的频谱由信号的复包络完全决定。对式（2.4.23）作傅里叶变换可得

$$S(f) = \frac{1}{\sqrt{t_p}}\int_{-t_p/2}^{t_p/2}\exp(j\pi\mu t^2)\exp(-j2\pi ft)\mathrm{d}t$$

$$= \frac{1}{\sqrt{t_p}}\exp\left(-j\pi\frac{f^2}{\mu}\right)\int_{-t_p/2}^{t_p/2}\exp\left[j\left(\frac{\pi}{2}\right)2\mu\left(t-\frac{f}{\mu}\right)^2\right]\mathrm{d}t \tag{2.4.25}$$

作变量代换 $x = \sqrt{2\mu}(t - f/\mu)$，上式即可化为

$$S(f) = \frac{1}{\sqrt{2\mu t_p}}\exp\left(-j\pi\frac{f^2}{\mu}\right)\left[\int_{-\upsilon_2}^{\upsilon_1}\cos\left(\frac{\pi x^2}{2}\right)\mathrm{d}x + j\int_{-\upsilon_2}^{\upsilon_1}\sin\left(\frac{\pi x^2}{2}\right)\mathrm{d}x\right] \tag{2.4.26}$$

其中积分限

$$\upsilon_1 = \sqrt{2\mu}\left(\frac{t_p}{2} - \frac{f}{\mu}\right),\quad \upsilon_2 = \sqrt{2\mu}\left(\frac{t_p}{2} + \frac{f}{\mu}\right) \tag{2.4.27}$$

采用菲涅尔积分公式

$$c(\upsilon) = \int_0^\upsilon \cos\left(\frac{\pi x^2}{2}\right)\mathrm{d}x, \quad s(\upsilon) = \int_0^\upsilon \sin\left(\frac{\pi x^2}{2}\right)\mathrm{d}x \tag{2.4.28}$$

并考虑其对称性

$$c(-\upsilon) = -c(\upsilon), \quad s(-\upsilon) = -s(\upsilon) \tag{2.4.29}$$

信号频谱可表示为

$$S(f) = \frac{1}{\sqrt{2\mu t_{\mathrm{p}}}} \exp\left(-\mathrm{j}\pi\frac{f^2}{\mu}\right)\{[c(\upsilon_1) + c(\upsilon_2)] + \mathrm{j}[s(\upsilon_1) + s(\upsilon_2)]\} \tag{2.4.30}$$

根据菲涅尔积分的性质，当 $Bt_{\mathrm{p}} \gg 1$ 时，信号 95%以上的能量集中在范围 $-B/2 \sim B/2$ 内，频谱接近于矩形。图 2.4.13 中给出了不同 Bt_{p} 值的频谱。

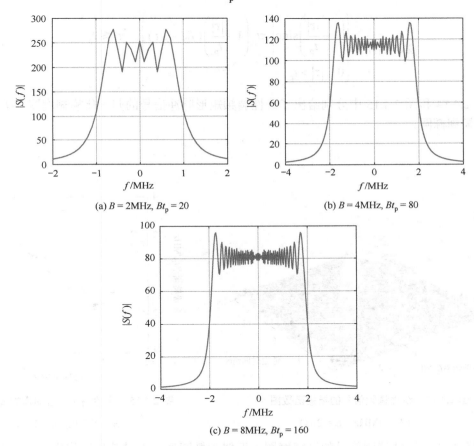

(a) $B = 2\mathrm{MHz}$, $Bt_{\mathrm{p}} = 20$　　　　(b) $B = 4\mathrm{MHz}$, $Bt_{\mathrm{p}} = 80$

(c) $B = 8\mathrm{MHz}$, $Bt_{\mathrm{p}} = 160$

图 2.4.13　线性调频信号的频谱

当 $Bt_{\mathrm{p}} \gg 1$ 时，式（2.4.30）的频谱可近似表示为

$$S(f) \approx \frac{1}{\sqrt{2\mu t_{\mathrm{p}}}} \exp\left(-\mathrm{j}\pi\frac{f^2}{\mu} + \frac{\pi}{4}\right), \quad |f| \leqslant \frac{B}{2} \tag{2.4.31}$$

这时，$S(f)$ 的幅度谱 $|S(f)|$ 和相位谱 $\phi(f)$ 可近似表示为

$$|S(f)| \approx \frac{1}{\sqrt{2\mu t_{\mathrm{p}}}}, \quad |f| \leqslant \frac{B}{2} \tag{2.4.32}$$

$$\phi(f) \approx -\mathrm{j}\pi\frac{f^2}{\mu} + \frac{\pi}{4}, \quad |f| \leqslant \frac{B}{2} \tag{2.4.33}$$

将信号的复包络公式（2.4.23）代入模糊函数定义公式（2.3.13）可得

$$\chi(\tau, f_{\mathrm{D}}) = \frac{1}{t_{\mathrm{p}}} \int_{-\infty}^{\infty} \mathrm{rect}\left(\frac{t}{t_{\mathrm{p}}}\right) \exp(\mathrm{j}\pi\mu t^2) \mathrm{rect}\left(\frac{t+\tau}{t_{\mathrm{p}}}\right) \exp[-\mathrm{j}\pi\mu(t+\tau)^2] \exp(\mathrm{j}2\pi f_{\mathrm{D}}t) \mathrm{d}t \tag{2.4.34}$$

$$= \exp(\mathrm{j}\pi\mu\tau^2) \frac{1}{t_{\mathrm{p}}} \int_{-\infty}^{\infty} \mathrm{rect}\left(\frac{t}{t_{\mathrm{p}}}\right) \mathrm{rect}\left(\frac{t+\tau}{t_{\mathrm{p}}}\right) \exp[\mathrm{j}2\pi(f_{\mathrm{D}} - \mu\tau)t] \mathrm{d}t$$

式中的积分项为单载频矩形脉冲的模糊函数（参看单载频脉冲信号的内容），只是这里有一个频移，即 $f_{\mathrm{D}} - \mu\tau$。线性调频信号的模糊函数可表示为

$$|\chi(\tau, f_{\mathrm{D}})| = \begin{cases} \left(1 - \dfrac{|\tau|}{t_{\mathrm{p}}}\right) \mathrm{sinc}\left[\pi t_{\mathrm{p}}\left(1 - \dfrac{|\tau|}{t_{\mathrm{p}}}\right)(f_{\mathrm{D}} - \mu\tau)\right], & |\tau| \leqslant t_{\mathrm{p}} \\ 0, & |\tau| > t_{\mathrm{p}} \end{cases} \tag{2.4.35}$$

图 2.4.14 和图 2.4.15 中分别给出了线性调频矩形脉冲信号的归一化模糊度图（剪切刀刃形）和模糊椭圆。

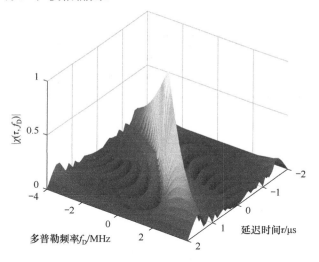

图 2.4.14　线性调频信号的模糊函数图

（$B = 4\mathrm{MHz}$，$t_{\mathrm{p}} = 2\mu\mathrm{s}$）

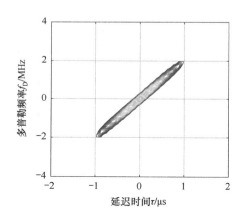

图 2.4.15　线性调频信号的模糊度图

（$B = 4\mathrm{MHz}$，$t_{\mathrm{p}} = 2\mu\mathrm{s}$，$-6\mathrm{dB}$）

由图可知，线性调频信号的模糊度图也近似为椭圆形，不过其长轴偏离 τ、f_{D} 轴而倾斜一个角度。这样，坐标原点附近沿两个坐标轴的宽度可以分别由信号带宽和信号时宽加以控制，这无疑对分辨率的设计是有利的。

线性调频信号的距离模糊函数（自相关函数）为

$$|\chi(\tau, 0)| = \begin{cases} \left(1 - \dfrac{|\tau|}{t_{\mathrm{p}}}\right) \mathrm{sinc}[\pi\mu\tau(t_{\mathrm{p}} - \tau)], & |\tau| \leqslant t_{\mathrm{p}} \\ 0, & |\tau| > t_{\mathrm{p}} \end{cases} \tag{2.4.36}$$

不难得到信号的延时分辨率（−4dB）为

$$\tau_{n,r} \approx \frac{1}{\mu t_p} = \frac{1}{B} \tag{2.4.37}$$

当 $Bt_p > 30$ 时，持续带宽近似为调频宽度 B，与脉冲宽度无关，只要调频带宽 B 很大，信号就可以有较高的距离分辨率，即

$$\Delta R = \frac{c}{2B} \tag{2.4.38}$$

线性调频信号的速度或多普勒模糊函数为

$$\left| \chi(0, f_D) \right| = \text{sinc}(\pi t_p f_D) \tag{2.4.39}$$

因此，线性调频信号的多普勒分辨率（−4dB）为

$$f_{D,nr} \approx 1/T \tag{2.4.40}$$

图 2.4.16 中给出了线性调频信号的归一化距离和速度模糊函数图。

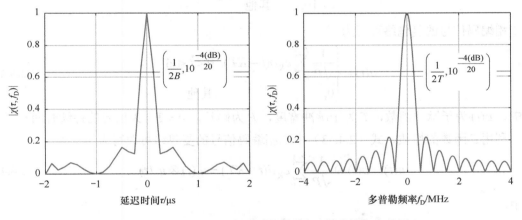

图 2.4.16　线性调频信号的距离模糊和多普勒模糊函数图

由图 2.4.16 和图 2.4.3 不难看出，线性调频信号的模糊度图是单载频矩形脉冲信号的模糊度图旋转了一个角度，这样就带来了以下优点。

（1）当目标的距离已知时，可以有很高的测速精度；当目标的速度已知时，可以有很高的测距精度。

（2）在多目标环境中，当目标速度相同时，可以有很高的距离分辨率；当目标距离相同时，可以有很高的速度分辨率。

线性调频信号的主要缺点如下。

（1）在多脉冲观测的场合，对于距离和速度都不知道的目标，只能测出其联合值；对于剪切刀刃附近的多目标，则完全无法分辨。当然，可以通过发射两个调频斜率相反的脉冲，克服联合测定的模糊。

（2）匹配滤波器输出波形的旁瓣较高，当多普勒频率为零时，第一旁瓣约为−13.2dB。可以通过加权来降低旁瓣，但会导致主瓣展宽。

（3）当调频带宽较大时，A/D 的采样率要求较高。

2.4.4　相位编码脉冲

相位编码信号是另一种脉冲压缩信号，其相位调制函数是离散的有限状态，称为离散编码脉冲压缩信号。由于相位编码采用为随机序列，故又称随机编码信号。

按照相移取值数目的不同，相位编码信号可分为二相编码信号和多相编码信号。这里只介绍二相编码信号，并以巴克码序列和最大长度序列（M 序列）编码信号为例进行分析。

1. 二相编码信号及其特征

一般编码信号的复包络函数可写为

$$u(t) = a(t)\exp[\mathrm{j}\varphi(t)] \tag{2.4.41}$$

式中，$\varphi(t)$ 为相位调制函数。对二相编码信号来说，$\varphi(t)$ 只有 0 和 π 两种取值，对应序列用 $\{c_K = 1, -1\}$ 表示。取信号的包络为矩形

$$a(t) = \begin{cases} \dfrac{1}{\sqrt{PT}}, & 0 < t < \Delta = PT \\ 0, & \text{其他} \end{cases} \tag{2.4.42}$$

则二相编码信号的复包络可写为

$$u(t) = \begin{cases} \dfrac{1}{\sqrt{P}} \displaystyle\sum_{K=0}^{P-1} c_K \upsilon(t - KT), & 0 < t < \Delta \\ 0, & \text{其他} \end{cases} \tag{2.4.43}$$

式中，$\upsilon(t)$ 为子脉冲函数，T 为子脉冲宽度，P 为码长，$\Delta = PT$ 为信号的持续时间。

利用 δ 函数的性质，式（2.4.43）中二相编码信号的复包络可改写为

$$u(t) = \upsilon(t) \otimes \frac{1}{\sqrt{P}} \sum_{K=0}^{P-1} c_K \delta(t - KT) = u_1(t) \otimes u_2(t) \tag{2.4.44}$$

式中，

$$u_1(t) = \upsilon(t) = \begin{cases} 1/\sqrt{T}, & 0 < t < T \\ 0, & \text{其他} \end{cases}, \quad u_2(t) = \frac{1}{\sqrt{P}} \sum_{K=0}^{P-1} c_K \delta(t - KT) \tag{2.4.45}$$

应用傅里叶变换对 $\mathrm{rect}\left(\dfrac{t}{T}\right) \xrightarrow{\text{FT}} T\mathrm{sinc}(\pi fT)$ 和 $\delta(t - KT) \xrightarrow{\text{FT}} \exp(-\mathrm{j}2\pi fKT)$，不难得到二相编码信号的频谱为

$$U(f) = \sqrt{\frac{T}{P}} \mathrm{sinc}(\pi fT)\exp(-\mathrm{j}\pi fT)\left[\sum_{K=0}^{P-1} c_K \exp(-\mathrm{j}2\pi fKT)\right] \tag{2.4.46}$$

其能量谱为

$$|U(f)|^2 = |U_1(f)|^2 |U_2(f)|^2 \tag{2.4.47}$$

式中，

$$|U_1(f)|^2 = T|\mathrm{sinc}(\pi fT)|^2 \tag{2.4.48}$$

$$
\begin{aligned}
\left|U_2(f)\right|^2 &= \frac{1}{P}\left[\sum_{K=0}^{P-1} c_K \exp(-\mathrm{j}2\pi fKT)\right]\left[\sum_{K=0}^{P-1} c_K \exp(\mathrm{j}2\pi fKT)\right] \\
&= \frac{1}{P}\left\{\sum_{K=0}^{P-1} c_K^2 + \sum_{i=0}^{P-1}\sum_{\substack{k=0 \\ i\neq k}}^{P-1} c_i c_k \exp[\mathrm{j}2\pi f(i-k)T]\right\} \\
&= \frac{1}{P}\left\{P + 2\sum_{i=0}^{P-1}\sum_{k=0}^{P-1} c_k c_{k+i} \cos[2\pi f(i-k)T]\right\} \\
&= \frac{1}{P}\left\{P + 2\sum_{n=1}^{P-1}\sum_{k=0}^{P-1-n} c_k c_{k+n} \cos(2\pi fnT)\right\} \\
&= \frac{1}{P}\left\{P + 2\sum_{n=1}^{P-1} x_b(n) \cos(2\pi fnT)\right\}
\end{aligned}
\tag{2.4.49}
$$

式中，$x_b(n) = \sum_{k=0}^{P-1-n} c_k c_{k+n}$ 表示二相伪随机序列的非周期自相关函数。

通常，当 $P \gg 1$ 时，伪随机序列的非周期自相关函数具有性质

$$
x_b(n) = \begin{cases} P, & n = 0 \\ a \ll P, & n = 1, 2, \cdots, P-1 \end{cases}
\tag{2.4.50}
$$

因此有

$$
\left|U(f)\right|^2 \approx \left|U_1(f)\right|^2
\tag{2.4.51}
$$

上式说明，二相编码信号的频谱主要取决于子脉冲的频谱。若采用的伪随机序列具有良好的非周期自相关特性，则得到的二相编码信号的频谱与子脉冲的频谱基本相同。

二相编码信号的带宽与子脉冲带宽相近，即

$$
B = \frac{1}{T} = \frac{P}{\varDelta}
\tag{2.4.52}
$$

信号的脉冲压缩比或时宽带宽积为

$$
D = \varDelta \cdot B = \varDelta \cdot \frac{P}{\varDelta} = P
\tag{2.4.53}
$$

所以，采用较长的二相编码序列，就能得到大的脉冲压缩比。

利用模糊函数的卷积性质，可得到二相编码信号的模糊函数为

$$
\chi(\tau, f_{\mathrm{D}}) = \chi_1(\tau, f_{\mathrm{D}}) \otimes \chi_2(\tau, f_{\mathrm{D}}) = \sum_{m=1-P}^{P-1} \chi_1(\tau - mT, f_{\mathrm{D}}) \chi_2(mT, f_{\mathrm{D}})
\tag{2.4.54}
$$

式中，$\chi_1(\tau, f_{\mathrm{D}})$ 为子脉冲（矩形脉冲）的模糊函数。而 $\chi_2(\tau, f_{\mathrm{D}})$ 可按下式计算：

$$
\chi_2(\tau, f_{\mathrm{D}}) = \begin{cases} \dfrac{1}{P}\displaystyle\sum_{i=0}^{P-1-m} c_i c_{i+m} \exp(\mathrm{j}2\pi f_{\mathrm{D}} iT), & 0 \leqslant m \leqslant P-1 \\[3mm] \dfrac{1}{P}\displaystyle\sum_{i=-m}^{P-1} c_i c_{i+m} \exp(\mathrm{j}2\pi f_{\mathrm{D}} iT), & 1-P \leqslant m \leqslant 0 \end{cases}
\tag{2.4.55}
$$

利用式（2.4.54）和式（2.4.55）及矩形脉冲的模糊函数公式（2.4.4），就可算出二相编码信号的模糊函数。

令 $f_{\mathrm{D}} = 0$，可得信号的距离模糊函数即自相关函数为

$$\chi(\tau,0) = \sum_{m=1-P}^{P-1} \chi_1(\tau-mT,0)\chi_2(mT,0) \tag{2.4.56}$$

式中，$\chi_1(\tau,0)=\dfrac{T-|\tau|}{T}$，$|\tau|<T$ 为单个矩形脉冲的自相关函数，$\chi_2(mT,0)=\sum\limits_{i=0}^{P-1-m}c_ic_{i+m}$ 为归一化二相伪随机序列的非周期自相关函数。

显然，二相编码信号的自相关函数主要取决于所用二相序列的自相关函数。

二相编码信号的时间分辨常数（TRC）和持续带宽（FSP）分别为

$$\text{TRC}=\int_{-\infty}^{\infty}|\chi(\tau,0)|^2\,\mathrm{d}\tau=\frac{1}{P^2}(P^2-P+1)\cdot\frac{2}{3}T\approx\frac{2}{3}T \tag{2.4.57}$$

$$\text{FSP}=\frac{1}{\text{TRC}}=\frac{1.5}{T} \tag{2.4.58}$$

因此，子脉冲宽度 T 相同的二相编码信号都具有相同的持续带宽和时间分辨常数。

二相编码信号的速度模糊函数为

$$|\chi(0,f_\mathrm{D})|=\left|\int_{-\infty}^{\infty}|u(t)|^2\exp(\mathrm{j}2\pi f_\mathrm{D}t)\mathrm{d}t\right|=|\mathrm{sinc}(\pi f_\mathrm{D}PT)| \tag{2.4.59}$$

则信号的持续时宽（TSP）和频率分辨常数（FRC）分别为

$$\text{TSP}=PT$$

$$\text{FRC}=\int_{-\infty}^{\infty}|\chi(0,f_\mathrm{D})|^2\,\mathrm{d}f_\mathrm{D}=\frac{1}{\text{TSP}}=\frac{1}{PT}$$

因此，持续时宽相同的二相编码信号具有相同的频率分辨常数。

下面介绍两种典型的伪随机序列编码信号。

2. 巴克码

巴克（Barker）码序列具有理想的非周期自相关函数，即码长为 P 的巴克码的非周期自相关函数为

$$\chi(m,0)=\sum_{i=0}^{P-1-|m|}c_ic_{i+m}=\begin{cases}P, & m=0\\0;\pm1, & m\neq0\end{cases} \tag{2.4.60}$$

它的副瓣电平等于 1，是最佳的有限二相序列，但是只找到 7 种巴克码（见表 2.4.1），最长的是 13 位。长度为 n 的巴克码表示为 B_n。

表 2.4.1　巴克码序列

码标识	长度 P	序列$\{c_n\}$	自相关函数	主旁瓣比（dB）
B_2	2	++；－+	2,1；2,−1	6
B_3	3	++−	3,0,−1	9.6
B_4	4	++−+；+++−	4,−1,0,1；4,1,0,−1	12
B_5	5	+++−+	5,0,1,0,1	14
B_7	7	+++−−+−	7,0,−1,0,−1,0,−1	17
B_{11}	11	+++−−−+−−+−	11,0,−1,0,−1,0,−1,0,−1	20.8
B_{13}	13	+++++−−++−+−+	13,0,1,0,1,0,1,0,1,0,10,1	22.2

长度 $P=13$、$T=1\mu s$ 的巴克码序列编码信号的波形和频谱如图 2.4.17 所示。

图 2.4.18 与图 2.4.19 是按式（2.4.60）计算的信号模糊函数图及模糊度图（$P=13$，$T=1\mu s$）。图 2.4.20 是巴克码序列的距离和速度模糊函数。

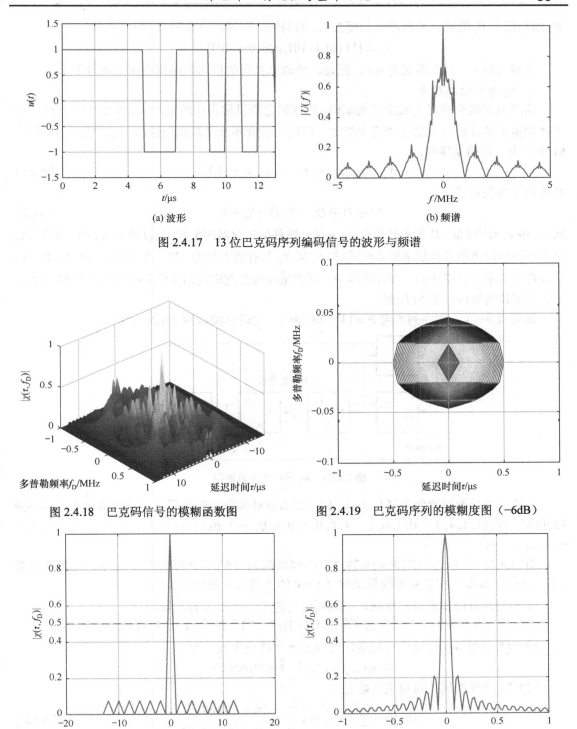

(a) 波形

(b) 频谱

图 2.4.17 13 位巴克码序列编码信号的波形与频谱

图 2.4.18 巴克码信号的模糊函数图

图 2.4.19 巴克码序列的模糊度图（−6dB）

图 2.4.20 巴克码序列的距离模糊函数（左）和速度模糊函数（右）

目前所知的巴克码序列的长度都太短，巴克码提供的最好副瓣衰减是−22.2dB，因而限制了它的应用。为了满足实际需要，人们提出了多相巴克码序列和组合巴克码序列。可以将

B_m 的码用于 B_n 的码，从而产生长度为 mn 的编码。例如，合成的 B_{54} 码可以表示为

$$B_{54} = \{11101, 11101, 00010, 11101\}$$

组合编码 B_{mn} 的压缩比为 mn。但是，合成巴克码的自相关函数副瓣不再等于 1。

3. M 序列编码信号

伪随机编码也称最大长度序列编码。这些码之所以称为伪随机的，原因是其码元 $\{+1, -1\}$ 出现的概率统计特性与掷硬币序列类似。但最大长度序列又是周期性的，通常称为 M 序列。M 序列为二相周期序列，

$$X_0 = \{x_0, x_1, \cdots, x_{P-1}, \cdots\}, \quad x_i \in (0, 1) \tag{2.4.61}$$

且满足下列关系式：

$$(I \oplus D \oplus D^2 \cdots \oplus D^n) X_0 = 0 \tag{2.4.62}$$

式中，$\oplus$ 表示模 2 加；D 表示移位单元；n 是一维移位寄存器的位数。当 $(I \oplus D \oplus D^2 \cdots \oplus D^n) X_0$ 是不可分解的多项式且是本原多项式时，序列 X_0 具有最大长度，其长度（周期）为 $P = 2^n - 1$，所以称之为最大长度序列。实际应用中，通常采用线性逻辑反馈移位寄存器来产生 M 序列。下列举例说明如何产生 M 序列。

如果取 $n = 4$，则序列长度 $P = 15$。M 序列产生器框图如图 2.4.21 所示。

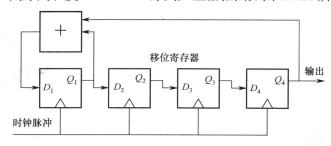

图 2.4.21 M 序列产生器框图

设移位寄存器初始值为（1, 1, 1, 1），那么在移位脉冲的作用下，输出端将产生周期为 15 的 M 序列 $\{1, 1, 1, 1, \ 0, 1, 0, 1, \ 1, 0, 0, 1, 0, 0, 0, \cdots\}$，或写为 $\{-, -, -, -, +, -, +, -, -, +, +, -, +, +, +, \cdots\}$。

图 2.4.22 所示为周期 $P = 15$ 的 M 序列编码信号的模糊函数图。信号的自相关函数（$f_D = 0$ 的主截面）和多普勒模糊函数（$\tau = 0$ 的主截面）见图 2.4.23。

M 序列具有许多重要的性质，下面列出与波形设计相关的几条。

（1）在一个周期内，"-1" 的个数为 $(P+1)/2$；"1" 的个数为 $(P-1)/2$。

（2）M 序列与其移位序列相乘，可得另一个移位序列，即

$$(x_i)(x_{i+k}) = (x_{i+h}), \quad k \neq 0 (\bmod P)$$

（3）M 序列的周期自相关函数为

$$x(m, 0) = \sum_{i=0}^{P-1} x_i x_{i+m} = \begin{cases} P, & m = 0 (\bmod P) \\ -1, & m \neq 0 (\bmod P) \end{cases} \tag{2.4.63}$$

长度 $P = 15$ 的 M 序列的自相关函数如图 2.4.24 所示。可以看出，周期自相关函数的副瓣均为 -1，而周期自相关的峰值副瓣电平可以大于 1。雷达实际工作的过程中，在一个脉冲重复周期内发射一个周期的 M 序列信号，再对回波进行相关处理只能得到非周期自相关函数，因此，在雷达中希望非周期自相关函数的峰值副瓣电平尽可能低一些（本书中提到自相

关函数时，若未特别指出，均为非周期相关函数）。

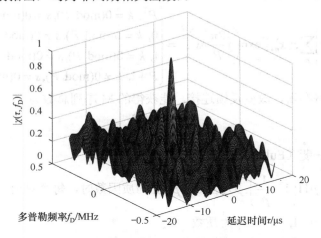

图 2.4.22　M 序列编码信号的模糊函数图（$P = 15$）

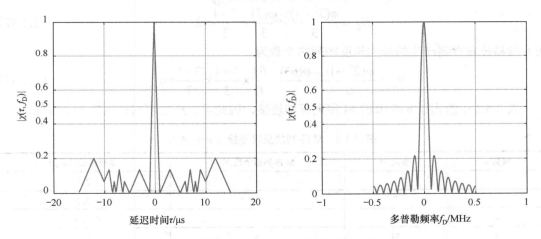

图 2.4.23　自相关函数（左）与多普勒模糊函数（右）

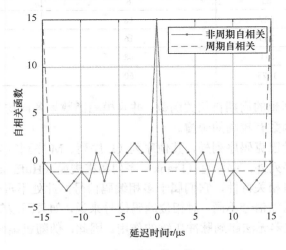

图 2.4.24　M 序列自相关函数（$P = 15$）

（4）M 序列的模糊函数为

$$\chi_{ks} = b_{ks}^2 = \left| \sum_n x_n x_{n+k}^* \exp\left(\mathrm{j} \frac{2\pi}{P} ns \right) \right|^2 = \begin{cases} P^2, & k = 0(\mathrm{mod}\ P), s = 0(\mathrm{mod}\ P) \\ 0, & k = 0(\mathrm{mod}\ P), s \neq 0(\mathrm{mod}\ P) \\ 1, & k \neq 0(\mathrm{mod}\ P), s = 0(\mathrm{mod}\ P) \\ P+1, & k \neq 0(\mathrm{mod}\ P), s \neq 0(\mathrm{mod}\ P) \end{cases} \tag{2.4.64}$$

（5）n 级移位寄存器，改变反馈连接，能获得的 M 序列总数为

$$N_{\mathrm{L}} = \frac{\varphi(2^n - 1)}{n} \tag{2.4.65}$$

式中，$\varphi(p)$ 为欧拉–斐（Eulor-phi）函数，即

$$\varphi(p) = \begin{cases} p \prod_i \left(1 - \frac{1}{p_i} \right), & p\ \text{为合数（}p_i\ \text{为}p\ \text{的质因数时，每个只用一次）} \\ p - 1, & p\ \text{为质数} \end{cases} \tag{2.4.66}$$

例如，3 阶移位寄存器产生的最大长度序列的个数为

$$N_{\mathrm{L}} = \frac{\varphi(2^3 - 1)}{3} = \frac{\varphi(7)}{3} = \frac{7 - 1}{3} = 2 \tag{2.4.67}$$

而 6 阶移位寄存器产生的最大长度序列的个数为

$$N_{\mathrm{L}} = \frac{\varphi(2^6 - 1)}{6} = \frac{\varphi(63)}{6} = \frac{63}{6} \times \frac{3 - 1}{3} \times \frac{7 - 1}{7} = 6 \tag{2.4.68}$$

表 2.4.2 中给出了 $n \leqslant 10$ 的 M 序列反馈连接，因此可以产生不同长度的 M 序列。

表 2.4.2　M 序列的反馈连接（$n \leqslant 10$）

级数 n	长度 P	M 序列总个数 N_{L}	寄存器反馈连接
2	3	1	2, 1
3	7	2	3, 2
4	15	2	4, 3; 4, 1
5	31	6	5, 3
6	63	6	6, 5
7	127	18	7, 6
8	255	16	8, 6, 5, 4
9	511	48	9, 5
10	1023	60	10, 7

伪随机序列具有理想的周期自相关函数，并且模糊函数呈各向均匀的钉板形。但是以非周期工作时，自相关函数有较高的旁瓣。

二相伪随机序列除巴克码序列外，其他序列（L 序列、M 序列等）的非周期自相关函数都不太理想。除二相序列外，弗兰克（Frank）序列和霍夫曼（Huffman）序列等复数多相序列具有良好的非周期自相关特性，它们属于多相编码信号，此处不再赘述。

与线性调频脉冲压缩信号不同，对相位编码信号来说，如果回波信号与匹配滤波器存在多普勒失谐，那么滤波器无法起到脉冲压缩的作用。因此，伪随机编码信号常用于目标多普勒变化较窄的场合。

因此，相位编码脉冲信号的距离分辨率主要取决于每个码元的带宽。在雷达中，如果采

用相位编码脉冲信号，因综合考虑作用距离和分辨率的要求，那么要选择适当长度、合适带宽的伪随机编码脉冲信号。

2.5　脉冲压缩的数字实现

雷达波形的产生和匹配滤波经常采用数字技术。基于直接数字频率合成（Direct Digital Synthesis，DDS）技术的波形产生方法是数字波形产生方法的代表。数字波形发生器使用一个预定义的相位时间关系表来控制信号的产生。关系表可存储在存储器内或使用适当的常数通过数字计算产生。数字脉冲压缩技术常用于雷达波形的匹配滤波。通过对任意波形的数字卷积或通过对线性调频波形进行展宽处理，可以实现匹配的滤波器。

2.5.1　数字波形的产生

图 2.5.1 中给出了雷达波形产生的数字方法。相控单元可输出同相分量 I 和正交分量 Q 的数字量，然后将它们转化为模拟量。这些相位数值定义了所需波形的基带分量，或定义了低频载波上的波形分量。如果是载波波形，那么不需平衡调制器，滤波后的分量直接相加。采样和保持电路用于消除 D/A 转换器的非零转换时间所产生的过渡瞬态。低通滤波器用来平滑波形采样的模拟信号，得到更高采样率的等效波形。$I(t)$ 分量调制 0° 相移的载波信号，$Q(t)$ 分量调制 90° 相移的载波信号，这两个信号之和就是所需的信号。如前所述，若数字相位采样值包含载波分量，则 I 分量和 Q 分量的中心频率是载波频率，低通滤波器可用中心频率为载波频率的带通滤波器来代替。

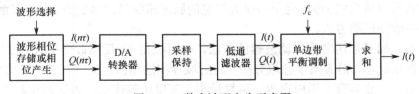

图 2.5.1　数字波形产生示意图

当需要线性调频波形时，相位采样值符合二项式曲线，可用两个串联的数字积分器产生。第一个积分器输入的数字化指令定义二项式相位函数，第二个积分器的指令是第一个积分器的输出加上所需的载波频率。载波可以用第一个积分器的初始值定义。期望的波形初始相位是第二个积分器的初始值，或在第二个积分器的输出加上其值。

随着数字技术的发展，在单一芯片上于中频或射频直接产生波形已被广泛应用。这种技术就是直接数字合成技术，它涉及高采样率产生波形和对输出的滤波。这些器件通过累加相位信息产生波形，累加的相位信息被用来查找波形值（通常为正弦波形）。波形通过 D/A 转换为模拟信号并滤波。通过使用适当的相位调制，这种方法可产生各种波形（如线性调频波、非线性调频波和连续波）。例如，AD 公司的 DDS 芯片 AD9914 使用一个 12 位 D/A 转换器，可在高达 3.5GHz 的内部时钟速度（D/A 转换器更新速度）上工作。

2.5.2　数字脉冲压缩

由 2.4.1 节可知，单频矩形脉冲能量与脉冲宽度成正比，距离分辨单元尺寸与脉冲宽度也成正比，这会导致雷达作用距离和距离分辨率的矛盾：要提高雷达作用距离，需要增大发射能量，这需要增加脉冲宽度（增加脉冲幅度受限于高压打火、器件功率容量、体积、重量、成本等因素，难度较大），会导致距离分辨率下降。如果对脉冲进行频率或相位调制，则可解决这一矛盾。这一调制过程称为脉冲压缩。脉冲压缩雷达发射宽脉冲，提高发射平均功率，保证大的作用距离；通过脉冲压缩网络匹配接收到等效窄脉冲，保证高的距离分辨率。脉冲压缩雷达不需要高能量窄脉冲所需的高峰值功率，就可同时实现宽脉冲的能量和窄脉冲的分辨率。

除了解决雷达作用距离和分辨率的矛盾，脉冲压缩还有利于提高雷达系统的抗干扰能力。对有源噪声干扰来说，信号带宽很大，迫使干扰机发射宽带噪声，降低了干扰的功率谱密度。

实现脉冲压缩要满足两个条件：① 发射脉冲必须具有非线性的相位谱，一般采用调频、调相或混合调制实现，或者说，必须使其脉冲宽度与有效频谱宽度的乘积远大于1；② 接收机中必须有一个压缩网络，其相频特性应与发射信号实现"相位共轭匹配"，即相位色散绝对值相同而符号相反，以消除输入回波信号的相位色散。第一个条件说明发射信号具有非线性的相位谱，提供了能被"压缩"的可能性，是实现想"压缩"的前提；第二个条件说明压缩网络与发射信号实现"相位共轭匹配"是实现压缩的必要条件。只有两者结合起来，才能构成实现脉冲压缩的充要条件。

综上所述，理想的脉冲压缩系统应是一个匹配滤波系统。它要求发射信号具有非线性相位谱，并使其包络接近矩形；要求压缩网络的频率特性（包括幅频特性和相频特性）与发射脉冲信号频谱（包括幅度谱与相位谱）完全匹配。

脉冲压缩可以采用模拟方法实现，也可以采用数字方法实现。与模拟脉冲压缩相比，数字脉冲压缩具有自适应能力强、易于实现大时宽的脉冲压缩等诸多优点。在现代雷达系统中，一般采用数字脉冲压缩方式。

数字脉冲压缩可以用非递归滤波器的方法，也可以用正-反离散傅里叶变换的方法。前者属于时域卷积处理，后者属于频域分析。与时域卷积法相比，频域方法由于可使用快速傅里叶变换算法，一般具有占用内存少、运算量小、速度快等优点。为满足实时处理的需要，常用频域方法来实现数字脉冲压缩。

对于一个线性时不变系统，记输入信号序列为 $s_i(n)$，匹配滤波器的冲激响应序列为 $h(n)$，这两个序列的周期为 N，则其输出 $s_o(n)$ 为

$$s_o(n) = s_i(n) * h(n) \tag{2.5.1}$$

式中，"$*$"表示卷积。

根据卷积定理，时域的卷积对应于频域的相乘，因此频域的输出为

$$S_o(k) = S_i(k) \cdot H(k) \tag{2.5.2}$$

式中，$S_i(k) = \text{FFT}[s_i(n)]$，$H(k) = \text{FFT}[h(n)]$，$S_o(k) = \text{FFT}[s_o(n)]$ 分别是输入信号、传输函数、输出信号的快速傅里叶变换。相应地，输出信号序列 $s_o(n) = \text{IFFT}[S_o(k)]$。

图 2.5.2 所示为用 FFT 实现数字脉冲压缩的原理图。在整个信号处理流程中被处理与传输的数据均为复数数据，即系统必须包括 I、Q 两个通道。如果后续处理只需利用包络信息，则可进行包络检波，这里的包络检波就是对傅里叶变换得出的实部和虚部求模，即

$$|s_o(n)| = \sqrt{s_{oI}^2(n) + s_{oQ}^2(n)} \tag{2.5.3}$$

否则，直接输出 $s_{oI}(n)$ 和 $s_{oQ}(n)$ 即可。

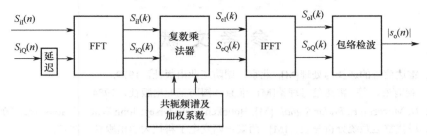

图 2.5.2　用 FFT 实现数字脉冲压缩的原理框图

　　雷达发射信号通过匹配滤波后，在某一时间位置上被压缩成一个窄脉冲。由 2.4 节可知，如果只进行脉冲压缩处理，那么压缩后的窄脉冲距离旁瓣较高，线性调频脉冲脉压后距离旁瓣为-13.2dB，在多目标场景中，大目标的距离旁瓣可能超过检测门限形成虚警，大目标的距离旁瓣也可能掩盖小目标回波造成漏报。所以，一般而言，在脉冲压缩后，往往采取旁瓣抑制技术。旁瓣的抑制有三种思路：一是通过设计非线性调频信号来实现低的距离旁瓣；二是采用失配滤波的方式，重新设计接收滤波器以降低距离旁瓣，但这种方法会导致一定的信噪比损失；三是采用加权处理的方式，即将匹配滤波器的频率响应乘以某些适当的"窗函数"，本质上也是一种失配处理，它以主瓣加宽和信噪比降低为代价来换取旁瓣电平的降低。

小　　结

　　本章首先介绍了雷达目标距离和速度的基本原理，给出了运动目标多普勒频率的推导。由于现有雷达系统一般采用窄带信号，因此给出了窄带信号的匹配滤波及其实现方式，即窄带信号匹配滤波器的输出可用其复包络匹配滤波器的输出来近似表示。之后，讨论了描述雷达信号特性的重要工具——模糊函数，介绍了其定义、基本特性、物理意义，分析了模糊函数与雷达分辨率的关系。给出了几种现代雷达常用的发射信号，并从模糊函数的角度分析了其基本特性。最后阐述了雷达发射波形的数字产生和数字脉冲压缩的实现方式。

思　考　题

1. 目标回波的多普勒频率对匹配滤波结果有何影响？
2. 雷达速度的测量可否通过测量目标位移变化量的方式测得？与雷达常用的测速方法相比优缺点如何？
3. 雷达速度测量精度的因素有哪些？
4. 雷达目标参数测量精度与分辨率、模糊函数有何关系？
5. 模糊函数与目标的检测性能有没有关系？为什么？
6. 相参脉冲串与单频矩形脉冲两者在目标测量性能方面有何不同？
7. 线性调频脉冲和相位编码脉冲相比各有什么优缺点？
8. 对于运动目标的测量，如何选择和设计雷达发射波形？说明理由。
9. 机载雷达对海面目标进行观测时采用哪些发射信号比较合适？为什么？
10. 利用 MATLAB 实现线性调频信号的数字脉冲压缩，并分析其距离旁瓣。
11. 如何降低雷达发射波形的脉冲压缩旁瓣？

参 考 文 献

[1]   张直中. 雷达信号的选择与处理[M]. 北京：国防工业出版社，1979.

[2]   林茂庸，柯有安，等. 雷达信号理论[M]. 北京：国防工业出版社，1984.

[3]   Levanon N, Mozeson E. *Radar Signals* [M]. Hoboken, New Jersey: John Wiley & Sons, Inc., 2004.

[4]   陈伯孝. 现代雷达系统分析与设计[M]. 西安：西安电子科技大学出版社，2012.

[5]   Analog Devices I. AD9914 Data Sheet 3.5 GSPS Direct Digital Synthesizer with 12-Bit DAC Rev. F 2016.

[6]   Kurdzo J M, Cheong B L, Palmer R D, et al. *Optimized NLFM Pulse Compression Waveforms for High-sensitivity Radar Observations* [Z]. IEEE, 20141-6.

[7]   Pang C, Hoogeboom P, Le Chevalier F, et al. *A Pulse Compression Waveform for Weather Radars with Solid-State Transmitters* [J]. 2015, 12(10): 2026-2030.

[8]   Beauchamp R M, Tanelli S, Peral E, et al. *Pulse Compression Waveform and Filter Optimization for Spaceborne Cloud and Precipitation Radar* [J]. IEEE Transactions on Geoscience and Remote Sensing. 2017, 55(2): 915-931.

第3章 雷达杂波特性及计算

3.1 雷达杂波

雷达需要探测飞机、导弹、船舶等运动目标，但雷达接收信号中不但含有来自运动目标的回波信号，而且含有从地物、云雨及人为施放的箔条等物体散射产生的回波信号，这种回波信号称为杂波。由于杂波往往比目标信号强得多，因此杂波的存在会严重影响雷达对运动目标的检测能力。由于目标检测是从噪声或杂波背景中提取目标，因此首先要了解和掌握杂波的特性，然后才能设计相应的抑制方法，也就是说，雷达杂波特性的认知是后续检测的基础。战场信息环境非常复杂，覆盖全维空间，包括水面、水下、空中、濒海陆地（岛屿）和网络电磁空间。机载雷达的探测环境复杂，其探测能力还与环境和背景密切相关，不可忽略雷达杂波的影响。本节重点介绍雷达杂波的特性及计算方法、杂波对雷达性能的影响，以及典型杂波如地杂波、海杂波和体杂波的特点及影响因素。

3.1.1 杂波的定义和分类

杂波表示自然环境中客观存在的不需要的回波，是能够产生干扰雷达正常工作的非期望信号的雷达回波。杂波包括面杂波和体杂波，前者来自地面及地面建筑物体（地杂波）、海洋（海杂波）；后者来自天气（雨雪杂波）、鸟群。面杂波包括地杂波和海杂波，又称区域杂波。在机载雷达下视模式下，区域杂波会十分明显。

3.1.2 杂波的特点

以海杂波为例（图 3.1.1），列举杂波的特点如下。

（1）杂波和目标是相对的。探测与识别地面上行驶的车辆时，各种车辆是"目标"，地面是背景；如果测量的是地面本身的散射特性，此时地面就是目标。

（2）杂波是随机的，具有类似热噪声的特性。

（3）杂波信号强度比接收机内部噪声强度大很多。

（4）杂波与环境和雷达参数有关。

（5）目标可能在时域和频域被杂波淹没。

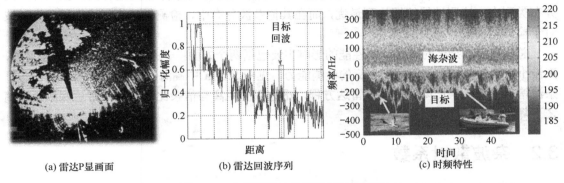

(a) 雷达P显画面   (b) 雷达回波序列   (c) 时频特性

图 3.1.1 典型海杂波的幅度和时频特性

3.1.3 杂波对雷达系统设计的影响

雷达信号处理的任务就是最大限度地抑制杂波和干扰，提取与目标属性有关的信息。由于杂波功率太强而难以观测目标，如果目标处在杂波背景内，弱目标就会淹没在强杂波中，发现目标十分困难。因此，在现代雷达信号处理中，杂波抑制是十分重要的问题。相参雷达信号处理流程分为信号处理和数据处理。雷达回波经过接收机、解调和脉压，提高雷达距离分辨率，然后对观测信号进行分析、变换、综合等处理，抑制干扰、杂波等非期望信号，增强有用信号。雷达信号处理的主要功能就是改善信号质量，即改善信杂比，进而提高复杂杂波背景中弱小目标的检测能力。该功能通常可由两个途径实现，一是增强目标信号，如相参积累等；二是进行杂波抑制，如多普勒滤波等。现代雷达回波处理流程如图 3.1.2 所示。

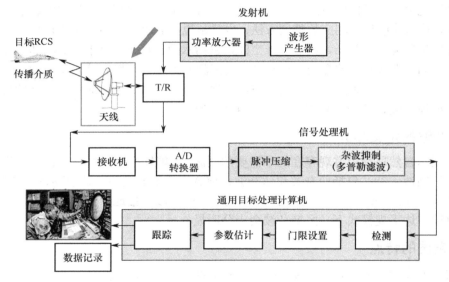

图 3.1.2 现代雷达回波处理流程

杂波由大量的离散散射体组成，而且这些散射体之间的视在距离又可能因为散射体的实际移动或雷达平台或天线的移动而改变。所以杂波幅度随时间而起伏变化。杂波的随机起伏特性可用概率密度分布函数（PDF）来表示。常用的分布包括正态分布、瑞利分布、莱斯分布、对数正态分布、韦布尔分布、K 分布。

基于似然比设计的雷达恒虚警检测器（CFAR）与杂波背景分布类型有关，在某种杂波分布类型中，检测性能能够达到最优，而在其他杂波分布中，检测性能有损失。因此，杂波对于检测器的设计至关重要。

总体而言，杂波对雷达探测性能的影响主要包括两个方面：一是杂波增多导致虚警增多，淹没小目标，降低雷达对弱小目标的检测能力，见图 3.1.1a 中高海况的雷达 P 显画面；二是杂波增多导致信杂比降低，根据雷达方程，雷达探测距离与信杂比成反比，雷达探测距离随之下降。

3.2 杂波散射系数

如何描述杂波的散射特性？

1. 对目标的散射特性的描述

在表征目标（主要是人造目标）的雷达散射特性时，采用 RCS 的概念。

RCS 可通过以下三个因素来理解（如图 3.2.1 所示）：目标几何截面积、目标表面反射率、方向性。因此，目标的 RCS 是随目标姿态角、雷达观测角和雷达频率等变化的。因此，要想达到隐身，就要改变雷达反射方向、降低反射率，如 B-2 隐形轰炸机。

图 3.2.1　目标的 RCS 影响因素

2. 对面杂波的散射特性描述

对面杂波的散射特性是否也能采用 RCS 来描述？面杂波是一个相对稳定的平面的散射，环境比雷达天线波束所照射的面积大很多，雷达波束永远只能照射到面目标的很小一部分区域，如果仍然使用 RCS 的概念，那么 RCS 将随着雷达的天线波束照射面积的大小而变化，显然不能反映环境散射的本质特征。与 RCS 不同，表征环境杂波或面目标时，面杂波的杂波功率一般使用杂波散射系数描述，表示单位面积的 RCS：

$$\sigma_c = \sigma_0 A_c \tag{3.2.1}$$

式中，σ_0 为杂波散射系数（dB），表示单位面积的 RCS；A_c 为雷达波束所照射的面积大小。因此，散射系数 σ_0 是一个无量纲的物理量。

之所以要引入散射系数这样一个物理量，是因为通常情况下，雷达所感兴趣的人造目标的尺寸是有限的，此时用雷达散射截面可以很好地反映目标对雷达波的散射能力。与一般人造目标不一样，当讨论环境杂波时，我们面临的一般不是一个有限尺寸的环境（或称为面目标），这种环境往往比雷达天线波束所照射的面积大得多，比如海面，雷达波束永远只能照射到该"面目标"的一小部分区域。此时，如果仍然使用雷达散射截面的概念，那么这一物理量将随着雷达天线波束照射面积的大小而变化，显然，它不能反映环境散射的本质特征。

此外，还应注意以下两点。

（1）在有些文献中，人们也使用另一种散射系数的定义，即

$$\gamma = \frac{\sigma_0}{\sin\varphi} \tag{3.2.2}$$

式中，φ 为擦地角。当 φ 很大（接近 90°）时，$\sin\varphi \approx 1$，从而有 $\gamma \approx \sigma_0$；而当掠入射即 φ 很小时，$\sin\varphi \approx \varphi$（弧度），一般掠入射时的 σ_0 也很小，导致 γ 随擦地角变化的动态范围远小于 σ_0 的变化范围。

（2）散射系数与反射系数不同，反射系数永远不大于 1，而散射系数既可能远小于 1，又可能远大于 1。例如，假设有一块"无限大"的金属平板，它是我们当前感兴趣的"面目标"。当雷达波以擦地角 90° 照射时，若雷达波束照射的面积为 A，则此时的 RCS 为

$$\sigma = \frac{4\pi}{\lambda^2} A^2 \tag{3.2.3}$$

根据定义，此时的后向散射系数为

$$\sigma_0 = \frac{4\pi}{\lambda^2} A^2 \qquad\qquad (3.2.4)$$

例如，当 $\lambda = 10\text{cm}$，雷达波束照射面积为一圆盘且半径仅为 10m 时，σ_0 高达 $40000\pi^2$。

3.3 典型面杂波及其特点

3.3.1 地杂波

3.3.1.1 地杂波的形成和特点

雷达发射信号照射到地面后，从地面的山丘、树林、农田、沙漠、城市等散射形成的回波信号通常称为地杂波。地杂波是面杂波的一种。舰船进出港时，反射回波大部分为地杂波，雷达 P 显中地杂波及其回波序列如图 3.3.1 所示。

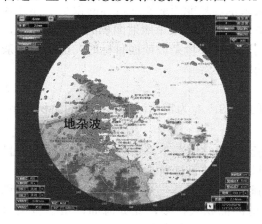

| (a) 雷达P显画面 | (b) 雷达一维回波序列 |

图 3.3.1 导航雷达回波

地杂波的特点如下。

（1）地杂波平均后向散射值：
  ○ 相对目标强度更强。
  ○ 随频率、空间分辨率、测量位置和地形不同而随机变化。
（2）地杂波回波的多普勒特征：
  ○ 多普勒在零频附近。
  ○ 雷达平台的运动会影响地杂波的多普勒频谱。

3.3.1.2 地面后向散射系数与表面粗糙度的关系

σ_0 与表面粗糙度的关系很大。如前所述，表面是否光滑或粗糙不但取决于表面的高度起伏特性，而且与雷达波长及擦地角有关。某一表面在 L 波段下被认为是光滑的，在 Ku 波段下就可能是粗糙的。对于光滑表面，镜面反射是其主要散射机理；而对于粗糙表面，漫反射的贡献更大。粗糙度不同的表面，其散射方向图可用图 3.3.2 形象地描绘，而表面散射系数 σ_0 随表面粗糙度变化的定性关系则示于图 3.3.3 中。

由图可见，在近垂直入射时，镜面反射的贡献大，所以光滑表面的后向反射系数很大；

而在掠入射时，光滑表面的漫反射很弱，所以其后向散射系数很小。

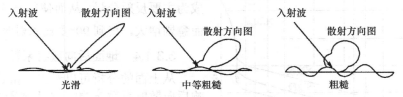

图 3.3.2　不同表面的散射方向图

3.3.1.3　地面后向散射系数随擦地角的变化

可以看出，σ_0 随擦地角也有较大的变化，一般情况下平坦表面的 σ_0 随擦地角的变化可分成三个区："近掠入射区""平直区""近垂直入射区"，如图 3.3.4 所示。注意，这三个区的边界不是固定的，与雷达波长等诸多因素有关，而且只是针对较平坦表面而言的，不是所有表面的 σ_0 都可明显地分成这样三个区。

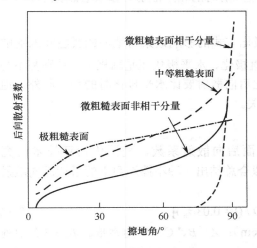

图 3.3.3　不同表面后向散射系数随入射角的变化特征

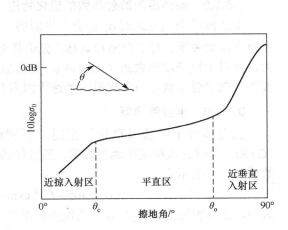

图 3.3.4　后向散射系数随擦地角的变化

在近掠入射区，σ_0 随入射角增加急速增加，近掠入射区和平直区的临界角一般用 θ_c 表示。当满足

$$\sin\theta_c = \frac{\lambda}{4\pi\sigma_h} \tag{3.3.1}$$

时，认为是近掠入射区，式中 σ_h 为表面高度起伏的均方根值，λ 为雷达波长。典型波段和典型表面的 θ_c 如表 3.3.1 所示。

表 3.3.1　典型波段和典型表面的 θ_c（°）

σ_h(m)	波长（波段）				
	70cm (UHF)	23cm (L)	10cm (S)	3cm (X)	8mm (Ka)
0.1	33.9	10.5	4.6	1.4	0.37
0.3	10.7	3.5	1.5	0.5	0.12
1.0	3.2	1.0	0.5	0.1	0.04

在平直区，后向散射系数随擦地角变化相对比较缓慢。

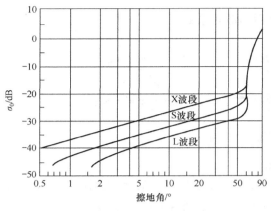

图 3.3.5　后向散射随擦地角的变化

最后，在临近垂直入射时，镜面反射逐渐成为主要反射分量，从而使得 σ_0 随擦地角增大而急剧增大，直到 90°垂直入射时达到最大值。

3.3.1.4　地面后向散射系数随频率的变化

从上面的分析可以看出，雷达波长也是影响后向散射系数 σ_0 的一个重要因素。一般情况下，波长越短，表面相对越粗糙，漫反射越大，所以在擦地角不是很大时，表面的后向散射系数 σ_0 随频率的增大（波长的变短）而递增。如图 3.3.5 所示。在平直区，σ_0 随频率的增大而增大，而在近垂直入射区，σ_0 随频率的增大有可能递减，因为随着粗糙度的增加，在临近垂直入射时的相干散射分量会急剧减小。

3.3.1.5　地面后向散射系数的极化特性

雷达波的极化方式对 σ_0 也会产生影响。极化方式的影响效果与地面的类型和入射的角度也有很大关系。对于草地和森林，无论是垂直极化、水平极化还是圆极化，差别都不是很大。而对于较平坦的表面（如公路），垂直极化后向散射要比水平极化时的强。此外，地杂波的后向散射系数还与含水量、风速等因素有关。

3.3.1.6　半经验模型

已有多种半经验或理论模型用于预测地面后向散射系数。美国佐治亚技术研究所（GTRI）等研究机构根据测量数据，通过经验拟合总结出一种小擦地角下的雷达后向散射系数模型，可表示为

$$\sigma_0 = A(\varphi + C)^B \exp[-D / (1 + 0.03\sigma_h)] \qquad (3.3.2)$$

式中，φ 为擦地角；σ_h 为表面高度的标准差（cm）；A、B、C、D 为常数。表 3.3.2 中列出了一些典型地面对应的系数值（约束为擦地角小于 20°）。经与实测数据对比，该模型在其适用范围内具有较好的精度。

表 3.3.2　地杂波模型典型的 A、B、C、D 值

地面类型	A				B	C	D
频率（GHz）	15	9.5	5	3	所有频率	所有频率	所有频率
土壤	0.05	0.025	0.0096	0.0045	0.83	0.0013	2.3
草地	0.079	0.039	0.015	0.0071	1.5	0.012	0
庄稼	0.079	0.039	0.015	0.0071	1.5	0.012	0
森林	0.019	0.003	0.0012	0.00054	0.64[*]	0.002	0
沙地	0.05	0.025	0.0096	0.0045	0.3	0.0013	2.3
岩石	0.05	0.025	0.0096	0.0045	0.83	0.0012	2.3

0.64[*]表示频率为 15GHz 时，$B = 0.64$；在其他情况下，$B = 0.7$。

3.3.2　海杂波

3.3.2.1　海面的描述

对海面的近距离观测揭示了它的各种各样的特征，如浪谷、浪楔、波浪、泡沫、旋涡、

浪花，以及海浪下落时形成的大大小小的水花。所有这些面貌特征都对电磁波产生散射，形成海杂波。对海面的基本海洋学描述应主要是海波频谱，因为其不仅包含了大量的海面信息，而且还是应用布拉格模型的关键。为了理解海杂波和布拉格模型对现有海杂波模型的重要性，还需要了解海面。

根据占主导地位的海面恢复力是表面张力还是重力，表面波基本上可分为两种，即表面张力波和重力波。这两种波的过渡出现在 2cm 波长附近。因此，较小的表面张力波可显示海面细微的结构，而重力波则显示更大和大多数可见的海面结构。风是海浪的最初源头，但这并不意味着"本地"风是其下面海浪形成的最好标志。为了使海面处于稳定状态，风须在足够大的区域（风浪作用区）内吹上足够长的时间（持续时间）。由风直接引起的那部分波浪称为风浪。但是，由于远方波浪或远方风暴的传播，即使在没有"本地"风的情况下，也可能存在明显的"本地"海浪运动。这种类型的海浪运动称为涌波（Swell）。由于海面的传播特性类似于低通滤波器，因此涌波分量通常类似于大峰值低频的正弦波。

3.3.2.2　海杂波的特点

机载雷达对海观测方式下，雷达回波中除了包含感兴趣的目标信号，同时存在噪声、干扰及海面的后向散射信号，出现杂乱脉冲或不均匀闪烁斑点，时隐时现，称为海杂波，雷达海上探测的工作环境如图 3.3.6 所示。就一部正在工作的雷达而言，海面对发射信号的后向散射常常严重地限制了其对舰船、飞机、导弹、导航浮标及其他与海面同在一个雷达分辨单元的目标的检测能力。这些干扰信号一般称为海杂波或海面回波。由于海面对雷达来说是一个动态的、不断变化的平面，因而对海杂波的认识不仅要寻求一个合适的模型来描述海面的散射特性，而且要深入了解海洋的复杂运动。

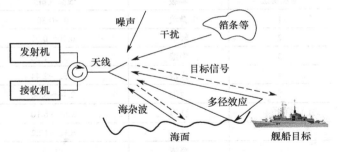

图 3.3.6　雷达海上探测的工作环境

（1）与海洋水文气象环境有关。海洋环境受风、洋流等因素影响，海况复杂，气象多变，对电磁波、水声波具有不确定传播及衰减作用。在近海地区，气象状况尤其不定，海况、陆地和海杂波独特，异常大气效应普遍。

（2）海杂波是多个参数的函数，如图 3.3.7 所示。由于受气象、地理等诸多环境因素的影响，海面非线性随机变化，机理非常复杂，且海杂波还与雷达平台、波段、极化、擦地角、高度、分辨率等参数有关。

（3）海况等级用于描述海面的粗糙程度。道格拉斯海况等级将海况分为 8 级，如表 3.3.3 所示。

海杂波散射特性与入射角、极化方式和频率的关系如图 3.3.8 所示，可以得到如下结论：① 波段越高，波长越短，杂波散射系数越大；② VV 极化的杂波散射系数一般强于 HH 极化的杂波散射系数；③ 海况较低时，杂波散射系数随擦地角增大而增大。然而，通过分析实际雷达装备的 P 显，得出海杂波的另外两个特性值。在实际雷达使用时注意：一是高海况条件，波浪浪高大，小擦地角海杂波容易造成镜像反射，导致海杂波强度增加；二是由于海浪的影响，迎风观测的海杂波强度强于顺风观测的海杂波强度。

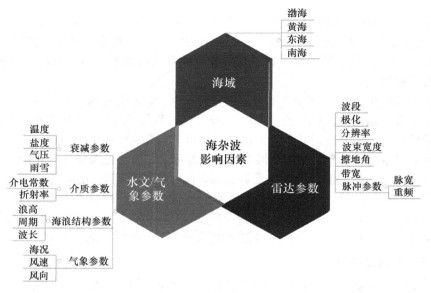

图 3.3.7　海杂波的影响因素

表 3.3.3　道格拉斯海况等级

海况等级	等级	浪高（m）	风速（kn）
1	微浪	0～0.30	0～6
2	轻浪	0.30～0.91	6～12
3	中浪	0.91～1.52	12～15
4	大浪	1.52～2.44	15～20
5	巨浪	2.44～3.66	20～25
6	狂浪	3.66～6.10	25～30（大风）
7	狂涛	6.10～12.2	30～50
8	怒涛	12.20	>50（狂风）

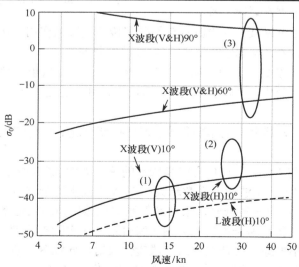

图 3.3.8　海杂波散射特性与入射角、极化方式和频率的关系

3.3.2.3　海杂波的特例：海尖峰

1）海尖峰的特点

海浪随着风速的增加而增高，在重力的作用下，当海浪失去平衡状态时，出现浪花，从而产生破碎波，破碎波的雷达反射回波表现为海尖峰。此时，雷达回波强度会明显增强，类似于目标回波，如图 3.3.9 所示，其 PDF 曲线表现出较长的"拖尾"现象，通常持续较短的时间，但在此时间范围内保持很强的相关性。对于海尖峰的产生，到目前为止，并没有严格的物理解释和数学模型，但通过大量的实测数据统计试验表明，在高分辨率雷达中，低擦地角、高海况及雷达 HH 极化工作方式下容易出现海尖峰。海尖峰的出现使得海杂波由平稳向非平稳转变，雷达有可能将海尖峰判断为具有一定速度的运动目标，进而导致虚警的增加。因此，研究海尖峰的判别和抑制方法对于海面目标的检测至关重要。

(a) 高海况海浪

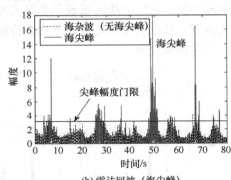

(b) 雷达回波（海尖峰）

图 3.3.9　海尖峰特性

海尖峰具有如下特点。

（1）其 PDF 曲线表现出较长的"拖尾"现象。

（2）高分辨、低擦地角、高海况及 HH 极化条件下易出现海尖峰。

（3）海尖峰使得海杂波多普勒谱展宽。

2）海尖峰的判别方法

为有效分析海尖峰特性，首先需要将海尖峰从杂波背景中分离出来。Fred Posner 等人基于三个特征参数提出了海尖峰的判别方法，即尖峰幅度门限 T_s、最小尖峰宽度 W_{min}（最小尖峰持续时间）和最小尖峰间隔 I_{min}。对于来自某一距离单元的海杂波时间序列，其采样点序列需满足如下三个条件才能判定为海尖峰：① 采样点的幅度必须超过一定的门限；② 采样点幅度连续保持在尖峰幅度门限之上的时间必须大于或等于规定的最小尖峰宽度；③ 如果高于尖峰幅度门限的连续采样点之后出现采样点的幅度低于尖峰幅度门限，那么低于门限的时间不能超过规定的最小尖峰间隔时间：

$$\begin{cases} \left| x_i^{HH} \right|^2 \geqslant T_s^{HH} \\ W_s^{HH} \geqslant W_{min}^{HH} \\ I_s^{HH} \geqslant I_{min}^{HH} \end{cases} \tag{3.3.3}$$

式中，x_i^{HH} 为 HH 极化方式下雷达回波的第 i 个采样点，W_s^{HH} 和 I_s^{HH} 分别表示尖峰宽度和尖峰间隔。尖峰幅度门限 T_s^{HH} 可取为海杂波平均功率的 L 倍，表示为

$$T_s^{HH} = \frac{L}{N} \sum_{i=1}^{N} \left| x_i^{HH} \right|^2 \tag{3.3.4}$$

式中，N 为序列长度。该判别方法同样适用于 VV 极化。

采用海尖峰的判别准则［式（3.3.3）］，对实测海杂波数据进行海尖峰判别和提取，在计算过程中最小尖峰宽度设为 0.1s，最小尖峰间隔设为 0.5s，尖峰幅度门限取为海杂波平均功率的 5 倍。在实际应用中，判别海尖峰的三个参数不是固定不变的，其数值往往随着观测条件和海况的变化而有所变化。为了充分展示海尖峰在不同海况条件下的特性，分别选取高低两组海杂波数据进行分析，其中 19931107_135603（IPIX-17#）为较高海况数据，19931108_220902（IPIX-26#）为较低海况数据（显著波高为 1.0m）。图 3.3.10 中给出了 HH 和 VV 极化方式下的纯海杂波单元中海尖峰判别情况。图中的黑色区域表示判别为海尖峰的海杂波数据，灰色虚线区域表示非海尖峰的海杂波背景数据。可以看出，海尖峰较背景杂波起伏剧烈，且在 HH 极化方式下回波持续时间较短，幅度高于 VV 极化，与目标回波较为相似，容易造成虚警。

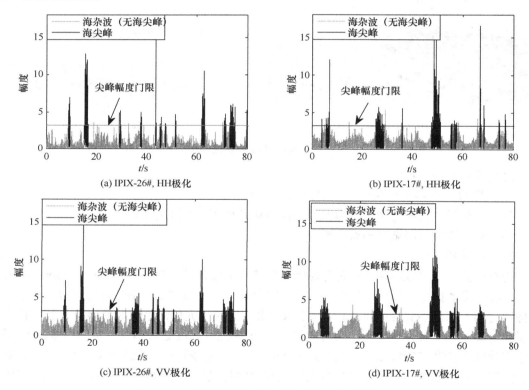

图 3.3.10　不同海况和极化条件下海尖峰判别情况

3.3.2.4　海杂波散射特性

1）海面后向散射系数随擦地角及条件变化

海面的 σ_0 与入射角（或擦地角）的关系与地杂波的情况相似，也可大致分为近掠入射区、平直区、近垂直入射区三个区。

在擦地角很小时（在近掠入射区），σ_0 随波长的增大（频率降低）而递减，一般认为 σ_0 随 λ^{-1} 变化，有时试验数据还表明变化速度甚至能达到与 λ^{-4} 成比例。

　　在平直区和近垂直入射区，σ_0 随波长变化又有所不同。图 3.3.11 中给出了一组 P 波段、X 波段的典型测量数据统计结果。从图中可以看出：

　　（1）对于 VV 极化，在 5°～90° 的擦地角范围内，σ_0 随频率的变化是不明显的。

　　（2）对于 HH 极化，在擦地角不是很大时，如在范围 5°～50° 内，频率越高（波长越短），σ_0^{HH} 越大，表现为 X 波段的数值大于 P 波段的数值；当擦地角大于 50° 时，X 波段的数值与 P 波段的数值相差不大，即大擦地角下 σ_0^{HH} 也表现出与频率的大致无关性。

　　需要指出的是，在各种文献研究 σ_0 随频率变化时，不同研究人员通过不同测量试验得到的结果不尽一致，因为 σ_0 会受其他诸多具有很大随机性的环境因素的影响。

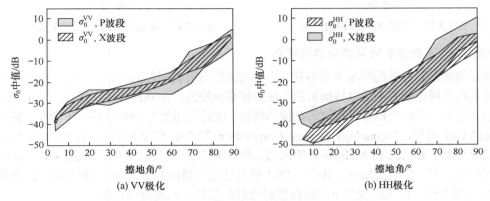

(a) VV极化　　　　　　　　　　　(b) HH极化

图 3.3.11　不同频率下的 σ_0

　　2）海面后向散射系数的极化特性

　　对于不同的雷达波长和不同的海况条件，海面的 σ_0 与极化方式的关系也不尽相同。普遍的观点是，在平直区：

　　（1）对于平静的海面，VV 极化的 σ_0 要大于 HH 极化，大于其约 20dB。

　　（2）对于波动较大的海面，VV 和 HH 极化的 σ_0 值相差不大。

　　（3）在海面波动很大时，HH 极化的 σ_0 也有可能比 VV 极化的大。

　　（4）一般地，在平直区 σ_0^{VV} 与 σ_0^{HH} 的比值会随波长的增大而增加。

　　在近垂直入射区，HH 和 VV 极化下的后向散射系数差别不大，而且随雷达波段、波浪的大小的变化一般也不是很大。

　　3）海面后向散射系数与风速及风向的关系

　　海面的 σ_0 随风速的变化特性主要体现如下：

　　（1）在擦地角较小时，有风的海面比无风的海面的 σ_0 要大，但在风速大于 20 海里/小时后，σ_0 的变化不再明显。

　　（2）近垂直入射时，在高频波段，σ_0 随风速的增加而略有减小；在低频波段，σ_0 随风速无明显变化。

　　海面的 σ_0 和风向的关系也很大。一般认为迎风时的散射最强、顺风时稍弱，侧风时的散射最弱，如图 3.3.12 所示。图 3.3.13 通过一组理论计算结果详细地示出了 σ_0 与风向的关系。图中的横坐标为方位角，定义雷达波束迎风时 $\varphi = 0°$，顺风时 $\varphi = 180°$，正侧风 $\varphi = 90°$，从图中还可以看出 σ_0 随风速和极化变化的特点。

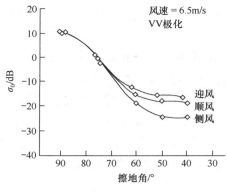

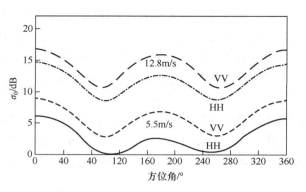

图 3.3.12　海面 σ_0 与风向的关系　　　　图 3.3.13　海杂波 σ_0 随方位角的变化

3.3.2.5　海杂波散射系数半经验模型

描述海面散射特性的模型多种多样。因为海面的散射机理相当复杂，现阶段对海面微波频段散射机理的理论研究不足以按解析的方法来精确预测海面的回波幅度。所以，几十年来，人们不断开发出一些经验模型来预测海杂波的特性。比较常用的有 Sittrop 的 SIT 模型、佐治亚理工学院的 GIT 模型、Technology Service Corporation 的 TSC 模型和 Dockery 的 HYB 模型，这四个模型包含了 Barton 和 Nathanson 等人的工作，考虑了入射角、海况、风向角、雷达波长和极化等参量，有一定的实用性。其中，TSC 模型适用于载波频率为 0.5～35GHz、擦地角范围为 0.1°～90°及全方位风向视角下的后向散射系数的估计，应用范围比较广。

3.3.2.6　海杂波的幅度分布特性

从统计学角度研究海杂波幅度特性，无论是在过去还是在当前都属于重点研究领域，其机理主要与中心极限定理有关，所建立的幅度分布模型一方面依赖于散射机理，另一方面更多地依赖于实测数据的经验概率密度函数特性，如偏斜程度、拖尾程度等。研究成果对目标检测算法的优化选择、检测阈值的设定等问题都具有重要的指导意义。

根据幅度分布模型是否与散射机理存在联系，上述模型可分为两类：一类是考虑散射机理的模型，如瑞利分布、K 分布、α 稳定分布等模型，它们均具有一定的机理可解释性；另一类是从数据拟合出发得到的模型，如韦布尔分布、非广延分布等，它们均是根据实测数据经验概率密度函数建立的模型，与散射机理无任何关联。由于不同雷达参数及海洋环境参数条件下海杂波幅度分布模型的结构和参数具有较大差异，因此目前不存在一个通用的模型形式来概括现有的幅度分布模型。

随着雷达分辨率的提高，瑞利模型不再适用，尤其是对于高海况、小擦地角条件下的海杂波，由于受到多径效应、遮挡等散射机理的影响，海杂波幅度分布出现严重的拖尾现象，对应的标准差-均值比增大，通过中心极限定理推导出的高斯模型严重偏离实际情况。为了解决这一问题，一系列非高斯分布模型被引入海杂波的幅度分布建模，主要包括对数正态分布、韦布尔分布、K 分布、广义复合分布、广义 K 分布及混合高斯分布等，这些模型中的大多数可以归结为复合高斯模型。复合高斯模型建立在复合表面理论的基础上，同时具有物理可解释性及数学可操作性，且考虑了海杂波的相关性，这些优越特性使其在海杂波幅度分布建模领域得到广泛应用。复合高斯模型采用乘积的形式，将海面散射分解为大尺度的重力波散射和小尺度的张力波散射，前者对应模型中的纹理分量，描述海杂波的局部功率水平，是非负的实随机过程；后者对应散斑分量，反映海杂波的局部后向散射特性，是平稳的复高斯随机过程。实际上，瑞利分布也属于复合高斯模型，它是 K 分布的形状参数取无穷大时的一个特例。瑞利分布、对数正态分布、韦布尔分布和 K 分布模型属于现有海杂波幅度分布的经典模型，目前大量文献已采用实测数据对这些模型在不同雷达参数、环境参数条件下的适用性进行了系统分析，并且提出了一系列与模型匹配的目标检测算法。

目前，现有的海杂波的统计模型主要有瑞利分布、对数正态分布、韦布尔分布、K 分布四种，其中瑞利分布属于高斯模型，后三种分布为非高斯模型，还有一种新型的 α 稳定分布模型，用来描述海面产生海尖峰的情况。上述五种海杂波分布的适用情况和函数公式下面给出。

对于低分辨率雷达的回波中的海杂波，其幅度分布服从瑞利分布，瑞利分布的概率密度函数是

$$f(x;a) = \frac{x}{a^2} e^{-\frac{x^2}{2a^2}}, \quad 0 \leqslant x < \infty \tag{3.3.5}$$

式中，x 是海杂波幅度，a 是海杂波标准差。

对于高分辨雷达的回波中的海杂波，若回波来自平坦区域，海杂波幅度服从对数正态分布，其概率密度函数为

$$f(x;\mu,\sigma) = \frac{1}{x\sqrt{2\pi\sigma^2}} e^{-\frac{(\ln x - \ln u)^2}{2\sigma^2}}, \quad 0 < x < \infty, \mu > 0, \sigma > 0 \tag{3.3.6}$$

式中，μ 为尺度参数，代表分布的中位数；σ 为形状参数，代表分布的偏斜度。

对于高分辨雷达的回波中的海杂波，若回波采集区域海杂波严重，海杂波幅度服从韦布尔分布，其概率密度函数为

$$f(x;\mu,\sigma) = \frac{p}{q}\left(\frac{x}{q}\right)^{p-1} e^{-\left(\frac{x}{q}\right)^p}, \quad 0 \leqslant x < \infty, p > 0, q > 0 \tag{3.3.7}$$

式中，q 为尺度参数，代表分布的中位数；p 为形状参数，代表分布的偏斜度；当 p 分别为 1 和 2 时，韦布尔分布变为指数分布和瑞利分布。

对于多脉冲检测，K 分布能够更好地表达海杂波的时间相关性和空间相关性，其概率密度函数为

$$f(x;\alpha,\nu) = \frac{2}{\alpha\Gamma(\nu)} \cdot \left(\frac{x}{2\alpha}\right)^{\nu} \cdot K_{\nu-1}\left(\frac{x}{\alpha}\right), \quad 0 \leqslant x, 0.1 < \nu < \infty \tag{3.3.8}$$

式中，α 为尺度参数，与杂波平均功率水平有关；ν 为形状参数，代表分布的偏斜度；$\Gamma(\nu)$ 为伽马函数，$K_{\nu-1}(\cdot)$ 是 $\nu-1$ 阶第二类修正贝塞尔函数。

对于海杂波中出现海尖峰的特殊情况，α 稳定分布能够更好地描述海杂波的分布，其概率密度函数为

$$f(x;\alpha,\beta,\gamma,\delta) = \frac{1}{2\pi}\int_{-\infty}^{\infty} \varphi(t)e^{-jxt}dt \tag{3.3.9}$$

式中，$\varphi(t)$ 是特征函数；α 为特征因子，它控制概率密度函数的拖尾；β 为对称参数，它控制分布的对称程度；γ 为尺度参数；δ 为位置参数。

$$\varphi(t) = \begin{cases} e^{i\delta t - |\gamma t|^{\alpha}\left[1 - i\beta\,\mathrm{sgn}(t)\tan\left(\frac{\pi\alpha}{2}\right)\right]} & \alpha \neq 1, 0 \leqslant x, 0 < \alpha \leqslant 2, -1 \leqslant \beta \leqslant 1, \gamma > 0, -\infty < \delta < \infty \\ e^{i\delta t - |\gamma t|^{\alpha}\left[1 + i\beta\,\mathrm{sgn}(t)\frac{2}{\pi}\lg|t|\right]} & \alpha = 1, 0 \leqslant x, -1 \leqslant \beta \leqslant 1, \gamma > 0, -\infty < \delta < \infty \end{cases} \tag{3.3.10}$$

经过仿真后，上述五种分布模型对应的仿真杂波图和概率密度函数曲线图如图 3.3.14 到图 3.3.18 所示。

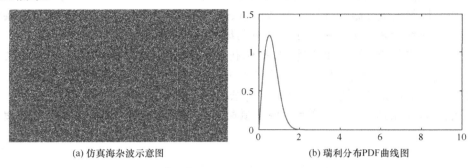

(a) 仿真海杂波示意图　　　　　　　　(b) 瑞利分布PDF曲线图

图 3.3.14　$a = 0.5$ 时瑞利分布仿真海杂波示意图和 PDF 曲线图

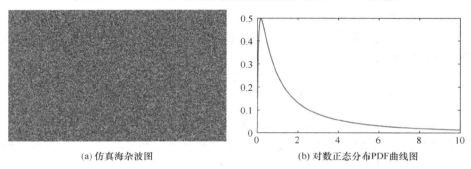

(a) 仿真海杂波图　　　　　　　　(b) 对数正态分布PDF曲线图

图 3.3.15　$\mu = 0.5, \sigma = 1.5$ 时对数正态分布仿真海杂波图和 PDF 曲线图

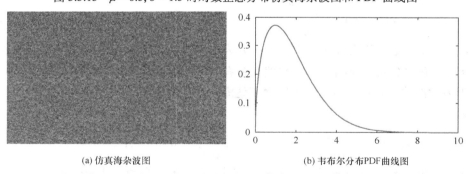

(a) 仿真海杂波图　　　　　　　　(b) 韦布尔分布PDF曲线图

图 3.3.16　$q = 2, p = 1.5$ 时韦布尔分布仿真海杂波图和 PDF 曲线图

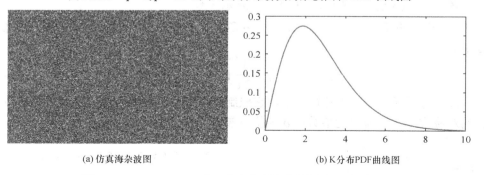

(a) 仿真海杂波图　　　　　　　　(b) K分布PDF曲线图

图 3.3.17　$\alpha = 2, \nu = 4$ 时 K 分布仿真海杂波图和 PDF 曲线图

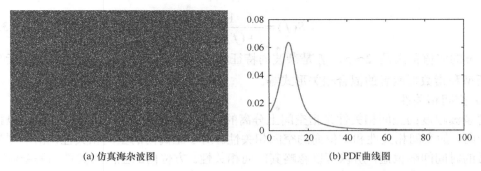

(a) 仿真海杂波图　　　　　　　　　　(b) PDF曲线图

图 3.3.18　$\alpha = 1, \beta = 0, \gamma = 5, \delta = 10$ 时 α 稳定分布仿真海杂波图和 PDF 曲线图

3.3.2.7　海杂波的相关特性

海杂波的相关特性分为时间相关性和空间相关性；当雷达天线在方位角和俯仰角上固定时，连续照射海面得到的多个回波脉冲的相关性为时间相关性；雷达天线在方位上或俯仰上进行均匀扫描而产生的脉冲回波数据的相关性定义为空间相关性。严格地说，纯粹的时间和空间相关性是不确切的，时间相关性中包含了海杂波的空间起伏信息，空间相关性中不可避免地混杂有脉冲时间序列上的特性。

海杂波的空间相关性是指来自不同空间位置的海杂波之间的相关程度，包括距离向的空间相关性和方位向的空间相关性，一般采用相关函数或其归一化形式（相关系数）来表述。当相关系数从 1 衰减到 1/e 时，对应的距离间隔称为相关长度。海杂波的空间相关性与海浪结构及其运动特性、波向、波高等海洋环境参数，以及脉冲重复频率、雷达分辨率、方位扫描速率等雷达参数密切相关，方位向的空间相关性还与天线扫描引起的纹理扰动有关。海杂波的空间相关性对雷达探测性能的影响非常大，例如，若不能准确估计海杂波相关距离单元个数，将导致恒虚警检测（CFAR）中参考单元数选取的盲目性，从而无法获取最优的 CFAR 增益，使目标检测性能下降。

1）时间相关性

海杂波的时间自相关函数（Auto-Correlation Function，ACF）定义为

$$\mathrm{ACF}_k = \sum_{n=0}^{N-1} x_n x_{n+k}^* \bigg/ \sum_{n=0}^{N-1} x_n x_n^* \qquad (3.3.11)$$

式中，x_n 是接收信号的复数形式，x_n^* 是其共轭。脉冲间的相关形式可根据复合模型来描述：在短时间内任一个杂波分辨单元内的反射信号问题服从瑞利分布，说明反射来自多散射体；任一杂波单元散斑分量有一个短的去相关时间（毫秒级），使用频率捷变后脉冲间是完全不相关的。相反，平均分量有较长的去相关周期，通常不受频率捷变的影响。因此，海杂波的时间相关性具有一个快速的下降期，其后跟随一个较长的衰减过程。

据众多的试验分析，海杂波功率谱在很多情况下都可用高斯型、N 次方谱或渐近高斯型的模型来表述，具有一定的代表性。高斯型的功率频谱模型为

$$S(f) = \frac{A}{\sqrt{2\pi}w} \exp\left(-\frac{(f-s)^2}{2w^2}\right) \qquad (3.3.12)$$

式中，A 是信号的功率水平，s 是信号的中心频率或多普勒频移点，w 是功率谱宽度。对 A, s, w 三个参数的调整可以实现功率谱模型的修改。

n 次方谱为

$$S(f) = \frac{1}{1 + (f/f_c)^n} \qquad (3.3.13)$$

式中，n 的取值范围是 $2\sim5$，f_c 是杂波的特征频率。常用的时间相关形式还包括指数相关及高斯型和指数型两者的混合相关形式等。

2）空间相关性

海杂波幅度的空间相关性是指空间上分离的海面后向散射信号之间的相关性，包括距离向（径向）的空间相关性和方位向的空间相关性。对于距离向的空间相关性，由于测量这两个信号的时间间隔很短，所以可以忽略其时间相关性。方位向的空间相关性由海杂波在时间和空间上的起伏变化共同引起，主要与天线在方位上的波束宽度有关，建模时需要考虑天线扫描引起的纹理扰动。

下面以脉冲制相参雷达的采集数据为例进行说明。当天线工作在扫描模式时，海杂波在距离向和方位向的空间相关性与采集数据格式之间的对应关系如图 3.3.19 所示。I、Q 通道的采集数据以二维矩阵的形式存储，矩阵大小与数据采集期间雷达发射的脉冲串个数 M 及每个脉冲对应的距离采样单元个数 N 有关，而这两个参数又分别与雷达的脉冲重复频率和距离向采样率有关。距离向和方位向的空间相关性分别定义在快时间维采样和慢时间维采样数据的基础上，在相参条件下，空间相关性还同时包含实部和虚部。

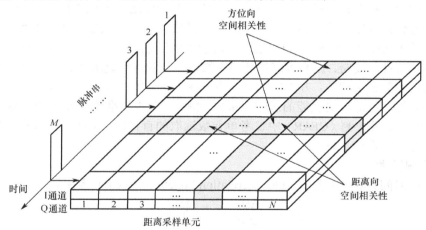

图 3.3.19　空间相关性与采集数据的对应关系

杂波平均反射率的空间自相关函数（Spatial Auto-Correlation Function，SACF）为

$$SACF_j = \frac{\displaystyle\sum_{i=1}^{M/2}(\tau_i - \hat{m})(\tau_{i+j} - \hat{m})}{\displaystyle\sum_{i=1}^{M/2}(\tau_i - \hat{m})^2} \qquad (3.3.14)$$

式中，$\hat{m} = \dfrac{1}{M}\displaystyle\sum_{i=1}^{M}\tau_i$，$M$ 是在海面每个侧面上的距离采样数。实际上，最终的杂波平均反射率空间自相关函数是对采用式（3.3.14）计算得到的多个连续测量时间和测量地理单元数据的平均值。

海杂波空间相关特性和长时间相关特性由复合模型中的伽马调制变量决定，而总的相关特性由复高斯成分决定。在实际预测和分析雷达处理器的性能时，相关特性应服从非高斯的要求，因而大部分情形下只关心总的相关特性而忽略空间相关特性。

3）实测海杂波相关性分析

本节采用两种不同波段、不同分辨率的海杂波进行分析，主要考察其时间自相关性和空间自相关性。

（1）IPIX 雷达海杂波。由于脉宽为 0.2μs，径向距离分辨率为 30m，因此是一种高分辨率下的海杂波数据，文中采用的数据片段、主要的参数如表 3.3.4 所示。

表 3.3.4　海杂波测量参数

参　　数	数　　值	参　　数	数　　值
雷达载波频率	9.4GHz	杂波单元距离	2550m
发射功率	8kW	天线高度	30m
脉冲重复频率	1000Hz	观测角	0.678°
波瓣宽度	0.9°	天线增益	40dB
脉冲宽度	200ns	极化方式	垂直
浪高	1.5～2m	风速	22km/h

图 3.3.20a 是时间为 131s 左右的海杂波时间序列；图 3.3.20b 和图 3.3.20c 给出了海杂波的时间自相关函数的实部与虚部的曲线，可以看到海杂波的强相关时间约为 10ms，到 50ms 左右海杂波的时间相关系数下降到 0.1 以下，如图 3.3.20d 所示；之后的弱相关时间可达到秒量级，如图 3.3.20e 所示，由此可见，X 波段海杂波确有长时间相关性。

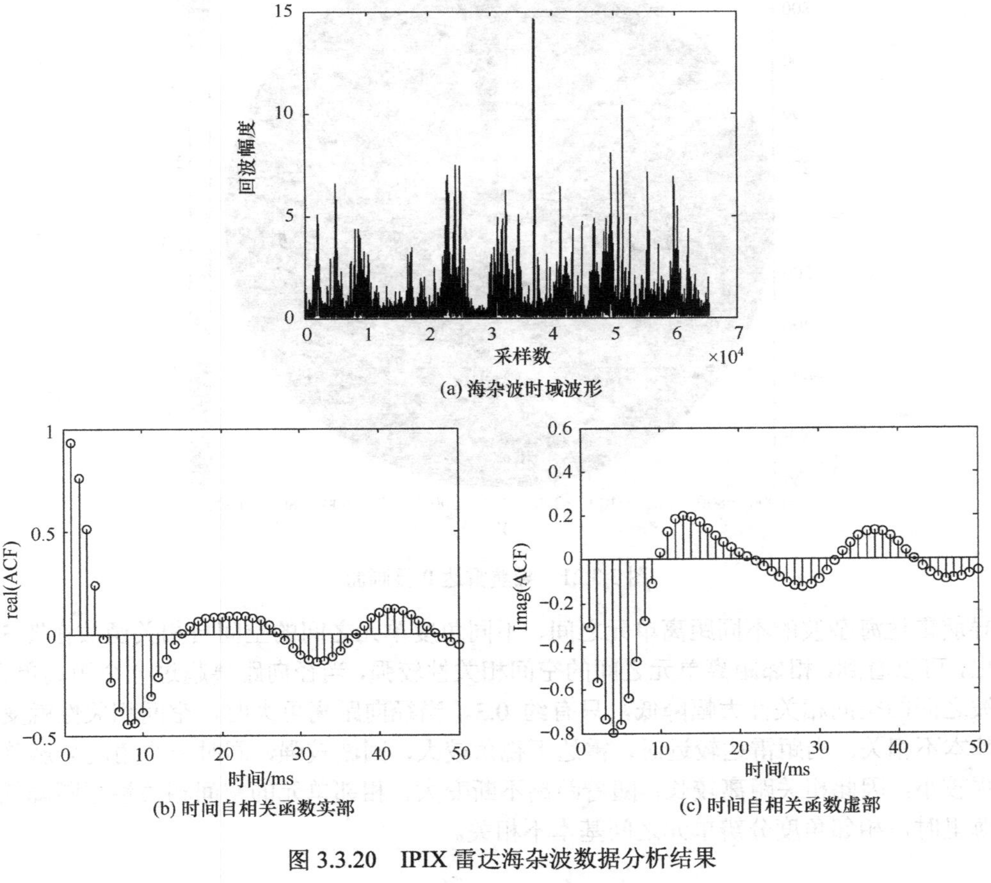

(a) 海杂波时域波形

(b) 时间自相关函数实部

(c) 时间自相关函数虚部

图 3.3.20　IPIX 雷达海杂波数据分析结果

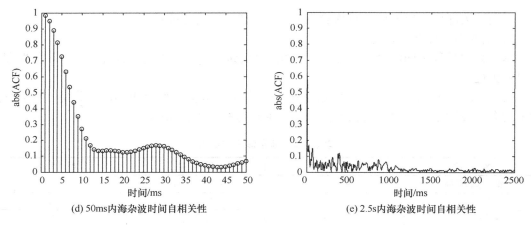

(d) 50ms内海杂波时间自相关性　　　　　(e) 2.5s内海杂波时间自相关性

图 3.3.20　IPIX 雷达海杂波数据分析结果（续）

（2）导航雷达海杂波。导航雷达为 X 波段 HH 极化雷达，采集数据时，雷达发射脉宽为
0.3μs，距离分辨率为 45m，波束宽度为 1.3°，带宽为 4MHz，雷达架设高度为 80m 左右。数
据采集方式为雷达全方位扫描，在一个方位角内，对某一波门内的距离向回波进行采样，P 显
画面如图 3.3.21 所示。

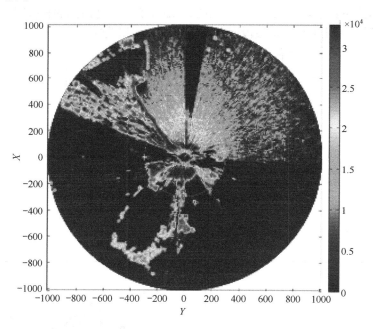

图 3.3.21　导航雷达 P 显画面

导航雷达海杂波的不同距离单元之间、不同角度单元之间的空间自相关函数在图 3.3.22
中给出，可以看到，相邻距离单元之间的空间相关性较强，当径向距离超过一个距离单元时，
海杂波之间的空间相关性大幅降低，只有约 0.3，当径向距离再大时，空间相关性就变得很
低，基本不相关。当距雷达较近时，雷达下视角较大，回波较强，同时一个角度分辨单元的
宽度也较小，因此相关距离较长；随着距离不断变大，相邻单元的空间相关性不断降低，到
1.97 海里时，相邻角度分辨单元之间基本不相关。

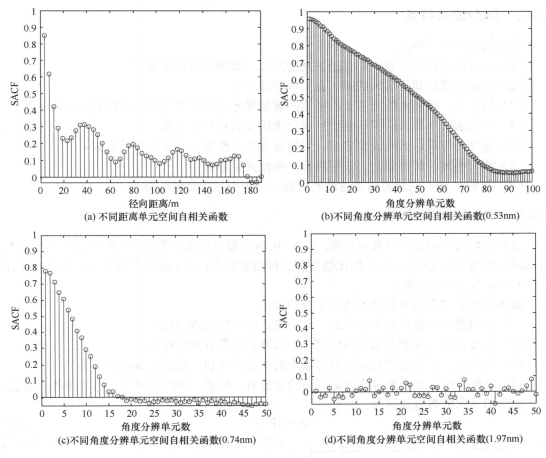

图 3.3.22 导航雷达海杂波空间相关特性分析

3.4 典型体杂波及特点

3.4.1 体杂波形成机理

雷达波在大气传播过程中受到大气中的尘霾和水汽等大分子吸收或散射,引起雷达波能量的衰减。大气中的雨雪和云不但衰减雷达波,而且产生反射回波,影响正常的雷达目标观测。云雨杂波雷达 P 显画面及场景照片如图 3.4.1 所示。

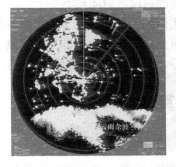

图 3.4.1 云雨杂波雷达 P 显画面及场景照片

3.4.2 体杂波的特点

体杂波具有如下特点。

（1）不仅能衰减雷达波，而且产生反射回波，影响正常雷达观测。

（2）回波的强度和雨雪云的降（含）水量成正比。

（3）较小或一般降水的雨雪云的雷达回波呈现无明显边缘的疏松棉絮状的亮斑区域。

（4）强降水的雨雪云的雷达回波呈现边缘松散的连片强干扰。

（5）强度还与雷达天线波束宽度、发射脉宽及工作波长等雷达参数有关。

（6）波长越短、脉宽越宽、波束越宽，杂波强度越强。

（7）能见度 30m 的大雾对雷达波的衰减比中雨引起的衰减还要大。

3.4.3 体杂波散射特性

雨滴的后向散射特性与发射频率、极化、雨滴的数量与大小有关。因为雨滴近似为球体，所以根据雨滴直径 D 和波长 λ 的比值便有三种散射状态：D/λ 很小的瑞利区、$D/\lambda \approx 1$ 的谐振区和 D/λ 很大的光学区。

雨滴的散射与金属球散射的情况十分相似：

（1）在瑞利区，随着频率的增加，雨滴的后向散射急剧增加。

（2）在谐振区，频率的微小变化便会导致其后向散射变化很大。

（3）在光学区，雨滴的后向散射与频率的关系不密切，只跟雨滴的大小有关。

（4）此外，注意到此处讨论的是雨滴的体散射，显然，降雨率越大，其后向散射越强。

雨滴的后向散射可表示为

$$\sigma = \eta V \tag{3.4.1}$$

式中，η 为体散射系数，单位是 m²/m³；V 是距离 R 处脉冲距离门和天线波束共同构成的体积，

$$V = \frac{\pi}{4} R^2 \theta \varphi \frac{c\tau}{2} \tag{3.4.2}$$

式中，τ 为距离门持续时间（因此 $c\tau/2$ 对应于距离门宽度，单位为 m），θ 和 φ 分别表示雷达天线在方位向和俯仰向的波束宽度（单位为弧度）。

在大多数情况下，雨滴的尺寸都远小于雷达波长，因此其散射处于瑞利区，此时 $\eta \approx 1/\lambda^4$，故雨滴的后向散射随频率变化明显。图 3.4.2 中示出了实测的不同降水率下的典型体散射系数。从图中可见，波长越短，即频率越高，雨的后向散射越强。还可以看出，降雨率越大，后向散射越强。

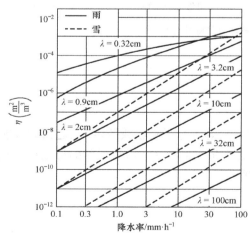

图 3.4.2　体散射系数与降水率及雷达波长的关系

3.5　面杂波和体杂波散射强度计算

3.5.1　机载雷达面杂波散射强度计算

图 3.5.1 所示为机载雷达下视模式面杂波观测区域图。由于散射系数是用照射面积归一

化的散射截面，因此在环境散射系数的测量中，需要计算雷达波束的照射面积。

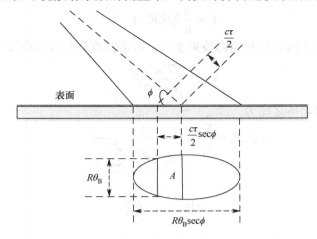

图 3.5.1　面杂波观测区域图

当天线波束覆盖的距离比脉冲距离门覆盖的距离更大时（一般为小擦地角情况），有效照射面积在方位向取决于天线方位向的波束宽度，而距离向则取决于雷达脉冲宽度，因此照射区域可近似成一个矩形，通过图 3.5.1 可计算得到如下参数。

杂波区域面积 A，

$$A \approx R\theta_B \frac{c\tau}{2}\sec\phi \tag{3.5.1}$$

雷达接收到的杂波功率，

$$S_c = \frac{P_t G^2 \lambda^2 \sigma_c}{(4\pi)^3 R^4} \tag{3.5.2}$$

雷达接收到的目标功率，

$$S_t = \frac{P_t G^2 \lambda^2 \sigma_t}{(4\pi)^3 R^4} \tag{3.5.3}$$

信杂比，

$$\text{SCR} = \frac{\sigma_t}{\sigma_c} = \frac{2\sigma_t \cos\phi}{\sigma_0 \theta_B R c\tau} \tag{3.5.4}$$

3.5.2　机载雷达体杂波散射强度计算

本计算适用于气象、箔条、鸟杂波等体杂波。
图 3.5.2 所示为体杂波观测区域图。

雨滴的 RCS 的瑞利近似为

$$\sigma = 9\pi r^2 (kr)^4, \quad k = 2\pi/\lambda \tag{3.5.5}$$

单位体积 RCS 是所有独立散射体 RCS 之和，

$$\eta = \sum_{i=1}^{N} \sigma_i \tag{3.5.6}$$

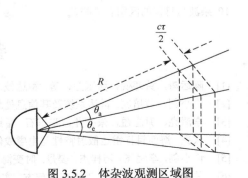

图 3.5.2　体杂波观测区域图

分辨单元 V 内的总 RCS，

$$V \approx \frac{\pi}{8}\theta_a\theta_e R^2 c\tau \tag{3.5.7}$$

式中，θ_a 和 θ_e 分别为天线方位和俯仰波束宽度。雷达接收到的气象杂波功率为

$$S_w = \frac{P_t G^2 \lambda^2 \sigma_w}{(4\pi)^3 R^4} \tag{3.5.8}$$

目标与气象杂波功率之比为

$$\text{SCR} = \frac{S_t}{S_w} = \frac{8\sigma_t}{\pi\theta_a\theta_e R^2 c\tau\sum\limits_{i=1}^{N}\sigma_i} \tag{3.5.9}$$

小　结

目标总处于一定的环境中，而环境中包括了各种杂波。例如，来自地面的地杂波和来自海面的海杂波，都是面杂波的例子。此外，还有云、雾、雨等气象杂波。雷达电子战中常用的箔条虽然不属于自然环境范畴，但它类似于云和雨，也产生不需要的回波，因此通常也被归为杂波。云、雾、雨、箔条等的回波是体杂波的例子。本章总结了雷达杂波的定义和分类、杂波的特点及对雷达系统设计的影响。重点分析了两种典型的面杂波，即地杂波和海杂波，分析了其特点即散射特性，最后介绍了机载雷达面杂波和体杂波的散射强度计算方法。

思　考　题

1. 杂波的分类和特点是什么？对雷达系统设计及检测有什么影响？
2. 杂波散射系数与雷达散射截面积的区别是什么？
3. 地杂波的特性有哪些？
4. 海杂波的特性有哪些？
5. 海尖峰对目标检测有什么影响？如何抑制海尖峰？
6. 机载雷达面杂波散射强度如何计算？
7. 机载雷达体杂波散射强度如何计算？
8. 简述目标 RCS 和杂波散射系数之间的异同。
9. 如何利用杂波的特性抑制杂波？
10. 杂波与目标的区别有哪些？

参　考　文　献

[1] 陈运涛，黄寒砚，陈玉兰，等. 雷达技术基础[M]. 北京：国防工业出版社，2014.
[2] 许小剑，黄培康. 雷达系统及其信息处理[M]. 北京：电子工业出版社，2010.
[3] 李清亮，尹志盈，朱秀芹，张玉石. 雷达地海杂波测量与建模，北京：国防工业出版社，2017.
[4] 张民. 海面目标雷达散射特性与电磁成像[M]. 北京：科学出版社，2015.
[5] 许小剑，李晓飞，刁桂杰，姜丹. 时变海面雷达目标散射现象学模型[M]. 北京：国防工业出版社，2012.
[6] 关键，丁昊，黄勇，王国庆，何友. 实测海杂波数据空间相关性研究[J]. 电波科学学报，2012, 27(5):

943-953.

[7] 丁昊，董云龙，刘宁波，王国庆，关键. 海杂波特性认知研究进展与展望[J]. 雷达学报, 2016, 5(5): 499-516.

[8] Xiaolong Chen, Jian Guan, Zhonghua Bao, You He. Detection and extraction of target with micromotion in spiky sea clutter via short-time fractional Fourier transform[J]. IEEE Transactions on Geoscience and Remote Sensing, 2014, 52(2): 1002-1018.

第 4 章　脉冲多普勒雷达原理及处理

4.1　基本概念

利用目标与雷达之间相对运动产生的多普勒效应，进行目标信息提取和处理的雷达称为多普勒雷达。如果这种雷达发射的是连续射频信号，那么称其为连续波多普勒雷达；如果这种雷达发射的是脉冲调制的射频信号，那么称其为脉冲多普勒（Pulsed Doppler，PD）雷达。注意，这里的"脉冲多普勒雷达"是一个广义的概念。根据雷达利用目标回波多普勒频移抑制杂波的方法及能力的不同，一般又可分为动目标显示（Moving Target Indication，MTI）雷达和 PD 雷达。

MTI 技术始于地面雷达，用于区分地面固定杂波和空中飞行器。它是利用运动目标回波信号具有多普勒频移而固定的地面背景杂波的多普勒频移为零这一特性来抑制杂波的，从而使运动目标得以检测和显示。MTI 实际上也是一种脉冲多普勒雷达系统，一般具有较低的脉冲重复频率/重频（PRF），以便不会产生任何距离模糊，但结果是其多普勒模糊严重。

当将雷达安装在运动平台如舰船、飞机或航天器上时，杂波与雷达之间存在相对运动，杂波的多普勒频移不再为零，多普勒频谱发生展宽现象。此时需要使用时间平均杂波相干机载雷达（Time-Averaged-Clutter Coherent Airborne Radar，TACCAR）技术对杂波的多普勒频移进行补偿，使用偏置相位中心天线（Displaced Phase Center Antenna，DPCA）对多普勒频谱的展宽进行补偿。使用 TACCAR 和 DPCA 两种技术补偿平台运动的雷达称为 AMTI 雷达。AMTI 雷达中的 A 字代表 Airborne，以前主要指飞机，现在则泛指任何使用这两种运动补偿方法的运动雷达平台

在 MTI 雷达杂波对消的基础上，再通过窄带多普勒滤波器构成的多普勒滤波器组对杂波进一步抑制的雷达系统称为动目标检测（Moving Target Detection，MTD）雷达。这种雷达也使用低重频，因而一般没有距离模糊，又因为在频域上进行滤波，具有速度选择能力。所以，MTD 雷达也可视为一类以低重频方式工作的 PD 雷达。

PD 雷达是在 MTI 技术的基础上发展起来的，经历了 MTI、AMTI 和多普勒滤波器组技术的发展，能够实现对雷达目标回波频谱的单根谱线进行频域滤波、具有对目标进行速度分辨的能力。PD 雷达一般采用多普勒滤波器组，可以更精细地滤除杂波，从而能够将具有不同运动速度的目标从杂波中分离出来。

MTI 雷达和 PD 雷达都是利用目标与雷达之间相对运动而产生的多普勒效应进行目标信息提取和处理的雷达，但它们消除杂波的方式不同。MTI 雷达消除杂波的技术相对比较简单，而固定目标形成的背景杂波十分复杂，仅靠 MTI 一般难以充分地抑制杂波和实现对目标的检测。这也是 PD 雷达与早期 MTI 雷达的主要区别。但是，随着多普勒滤波器组和数字处理技术在 MTI 与 PD 雷达中均得到广泛引用，两者之间的区分边界变得模糊。

MTI 雷达与 PD 雷达在发射机类型和信号处理技术上曾经有较大的差异。例如，在 MTI 雷达的发展初期，发射机通常采用磁控管。PD 雷达通常用诸如速调管之类的高功率放大器发射机。如今，无论是 MTI 雷达还是 PD 雷达都采用相同类型的高功率放大器。早期 MTI

雷达采用模拟延迟线对消器，而 PD 雷达则多采用模拟滤波器组。如今，两种雷达都采用数字处理，且 MTI 也采用滤波器组（如 MTD 雷达）。因此，设备上的差异不再是彼此区分的标准。

　　MTI 雷达与 PD 雷达的基本差异是彼此使用的脉冲重复频率和占空因子。一般 MTI 以低重频模式工作，而 PD 雷达则以低、中和高重频模式工作。PD 雷达低重频模式没有距离模糊，但通常会有大量的多普勒频率模糊。PD 雷达高重频模式没有速度模糊，但有严重的距离模糊。PD 雷达中重频模式通常既有距离模糊又有速度模糊。由于 PD 雷达更多地采用中、高重频工作模式，通常会接收到比 MTI 雷达更多的杂波，为了获得足够的信杂比，PD 雷达需要更大的杂波改善因子。通常，MTI 雷达信杂比为 20～30dB，经过改进的数字 MTI 雷达可达 30～40dB。PD 雷达比 MTI 雷达能够更好地抑制固定杂波。称为 PD 雷达低重频方式的 MTD 雷达，其信杂比可达 40～50dB，一般 PD 雷达的信杂比应在 50dB 以上。

　　应该指出的是，今天的技术发展已使得 MTI 与 PD 雷达之间的差异越来越不明显，甚至开始将 MTI 和 PD 雷达通称为"脉冲多普勒雷达"。例如，一部先进的机载 PD 雷达可以兼具低、中、高重频工作模式，同时具有合成孔径/逆合成孔径高分辨成像等工作模式。

4.1.1　多普勒效应

1）多普勒效应定义

　　多普勒效应是奥地利物理学家多普勒（J. Doppler）于 1842 年首先从运动的发声源中发现的现象。运动物体辐射、反射或接收电磁波（声波）时电磁波发生的频率偏移现象，称为多普勒频移。辐射源和接收机之间具有相对径向运动时，接收到的信号频率发生变化。

　　为方便起见，设目标为理想"点"目标，即目标尺寸远小于雷达分辨单元。当雷达与目标之间有相对运动时，雷达接收的目标回波将产生多普勒频移。这个多普勒频移可以直观地解释如下：振荡源发射的电磁波以恒速 c 传播，如果接收机相对于振荡源是不动的，则其在单位时间内收到的振荡数目与振荡源发出的相同，即二者的频率相等。如果振荡源与接收机之间有相对接近的运动，则接收机在单位时间内收到的振荡数目要比它不动时多一些，也就是接收频率增高；当二者背向运动时，结果则相反。

　　也可以用图 4.1.1 中的运动目标反射等相位波阵面的"压缩"或"扩展"来解释。雷达发射波形是波长为 λ 的等相位波阵面，一个向雷达接近的目标能导致反射的等相位波阵面压缩，即波阵面之间更加接近（波长变短，即频率升高），如图 4.1.1a 所示。相反，一个相对于雷达后退的目标能导致反射的等相位波阵面扩展，即反射波的波长变长（频率降低），如图 4.1.1b 所示。

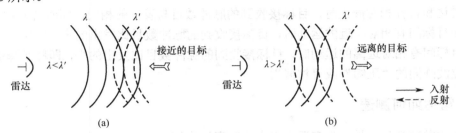

图 4.1.1　运动目标反射等相位波阵面的变化

2）生活中的多普勒效应

2014 年 3 月 8 日，马航 MH370 飞机 0 点 41 分由吉隆坡起飞计划前往北京，但在凌晨 2

点 40 分与管制台失去联系；2015 年 1 月 29 日，马来西亚宣布飞机失事。世界各国动用了大量的装备搜索 MH370 飞机，包括卫星、飞机、舰艇和水下搜寻设备。这些装备和手段对 MH370 飞机的搜救起到了非常重要的作用，但仍然无法判断飞机的失事地点，最终所采用的方法恰恰是利用了多普勒效应。此前根据卫星信号数据，已经大致知道 MH370 飞机可能沿着南北两个大的方向飞行。但究竟飞往哪个方向还无法确定。如果向北，则会经过陆地；如果向南，那里则是一片汪洋。此次英国卫星公司取得的重大突破，就在于判断出飞机是往南飞了，在南印度洋坠毁。

"通过测量多普勒效应，可以确定发射信号的飞机与接收信号的卫星的相对速度。"飞机上的某些设备会定期向卫星发送请求连接的 ping 信号（握手）。"通过分析 8 个 ping 信号载波的频率变化，可以确定飞机相对于卫星的速度变化过程。"大致"猜"出 MH370 飞机的位置。由此可见，多普勒效应有重要的应用价值。

坐火车旅行的人都遇到过这样的情况。当两列火车由远及近、相对高速行驶时，如果其中一列火车鸣笛，坐在另一列火车上的人听到的火车鸣笛的声频将发生变化：在两列火车相遇前会听到一个音调较高的笛声，在火车相遇的一瞬间，通常可以听到一个十分尖锐的火车鸣笛声音；随着两列火车相遇并掠过，笛声的音频将由高变低，直到最后听不见。这就是典型的多普勒效应：当两列火车相互接近时，有一个正多普勒频移，所以听到的声音比火车发

图 4.1.2　运动的火车声调的变化

出笛声的实际频率更高；当两列火车背向运动时，有一个负的多普勒频移，所以听到的声音比实际的频率更低，如图 4.1.2 所示。

声音是由发声体的振动产生的，在周围的空气中形成一会儿疏一会儿密的声波，传到耳朵里，使耳膜随着它同样振动起来，人们就听到了声音。耳膜每秒振动的次数多，人就感到音调高；反之，耳膜每秒振动的次数少，人就感到音调低。因此，声源发出什么声，听到的就是什么调。汽车匀速驶来，轮胎与地面摩擦产生的声波传来时，"疏""密""疏""密"是按一定规律、一定距离排列的，可当汽车向你开来时，它把空气中声波的"疏"和"密"压得更紧，"疏""密"的间隔更近，人们听到的音调也就更高。反之，当汽车离你远去时，它把空气中的疏密拉开，听到的声音频率就小，音调也就更低。汽车的速度越大，音调的变化也越大。在科学上，把这种听到音调与发声体音调不同的现象称为"多普勒效应"。

3）多普勒效应的特点

当雷达和目标相对静止时，目标接收到的脉冲数目与发出的相同，即两者的频率相同。当雷达和目标间有相对接近的运动时，目标接收到的脉冲数目比发出的多，即频率增高；当雷达和目标间有相对远离的运动时，目标接收到的脉冲数目比发出的少，即频率降低。这等价于相位波阵面的"压缩"或"扩展"。

4.1.2　雷达如何测速

以雷达发射窄带信号（带宽远小于中心频率）为例，

$$s(t) = \text{Re}[u(t)e^{j\omega_0 t}] \tag{4.1.1}$$

式中，Re 表示取实部；$u(t)$ 为调制信号复包络；ω_0 为发射角频率。

由目标反射的回波信号 $s_r(t)$ 可以写成

$$s_r(t) = ks(t - t_r) = \text{Re}[ku(t - t_r)e^{j\omega_0(t - t_r)}] \tag{4.1.2}$$

当目标相对雷达匀速运动时，延迟时间 t_r 为

$$t_r = \frac{2R(t)}{c} = \frac{2}{c}(R_0 - v_R t) \tag{4.1.3}$$

上式表明，回波信号比起发射信号，复包络滞后 t_r，相位差为

$$\varphi = -\omega_0 t_r = -4\pi f_0 / c(R_0 - v_R t) = -4\pi / \lambda(R_0 - v_R t) \tag{4.1.4}$$

因此，$\varphi(t)$ 引起的频率差（多普勒频率）为

$$f_d = \frac{1}{2\pi}\frac{\text{d}\phi}{\text{d}t} = \frac{2}{\lambda}v_R \tag{4.1.5}$$

由此可见，运动目标的多普勒频率能够通过测量目标散射回波的相对相位来测量。由于多普勒频率正比于目标的径向速度，因此，目标的相对运动速度可以通过测量目标的多普勒频移来估计。注意，因为目标速度具有方向性，此处规定目标向雷达接近时速度为正，反之为负。因此，多普勒频率也有正有负，目标向雷达接近时为正，目标远离雷达时为负。

现代雷达广泛地使用运动目标的多普勒效应，通过对多普勒频移的测量，不但能获得目标的相对径向速度，而且可由此区分移动目标、固定目标或者杂波。

4.1.3　信号时域和频域

1）信号的相位

信号相参是指两个信号的相位之间存在确定的关系，即发射波形的相位之间具有确定的关系或者具有统一的参考基准。若两个信号之间的相位是随机的，或者没有确定的关系，则称为非相参信号。

2）频域

这样的一个例子是乐谱。音乐的波形是什么形式？图 4.1.3 是对音乐信号最普遍的理解，即一个随着时间变化的信号。

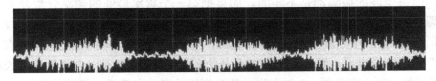

图 4.1.3　音乐信号时域的波形

图 4.1.3 是音乐信号在时域的波形，而图 4.1.4 则是音乐信号在频域的形式。在时域，观察到钢琴的琴弦起伏摆动；而在频域，只有永恒的音符。

图 4.1.4　乐谱

3）傅里叶级数

　　贯穿时域与频域的重要方法之一就是傅里叶分析。傅里叶分析可分为傅里叶级数和傅里叶变换。举个有趣的例子：正弦信号逼近矩形波示意图（图 4.1.5）。第一幅图是一个正弦波 $\cos(x)$；第二幅图是两个正弦波的叠加 $\cos(x)+a\cos(3x)$；第三幅图是 4 个正弦波的叠加；第四幅图是 10 个正弦波的叠加；随着正弦波数量逐渐的增长，它们最终会叠加成一个标准的矩形。随着正弦信号不断地叠加，所有正弦波中上升的部分逐渐让原本缓慢增加的曲线不断变陡，而所有正弦波中下降的部分又抵消了上升到最高处时继续上升的部分，使其变为水平线，最终形成了矩形波。但是，要多少个正弦波叠加起来才能形成一个标准的矩形波呢？答案是无穷多个。

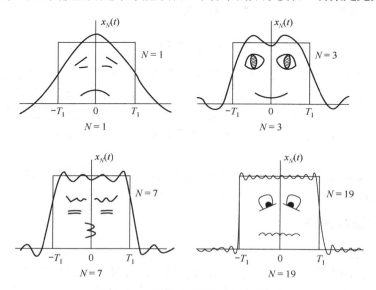

图 4.1.5　正弦信号逼近矩形波示意图

　　下面换个角度来看图 4.1.5 中的正弦波累加成矩形波。在图 4.1.6a 中，最前面的波形是所有正弦波叠加而成的总和，也就是越来越接近矩形波的那个图形。而后面依不同颜色排列而成的正弦波是组合为矩形波的各个分量。这些正弦波按照频率从低到高、从前向后的顺序排列开来，而每个波的振幅都是不同的。如果把第一个频率最低的频率分量视为"1"，就有了构建频域的最基本单元，数学称为信号的基。时域的基本单元就是"1 秒"，如果我们将一个角频率为 ω_0 的正弦波 $\cos(\omega_0 t)$ 看作基础，那么频域的基本单元就是 ω_0。有了"1"，还要有"0"才能构成世界，那么频域的"0"是什么呢？$\cos(0t)$ 就是一个周期无限长的正弦波，也就是一条直线。所以在频域，0 频率也被称为直流分量，在傅里叶级数的叠加中，它仅仅影响全部波形相对于数轴整体向上或是向下而不改变波的形状。正弦波就是一个圆周运动在一条直线上的投影。所以频域的基本单元也可以理解为一个始终在旋转的圆，如图 4.1.6b 所示。

　　信号 $f(t)$ 的傅里叶级数公式表示为

$$f(t) = \frac{a_0}{2} + a_1\cos(\omega t) + b_1\sin(\omega t) + a_2\cos(2\omega t) + b_2\sin(2\omega t) + \cdots\cdots$$
$$= \frac{a_0}{2} + \sum_{n=1}^{\infty}\left[a_n\cos(n\omega t) + b_n\sin(n\omega t)\right]$$

（4.1.6）

其中，

$$a_n = \frac{2}{T} \int_{t_0}^{t_0+T} f(t)\cos(n\omega t)\mathrm{d}t$$

$$b_n = \frac{2}{T} \int_{t_0}^{t_0+T} f(t)\sin(n\omega t)\mathrm{d}t$$

其物理含义为任何连续测量的时序或信号，都可以表示为不同频率的正弦波信号的无限叠加。因此，上文的描述也就是对傅里叶级数的形象解释。

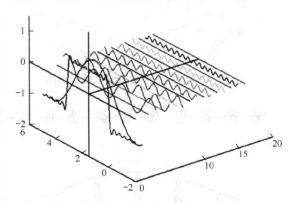

(a) 正弦波累加成矩形波三维立体图

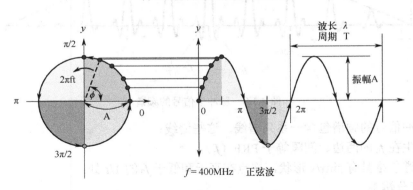

(b) 正弦波与圆的关系图

图 4.1.6　矩形波的傅里叶级数示意图

4）信号的频谱

有了频域的基本单元和傅里叶技术的基本概念，就可知道矩形波在频域中的形式，如图 4.1.7 所示。

因此，频谱定义为信号能量在可能的频率范围内的分布，常被描述为幅度相对于频率变化的曲线。单个脉冲信号的频谱为 sinc 函数。脉冲串信号的频谱如图 4.1.8 所示。雷达发射 N 个矩形脉冲串，其载频为 f_0，脉宽为 τ，脉冲重复频率为 f_r，脉冲重复周期为 T_r，脉冲持续时间为 NT_r，则 N 个矩形脉冲串频谱为

$$F(\mathrm{j}\omega) = \underset{\text{峰值幅度}}{\frac{A\tau N}{2}} \left\{ \underset{\text{载频}}{\frac{\sin(\omega-\omega_0)\frac{NT_r}{2}}{(\omega-\omega_0)\frac{NT_r}{2}}} + \sum_{n=1}^{+\infty} \underset{\text{包络}}{\frac{\sin\left(n\omega_r\frac{T_r}{2}\right)}{n\omega_r\frac{T_r}{2}}} \left[\underset{\text{下边带}}{\frac{\sin(\omega-\omega_0+n\omega_r)\frac{NT_r}{2}}{(\omega-\omega_0+n\omega_r)\frac{NT_r}{2}}} + \underset{\text{上边带}}{\frac{\sin(\omega-\omega_0-n\omega_r)\frac{NT_r}{2}}{(\omega-\omega_0-n\omega_r)\frac{NT_r}{2}}} \right] \right\} \quad (4.1.7)$$

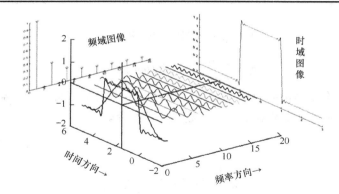

图 4.1.7　矩形波的时频分解示意图

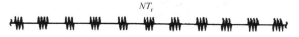

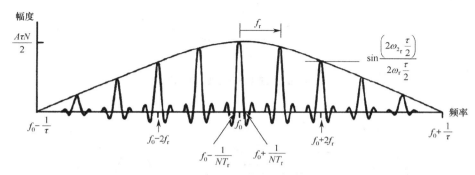

图 4.1.8　脉冲串信号的频谱

相参脉冲信号的频谱包含一系列谱线，这些谱线：

（1）产生在 f_0 的两边、间隔等于 PRF（f_r）。

（2）频谱包络具有 sin$x$/x 形状，零点在高于和低于 f_0 的 $1/\tau$ 处。

5）速度分辨率

由图 4.1.8 脉冲串信号的频谱可知峰值谱的谱宽为 $\dfrac{2}{NT_r}$，因此，多普勒分辨率为 $\Delta f_d = \dfrac{2}{NT_r}$，可以据此得出采用相参脉冲串信号时雷达的速度分辨率为

$$\Delta v = \frac{\lambda \Delta f_d}{2} = \frac{\lambda}{NT_r} \tag{4.1.8}$$

式中，NT_r 代表脉冲串时长，在做雷达相参积累时，若利用了 N 个脉冲信号，则 NT_r 也可理解为信号积累时长。因此，雷达观测运动目标时，速度分辨率与信号积累时长成反比，与雷达波长成正比，雷达工作频率越高，速度分辨能力越强。

4.2　脉冲多普勒雷达回波谱

4.2.1　脉冲多普勒雷达的适用范围及特点

1）脉冲多普勒雷达的定义和特征

脉冲多普勒（PD）雷达的定义是，通过脉冲发射并用多普勒效应检测目标信息的脉冲

雷达。PD 雷达是在动目标显示（MTI）雷达基础上发展起来的一种雷达体制。脉冲多普勒利用机载雷达反射电磁波频率的变化，将移动的飞机与地杂波背景区分开来，从而发现和追踪目标，拥有此项技术就能掌控空权。这种雷达具有脉冲雷达的距离分辨率和连续波雷达的速度分辨率，有更强的抑制杂波的能力，因而能在较强的杂波背景中分辨出动目标回波。

PD 雷达的特征如下。

（1）具有足够高的脉冲重复频率（PRF），以致杂波和所观测目标都无多普勒模糊。

（2）能够实现对脉冲串频谱单根谱线的频域滤波。

（3）由于脉冲重复频率很高，对观测的目标产生距离模糊。

近年来，关于 PD 雷达的概念有所延伸，上述定义描述仅适用于高 PRF 的 PD 雷达。20 世纪 70 年代中期，中 PRF 的 PD 雷达研制成功并迅速得到广泛应用。这种雷达的 PRF 虽然比普通雷达的高，但不足以消除速度模糊；其 PRF 虽然比高 PRF 的 PD 雷达要低，但又不足以消除距离模糊。它是距离和速度都产生模糊的 PD 雷达。

动目标检测（MTD）雷达是由线性动目标显示对消电路加窄带多普勒滤波器组组成的，通常用低 PRF 工作，因而没有距离模糊，但又在频域上进行滤波，具有速度选择能力，因而也可认为其是低 PRF 的 PD 雷达。

显然，无论是中 PRF 还是低 PRF 的 PD 雷达，都不能满足对 PD 雷达规定的全部三个条件，但都能满足其中的第二个条件，即实现频域滤波。因此，能够实现对脉冲串频谱的单根谱线滤波并对目标具有速度分辨能力的雷达，均称为 PD 雷达。

2）PD 雷达的适用范围

空战是现代战争最主要的手段之一，随着海防安全重要性的不断提高，军舰、航母和飞机的有效配合也有了越来越大的意义。对于战斗机来说，机载雷达就等同于它的眼睛，这双眼睛的明亮程度对于飞机的作战性能和作战方式有着极大的影响。

PD 火控雷达是当时世界上最先进的雷达，随着现代飞行器性能的改进和提高，低空和超低空飞行成了最主要的进攻手段，而如何防御飞行器的突防就成了首要的问题。但是，要想让飞机看下方的飞机，自上而下的打击是难度极大的事情。往下看，除了能看到所要观察的目标，电磁波会照到地面上，地面的面积很大，反射电磁波很强，叫地杂波，地杂波的强度比要看的飞机的信号高出几个量级，甚至可以高达 100 万倍。强干扰把有用信号完全淹没了。PD 主要应用于那些需要在强杂波背景下检测动目标的雷达系统。PD 雷达的典型应用和要求如表 4.2.1 所示。

表 4.2.1　PD 雷达的典型应用和要求

雷 达 应 用	要 求
机载或空间监视	探测距离远；距离数据精确
机载截击或火控	中等探测距离；距离和速度数据精确
地面监视	中等探测距离；距离数据精确
战场监视（低速目标检测）	中等探测距离；距离和速度数据精确
导弹寻的头	可以不要真实的距离信息
地面武器控制	探测距离近；距离和速度数据精确
气象	距离和速度数据分辨率高
导弹告警	探测距离近；很低的虚警率

4.2.2　脉冲多普勒雷达的多普勒频移

简单的连续波多普勒频率测量雷达不能简单地推广到有脉冲调制的多普勒雷达，因为在多普勒接收机中需要一个参考频率信号，才能提取出目标的多普勒频移。发射机发射信号加脉冲调制，而注入接收机的参考信号仍为连续波，如图 4.2.1 所示。这样，当收到脉冲回波时，参考信号仍然存在，因此接收机可将回波信号中的目标多普勒频移信息提取出来。

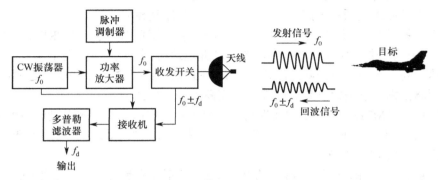

图 4.2.1　简单的脉冲多普勒雷达原理图

假设雷达发射信号为

$$s_t(t) = A_t \sin(2\pi f_0 t) \tag{4.2.1}$$

式中，A_t 为发射信号幅度，f_0 为发射信号频率。当距离 R_0 处的目标相对雷达有一个径向速度 v_R 时，目标回波信号为

$$s_t(t) = A_r \sin[2\pi f_0(t - T_R)] \tag{4.2.2}$$

式中，A_r 为回波幅度，

$$T_R = \frac{2R}{c} = \frac{2R_0 - 2v_R t}{c} \tag{4.2.3}$$

为双程时延。所以，接收信号可表示为

$$s_t(t) = A_r \sin\left[2\pi f_0\left(1 + \frac{2v_R}{c}\right)t - \frac{4\pi f_0 R_0}{c}\right] \tag{4.2.4}$$

其频率与发射信号之间相差一个多普勒频率，

$$f_d = 2f_0 v_R / c = 2v_R / \lambda \tag{4.2.5}$$

当接收机为外差式接收机时，使用参考信号

$$s_{ref}(f) = A_{ref} \sin(2\pi f_0 t) \tag{4.2.6}$$

对该接收信号混频后，鉴相器输出的差频信号为

$$s_d(t) = A_d \cos\left(2\pi f_d t - \frac{4\pi R_0}{\lambda}\right) \tag{4.2.7}$$

式中，A_d 为输出信号幅度，$f_d = 2v_R / \lambda$ 为目标速度引起的多普勒频率。

下面分三种情况对式（4.2.7）表示的回波信号进行讨论。

（1）对于静止的点目标，$f_d = 0$，所以输出信号为常数。

（2）对于固定位置上的分布式杂波，由于余弦函数的最大最小值取±1，所以不同距离上的杂波输出信号可正可负。

（3）对于运动的点目标，该信号为一个随时间规则变化的函数。

图 4.2.2 所示为 PD 雷达发射信号与鉴相器输出信号示意图。雷达发射一串脉宽为 t_p 的脉冲串，如图 4.2.2a 所示，如果雷达脉冲的持续时间很长，有 $f_d > 1/t_p$，则在一个脉宽时间内该信号将产生多于一次的振荡，如图 4.2.2b 所示，此时雷达可在一个脉冲周期内检测出该目标的多普勒频率。反之，若 $f_d < 1/t_p$，则鉴相器的输出是一个随时间缓慢变化的信号，如图 4.2.2c 所示，此时雷达不能在一个脉冲周期内鉴别该多普勒频率，需要对多个回波脉冲处理后才能提取出目标的多普勒频率。图 4.2.2c 是实际雷达中的典型情况。注意此处的雷达输出信号是双极性（带正负号）的视频信号。

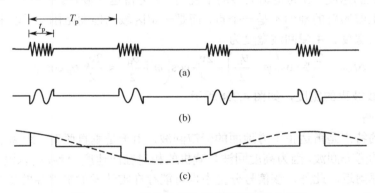

图 4.2.2　PD 雷达发射信号与鉴相器输出信号

脉冲多普勒雷达正是利用上述运动目标回波多普勒频率的时变特点，实现抑制静止杂波和从强杂波中检测和指示运动目标的。

4.2.3　脉冲多普勒雷达回波谱组成

对于地面固定的雷达站，由于雷达与地面杂波之间没有相对运动，如果忽略刮风导致的地物背景运动，则一般可以认为地杂波的多普勒频率为零。而机载雷达由于载机的运动，不运动的地物和一些固定目标的回波信号都会产生多普勒频移，机载条件下的回波信号频谱结构也就更为复杂。这时，要有效地检测空中和地面目标，其难度要比地面雷达困难得多。机载雷达是脉冲多普勒体制应用最广泛和最重要的领域。PD 雷达回波分为三类：主瓣回波、旁瓣回波和高度回波，其组成如图 4.2.3 所示。

图 4.2.3　PD 雷达回波组成

PD 雷达下视情况的位置关系如图 4.2.4 所示。

图 4.2.4　PD 雷达下视情况的位置关系

1）主瓣回波

雷达天线的主瓣照射地面产生的回波，也称为主杂波。其特点是幅度相对较大，位于旁瓣回波谱区域的某个位置。主瓣回波的多普勒中心频率为

$$f_{\text{MB}} = \frac{2v_{\text{R}}}{\lambda}\cos\varphi \qquad (4.2.8)$$

式中，v_{R} 为载机的速度，φ 为雷达天线的下视角，λ 为雷达的波长。

由于天线主瓣照射的地面不是一个点，而是一定区域的地面范围，所以主杂波的多普勒占有一定的频谱宽度。主瓣回波宽度为

$$\Delta f_{\text{MB}} = \frac{2v_{\text{R}}}{\lambda}\cos\left(\varphi - \frac{\theta_{\text{B}}}{2}\right) - \frac{2v_{\text{R}}}{\lambda}\cos\left(\varphi + \frac{\theta_{\text{B}}}{2}\right) \approx \frac{2v_{\text{R}}}{\lambda}\theta_{\text{B}}\cos\varphi \qquad (4.2.9)$$

式中，θ_{B} 为天线波束的宽度，如图 4.2.4 所示。

2）高度回波

高度回波的特点是雷达正下方地面的旁瓣回波，由于是垂直照射、距离近，高度回波的强度大于一般的旁瓣回波。因为高度回波与载机的相对径向速度为零，所以没有多普勒频移，位置在载频频率附近。此外，该信号分量中也可能存在雷达发射机泄漏的影响。

3）旁瓣回波

接收到的雷达回波都是无用的，占据了很宽的频带。天线的旁瓣会在一个很大的入射角范围（从 0°到几乎接近 90°）内对环境照射，因此，如果雷达的绝对速度为 v_{R}，则这种旁瓣回波的多普勒将以其为中心向 $\pm 2v_{\text{R}}/\lambda$ 两端扩展。

旁瓣回波的特点是，在任何方向上都有旁瓣，占据的频带从相应于雷达的正频率（$f_{\text{c}} = 2v_{\text{R}}/\lambda$）到负频率（$f_{\text{c}} = -2v_{\text{R}}/\lambda$），具体取决于地物反射特性、旁瓣增益、散射系数和入射角。实际上不会完全均匀，一般来说，远离载频处的杂波较弱。在 PD 雷达的低重频方式下，由于不存在距离模糊，天线的旁瓣回波幅度很快从大幅度的高度回波衰减下来，一般幅度较低；在 PD 雷达的高重频方式下，因为存在大量的距离模糊混叠，天线旁瓣回波一般很强；而在 PD 雷达中重频方式下，旁瓣回波的幅度介于两者之间。

可以看到，旁瓣回波所占的多普勒频域范围相对较大。为了从旁瓣回波区中检测运动目标，可用具有自适应门限的窄带多普勒滤波器组。为了防止旁瓣回波淹没小的运动目标，与常规天线相比，脉冲多普勒雷达的天线应有超低旁瓣。

在高脉冲重复频率多普勒雷达中，由于有许多距离模糊的脉冲同时照射杂波区，天线的旁瓣回波较大。当占空比为 50%时，天线旁瓣同时照射天线的覆盖范围比 AMTI 雷达的多得多。脉冲多普勒雷达中大的旁瓣回波说明了为何它要求改善因子通常比同样性能的 AMTI 雷达更高。

4）无杂波区

在图 4.2.5 所示的机载 PD 雷达回波谱中，存在一个区域没有杂波的影响，只有接收机

噪声影响，该区域称为无杂波区。这一区域的多普勒频率较高，相当于是雷达对正前方高速接近的目标进行探测的情况，如图 4.2.4 中所示的前半球逼近的飞机。

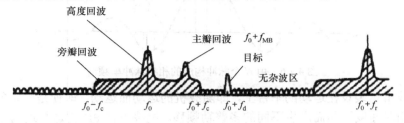

图 4.2.5　机载 PD 雷达回波谱

其中，

$$f_d = f_{MB} + f_T = \frac{2(v_R + v_T)}{\lambda} \cos \varphi \qquad (4.2.10)$$

式中，f_{MB} 是载机的多普勒频率，f_T 是目标的多普勒频率，v_T 是目标飞行速度。转化为速度表示飞机和目标的相对径向速度，φ 为雷达的下视角，λ 为波长。

多普勒影响因素包括：

（1）飞机与目标的相对速度大小。

（2）几何关系（飞机相对地面照射点的视角）。

是否出现无杂波区，不但取决于脉冲重复频率，而且与载机速度和发射信号的波长有关。通常，PD 雷达的发射信号总是矩形脉冲，回波脉冲串信号总是受到天线方向图的调制，地物回波形成的杂波在频率轴上总是由以 sin 函数为包络、以发射脉冲重复频率为间隔而重复出现的离散谱线系列构成，其中每条谱线的形状受天线照射时间（与脉冲重复频率一起决定回波脉冲串长度）及天线方向图扫描两者双重调制，并与地面上物体的反射特征有关。考虑地面杂波的随机性，在通常情况下，会使每条谱线的形状展宽为高斯曲线形状。PD 雷达回波信号的频谱中既有目标的多普勒信号频谱，又有目标环境中产生的脉冲多普勒杂波频谱，两者均与相应的多普勒频移及其距离因素有关。

无杂波区的存在是高 PRF 脉冲多普勒雷达的一个重要优点，特别适合远距离检测正在靠近的高速目标的场合。另一方面，如果目标的相对速度较低，如当目标被雷达后视或者目标做横向运动时，回波可能会落在杂波区内，目标的可检测性将比在无杂波区的高速目标低得多。这样的低多普勒频移的目标只能在比无杂波区内高速目标近得多的距离上才能被高 PRF 脉冲多普勒雷达检测到。

5）PD 雷达脉冲串回波谱

脉冲多普勒雷达实质上是根据运动目标回波与杂波背景在频域中的频谱差别，在频域–时域分布相当宽广，且功率相当强的背景杂波中检测有用目标的。从原理上讲，脉冲多普勒雷达相当于一种高精度、高灵敏度和多个距离通道的频谱分析仪，杂波频谱的形状和强度决定着雷达对不同多普勒频移目标的检测能力。

通常，机载 PD 雷达可以观测到飞机、汽车、坦克、轮船等离散目标和地物、海浪、云雨等连续目标。假若雷达发射信号形式为均匀的矩形射频相参脉冲串信号，则该矩形脉冲串信号的频谱由其载频频率 f_0 和边频频率 $f_0 \pm n f_r$（n 是整数）上的若干条离散谱线组成，其频谱包络为 sin 函数形式，如图 4.2.6 所示，与 4.1.3 节的描述一致。

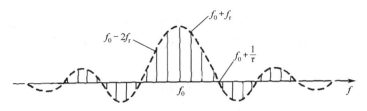

图 4.2.6   由 N 个脉冲构成的相参脉冲串频谱

由于机载雷达装设在运动的平台上，即随载机的运动而运动，即使是固定的反射物，也会因反射点相对速度不同而产生不同的多普勒频移。机载下视 PD 雷达与地面之间存在相对运动，再加上雷达天线方向图的影响，使得 PD 雷达地面杂波的频谱被这种相对运动的速度展宽，而且频谱形状也发生显著的变化，这种显著的变化就是地面杂波被分为主瓣回波区、旁瓣回波区和高度线杂波区。

图 4.2.7 中给出了一个水平运动的机载雷达产生的地面杂波和动目标回波的无折叠频谱分布。PD 雷达一般只利用回波频谱中的一根谱线，通常是图 4.2.7 中所示载频 f_0 附近信号能量最强的那根，即利用回波信号通过接收机单边带滤波后的频谱，如图 4.2.8 所示。

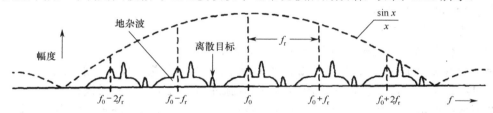

图 4.2.7   机载雷达产生的无折叠频谱分布

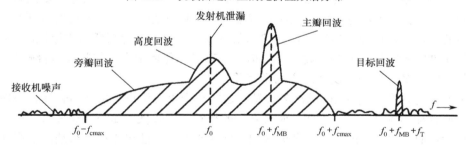

图 4.2.8   机载 PD 雷达回波在载频附近的频谱分量

6）考虑方位扫描的 PD 雷达回波谱

图 4.2.9 中示出了机载 PD 雷达下视工作的典型情形。v_R 为载机地速，φ 为地速向量与地面一小块杂波区 A 之间的夹角，φ_0 为地速向量与主波束方向之间的夹角，α 为波束视线与飞机速度向量之间的方位角，v_T 为目标飞行速度，φ_T 为目标飞行方向与雷达和目标间视线的夹角。

由于一个孤立的目标对雷达发射信号的散射（调制）作用产生的回波信号的多普勒频移，正比于雷达与运动目标之间的径向速度，所以当雷达的地速为 v_R，地速向量与地面一小块地面（面积为 A）之间的夹角为 φ 时，其多普勒频率为

$$f_d = \frac{2v_R}{\lambda}\cos\alpha\cos\varphi \qquad (4.2.11)$$

显然，随着地块位置的不同、φ 的不同，多普勒频率也不同，且多普勒频率有一个范围，理论上 $f_{dA} \in [-2v_R/\lambda, 2v_R/\lambda]$。

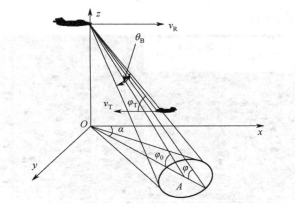

图 4.2.9　考虑方位扫描角的机载 PD 雷达下视工作示意图

假设天线主波束的宽度为 θ_B，则主瓣回波的边沿位置间的最大多普勒频率差值为

$$\Delta f_{MB} = f_d\left(\varphi_0 - \frac{\theta_B}{2}\right) - f_d\left(\varphi_0 + \frac{\theta_B}{2}\right) = \left|\frac{2v_R}{\lambda}\sin\alpha\cos\varphi\right|\theta_B \tag{4.2.12}$$

式（4.2.12）表明，由 θ_B 引起的主瓣回波多普勒频带随着天线扫描位置的改变而改变。当天线波束照射正前方，即 $\alpha = 0°$ 时，主杂波频宽趋于 $0°$，而当 $\alpha = 90°$ 时，频谱宽度最宽，可用 $\Delta f_{MB} = (2v_R/\lambda)\theta_B$ 来估计最坏情况下的主杂波频谱宽度。频带的包络取决于天线波束的形状，波束中心对应的杂波强度最大。以高 PRF 工作时，主杂波频带展宽后占 PRF 的一小部分，故在滤波前不需要特别补偿。

主瓣回波的强度与发射机功率、天线主波束的增益、地物对电磁波的反射能力、载机与地面之间的高度等因素有关，其强度可以比雷达接收机的噪声强 70～90dB。机载 PD 雷达的主瓣回波的频谱与天线主波束的宽度 θ_B、方向角 φ_0、载机速度 v_R、发射信号波长 λ、发射脉冲重复频率以及回波脉冲串的长度、天线扫描的周期变化、地物的变化等因素有关。当方位角在 $\pm70°$ 范围内变化时，主瓣回波频谱随方位角扫描的变化规律如图 4.2.10 所示。

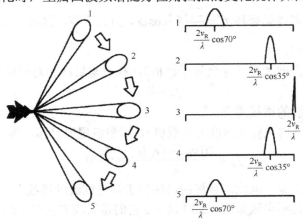

图 4.2.10　主瓣回波频谱随方位角扫描的变化规律

4.2.4　回波谱与目标速度的关系

为了更好地理解载机与目标之间的相对速度造成的多普勒影响，下面进一步分析不同情况下机载 PD 雷达的目标回波。图 4.2.11 中给出了五种飞行状态的目标回波与地面杂波频谱

之间的相对位置关系示意图。

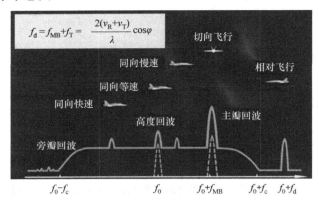

图 4.2.11　目标回波与地面杂波频谱之间的相对位置关系示意图

（1）头对头相互接近，目标以速度 v_T 从飞机的前半球迎面飞来，其多普勒频率为

$$f_d = \frac{2(|v_R| + |v_T|)}{\lambda} \cos\varphi \tag{4.2.13}$$

从频谱上看，此时的目标出现在无杂波区。

（2）垂直载机飞行，目标以速度 v_T 从与载机垂直的方向飞过，由于目标与载机间的径向速度为零，因此其多普勒频率为

$$f_d = \frac{2|v_R|}{\lambda} \cos\varphi \tag{4.2.14}$$

从频谱上看，此时的目标出现在主瓣回波区。

（3）目标与载机同向飞行（速度小于载机），即载机尾追目标，与目标的距离逐渐减小：

$$f_d = \frac{2(|v_R| - |v_T|)}{\lambda} \cos\varphi > 0 \tag{4.2.15}$$

其值小于主瓣回波的多普勒频移 $f_d = \dfrac{2|v_R|}{\lambda} \cos\varphi$，但大于零，因此目标的谱线位于主瓣回波和高度回波的谱线之间。

（4）目标与载机同向飞行（速度等于载机），载机与目标相对速度为零：

$$f_d = 0 \tag{4.2.16}$$

目标的谱线与高度回波的谱线重合。

（5）目标与载机同向飞行（速度大于载机），即载机尾追目标，与目标的距离逐渐增大：

$$f_d = \frac{2(|v_R| - |v_T|)}{\lambda} \cos\varphi < 0 \tag{4.2.17}$$

此时的多普勒频移小于零，因此，目标的谱线位于高度回波的谱线左侧。

不同的杂波多普勒频率区如图 4.2.12 所示。它们是天线方位和雷达与目标之间相对速度的函数，要说明的是，这是对无折叠频谱而言的。纵坐标是目标速度的径向或视线分量，以雷达平台的速度为单位，因而主波束杂波区位于零速度处，而旁瓣回波区频率边界随天线方位正弦变化。这就给出了目标能避开旁瓣回波的多普勒区域。例如，若天线方位角为 0°，则任一迎头目标（$v_T \cos\varphi_T > 0$）都能避开旁瓣回波；反之，若雷达尾追目标（$\varphi_T = 180°$ 和 $\varphi_0 = 0°$），则目标的径向速度须大于雷达速度的 2 倍方能避开旁瓣回波。

注意，高度回波区和主波束杂波区的宽度随条件而变化。

无旁瓣回波区和旁瓣回波区还可以用如图 4.2.13 所示的目标视角来表示。这里假设截击航路几何图为雷达和目标沿直线飞向一个截获点。当雷达速度 v_R 和目标速度 v_T 给定时，雷达观测角 φ_0 和目标的视角 φ_T 是常数。图的中心为目标，并且指向位于圆周上雷达的角度为视角。视角和观测角满足关系式 $v_R \sin \varphi_0 = v_T \sin \varphi_T$，是按截击航向定义的。迎头飞行时，目标的视角为 0°，尾追时则为 180°。

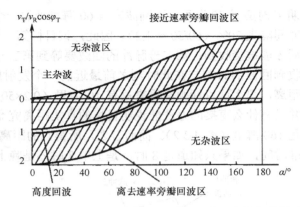

图 4.2.12　杂波区、无杂波区与目标速度、方位角的关系

对应于旁瓣回波区和无旁瓣回波区之间的边界视角是雷达-目标相对速度比的函数。图 4.2.13 中给出了 4 种情况。在情况①下，雷达和目标的速度相等，且在目标速度向量两侧、视角从迎头 60°都是能观测目标的无旁瓣回波区。同样，情况②至情况④的条件是目标速度为雷达速度的 0.8 倍、0.6 倍和 0.4 倍。在这三种情况下，能观测目标的无旁瓣回波区将超过相对目标速度向量的视角，可达±78.5°。再次说明，上述情况都假设是在截击航路上的。显然，目标无旁瓣回波区的视角总位于波束视角的前方。

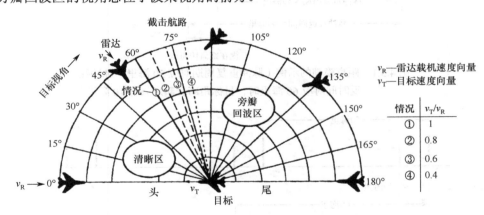

图 4.2.13　机载 PD 雷达回波区与目标视角的关系图

4.3　测距和测速模糊

4.3.1　测距模糊

只要雷达能检测到的最远目标的往返传播时间小于脉冲重复周期，脉冲延时测距就不会面临什么问题。但是，如果雷达检测到的目标的距离超过脉冲重复周期对应的最远距离，那么该目标对应的前一个发射脉冲的回波在下一个脉冲发出后才能被收到，其导致的后果是，这个目标会被误认为处于比其实际距离近得多的位置上。

4.3.1.1　距离模糊的性质

为了得到更精确的有关距离模糊性质的感性知识，下面考虑一个特例。假设脉冲重复周

期 T_r 对应于 50 海里，而回波来自 60 海里处的一个目标（图 4.3.1）。这时脉冲往返时间比脉冲间隔大 20%（60/50 = 1.2）。因此，该目标第一号脉冲的回波要等到第二号脉冲发出 $0.2T_r$ 后才能被接收到；第二号脉冲的回波要等到第三号脉冲发出 $0.2T_r$ 后才会被接收到。假如以收到回波的时刻与在此时刻之前最近的一个发射脉冲发出的时刻之间的时间差来测量目标距离，那么这目标距离看来只有 10 海里（0.2×50），即目标视在距离为 10 海里。事实上，并没有什么直接的办法能说明目标的真实距离究竟是 10 海里还是 60 海里，或是 110 海里还是 160 海里（图 4.3.2）。简而言之，所得到的距离是模糊的。就像是钟表时间一样，没有基准时间，如果只知道是 8 时，是上午 8 时还是晚上 8 时？时间产生了模糊。

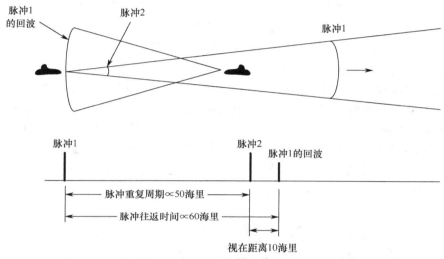

图 4.3.1　距离模糊的示例（脉冲重复周期对应 50 海里、脉冲往
返时间对应 60 海里时，目标距离看起来只有 10 海里）

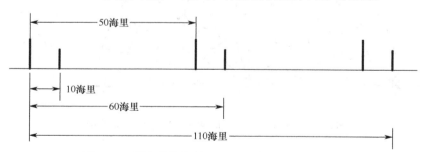

图 4.3.2　距离模糊的结果（没有直接的办法判断真实
距离到底是 10 海里、60 海里还是 110 海里）

不仅如此，只要雷达能够检测到距离大于 50 海里的目标，那么雷达所检测到的所有目标的距离都将是模糊的——即使目标的真实距离可能小于 50 海里。换句话说，如果雷达显示器上有一个目标回波尖头表示的距离大于 50 海里，那么所有目标尖头表示的距离都将是模糊的。完全不知道哪个方框表示的距离更远一些（图 4.3.3）。因此，距离几乎总是模糊的。

单一目标回波距离模糊的程度一般用脉冲往返时间所跨越的脉冲重复周期来衡量，也就是说，用目标的回波是在其对应的发射脉冲之后的第几个脉冲重复周期收到来衡量。第一个发射脉冲重复周期内即能收到的回波称为单次往返时间回波，而在以后的各个周期内才能收到的回波称为多次往返时间回波。

4.3.1.2　最大不模糊距离

对于某个给定的脉冲重复频率，能够收到的单次往返时间回波的最大距离称为最大不模糊距离，简称不模糊距离，也是接收的任何回波都不发生距离模糊的最大距离。不模糊距离常用 R_u 表示。因为其脉冲往返时间等于脉冲重复周期，所以 $R_u = cT_r/2$，式中 R_u 表示最大不模糊距离，c 表示光速，T_r 表示脉冲重复周期，脉冲重复周期等于脉冲重复频率的倒数，所以上式的另一种形式为 $R_u = c/(2f_r)$（图 4.3.4）。

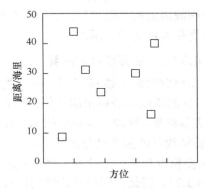

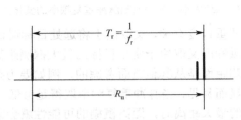

图 4.3.3　显示器上任何目标的距离都可能大于 50 海里　　图 4.3.4　能够收到不模糊回波的最大距
　　　　（最大不模糊距离），所有目标的距离都是模糊的　　　　离 R_u 与脉冲重复周期 T 相对应

有用的经验计算方法之一是 R_u（以海里为单位）等于 80 除以 f_r（以千赫兹为单位），即 $R_u \approx 80/f_r$ 海里。例如，若脉冲重复频率为 10kHz，则 $R_u = 8$ 海里。经验计算方法之二是，R_u 等于 150km 除以 f_r（以千赫兹为单位）。

为了提高检测性能，PD 雷达常采用高 PRF 信号，以便在频域获得足够宽的无杂波区。当脉冲重频很高时，对应一个发射脉冲产生的回波可能要经过几个周期后才能被接收到，如图 4.3.5 所示，雷达发射两组重频，目标 1 分别读取距离 R_1 和 R_2，产生了模糊。

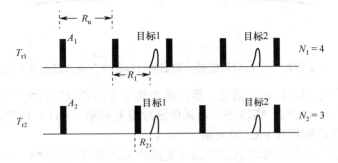

图 4.3.5　距离模糊产生的示意图

由于目标回波的延迟时间可能大于脉冲重复周期，使得收、发脉冲的对应关系发生混乱，同一距离读数可能对应几个目标真实距离的现象称为测距模糊，最大不模糊速度为

$$R_u = \frac{c}{2f_r} \tag{4.3.1}$$

图 4.3.6 中给出了最大不模糊距离随脉冲重复频率变化的关系曲线。例如，当雷达 PRF $f_r =$

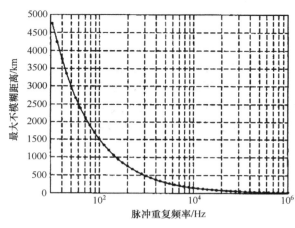

图 4.3.6　最大不模糊距离随脉冲重复频率的变化关系

1kHz 时，对应的最大不模糊距离 $R_u =$ 150km。注意，实际单天线雷达系统中不模糊距离的真正计算方法应为

$$\frac{c}{2}\tau < R_u \leqslant \frac{c}{2}T_r \qquad (4.3.2)$$

当目标距离雷达太近而处于发射脉冲持续时间内，即目标距离时，雷达此时的收发开关置于发射开接收关状态，此时目标的回波因而被"遮挡"也是接收不到的，该距离称为雷达的"距离盲区"。

4.3.1.3　测距模糊的解算

如何解决距离模糊问题，既与距离模糊的严重程度有关，又取决于将远处目标误认为近程目标的错误所需付出的代价。距离模糊的严重程度又取决于常见目标的最大探测距离和脉冲重复频率。脉冲重复频率的选择往往不是从测距而是从其他方面考虑的，例如要为杂波抑制提供较好的多普勒分辨率等。

显而易见，当脉冲重复频率取得足够低，使得最大不模糊距离大于任何可能被检测到的目标的最大距离时，距离模糊的可能性就会消除（图 4.3.7）。但是，即使允许使用比较低的脉冲重复频率，要把它做得如此低也是不现实的，因为雷达截面积很大的目标在很远的距离上也能被检测到。因此，最大探测距离中的"最大"没有确定的边界。另一方面，在通常的应用条件下，检测很大目标的概率也许是很小的，因此，偶尔将这样的远处目标误认为近程目标的后果未必有多么严重。

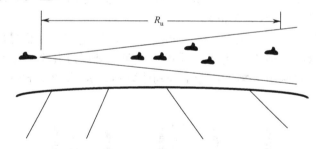

图 4.3.7　只要使 R_u 大于任何可能被检测到的目标距离，就可以完全避免距离模糊

如果距离大于 R_u 的目标无关紧要，那么就可简单地用抑制所有大于 R_u 的回波的办法解决距离模糊问题（图 4.3.8）。实现方法是采用脉冲重复频率（PRF）捷变技术，它利用了距离大于 R_u 的目标视在距离与 PRF 的关系。

因为从距离大于 R_u 的目标收到的回波不是刚刚发出的发射脉冲的反射波，所以 PRF 的变化必然使得这些目标的视在距离变化（图 4.3.9）。而距离小于 R_u 的目标回波是刚刚发出的那个发射脉冲的反射波，PRF 的变化不会影响这些目标的视在距离。因此，在两个积累周期中交替使用两种不同的 PRF，先发射其中一个 PRF 信号，再发射另一个 PRF 信号，就能够识别距离大于 R_u 的任一目标，并将它们抑制掉。这样，显示器上出现的目标就都没有距离模糊了。当然，这种消除距离模糊的方法是要付出代价的，因为本就有限的目标驻留时间要分给两个 PRF，所以总潜在积累时间减少了一半，这就降低了检测灵敏度，进而降低了最大探测距离（图 4.3.10）。

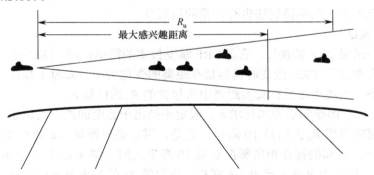

图 4.3.8 R_u 大于最大感兴趣距离时，可通过消去一切距离大于 R_u 的回波来解决距离模糊问题

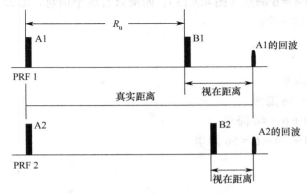

图 4.3.9 PRF 跳变引起目标视在距离的变化示意图

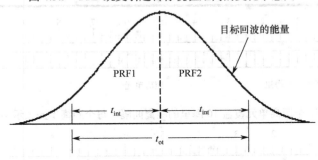

图 4.3.10 PRF 跳变的代价：潜在的积累时间减少，进而降低检测灵敏度

在许多应用中，由于与测距无关的原因而必须使用很高的 PRF，以至于感兴趣的最大距离大于 R_u，甚至是 R_u 的许多倍。对于这种应用情况，雷达必须采取解距离模糊的措施。

1）标识脉冲法

从表面上看，最方便的解距离模糊的方法或许是给连续发射的脉冲加上识别记号（图 4.3.11），也就是说，按照某种周而复始的规则改变调制发射脉冲的幅度、宽度或频率。在目标回波中找出相应的变化，就能够知道各个回波属于哪个发射脉冲，进而解决距离模糊问题。

但是，由于各种原因的限制，脉冲幅度调制有现实

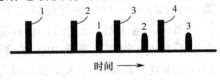

图 4.3.11 发射脉冲标识法

的困难，脉冲宽度调制有遮挡问题和距离门跨越问题，只有频率调制法被证明是实际可行的。但是在空对空应用中，频率调制法也有严重的局限性。

2）PRF 转换法

最常用的办法是 PRF 转换法，它是 PRF 跳变技术的简单扩展。这种技术与 PRF 跳变技术的不同是，它考虑了 PRF 改变时目标视在距离的变化大小。知道了视在距离的变化量和 PRF 的变化大小，就能求出目标真实距离中所包含的 R_u 的倍数 n。

（1）确定 n。下面举例说明如何求 n。假定不是出于测距的原因选用了 8kHz 的 PRF，这样，最大不模糊距离 R_u 大约是 10 海里。但是，雷达必须探测的距离至少为 48 海里（差不多是 $5R_u$）。所有目标的视在距离都在 0 至 10 海里之间（图 4.3.12）。用 40 个距离单元铺满 10 海里距离，每个距离单元代表 1/4 海里。假定第 24 号距离单元检测到一个目标。该目标的视在距离为 $24×1/4 = 6$ 海里（图 4.3.13）。如果只有这个信息，那么只能知道目标的距离是以下各个距离值中的一个：

6 海里

$10 + 6 = 16$ 海里

$10 + 10 + 6 = 26$ 海里

$10 + 10 + 10 + 6 = 36$ 海里

$10 + 10 + 10 + 10 + 6 = 46$ 海里

$10 + 10 + 10 + 10 + 10 + 6 = 56$ 海里

……

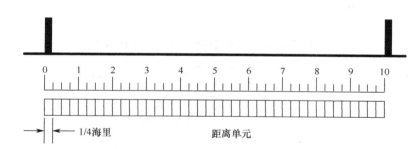

图 4.3.12　用 40 个距离单元覆盖 10 海里的距离间隔，每个距离单元表示 1/4 海里的距离

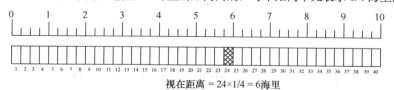

图 4.3.13　出现在第 24 号单元的目标，其视在距离为 6 海里

为了求出目标的真实距离，必须转换到第二个 PRF。为简单起见，假定第二个 PRF 比第一个 PRF 低一些，刚好使第二个 PRF 对应的 R_u 比第一个的大 1/4 海里（图 4.3.14）。

那么，当 PRF 改变时，目标的视在距离是否发生变化将取决于目标的真实距离。如果真实距离是 6 海里，那么 PRF 的变化不影响视在距离，即目标仍然在第 24 号距离单元。但是，如果真实距离大于 R_u，那么由于真实距离中每含一个 R_u，视在距离就减少 1/4 海里，也就是说，图 4.3.15 中目标位置要向左移一个距离单元。在这个例子里，真实距离中包含的 R_u 的数目 n 刚好等于目标移动的距离单元数。

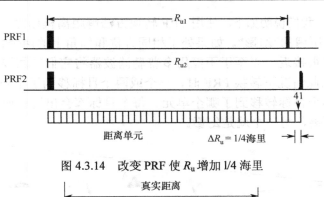

图 4.3.14　改变 PRF 使 R_u 增加 1/4 海里

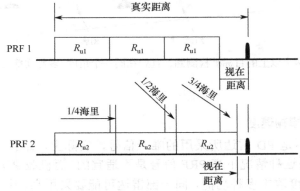

图 4.3.15　真实距离每包含一个 R_u，在 PRF 转换时，视在距离就减少 1/4 海里

（2）计算距离。按以下三个步骤求出真实距离：计算目标位置移动的距离单元数；将这一数值乘 R_u；将乘积加上视在距离。假定目标从第 24 号单元（视在距离 6 海里）移动到第 21 号单元，即跳过了 3 个距离单元（图 4.3.16），那么目标的真实距离是 $3 \times 10 + 6 = 36$ 海里。

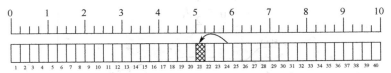

图 4.3.16　如果目标跳过 3 个距离单元，其真实距离就是 $(3 \times 10) + 6 = 36$ 海里

（3）一般关系式。综上所述，可以得出如下结论：目标真实距离中包含的 R_u 的整倍数 n，等于 PRF 转换时目标视在距离的变化除以两个 PRF 对应的 R_u 的差值，即

$$n = \frac{\Delta R_{视在}}{\Delta R_u} \tag{4.3.3}$$

真实距离等于 n 乘以 R_u 再加上视在距离，

$$R_{真实} = nR_u + R_{视在} \tag{4.3.4}$$

3）PRF 转换法的代价

PRF 转换方法也要付出代价，每增加一个 PRF，不仅会减少积累时间（因而降低探测距离），而且会增加处理的复杂性。PRF 数量的最佳值因用途不同而不同。对大多数战斗机应用来说，PRF 数都取得足够低，以保证 PRF 的转换切实可行。一般只用三个 PRF，其中有一个 PRF 用于解距离模糊，有一个用于消除幻影。

关于幻影问题，我们说明如下。使用 PRF 转换方法解距离模糊时，有时会遇到第二类距离模糊问题，即所谓的"幻影"。如果处于相同方位和仰角上的两个目标同时被检测到，而且距离变化率也很接近，以至于不能用多普勒滤波器将它们的回波分开，就会出现幻影（图 4.3.17）。在此情况下转换 PRF 时，一个或两个目标移到了不同的距离单元，此时将无法搞清楚是哪个目标转移到了哪个单元。每个目标都会出现在两个可能的距离上，其中一个是真实距离，另一个就是幻影。

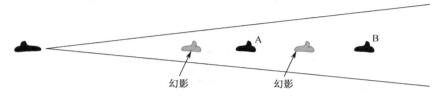

图 4.3.17　如果有两个以上的目标被检测到，且处在同一个角度–多普勒单元，就可能出现幻影

4.3.2　测速模糊

4.3.2.1　最大不模糊速度

高 PRF 信号并不是 PD 雷达所采用的唯一信号，实际上，地面和舰载远程雷达采用的是低 PRF 信号，在这种情况下高 PRF 信号是不适宜的。而机载 PD 雷达为了获得上视、下视、全方位和全高度攻击多种功能，同一部雷达可能要采用高、中、低等几种不同 PRF 信号。当脉冲重频较低时，目标回波的多普勒频移可能超过脉冲重复频率，使回波谱线与发射信号的谱线对应关系发生混乱。相差 nf_r 的目标多普勒频谱重复周期分布，测量出的一个速度可能对应于几种真实速度，称为测速模糊，如图 4.3.18 所示。最大不模糊速度为

$$v_U = \frac{\lambda}{2} f_r \qquad\qquad (4.3.5)$$

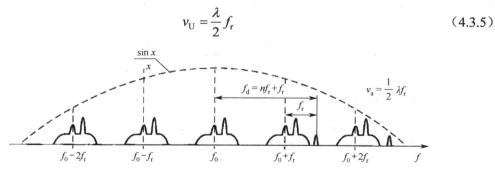

图 4.3.18　测速模糊产生示意图

4.3.2.2　测速模糊的解算

虽然对于给定的脉冲重复频率 f_r 来说，最大不模糊距离是独立于雷达载频的，但最大不模糊速度间隔 v_U 则与雷达频率密切相关。在给定的脉冲重复频率 f_r 下，载频频率越高（波长越短），v_U 变得越小，速度模糊越严重。注意，最大不模糊多普勒频率是与雷达载频无关的，即有 $f_{dmax} \leqslant \frac{1}{2} f_r$。

采用多个不同的脉冲重复频率也可消除测速模糊。这时，利用多普勒滤波器组在每个重复频率下测出模糊速度，再根据余数定理计算目标的真实相对速度。在某些情况下，多重

PRF 法的应用受到限制。例如，用固定点的 FFT 做多普勒滤波时，对应于不同的脉冲重复频率，FFT 的点数是不变的，因而子滤波器的带宽不同。这相当于多普勒频率的分辨单元不同，因此余数定理算法不再适用。

另一种常用的方法是利用距离跟踪的粗略微分数据来消除测速模糊。设模糊多普勒频率 f_{da} 与真实目标的多普勒频率 f_d 相差 nf_r，因此，无模糊多普勒频率为

$$f_d = nf_r + f_{da} \tag{4.3.6}$$

式中，n 可用由距离跟踪回路测得的距离微分后对应的多普勒频率 f_{dr} 和模糊速度 f_{da} 算出，即

$$n = \text{int}\left[\frac{f_{dr} - f_{da}}{f_r}\right] \tag{4.3.7}$$

式中，int[]是取整运算。对应目标的无模糊相对速度为 $v = \lambda f_d / 2$。

通常，由距离跟踪系统得到的 n 的误差较大，但只要 f_{dr} 与真实的无模糊多普勒频率 f_d 的误差小于 $f_r/2$，就可以得到正确的结果。

4.4　脉冲多普勒雷达重频的选择

4.4.1　机载雷达的主要任务

机载雷达的主要任务如下。

（1）战斗机火控雷达/精确跟踪和制导。
- 天线尺寸的限制：X 波段或更高频率。
- 合适的波束宽度。
- 为雷达的下视能力，采用中或高 PRF 脉冲多普勒模式。

（2）广域监视和跟踪。
- 脉冲多普勒分辨率。
- 低、中、高 PRF 可根据具体任务要求而定。
- E-2C——UHF。
- AWACS 空中预警机——S 波段。
- Joint Stars 联合星——X 波段。

在脉冲雷达中，脉冲重复频率（PRF）非常重要，对脉冲多普勒雷达来说，情况更是如此。当其他条件不变时，PRF 决定观测距离和多普勒频率的模糊程度。模糊程度不仅决定雷达直接测量距离和接近速率的能力，而且决定雷达抑制地杂波的能力。存在大量杂波时，抑制杂波的能力对雷达探测能力有着决定性的影响。

机载雷达所用的脉冲重复频率范围从几百赫到几百千赫。对于这么宽的频率范围，在给定条件下，雷达在什么频率上工作时性能最佳取决于许多考虑因素，其中最重要的是距离和多普勒模糊。因为 PRF 的选择对性能有极大影响，故机载雷达通常是根据所用的 PRF 分类的。考虑到非模糊距离区和非模糊多普勒频率区几乎完全不能兼顾，因而规定了三种基本的 PRF 模式：低 PRF、中 PRF 和高 PRF 模式。

PD 雷达主要应用于那些需要在强杂波背景下检测动目标的雷达系统。表 4.4.1 中列出了 PD 雷达的典型应用及其要求。虽然 PD 雷达的基本原理也可应用于地面雷达，但本章主要讨论 PD 雷达在机载雷达中的应用。

表 4.4.1　PD 雷达的典型应用及其要求

雷 达 应 用	要　　求
机载或空间监视	探测距离远；距离数据精确
机载截击或火控	中等探测距离；距离和速度数据精确
地面监视	中等探测距离；距离数据精确
战场监视（低速目标检测）	中等探测距离；距离和速度数据精确
导弹寻的头	可以不要真实的距离信息
地面武器控制	探测距离近；距离和速度数据精确
气象	距离和速度数据分辨率高
导弹告警	探测距离近；非常低的虚警率

4.4.2　低 PRF 模式

对远距离（100km 以上）低速机载下视雷达，一般可以考虑采用低脉冲重复频率的机载动目标显示（AMTI）雷达。它采用偏置相位中心天线技术后，主瓣回波谱宽被压窄，可得到较好的 MTI 性能。目前美国海军用的低空预警飞机 E-2C 及以色列战斗机上的 Volvo 雷达都采用低脉冲重复频率的 AMTI 体制。

低 PRF 模式的特点如下。

（1）无距离模糊，但存在多普勒模糊。

（2）在相同的性能下，要求的平均功率和天线孔径乘积比高 PRF 的小。

（3）通常比高 PRF 脉冲多普勒雷达更简单。费用通常比同样性能的高 PRF 脉冲多普勒雷达少得多。

（4）旁瓣回波并不像在高 PRF 脉冲多普勒系统中一样重要。

低 PRF 模式要求作用距离在一次距离区内。可以采用简单的脉冲延时测距，旁瓣回波也几乎可以通过距离分辨全部予以消除。但在战斗机雷达中，多普勒模糊很严重，以致如果不同时抑制许多可能的目标回波，主瓣回波就不能抑制，而且地面动目标也是个问题。低 PRF 模式的优缺点总结于表 4.4.2 中。

表 4.4.2　低 PRF 模式的优缺点

优　　点	缺　　点
空空仰视和地图测绘性能好	空空俯视性能不好，大部分回波可能和主瓣回波一起被抑制掉
测距精度高，距离分辨率高	地面动目标难以检测
可采用简单的脉冲延时测距	多普勒模糊严重，很难解决
可通过距离分辨抑制一般的旁瓣回波	

4.4.3　中 PRF 模式

中 PRF 模式既能满足低 PRF 方式空对地工作时对运动目标的检测功能，又能满足高 PRF 方式空对空探测需求。由于地面旁瓣回波按重复周期在时域中是重叠的，使得远距离目标回波可能处于近距离的旁瓣回波中，且旁瓣回波谱有一定的重叠，因而测距、测速都存在一定的模糊。由于照射距离模糊单元的脉冲较少，所以中 PRF 脉冲多普勒雷达天线旁瓣看见的回波少于高 PRF 脉冲多普勒雷达。回波谱旁瓣区的杂波电平越低，具有低多普勒速度的目标的检测越好（如后视目标及几乎横向运动的目标）。与高 PRF 脉冲多普勒雷达相比，能在更远距离检测速度慢的运动目标。然而，PRF 的减少会使 PRF 线靠得更近，旁瓣回波区将重叠，不会出现像高 PRF 脉冲多普勒雷达那样的无杂波区。尽管低 PRF 会使频谱上的高 PRF 线折叠起来产生旁瓣回波，使旁瓣回波增加，但由于在中 PRF 模式时接收的脉冲较少，这种增加不会完全消除用中 PRF 模式接收较少脉冲而降低杂波带来的好处。

中 PRF 模式的特点如下。

（1）同时存在距离和多普勒模糊。

（2）没有高 PRF 系统存在的无杂波区，因此高速目标的检测性能不如高 PRF 系统。

（3）较小的距离模糊意味着天线旁瓣看见的杂波较少，因此，与高 PRF 系统相比，可在更远距离检测低相对速度目标。

（4）中 PRF 系统相当于用高速目标的检测能力换取低速目标的更好检测。因此，如果只有一个系统可用，战斗机或截击机应用雷达更愿意采用中 PRF 系统。

（5）需要有低的旁瓣（地面旁瓣回波按重复周期在时域中是重叠的，使远距离目标可能处于近距离的旁瓣回波中）。

中 PRF 是距离和多普勒频率都模糊的 PRF。但谨慎选取多重 PRF 值，就可比较容易地解决模糊问题。因此，虽然主瓣回波和旁瓣回波同时存在，并且有地面动目标，但都能得到好的全方位性能。不过，近距旁瓣回波会降低其最大探测距离，而且反射强的地面物体的旁瓣回波可能也是个问题。同时存在主瓣回波和强旁瓣回波时，中 PRF 被认为是探测尾随目标提供良好全方位覆盖的一个解决方案。如果要求的最大作用距离不是特别远，PRF 可设置得足够高，以提供主瓣回波的周期性频谱线之间的合适间距，而又不招致特别严重的距离模糊。中 PRF 模式的优缺点总结于表 4.4.3 中。

表 4.4.3　中 PRF 模式的优缺点

优　　点	缺　　点
全方位性能好，即抗主瓣回波和旁瓣回波的性能都较满意	低、高接近速率目标的探测距离均受旁瓣回波的限制
易于消除地面动目标	距离和多普勒模糊都必须解决
有可能采用脉冲延时测距	需采取专门的措施抑制强地面目标旁瓣回波

4.4.4　高 PRF 模式

在无杂波区可检测远距离高速接近目标。

高 PRF 模式的特点如下。

（1）无多普勒模糊，有距离模糊。

（2）较大的无杂波区，可很好地消除主瓣回波；容易区分高速接近目标（迎头）。

（3）低径向速度目标常被距离上折叠起来的近距离旁瓣回波淹没在多普勒频域区，检测效果较差。

（4）具有很高的发射机平均发射功率。

（4）为了使旁瓣回波最小，天线旁瓣必须十分低，造价成本高。

高 PRF 模式中所有重要目标的多普勒频率都不模糊。主瓣回波可予以抑制而不会抑制目标回波，还有一个出现接近目标的无杂波区。此外，提高 PRF 可得到高的平均功率。虽然高 PRF 模式对迎头目标性能很好，但由于距离模糊，旁瓣回波可能会严重降低对尾随目标的探测性能。

距离变化率可直接测得，但脉冲延时测距可能很困难或不实际，因为距离模糊很严重。

高 PRF 模式工作的主要限制是，对付低接近速率的尾随目标时，旁瓣回波会降低雷达的探测性能。在战斗机雷达典型采用的高 PRF 上，事实上从所有目标来的回波都被压扁（压缩）到一个比目标回波占据的区域稍宽的中间距离。因此，旁瓣回波只能通过回波的多普勒频率分辨来抑制。

主瓣回波问题可通过工作于高 PRF 来解决。主瓣回波的谱宽一般只是真实目标多普勒频带宽度的一小部分，因此工作于高 PRF 模式时，主瓣回波不会显著地侵占可能出现目标的频谱范围。此外，由于工作于高 PRF 模式时所有明显的多普勒模糊都被消除，所以可根据多普勒频率抑制主瓣回波而不会同时将目标回波抑制掉。只有当目标飞行方向和雷达视线几乎成直角时（这种情况很少发生，而且通常只维持很短时间），目标回波才具有与杂波相同的多普勒频率并被抑制掉。高 PRF 模式的优缺点示于表 4.4.4 中。

表 4.4.4   高 PRF 模式的优缺点

优　　点	缺　　点
头部能力好，高接近速率目标出现在无杂波频谱范围内	对低接近速率目标，探测距离可能因旁瓣回波而下降
提高 PRF 可得到高的平均功率（若需要，只要适量的脉冲压缩就可以使平均功率最大）	不能使用简单而精确的脉冲延时测距法
抑制主瓣回波时不会同时抑制目标回波	接近速率为零的目标可能与高度回波及发射机泄漏一起被抑制

以高 PRF 模式工作还有一些重大优点：首先，在旁瓣回波的中心谱线频带与该频带的第一个重复图形之间，展现出了一个绝对没有杂波的区域（见图 4.4.1）。接近目标的多普勒频率正好在该区域内，该区域正是长距离测距所希望的。其次，接近速率可直接通过检测多普勒频率来测量。再次，对给定的峰值功率，只要提高 PRF 直到占空比达到50%，就可简单地将平均发射功率增大到最高。低 PRF 模式时也能得到高的占空比，但是这要求增大脉冲宽度和采用大的脉冲压缩比，才能提供用低 PRF 模式工作时所必需的距离分辨率。

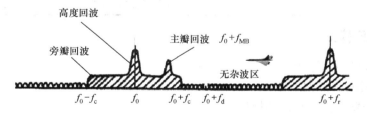

图 4.4.1   高 PRF 提供一个可以探测高接近速率目标的无杂波区

4.4.5　三种工作模式比较

图 4.4.2 给出了中、高 PRF 模式时，雷达探测性能随进入方向及作用距离随载机高度的变化关系。纵坐标表示载机的高度，横坐标表示检测概率为 85% 时的作用距离 R_{85}。从图中可知，迎面攻击时，高 PRF 模式优于中 PRF 模式；尾随时，在低空，中 PRF 模式优于高 PRF 模式，在高空，高 PRF 模式优于中 PRF 模式。

综上所述，PRF 模式是雷达设计师必须进行的首要选择之一。此外，在设计多功能雷达时，空对空能力的要求和将该雷达用于空对地的可能性表现为一系列的工作模式，它们用不同波形来满足各自的特殊任务。美国 F-15、F-16 和 F-18 战斗机上的 PD 雷达兼有中、高两种脉冲重复频率。高空预警飞机 AW-ACS 上的 E-3 雷达只有高脉冲重复频率。如果允许采用几种参数，那么交替使用中、高 PRF 的方法，或者再加上在上视时采用低 PRF 的方法，并在低、中 PRF 模式时配合采用脉冲压缩技术，将是在所有工作条件下得到远距离探测性能的最有效的方法。三种工作模式的优缺点对比示于图 4.4.3 中。

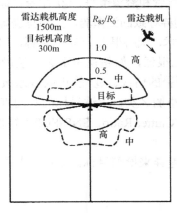 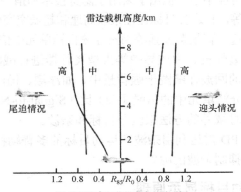

(a) 探测性能与进入方向的关系图　　　　　(b) 作用距离与载机高度的关系图

图 4.4.2　中、高 PRF 模式时探测性能随进入方向、作用距离随载机高度的变化关系

（R_0 为单位信噪比的距离，目标高度为 300m）

高PRF模式	中PRF模式	低PRF模式
无多普勒模糊、距离模糊严重	有距离和多普勒模糊	无距离模糊、多普勒模糊严重
无杂波区，可探测远距离、高速接近目标	达到高速和低速目标检测，性能折中	最佳工作频段为 UHF 和 L 波段
高平均功率		系统简单、造价低
主瓣回波容易抑制、旁瓣回波影响严重	需要采用低旁瓣天线	旁瓣回波不严重

图 4.4.3　三种工作模式的优缺点对比

表 4.4.5 中归纳了三种 X 波段机载雷达的"典型" PRF 值。表中所列 PRF 和占空比仅是为了说明三种 PRF 模式雷达的差异（特别是占空比）。为便于比较，表中还包括 UHF 波段低 PRF 宽域监视 AMTI 雷达的数据。

表 4.4.5　三种 X 波段机载雷达的"典型" PRF 值

雷　　达	PRF	占空比
X 波段高 PRF 脉冲雷达	100～300kHz	< 0.15
X 波段中等 PRF 脉冲雷达	10～30kHz	0.05
X 波段低 PRF 脉冲雷达	1～3kHz	0.005
UHF 低 PRF AMTI	300kHz	低

4.5　动目标显示

环境的复杂性及目标的多样化使得雷达回波极其复杂，严重影响了雷达对目标进行稳健、可靠和快速的检测。具有低可观测特性的目标种类很多，其尺寸、形状及运动特性的不同导致目标具有不同的雷达散射特性和多普勒特性，归纳起来可分为如下四类：① 目标本身尺寸较小，从而使其回波微弱，如小木船、潜艇通气管和潜望镜等。② 隐身目标，这类目标的尺寸可能不小，但由于采用了隐身技术和措施，同样导致回波微弱，如隐身快艇、飞机和巡航导弹等，且这类目标往往采取高速和超低空突防战术，威胁很大。③ 大目标，但雷达分辨低、距离远、背景杂波强等因素导致目标单元中信杂比很低，如超视距雷达对航母等大型舰只及远程轰炸机、弹道导弹等大型飞行器进行战略预警的情况。④ 静止或慢速微弱目标，这类目标的回波在藏匿于强背景中，如浮漂、锚泊的小船之类。上述目标的共同点是，在时域，目标分辨单元中的信噪（杂）比（Signal-to-Noise/Clutter Ratio，SNR/SCR）很低。因此，需要寻找时域外的方法来区分目标和杂波。

机载 PD 雷达利用杂波和运动目标的多普勒特性差异来检测目标。在实际中是如何利用多普勒谱抑制杂波的呢？

4.5.1　动目标显示原理

动目标显示（MTI）雷达的用途是抑制来自建筑物、山、树、海和雨之类的固定或慢动的无用目标信号，并且检测或显示飞机之类的运动目标信号。图 4.5.1 是一部地基对海雷达的实测回波数据，原始回波中包含强烈的近程杂波，通过原始回波图像可以初步判断出目标约在第 50 个距离单元附近。经过 MTI 处理后（图 4.5.16），可以明显看出，近程固定杂波得到了抑制，同时运动目标信息得到保留并显示出来。

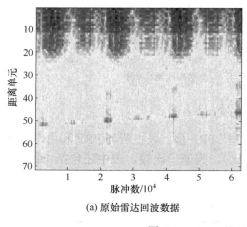

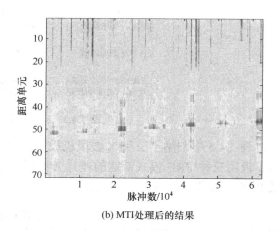

(a) 原始雷达回波数据　　　　　　　　　(b) MTI 处理后的结果

图 4.5.1　MTI 处理效果（雷达距离–脉冲图）

MTI 雷达利用动目标回波的多普勒频移来区分动目标和固定目标，简化原理框图如图 4.5.2 所示。MTI 技术利用 MTI 滤波器滤除相应杂波，从而提高目标检测性能。只有当回波信号为动目标回波时，减法器才有输出。在脉冲雷达系统中，这一多普勒频移表现为相继返回的雷达脉冲间的回波信号的相位变化。假设雷达辐射的射频脉冲能量被一幢楼房和飞向雷达站的一架飞机反射。反射回波需经一定的时间方能返回雷达。雷达又发射第二个射频脉冲，楼房反射的回波信号仍将经历完全相同的时间后返回。但是从飞机反射回的信号经历的时间却稍微少一些，因为在两个发射脉冲之间，飞机已向雷达的方向靠近了一段距离。回波信号返回雷达所需的准确时间并不重要，但脉冲间的时间是否变化却很重要。时间的变化可对回波信号的相位与雷达基准振荡器相位加以比较来确定。如果目标在脉冲间发生移动，那么回波脉冲的相位就会发生变化。

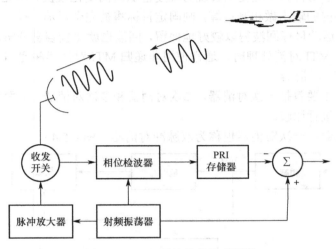

图 4.5.2　MTI 雷达简化原理框图

　　常用的 MTI 滤波器是抑制地杂波的滤波器，其特点是零频具有凹口。若杂波谱中心不在零频，如气象杂波和海杂波等，则需要用一个可移动凹口的滤波器，称为自适应 MTI（AMTI），其特点是凹口中心随运动杂波中心的移动而移动。

　　杂波对消是 PD 雷达抑制杂波的一种基本方法，相当于一个高通滤波器，滤除多普勒频率低的静止杂波，而让与载机由相对运动的多普勒频率较高的目标回波通过。如图 4.5.3 所示，图中(a)和(b)分别给出了 PD 雷达两次相继扫描中，鉴相器输出的回波信号。对于静止的杂波，这两次测量的回波基本上保持不变，而对于运动的目标，由于其多普勒效应产生了随时间变化的输出信号，当延迟相减时，静止的杂波被对消掉，而运动目标回波信号因不会被完全抵消而得到保留。

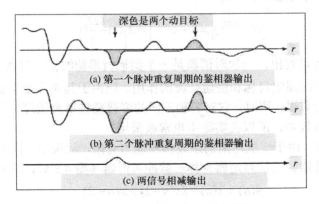

图 4.5.3　静止杂波对消原理示意图

4.5.2　动目标显示滤波器

雷达要探测的通常是运动的目标，且目标的周围经常存在各种杂波干扰，接收机接收时杂波电平往往高于运动目标的电平，这就使得运动目标回波被"淹没"在杂波中，很难将它们分辨出来。由于运动目标回波经接收后存在多普勒频率信息，而固定或低速运动目标的杂波多普勒频率信息不明显，经过相位检波器后，反映在幅度上则表现为幅度不随时间变化或随时间缓慢变化，运动目标在幅度上表现为幅度值随时间变化较快。因此，若对同一距离单元在相邻重复周期内的输出做相减运算，则固定目标将被完全对消，慢速杂波也将得到很大程度的衰减，只有运动目标回波得以较好地保留，回波也就比较容易分辨出来，这就是 MTI 处理的原理。在做 MTI 对消处理时，通常使用非递归 MTI 对消器和递归 MTI 对消器。

1）非递归 MTI 对消器

非递归对消器主要包括一次对消器，二次对消器和多次对消器。下面分别介绍各类非递归对消器的性能并进行比较。

（1）一次对消器。一次对消器也称为双脉冲对消器（图 4.5.4）。

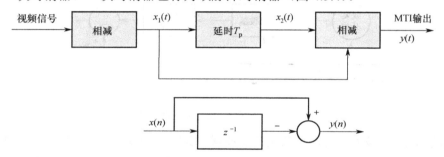

图 4.5.4　一次对消器框图（时域和 z 变换后的结果）

其对消公式为

$$y(n) = x(n) - x(n-1) \tag{4.5.1}$$

对它求 z 变换并经整理可得系统函数为

$$H(z) = 1 - z^{-1} = \frac{z-1}{z} \tag{4.5.2}$$

将 $z = \mathrm{e}^{\mathrm{j}\Omega T_{\mathrm{r}}}$ 代入可得频率响应为

$$\left| H(\mathrm{e}^{\mathrm{j}\Omega T_r}) \right| = \left| 1 - \mathrm{e}^{\mathrm{j}\Omega T_r} \right| = 2 \left| \sin \frac{\Omega T_{\mathrm{r}}}{2} \right| \tag{4.5.3}$$

由其特性曲线可以看出，一次对消器是一个倒梳齿形滤波器，它在 $f = 0, f_{\mathrm{r}}, 2f_{\mathrm{r}}, \cdots$ 处有零点，因此能起到抑制固定目标和慢速杂波的作用。但由于其响应是正弦形的，抑制凹口较窄，故杂波抑制能力有限；同时，它对各种不同的多普勒频率灵敏度相差较大。但它的结构较为简单，暂态过程较短，所以在实际中也常被采用。

（2）二次对消器。由于一次对消的杂波抑制能力有限，故采用二次对消或多次对消的方法来改善对消器的性能。二次对消器也称三脉冲对消器（图 4.5.5），其对消公式为

$$y(n) = x(n) - kx(n-1) + x(n-2) \tag{4.5.4}$$

系统函数为

$$H(z) = 1 - kz^{-1} + z^{-2} = \frac{z^2 - kz + 1}{z^2} \tag{4.5.5}$$

当 $k = 2$ 时，$H(z) = (1 - z^{-1})^2$，将 $z = \mathrm{e}^{\mathrm{j}\Omega T_r}$ 代入得其频率响应为

$$\left| H(\mathrm{e}^{\mathrm{j}\Omega T_r}) \right| = \left| 1 - \mathrm{e}^{\mathrm{j}\Omega T_r} \right|^2 = \left| 2\sin\frac{\Omega T_r}{2} \right|^2 = 4\sin^2\left(\frac{\Omega T_r}{2}\right) \tag{4.5.6}$$

由此可见，二次对消器等效为两个一次对消器的串联。从其特性曲线中可以看出，二次对消器和一次对消器相比，零点位置相同，但其抑制凹口加宽，故其杂波抑制能力增强，但其响应起伏变得很大，且更加不均匀，特别是脉冲响应与一次对消器相比增加了。

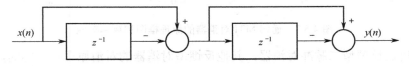

图 4.5.5　二次对消器框图

如果多脉冲按二项式系数进行加权，它就等效于多个一次对消器的级联，N 级对消器系统函数为

$$H(z) = \frac{(z-1)^N}{z^N} = \sum_{k=0}^{N} a_k z^{-k} \tag{4.5.7}$$

式中，a_k 为二项式系数，

$$a_k = (-1)^k C_N^k = (-1)^k \frac{N!}{k!(N-k)!} \tag{4.5.8}$$

其频率响应为

$$H(\mathrm{e}^{\mathrm{j}\Omega T_r}) = \left| 1 - \mathrm{e}^{\mathrm{j}\Omega T_r} \right|^N = \left| 2\sin\frac{\Omega T_r}{2} \right|^N \tag{4.5.9}$$

频率响应曲线示于图 4.5.6 中。可以看出，随着 N 的变大，其抑制凹口宽度增大，响应起伏变大，且更加不均匀。采用这样的加权系数得到的系统响应不是最理想的，在对滤波器的特性要求比较高的情况下，可以采用基于带通滤波器来设计加权函数的方法，即窗函数法来实现对消，这里不再详述。

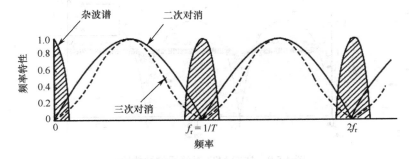

图 4.5.6　非递归 MTI 对消器比较

2）递归 MTI 对消器

通过对非递归 MTI 对消器进行对消时的频率特性分析可以看出，虽然随着 N 值的增加，其抑制的凹口有所增宽，对杂波的抑制能力也有所增强，但存在增益不均的问题，有可能也会抑制动目标回波。为了解决此问题，可以采用递归对消的方式。改善 MTI 对消器通带特性的方法是增加反馈支路，设计递归对消器。递归 MTI 对消器的原理框图和频率响应如图 4.5.7 所示。

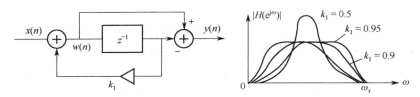

图 4.5.7　递归 MTI 对消器的原理框图和频率响应

本书仅讲述反馈型二脉冲对消器，其他反馈型对消器的对消原理是一样的，不做详述。

反馈型二脉冲对消器和一脉冲对消滤波器相比，只是加了一条反馈支路。设输入和输出分别为 $x(n)$ 和 $y(n)$，并引入中间变量 $w(n)$ 得差分方程如下：

$$\begin{cases} y(n) = w(n) - w(n-1) \\ w(n) = x(n) + kw(n-1) \end{cases} \tag{4.5.10}$$

对上式进行 z 变换，消去 $W(z)$ 并整理，得到数字滤波器系统函数

$$H(z) = \frac{Y(z)}{X(z)} = \frac{1 - z^{-1}}{1 - kz^{-1}} = \frac{z - 1}{z - k} \tag{4.5.11}$$

从上式可以看出，增加反馈支路的结果是在 z 平面中引入了新的极点 $z = k$，$k < 1$，其频率响应为

$$\left| H(\mathrm{e}^{\mathrm{j}\Omega T_r}) \right| = \frac{\left| 2\sin\dfrac{\Omega T_r}{2} \right|}{(1 + k^2 - 2k\cos(\Omega T_r))^{1/2}} \tag{4.5.12}$$

$k = 0.3$、0.7、0.9 时的频率响应示于图 4.5.8 中。从图中可以看出，对于反馈型二脉冲对消器，其频响曲线与 k 值的大小有关，且当 $k = 0.9$，曲线形状最好。由图可以推断，k 越接近 1，其频响的平坦范围就越宽，但抑制杂波的凹口越窄。

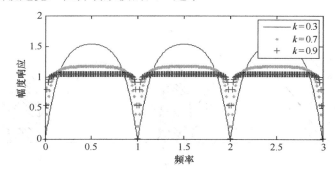

图 4.5.8　递归 MTI 对消器的性能比较

图 4.5.9 中给出了图 4.5.1 数据的 MTI 一次对消和二次对消结果。经过 MTI 处理后，可以明显地看出，近程固定杂波得到了抑制，同时运动目标信息得到保留并显示出来，一次对消的处理结果要好于二次对消的结果。但两种方式都能检测出目标位于第 52 个距离单元内。

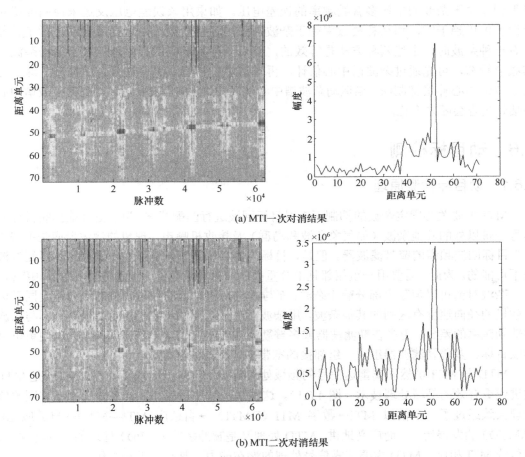

(a) MTI 一次对消结果

(b) MTI 二次对消结果

图 4.5.9　雷达实测数据的不同 MTI 对消结果

4.5.3　自适应动目标显示

上面讨论的对消系统针对的是杂波平均速度为零的情况。这对地面雷达抑制地面固定杂波可以认为是正确的，但对于气象杂波、干扰箔条等，特别是机载和船用雷达，杂波和雷达之间有相对运动，杂波谱的中心会偏离零多普勒频率，若不采取措施，对消效果会很差，甚至有时会无效。因此必须采取自适应动目标显示（AMTI，流程框图见图 4.5.10）。

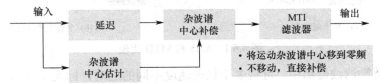

图 4.5.10　AMTI 流程框图

AMTI 抑制运动杂波的方法有两种：第一种是移动滤波器凹口的位置，使之对准杂波的平均多普勒频移；第二种是仍然用普通 MTI 对消器，在相参振荡器加补偿的多普勒频移，将杂波谱的平均频率移到零。但是，这些变更如果靠人工来完成，那么是很困难的甚至不可能的。自适应控制，目前多用闭环控制，可用加了补偿频率的相参振荡和杂波相比较，以得到取决于杂波的平均多普勒频率的误差电压。如果用该误差电压反过来控制补偿频率使误差电压趋于零，那么补偿频率趋于杂波的平均多普勒频率，这样就自动进行了补偿。只有一种杂波时，上述两种方法是等效的，但后一种易于实现。此外，对于运动杂波，若其频谱较窄，可先通过杂波谱中心估计，再对谱中心补偿，然后进行杂波抑制，这称为运动杂波谱中心补偿抑制法。当运动杂波谱中心随风力、风向等变化时，得到的杂波谱中心频率估计值也会随之变化。

4.6　动目标检测

4.6.1　动目标检测原理

MTI 主要关心固定杂波的抑制而未对目标回波进行匹配滤波。为了更好地抑制目标回波信号频带以外的其他杂波（如气象杂波和鸟群）及接收机噪声，理想的滤波器应是准确"套住"目标回波频谱的窄带滤波器。但是，目标的多普勒频率无法预知，设计这种匹配滤波器是不可能的。为此，需要用一组相邻且部分重叠的窄带滤波器组，覆盖整个多普勒频率范围。

杂波对消可以消除大部分静止杂波，而与载机有相对运动且与载机的径向速度同目标但与载机的径向速度有区别的其他杂波，用杂波对消技术无法将它们区分。根据目标与杂波的多普勒频率的差异，用多普勒滤波器或多普勒滤波器组可以进一步滤除杂波，以便更可靠地提取目标。多普勒滤波器组由一组邻接的窄带多普勒滤波器构成。

MTD 与 MTI 虽然同属雷达信号的频域处理范畴，但从一般意义上说，MTD 是 MTI 的改进或更有效的频域处理技术（图 4.6.1）。这种基于杂波与运动目标多普勒频率差别的信号处理大致经过了一个模拟 MTI→数字 MTI（DMTI）→自适应 MTI→MTD→自适应 MTD（AMTD）的发展历程。而广义地讲，MTD 处理又是脉冲多普勒（PD）处理的一种特殊形式。与传统 MTI 相比，MTD 主要依靠信号处理的潜在能力，具有以下一些优点。

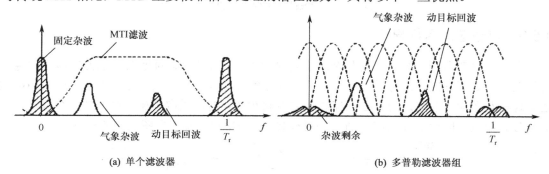

(a) 单个滤波器　　　　　　　　　　　(b) 多普勒滤波器组

图 4.6.1　MTI 和 MTD 比较

（1）在多普勒滤波器组中，可将多个径向速度不同的运动目标逐个分离出来。需要滤除像飞鸟、雨暴等非零多普勒杂波时，这一点尤为重要。在图 4.6.1 中，目标同杂波具有不同的多普勒频移，图 4.6.1a 使用单个滤波器，由于滤波器的频率分辨率差，故无法将目标与杂波区分开来；图 4.6.1b 使用多普勒滤波器组，由于每个窄带滤波器的频率分辨率高，可以将这些目标与运动杂波分离开来，避免了运动杂波对目标检测的干扰。

（2）可以测得目标的径向速度。尽管可能存在速度模糊，但是，正如改变 PRF 可以解距离模糊一样，通过改变雷达的 PRF，也可以解目标速度模糊。

（3）同 MTI 对消器相比，多普勒滤波器组具有更窄的通带，因此可以滤除更多的噪声并进行相干积累。不过，一般来说，这种相干积累对 SNR 的改善不是在 MTI 雷达中使用多普勒滤波器组的主要原因，因为当积累次数不是太大时，由此构成的相干积累比非相干积累的 SNR 改善相差不是很多。

实质上，MTD 的核心就是线性 DMTI 加窄带多普勒滤波器组。

雷达信号的最佳滤波是窄带多普勒滤波器组处理。

要对回波相参脉冲串做匹配滤波，必须知道目标的多普勒频移及天线扫描对脉冲串的调制情况（信号的时宽，对简单信号而言它决定信号的频宽）。实际情况中，多普勒频率 f_d 不能预知，因此需要采用一组相邻且部分重叠的滤波器组来覆盖整个多普勒频率范围，这就是窄带多普勒滤波器组。

4.6.2 多普勒滤波器组

具有 N 个输出的横向滤波器（N 个脉冲和 $N-1$ 根迟延线），经过各脉冲不同的加权并求和后，可制成 N 个相邻的窄带滤波器组，如图 4.6.2 所示。该滤波器组覆盖的频率范围为 $0 \sim f_r$（或 $f_r/2 \sim f_r/2$），f_r 为雷达的重频。横向滤波器的每个抽头之间的延时为 $T_r = 1/f_r$，N 个抽头中每个抽头的第 k 个输出权重为

$$w_{i,k} = e^{j[2\pi(i-1)k/N]} \tag{4.6.1}$$

式中，$i = 1, 2, \cdots, N$ 表示 N 个抽头，k 是 0 到 $N-1$ 之间对应不同权重集的指数，每个指数对应于不同的滤波器。

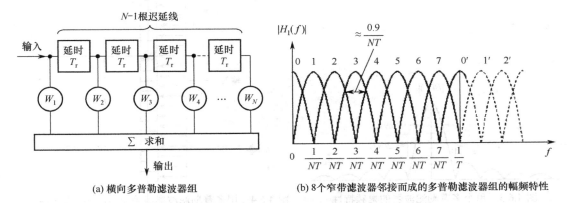

(a) 横向多普勒滤波器组   (b) 8个窄带滤波器邻接而成的多普勒滤波器组的幅频特性

图 4.6.2　MTD 滤波器组实现方式

权重为式（4.6.1）的滤波器的冲激响应为

$$h_k = \sum_{i=1}^{N} \delta[t - (i-1)T] e^{j[2\pi(i-1)k/N]} \tag{4.6.2}$$

式中，$\delta(t)$ 是单位冲激响应函数。冲激响应的傅里叶变换是滤波器的频率响应函数，因此

$$H_k(f) = \sum_{i=1}^{N} e^{j2\pi(i-1)[fT-k/N]} \tag{4.6.3}$$

频率响应函数的幅度是滤波器的幅度通带特性，它可表示为

$$|H_k(f)| = \left| e^{j2\pi(i-1)[fT-k/N]} \right| = \left| \frac{\sin[\pi N(fT-k/N)]}{\sin[\pi(fT-k/N)]} \right| \tag{4.6.4}$$

图 4.6.2 中示出了 8 个窄带滤波器邻接而成的多普勒滤波器组的幅频特性，注意这里没有示出各个滤波器幅频特性的旁瓣特性，单个多普勒滤波器的幅频特性如图 4.6.3 所示。

现代雷达多采用数字式 MTI 处理器，此时的多普勒滤波器组可通过数字滤波器来实现。若雷达重复频率不高（一般在 1kHz 左右），则窄带滤波器的数目只要几个或十几个。在滤波器组前面接一个二次对消器，它可以滤去最强的地杂波，这样一来就可以减少窄带滤波器组所需的动态范围，降低对滤波器旁瓣的要求。多普勒滤波器组的实现方法将在后面讨论，它可以用多路横向滤波器的办法或对每个距离单元的一组脉冲进行傅里叶变换来得到等效滤波器组，如果采用快速傅里叶变换（FFT），那么可节约运算时间，易于实现实时处理。

在没有速度模糊的情况下，目标的多普勒频率（目标速度）可由多普勒滤波器组中的某个滤波器的输出来确定，如图 4.6.4 所示。当目标出现在两个多普勒滤波器的连接处时，可通过两个滤波器的输出差异，在两个滤波器的中心频率之间插值来确定目标的多普勒频率。在将多普勒频谱转换成滤波器的多普勒频率时，必须对发射机的中心频率进行精确跟踪。测量多普勒频率，需要对目标回波频率相对于中心频率 f_0 在多普勒滤波器中的位置进行计数。

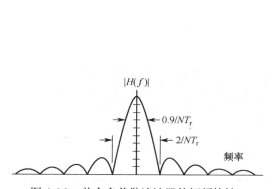

图 4.6.3 单个多普勒滤波器的幅频特性 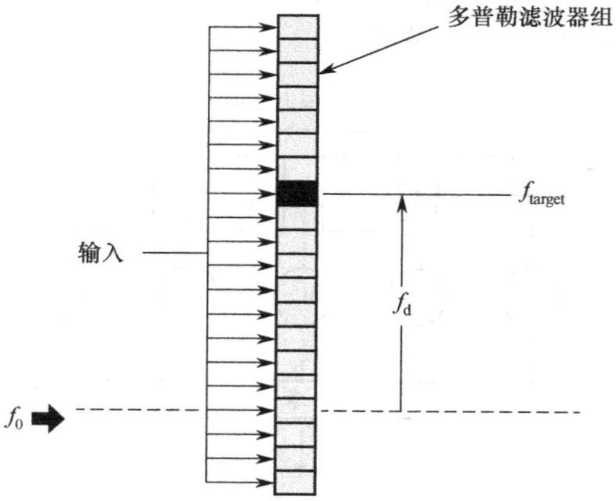　　图 4.6.4 用多普勒滤波器组确定目标多普勒频率

4.6.3 零径向速度目标的检测

为了检测杂波背景下切向飞行的目标（目标的多普勒频率为零，因而在通常的对消器中和地杂波一起被抑制而不能检测），在动目标检测系统中用杂波图作为门限来检测零多普勒频率的切向飞行目标，即用每个空间单元杂波图存储的数据（相当于该单元杂波的平均值估值），作为空间单元上所收到回波中零多普勒滤波器输出的检测门限，当输出超过

门限时，可认为有切向飞行目标存在。在零多普勒滤波器中，杂波和目标信号同时存在，只有当目标回波大于杂波时才可能被检测到。关于形成杂波图的原理将在后面讨论。建立稳定的杂波图值需要 10～20 个天线扫描周期，当该空间单元的杂波值变化时，杂波图也会相应地改变。

4.6.4 动目标检测系统框图

实际雷达回波的距离-多普勒二维分布如图 4.6.5 所示，其中两个坐标轴分别表示距离和频率。可以看出，运动目标、静止目标和地杂波的多普勒频率是不同的，可以通过多普勒滤波器组来区分开。

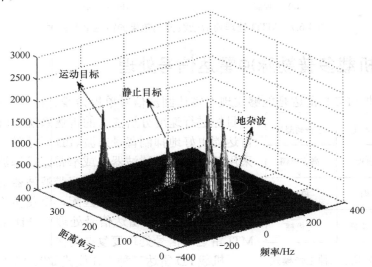

图 4.6.5 雷达回波的距离-多普勒二维分布

动目标检测（MTD）的系统框图如图 4.6.6 所示，它具有如下特点。

（1）脉冲相消可以抑制固定地杂波。

（2）多普勒滤波器组实现目标回波信号的匹配滤波。

（3）脉冲数目的选择与雷达的主瓣波束宽度和雷达的脉冲重复频率有关。

（4）零速滤波器和杂波图支路实现切向飞行器的检测。

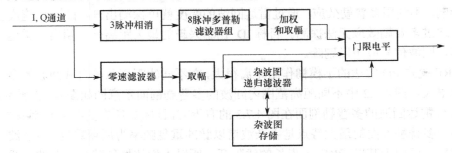

图 4.6.6 MTD 系统框图

MTD 处理前后杂波抑制效果的雷达 P 显画面对比如图 4.6.7 所示。

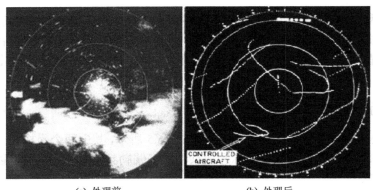

(a) 处理前　　　　　　　　　(b) 处理后

图 4.6.7　MTD 处理前后杂波抑制效果的雷达 P 显画面

4.7　典型机载多普勒脉冲雷达信号处理

多普勒脉冲（PD）雷达是能够实现对雷达回波信号单根谱线进行滤波（频域），具有对目标进行速度分辨能力的雷达系统。PD 雷达比 MTI 雷达能更好地抑制背景杂波。PD 雷达的主要滤波方式是采用邻接的窄带滤波器组或窄带跟踪滤波器，将所关心的运动目标过滤出来，并且窄带滤波器的频率响应应设计为尽量与目标回波谱项匹配，以使接收机工作在最佳状态。因此，PD 雷达信号处理部分比常规脉冲雷达和 MTI 雷达的信号处理要复杂得多。

机载 PD 雷达三种工作模式如图 4.7.1 所示。

	距离测量	多普勒测量
低PRF	无模糊	高度模糊
中PRF	模糊	模糊
高PRF	高度模糊	无模糊

图 4.7.1　机载 PD 雷达三种工作模式

4.7.1　信号处理流程 1（低 PRF 模式）

1）低 PRF 模式的 PD 雷达回波

现在对 PD 雷达低 PRF模式的回波信号进行详细分析。图 4.7.2 所示为 PD 雷达回波的距离剖面，图中(a)为雷达照射与目标空间示意图，(b)为真实的距离剖面，(c)为雷达观测到的距离剖面。目标 A、B、C 在雷达的最大不模糊距离内。目标 A、B 的回波只受较弱的旁瓣回波的影响，不利用多普勒效应，通过雷达回波的幅度就可探测出来。目标 C 淹没在主瓣回波中，不通过多普勒效应无法探测。目标 D 在感兴趣的最大距离外，超出了雷达的最大不模糊距离，回波信号应予以剔除。

低 PRF 模式 PD 雷达的不模糊作用距离很大，在不同的距离范围内其回波的多普勒剖面可能相差很大。图 4.7.2 中不同距离范围内回波的多普勒剖面示意图如图 4.7.3 所示。

目标 C 雷达回波的多普勒剖面在图 4.7.3 的右下方，目标 C 所在的距离范围有主瓣回波。这个距离上多普勒剖面的最大特点是主杂波谱以脉冲重复频率为周期重复。主杂波谱虽然有一定的宽度，但由于其以 PRF 为步长的线隔开，所以人们依然称其为主杂波谱线。由于目标 C 的多普勒频率与主瓣回波的多普勒频率不同，因此可以在相邻的 PRF 线之间进行回波对消处理，将目标 C 从热噪声背景中提取出来。此时的旁瓣回波很弱，其幅度小于热噪声。从图中可以看出，如果目标 C 的多普勒频率再小一点，它就可能淹没在主杂波中。

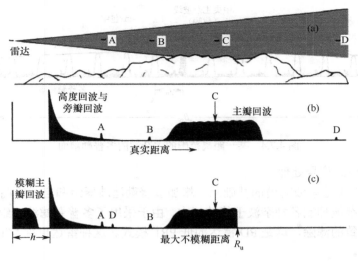

图 4.7.2　PD 雷达低 PRF 模式回波的距离剖面

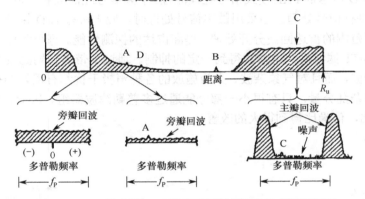

图 4.7.3　PD 雷达低 PRF 模式不同距离回波的多普勒剖面

　　目标 A 与雷达的距离较近，旁瓣回波的幅度比噪声的幅度高。尽管目标 A 伴随着同样距离的杂波，但目标 A 的回波强度还是比杂波的强度高。通过对旁瓣回波进行多普勒滤波，可增加目标 A 的信噪比。目标 A 的多普勒剖面在图 4.7.3 的中下方。

　　目标 B 与雷达的距离比目标 A 的远，目标 B 所在的距离范围比主杂波的距离近，只受旁瓣回波的影响，且旁瓣回波的幅度小于热噪声的幅度，属于无杂波区，只要目标 B 的回波幅度比热噪声的幅度高就可以检测到，而不管其多普勒频率是多少。

　　目标 D 超出了最大不模糊距离，是在下一个脉冲间隔中才收到的回波，虽然其幅度高于旁瓣回波的幅度，但通过解距离模糊可以算出目标 D 的真实距离而将目标 D 剔除。

　　高度回波谱的宽度一般超过低重频的 PRF。从多普勒剖面，可很明显地将高度与相同距离范围内的其他旁瓣回波区分开来。当使用多普勒滤波器对高度回波进行滤波后，强度超过剩余回波的目标可以检测出来。图 4.7.3 的左下图为滤除高度回波的多普勒剖面。

　　图 4.7.4 是某一距离范围主杂波的多普勒剖面。为了消除主杂波，不仅要将中央主杂波谱消除，而且要将整个接收机中放（IF）通带 B_{IF} 内所有的主杂波消除。这些主杂波与中央主杂波具有同样的频宽，以重频 f_p 为频率间隔分布在整个 IF 通带内（在消除主杂波时，也有可能消除一些目标的回波），只留下旁瓣回波、噪声和大部分目标回波。根据目标回波的幅度或多普勒频率与旁瓣回波和噪声的差异，将目标从旁瓣回波和噪声中分离出来。

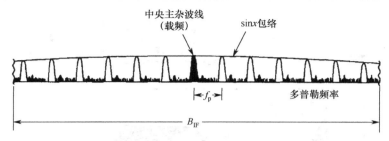

图 4.7.4　某一距离范围的主杂波的多普勒剖面

2）低 PRF 模式信号处理

　　在原有 MTI 雷达杂波对消的基础上，增加多普勒滤波器组和自适应门限处理模块，可进一步提高雷达杂波抑制各种杂波干扰的能力。由于采用了多普勒滤波器组，可对杂波的多普勒谱进行较细致的滤除，这是 PD 雷达的低 PRF 模式。这种雷达也称 MTD 雷达，常用于空对地目标探测。

　　图 4.7.5 是 PD 雷达低 PRF 模式信号处理流程。中频信号经混频和解调变成零中频信号，通过 I、Q 通道进行信号处理。当采用数字信号处理时，应先进行 A/D 转换。采用多个距离门可将不同距离范围的雷达回波分开处理，提高雷达的探测性能。每个距离门的信号经杂波对消器组成的 MTI 滤波后，地杂波得到一定的抑制。通过窄带多普勒滤波器组，不仅可以进一步抑制地杂波，而且对气象杂波、人为施放的各种消极干扰都有很好的抑制作用。对于具有均匀频谱的杂乱分量，只有很小一部分能通过多普勒滤波器组。因此，PD 雷达低 PRF 模式与 MTI 相比，信噪比得到很大的改善。

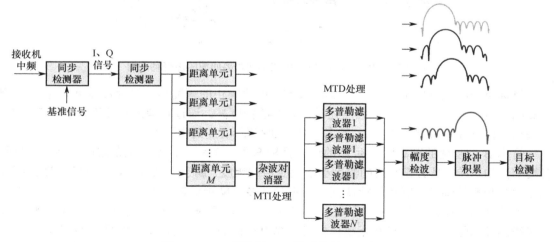

图 4.7.5　PD 雷达低 PRF 模式信号处理流程

　　每个多普勒滤波器组的输出信号，经过幅度检测（Magnitude Detection，MD），如果滤波器的积累时间小于雷达照射目标的时间，那么还要对信号进行检波后积累（Post Detection Integration，PDI）。最后经门限检测，如果输出信号的幅度超过检测门限（Threshold Detection，TD），那么说明有目标存在。窄带滤波器组通常由 FFT 实现。由于 PD 雷达低 PRF 模式的 PRF 低（数百到数千赫兹），所以滤波器组包含的滤波器数目不多，通常取 8～16 个，但也有多到 32 个、少到 4 个的。

低 PRF 模式信号处理的特点如下：

（1）低重频：多普勒模糊、距离清晰，适合低速目标。

（2）MTI 滤波：地杂波得到抑制。

（3）窄带多普勒滤波器组：抑制气象杂波、人为干扰。

4.7.2　信号处理流程 2（中 PRF 模式）

PD 雷达中 PRF 模式既具有 PD 雷达低重频方式空对地工作时对运动目标的检测功能，又能满足 PD 雷达高 PRF 模式空对空探测的需求。选择比 PD 雷达低 PRF 模式高的重频，是为了改善主杂波滤波和地面 MTD 的能力。选择比 PD 雷达高重频低的重频，是为了满足空对空情形下，尾追目标时的旁瓣回波抑制功能。

1）中 PRF 模式的 PD 雷达回波

图 4.7.6 所示为 PD 雷达中 PRF 模式探测目标的空间示意图和距离剖面图。由于雷达的最大不模糊距离小于雷达的作用距离，因此有距离模糊的现象。在图 4.7.6 中，雷达探测的距离剖面因距离模糊而发生了三次折叠，目标回波全部淹没在杂波的回波中。除了遇到像舰船这样具有强散射特性的大目标，有可能从强海杂波背景中检测出来，一般的目标只能通过对回波的多普勒分辨来检测。

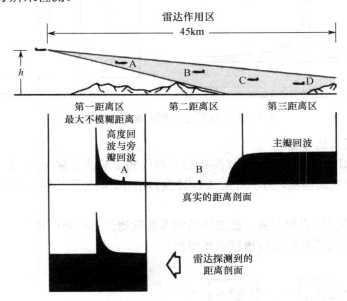

图 4.7.6　PD 雷达中 PRF 模式探测目标的空间示意图和距离剖面图

PD 雷达中 PRF 模式回波的多普勒剖面与 PD 雷达低 PRF 模式相同，也由以重频 n 为间隔的一串主杂波谱线组成。在相邻的两个主杂波谱线之间，出现大部分的旁瓣回波和目标回波。剩余的旁瓣回波和目标回波与主杂波回波混杂在一起。雷达在对回波的多普勒频谱进行处理时，通常将中央主杂波谱线的频率差频到零频，再进行处理。如图 4.7.7 所示。

图 4.7.7　将中央主杂波谱线的频率差频到零频

PD 雷达中 PRF 模式主杂波的多普勒剖面与低 PRF 模式时相似。它们之间最大的差距是，在其他条件相同的情况下，PD 雷达中 PRF 模式的主杂波谱线更稀疏。由于谱线的宽度与重频无关，这样就更有利于将目标从"清晰"的底部噪声中分离出来。尽管主杂波谱线有一定的宽度，也可以根据多普勒频率的差异，消除大部分雷达杂波，将目标分离出来。

由于 PD 雷达中 PRF 模式的距离模糊较严重，对旁瓣回波的消除比 PD 雷达低 PRF 模式复杂。将主杂波消除后，在第一不模糊距离区，雷达的距离剖面示于图 4.7.8 中。可以看到像锯齿样的旁瓣回波，由于第二、第三距离区的旁瓣回波被折叠到第一距离区，因此雷达杂波的幅度较强，如图 4.7.8a 所示。只有距离较近目标 A 的回波幅度可能超过杂波，而目标 B、C、D 的回波则淹没在折叠的杂波和噪声中。

由于不同距离的杂波单元与雷达的角度不同，其多普勒频率也不同。根据不同距离旁瓣回波多普勒频率的不同，可以充分地消除旁瓣回波，从而将目标 B、C、D 检测出来，如图 4.7.8b 所示。

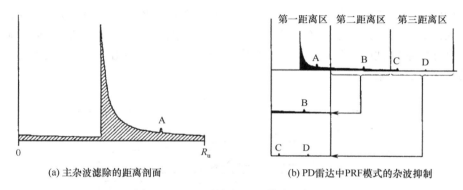

(a) 主杂波滤除的距离剖面　　　　　(b) PD雷达中PRF模式的杂波抑制

图 4.7.8　PD 雷达中 PRF 模式目标检测

2）中 PRF 模式信号处理

PD 雷达中 PRF 模式的信号处理（图 4.7.9）与低 PRF 模式非常相似，但主要有三点区别。

（1）因需要解距离模糊，为了防止 A/D 转换器饱和，增加了数字自动增益控制（DAGC）模块。

（2）为进一步消除旁瓣回波，滤波器组的多普勒滤波器的通带更窄。

（3）需有解距离模糊和速度模糊的处理模块。

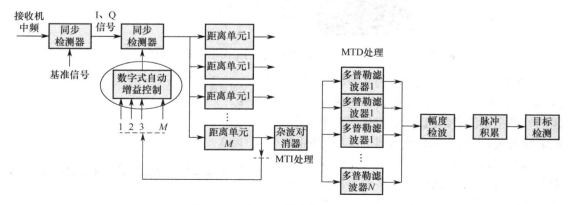

图 4.7.9　中 PRF 模式信号处理流程

中 PRF 模式信号处理的特点如下。

（1）中重频：多普勒模糊、距离模糊，低速和高速目标折中。

（2）数字自动增益控制：距离模糊防止 A/D 转换器饱和。

（3）窄带多普勒滤波器组：为消除旁瓣回波，通带更窄。

与 PD 雷达高 PRF 模式相比，PD 雷达工作在中 PRF 模式时，高度回波可以用距离门或滤波方法消除，而在高 PRF 模式 PD 雷达中，只能通过滤波来消除。PD 雷达中 PRF 模式，对多普勒频率接近载频的低速目标也允许用距离门进行检测，而在高 PRF 模式中，这种目标则可能被滤掉。由于 PD 雷达中 PRF 模式的占空比较小，PD 雷达中 PRF 模式的多目标分辨能力和测距精度均比 PD 雷达的高 PRF 模式好。同样，PD 雷达中 PRF 模式要求其天线旁瓣较低，以减小杂波的影响。

PD 雷达中 PRF 模式通过多个不同的 PRF 来实现距离解模糊与速度模糊。但是，在中 PRF 模式情况下，可能存在某些区域，在这些区域里主波束杂波的影响太强，使得目标检测根本不可能，称为盲区。为了保证盲区外目标的探测，通常采用多于三个 PRF，中 PRF 模式 PD 雷达系统常采用 7～8 个参差 PRF。

与 PD 雷达高 PRF 模式相比，由于旁瓣区的杂波电平较低，PD 雷达中 PRF 模式具有更好的低速目标检测能力，此时的作用距离也较远。另一方面，PRF 较低，使得其多普勒剖面杂波谱线之间的间距变小，不再存在无杂波区，而且，PRF 频率的进一步降低会使旁瓣回波区域产生重叠。但在一般情况下，和高 PRF 模式相比，这一点还不至于完全抵消中 PRF 模式杂波较小的优点。这就是工程设计中需要采用技术折中的奥妙所在。

4.7.3　信号处理流程 3（高 PRF 模式）

PD 雷达工作于高 PRF 模式时，目标回波的多普勒频率不模糊，但目标的距离会有严重的模糊。PD 雷达高 PRF 模式有三个重要特点：第一，由于没有目标多普勒频率的模糊，且与杂波的多普勒频率不同，因此可以很好地消除主杂波，而不损失目标的回波。第二，由于采用高 PRF 模式，所以相邻杂波谱线的间隔较大，且它们中间有较大的无杂波区，因此容易区分高速接近（前半球攻击）的目标。第三，增加 PRF 值而非增加脉冲宽度来提高发射机的占空比，由此，不需要大量的脉冲压缩或很高的峰值功率就可提高发射机的平均发射功率。

随着信杂比的增加，雷达的作用距离加大。增加发射机的占空比，可以增加信号的功率，且在很强的杂波背景下，能探测到很远距离的迎头威胁目标。但是，严重的旁瓣回波干扰会使得低速接近（后半球尾追）的目标因距离模糊而淹没在杂波中。

1）高 PRF 模式的 PD 雷达回波

为了清晰说明目标回波与地杂波之间的区别，以及从地杂波和杂波噪声中分离出目标，下面分析典型情况下雷达的距离剖面（图 4.7.10）和多普勒剖面。

图中 PD 雷达以高 PRF 模式照射 A、B 和 C 三个目标，其中目标 A、B 与飞机同向飞行，目标 A 的速度小于飞机的速度，相当于飞机速度的一半；目标 B 的速度与飞机的速度相同；目标 C 在很远的距离向飞机迎头高速逼近。可以看出，由于雷达工作于高 PRF 方式，所以雷达的最大不模糊距离很小。由于 PD 雷达工作于高 PRF 模式时的最大不模糊距离小，所有主杂波、旁瓣回波、高度回波、发射机泄漏和地杂波噪声都叠加在这一小段距离上。目标 A、B 和 C 的回波都淹没在这些杂波中。将所有目标从这些杂波中提取出来和将所有目标区分开来的唯一途径是采用多普勒频率分辨。

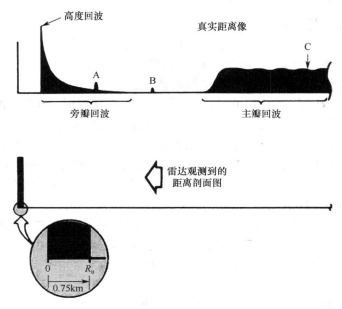

图 4.7.10　PD 雷达高 PRF 模式目标回波与杂波的距离剖面

　　图 4.7.11 所示为 PD 雷达高 PRF 模式目标回波与杂波的多普勒剖面。与 PD 雷达低 PRF 模式和 PD 雷达中 PRF 模式一样，所有回波的多普勒谱都以 PRF 为等间隔重复。但由于杂波谱的宽度小于 PRF，杂波谱之间没有重叠现象，这是它们之间的一个重要区别。另外，杂波谱两端的幅度都是降低的。对图 4.7.11 中央频段的回波多普勒剖面进行了标识。旁瓣回波区域的宽度随飞机的速度而变化，主杂波的宽度与天线下视角和飞机的速度有关。

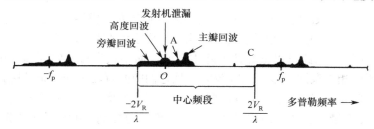

图 4.7.11　PD 雷达高 PRF 模式目标回波与杂波的多普勒剖面

　　低速尾追目标 A 高于旁瓣回波，其位置在主杂波与高度回波之间；高速迎头逼近目标 C 在两个回波谱之间可以清晰地分辨出来。与飞机同向同速飞行的目标 B 淹没在高度回波中。

　　旁瓣回波、无杂波区域、多普勒为零的高度回波和发射机泄漏等多普勒频率的变化较大，如果希望从这些信号中将目标分离出来，必须对主杂波进行消除。如果移除强杂波干扰，目标回波就可以像 PD 雷达中的 PRF 模式那样通过多普勒滤波器组分离出来。

　　在分离目标 C 之类的迎头逼近目标和类似于目标 A 的尾追目标时，这些多普勒滤波器组所起的作用是不一样的。对于迎头逼近目标 C，由于处于"无杂波区"，只要其幅度高于周围的噪声，就可以从所有杂波中分离出来，且信噪比越高，雷达的作用距离越远，如图 4.7.12a 所示。对于尾随目标 A，由于部分旁瓣回波的多普勒频率与其相同，因此不可能从杂波中彻底区分出来，如图 4.7.12b 所示。目标 A 只有在其回波幅度高于旁瓣回波的幅度时，雷达才可以检测出来。由于尾随目标的信杂比较低，所以对尾随目标的作用距离一般较短。

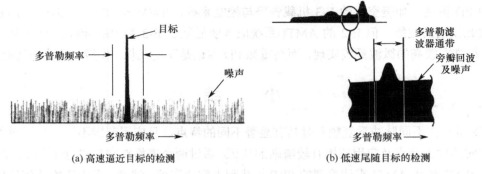

(a) 高速逼近目标的检测　　　　　　　(b) 低速尾随目标的检测

图 4.7.12　高 PRF 模式时目标回波与杂波的多普勒剖面

在相同条件下，PD 雷达高 PRF 模式由于距离模糊更严重，杂波更强，所以探测尾随目标的作用距离比 PD 雷达 PRF 模式的短。

2）高 PRF 模式信号处理

PD 雷达高 PRF 模式的信号处理与 PD 雷达中 PRF 模式相似。由于 PD 雷达高 PRF 模式的占空比接近 50%，所以没有必要设置很多的距离门来区别不同距离的回波。事实上，接收机盲区提供了一个距离门，没有必要再增加距离门。此外，每增加一个距离门，后续的杂波对消与多普勒滤波器处理模块就随之增加。同样，为了防止 A/D 转换器饱和，将数字自动增益控制加到 A/D 转换器前面的线性放大器（图 4.7.13）。

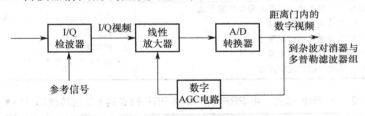

图 4.7.13　高 PRF 模式信号处理流程

高 PRF 模式信号处理的特点如下。

（1）高重频：多普勒清晰、距离模糊，适合高速目标。

（2）无须设置多个距离门；高重频，信号占空比高。

（3）数字自动增益控制：距离模糊防止 A/D 转换器饱和。

高 PRF 模式的 PD 雷达一般使用三个不同的 PRF 来解距离模糊，这使得其功率孔径积与不需要发射冗余波形的雷达相比提高了 3 倍。因此，给定作用距离后，在其他因素相同的条件下，其发射机的平均功率要比低 PRF 模式的 AMTI 雷达大很多。而且，高 PRF 模式和高占空比还使之对多个目标的分辨率下降。PD 雷达高 PRF 模式比 MTI 雷达系统更为复杂，成本也高。从另一个角度来看，由于不存在多普勒模糊和具有良好的多普勒处理能力，高 PRF 模式 PD 雷达具有更好的径向速度测量精度。对于飞机目标探测，当不考虑距离模糊而只靠多普勒信息探测目标时，雷达的作用距离可很远，这种工作模式称为速度搜索模式，在多功能机载雷达中，常用于初始阶段的远距离目标探测。

机载对空监视雷达既可以采用 AMTI 技术（如美军的 UHF 波段 E-2 预警机雷达），又可以采用 PD 雷达（如美空军的 E-3 机载告警与控制系统、AWACS、S 波段雷达），两者可以达到彼此相当的性能，但 E-2 的 AMTI 系统成本明显低于 E-3 高 PRF 模式 PD 雷达，不过 AMTI 很难在较高的微波频段实现，而高重频 PD 雷达是军用飞机、作战和攻击机等必需的。

小　结

PD 雷达在不同脉冲重复频率时具有显著不同的特点，且应用范围不同。为了对不同重频方式时的性能特点及应用范围有较清晰的认识，通过两个表格对它们进行了总结。表 4.8.1 示出了 PD 雷达和 AMTI 雷达典型的 PRF 模式和占空比取值。注意，表中所给数值仅作为示例。表 4.8.2 对低、中、高三种 PRF 模式雷达系统的特点进行了总结和比较。

表 4.8.1　MTI 雷达和 PD 雷达的特点比较

	优　点	缺　点
MTI 雷达低 PRF 模式	1. 根据距离可区分目标和杂波 2. 无距离模糊 3. 前端 STC 抑制了旁瓣检测和降低对动态范围的要求	1. 由于多重盲速，多普勒能见度低 2. 对慢目标抑制能力低 3. 不能测量目标的径向速度
PD 雷达中 PRF 模式	1. 在目标的各个视角都有良好的性能 2. 有良好的慢速目标抑制能力 3. 可以测量目标的径向速度 4. 距离遮挡比高 PRF 模式小	1. 有距离幻影 2. 旁瓣回波限制了雷达性能 3. 由于有距离重叠，导致稳定性要求高
PD 雷达高 PRF 模式	1. 在目标的某些视角上可以无旁瓣回波干扰 2. 唯一的多普勒盲区在零速 3. 有良好的慢速目标抑制能力 4. 可以测量目标的径向速度 5. 仅检测速度可提高探测距离	1. 旁瓣回波限制了雷达性能 2. 有距离遮挡 3. 有距离幻影 4. 由于有距离重叠，因此导致稳定性要求高

表 4.8.2　低 PRF 模式、中 PRF 模式和高 PRF 模式的 PD 雷达波形的性能比较

性　能	PRF		
	低	中	高
测距	清晰	模糊	模糊
测速	模糊	模糊	清晰
测距设备	简单	复杂	复杂
信号处理	简单	复杂	复杂
测速精度	很低	高	最高
旁瓣回波电平	低	中	高
主瓣回波抑制	差	良	优
允许方位扫描角	小	中	大
分辨地面动目标和空中目标的能力	差	良	优

思　考　题

1. 雷达信号时域和频域的关系是什么？多普勒的影响因素是什么？
2. 简述脉冲雷达运动目标回波的多普勒效应，以及多普勒信息的提取方法。
3. PD 雷达的适用范围及特点是什么？
4. 分析 PD 雷达下视地杂波频谱的特点。
5. 不同相对运动方式的目标在 PD 雷达回波谱上的位置是否相同？有什么特点？

6. 分析 PD 雷达主杂波谱与天线扫描角的关系。
7. 为什么说测距和测速模糊是一对矛盾？如何解决？
8. PD 雷达重频的选择有什么考虑？试比较三种 PRF 模式 PD 雷达的特点。
9. 动目标显示（MTI）和动目标检测（MTD）有什么区别和联系？
10. 简述 MTI 雷达杂波对消处理的原理及性能改善方法。

参 考 文 献

[1] （英）Clive Alabaster 著，张伟等译. 脉冲多普勒雷达——原理、技术与应用[M]. 北京：电子工业出版社，2016.
[2] 毛士艺. 机载脉冲多普勒雷达[M]. 北京：国防工业出版社，1999.
[3] （美）D. Curtis, Schleher 著，戴幻尧等译. 动目标显示与脉冲多普勒雷达[M]. 北京：国防工业出版社，2016.
[4] 许小剑，黄培康. 雷达系统及其信息处理（第二版）[M]. 北京：电子工业出版社，2018.
[5] （美）George W. Stimson 著，吴汉平译. 机载雷达导论[M]. 北京：电子工业出版社，2005.

第 5 章　机载雷达目标检测

5.1　雷达信号检测过程

5.1.1　概述

在实际雷达工作环境中，对目标的发现是非常不容易的，这主要是因为在目标检测过程中，常常伴随着噪声、杂波和干扰。以杂波为例，包含海杂波、地杂波、云雨杂波和鸟群杂波等，不同的杂波性质不同，有的杂波出现类似目标的特性，如海杂波中出现的海尖峰杂波，这些都会给雷达的信号检测带来困难。另外，不同的目标呈现出不同的性质，如何找出目标和噪声、杂波和干扰在某一维度或某一特征的区别显得尤为重要。

本章首先概述雷达信号检测过程，然后介绍时域杂波图检测技术和恒虚警（Constant False Alarm Rate，CFAR）检测。图 5.1.1 中给出了基本的雷达信号和数据处理流程图。从图中可以看出，雷达首先通过波形产生器产生需要的波形，然后通过功率放大器放大，再经过收发开关（T/R）和天线发射出去，当有目标出现时，其后向散射回波就会产生反射通过传播介质、接收天线和收发开关进入接收机，此时可能混有噪声、干扰和杂波。为了去除上述影响的因素，就需要进行一系列的处理。

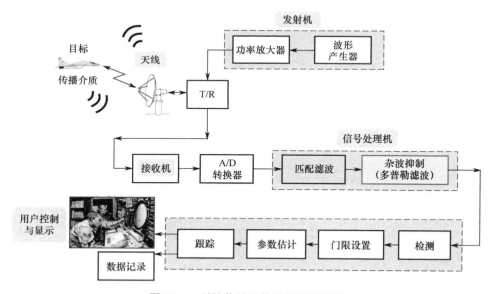

图 5.1.1　雷达信号和数据处理流程图

（1）高频滤波器和低噪声高频放大器：主要在高频部分进行滤波和降噪，尽可能地减小噪声系数，通过与本机振荡器混频，将信号降低为中频信号。

（2）匹配滤波器：进一步对噪声进行压制，使输出信噪比达到最大值。

（3）脉冲积累和帧间积累：考虑到噪声相比于目标的相关性差，这时需要进行脉冲积累和帧间积累，尽可能地提升小目标的能量。

（4）杂波抑制（多普勒滤波）：常规的方法包括动目标显示（MTI）和动目标检测（MTD）。MTI 主要针对地面杂波产生零陷的滤波器，从而在一定程度上抑制地杂波的影响；MTD 主要利用多个多普勒通道提取所需的目标回波。可以说，多普勒滤波是一种重要的杂波抑制方法。

（5）门限检测：常规检测设置一个固定的门限对目标进行提取，此时由于杂波概率密度函数不同，很难保持稳定的虚警概率（也称为虚警率）。当虚警过多时，会给后面的跟踪带来影响，如航迹关联等，此时需要对虚警概率的大小进行控制，于是就产生了恒虚警的方法。

（6）跟踪：需要对检测出来的点进行处理，从而判断出目标航迹，进一步确定目标。

本章主要关注以下内容：

- 如何在检测判决之前尽可能降低杂波、干扰、噪声的影响。
- 利用杂波图估算出杂波的位置，进一步抑制杂波。
- 利用恒虚警（CFAR）的方法尽可能降低杂波和噪声的影响。

5.1.2　雷达方程

雷达要发现目标、完成对其的检测，首先要求目标须落在其威力范围内，这就需要了解雷达方程。雷达方程给出了最大作用距离及其影响因素的关系式，这里只关注基本雷达方程。

雷达要发射电磁波，雷达发射电磁波的功率用 P_t 表示，其单位是瓦（W）。假设雷达天线是一副各向同性的天线，也就是天线辐射出去的电磁波是向四面八方等幅度辐射的，距离雷达 R 处的功率密度 S_0 可表示为 $S_0 = \dfrac{P_t}{4\pi R^2}$。

这是无方向性天线，当雷达天线是有方向性天线时，雷达发射出去的电波就具有一定的方向性，雷达可以定向发射电磁波。此时就需要引进发射天线增益的概念。发射天线的增益为 G_t，雷达天线的增益是指有方向性天线相对于无方向性天线在某个方向上功率增加的倍数，是无量纲的物理量。此时，距离雷达天线 R 的目标处的功率密度 S_1 为

$$S_1 = \frac{P_t G_t}{4\pi R^2} \tag{5.1.1}$$

雷达发射电磁波定向照射后，照射到目标时，目标就要截获一部分电磁波能量，截获的能量可用目标的雷达截面积 σ 来表示，也称为目标的 RCS（Radar Cross Section），它反映了目标截获能量的大小。如果目标截获电磁波的能力较强，那么等效的雷达截面积就较大；如果目标截获电磁波的能力较弱，那么等效的雷达截面积就较小。此时目标散射的功率 P_2（二次辐射功率）为

$$P_2 = \sigma S_1 = \frac{P_t G_t \sigma}{4\pi R^2} \tag{5.1.2}$$

电磁波照射到目标上，目标就将截获的电磁波辐射到空间中。此时能量是向四面八方等幅度辐射的。雷达接收天线处的回波功率密度 S_2 为

$$S_2 = \frac{P_2}{4\pi R^2} = \frac{P_t G_t \sigma}{(4\pi R^2)^2} \tag{5.1.3}$$

假设接收天线的有效接收面积为 A_r，雷达接收机接收到的功率 P_r 等于天线处的功率密

度和接收天线的有效面积的乘积，可表示为

$$P_r = A_r S_2 = \frac{P_t G_t \sigma A_r}{(4\pi R^2)^2} \tag{5.1.4}$$

根据天线理论，天线增益和有效面积之间满足以下关系：

$$G = \frac{4\pi A}{\lambda^2} \tag{5.1.5}$$

式中，λ 为波长，对接收天线来讲就是

$$G_r = \frac{4\pi A_r}{\lambda^2} \tag{5.1.6}$$

此时，接收机接收功率可以转化为

$$P_r = \frac{P_t G_t G_r \lambda^2 \sigma}{(4\pi)^3 R^4} \tag{5.1.7}$$

$$P_r = \frac{P_t A_t A_r \sigma}{4\pi \lambda^2 R^4} \tag{5.1.8}$$

对于单基地雷达，雷达天线通常是收发共用的。根据天线的互易性，雷达的发射天线增益和接收天线增益是相等的，发射天线有效面积和接收天线有效面积相等，所以可以得到单基地雷达接收机接收到的功率 P_r 的不同表达式。

由式（5.1.4）到式（5.1.8）可以看出，接收的回波功率 P_r 反比于目标的斜距 R 的 4 次方，随着作用距离的增大，P_r 不断变小，当 R 增大到最大值 R_{max} 时，接收机的功率就变为最小值，即接收机的灵敏度 S_{imin}。将 $R = R_{max}$ 和 $P_r = S_{imin}$ 代入式（5.1.8）可得

$$P_r = S_{imin} = \frac{P_t \sigma A_r^2}{4\pi \lambda^2 R_{max}^4} = \frac{P_t G^2 \lambda^2 \sigma}{(4\pi)^3 R_{max}^4} \tag{5.1.9}$$

推导可得

$$R_{max} = \left[\frac{P_t \sigma A_r^2}{4\pi \lambda^2 S_{imin}} \right]^{1/4} \tag{5.1.10}$$

或

$$R_{max} = \left[\frac{P_t G^2 \lambda^2 \sigma}{(4\pi)^3 S_{imin}} \right]^{1/4} \tag{5.1.11}$$

式（5.1.10）和式（5.1.11）是雷达距离方程的两种基本形式，给出了最大作用距离 R_{max} 与其影响因素之间的关系。

这里需要明确以下几点：

（1）雷达方程集中反映了与探测距离有关的因素及它们之间的关系。

（2）提升雷达的最大作用距离并不容易。

（3）雷达最大作用距离不是确定值，而是统计值。

（4）基本体现于理想无损耗、自由空间传播、单基地。

5.1.3　雷达探测距离的影响因素

接下来分析雷达作用距离的影响因素，从这个角度研究如何提升雷达的最大作用距离。

1）平均功率

从雷达方程可知，作用距离随发射机功率的增大而增大，且雷达最大作用距离和发射机功率的 4 次方根成正比。此处的发射机功率主要是指平均功率。如果用增大发射机功率的办法来增大雷达作用距离，那么发射机功率增大到 2 倍，雷达最大测距仅增加 19%，发射功率增大 3 倍，雷达最大测距增加 32%，发射机功率增大到 16 倍，作用距离才变为原来的 2 倍。受到技术条件的限制，单纯依靠增大发射机功率来增大雷达作用距离不是一种好办法。图 5.1.2 中给出了不同功率条件下雷达作用距离的改变情况。

2）噪声

从雷达方程可知，作用距离随噪声平均电平（kT_s）的增大而减小，且雷达最大作用距离和噪声平均电平（kT_s）的 4 次方根成反比。若用降低噪声平均电平的办法来增大雷达作用距离，那么噪声平均电平降低 50%，雷达最大测距增加 19%，这与改变平均功率的效果一致（图 5.1.3）。

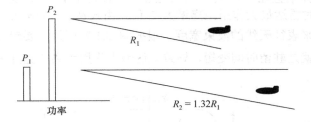

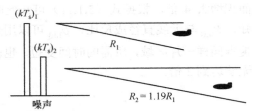

图 5.1.2　不同功率条件下雷达作用距离　　　　图 5.1.3　不同噪声条件下雷达作用距离的
　　　　的改变情况（3 倍发射功率）　　　　　　　　　　改变情况（噪声电平降低 50%）

3）目标驻留时间

除了提升平均功率和降低噪声电平的方法，还可以通过提升目标驻留时间来改变雷达的最大作用距离。作用距离随目标驻留时间的增大而增大，且雷达最大作用距离和目标驻留时间的 4 次方根成正比。如果用增大目标驻留时间的办法来增大雷达作用距离，那么目标驻留时间增大 2 倍，雷达最大测距仅增加 19%。图 5.1.4 中给出了不同目标驻留时间条件下雷达作用距离的改变情况。

4）雷达截面积

雷达的探测距离是对特定目标而言的，由雷达方程可知，雷达最大作用距离正比于目标雷达截面积（RCS）的 4 次方根。因此，雷达截面积大的目标，雷达能够发现它的距离就远，雷达截面积小的目标，雷达对它的探测距离就近。所以对于目标而言，我们要尽量减小自身的雷达截面积，以降低雷达发现的距离。这在雷达方面有一个专门的术语——雷达目标隐身。所谓雷达目标隐身，并不是说目标凭空消失，而是指目标的 RCS 非常小，只有在很近的情况下雷达才能发现目标，从而减小雷达的反应时间。

这里以美国的 F-15 和 F-22 战斗机为例，说明目标 RCS 的减小对雷达作用距离的影响。根据资料，F-15 的雷达截面积为 4m²，而 F-22 的雷达截面积为 0.01m²，相对 F-15 来说其雷达截面积缩小为 1/400。由于雷达的作用距离和目标的雷达截面积的 4 次方根成正比，通过计算可以得出，雷达对 F-22 的作用距离仅为对 F-15 的 22.36%。可见，通过减小目标的 RCS 来减小雷达的作用距离，可以达到目标对雷达隐身的目的。图 5.1.5 中给出了不同雷达截面积条件下雷达作用距离的改变情况。

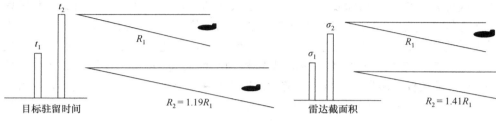

图 5.1.4　不同驻留时间条件下雷达作用距离　　　　图 5.1.5　不同雷达截面积条件下雷达作用
　　　　　　的改变情况（驻留时间增大 2 倍）　　　　　　　　　距离的改变情况（RCS 增大 4 倍）

5）天线尺寸

同样，天线尺寸的变化也可以改变雷达的探测距离，往往是天线尺寸越大，雷达探测距离越远（图 5.1.6）。假定采用圆形天线，如果直径 d 增大 1 倍（孔径效率保持不变），天线面积增大 4 倍，根据式（5.1.11）可知此时雷达最大作用距离增大 2 倍。由式 $\theta_{3dB} \propto \lambda/d$ 可知，θ_{3dB} 与天线直径成反比，θ_{3dB} 可以用来表征天线的波束宽度。根据图 5.1.7 可知，要想搜索同样一片区域，所需的时间变短，也就是驻留时间变短，导致雷达最大作用距离的提升无法达到 2 倍。

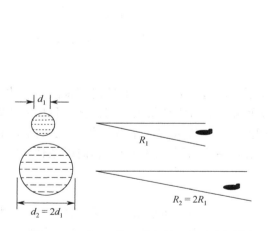

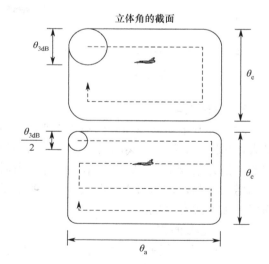

图 5.1.6　不同天线尺寸条件下，雷达作用　　　　图 5.1.7　不同天线直径条件下，
　　　　　　距离的改变情况（直径增大 1 倍）　　　　　　扫描时间的改变情况

6）波长

波长的变化也可改变雷达的探测距离，往往是天线尺寸越大，雷达探测距离越远。假定采用圆形天线，如果波长增大 1 倍，根据式（5.1.11）可知此时雷达最大作用距离增大 2 倍。但是与天线尺寸的分析类似，由式 $\theta_{3dB} \propto \lambda/d$ 可知，当天线直径不变时，θ_{3dB} 与 λ 成正比，

此时如果不改变雷达的驻留时间，那么雷达最大作用距离同样无法提升 2 倍。

前面的分析均未考虑损耗。在不考虑损耗的情况下，我们可以认为随着频率的增大，也就是波长的减小，电磁波的衰减应逐步增大。但是在实际情况中，由于存在水蒸气和氧气，如图 5.1.8 所示，在整体趋势上是符合理论分析的，但个别点会出现异常，这些均会影响雷达的最大作用距离。

除了上述因素，基本雷达方程也与天线增益和接收机灵敏度有关，具体可由式（5.1.11）得出，这里不再阐述。另外，通过波长的分析可以发现，基本雷达方程在实际雷达工作中假设条件较为理想，因此存在一定的偏差，这里需要研究不同形式的雷达方程。

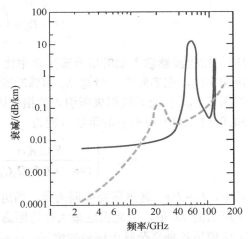

图 5.1.8　衰减随频率变化而变化（考虑了氧气和水蒸气的影响）

5.1.4　最小可检测信号

S_{min} 是指接收机的最小可检测信号功率，也就是接收机的灵敏度。当接收到的信号功率小于接收机灵敏度时，雷达无法发现信号。此时是不是通过信号放大就可以把信号检测出来？当然不是，因为雷达接收到的不但有信号，而且夹杂着一定的噪声。进行放大时，噪声和目标回波信号都被放大，当信噪比较小时，即使放大，同样无法发现。因此，在不考虑杂波和干扰的情况下，雷达的检测能力实质上取决于信噪比。

1）最小可检测信噪比

对于雷达检测系统而言，信噪比有一个最小值，我们称之为最小可检测信噪比。只要最终传输给检测装置的信号满足这个最小可检测信噪比，雷达就可将目标检测出来。此时接收机灵敏度可表示为

$$S_{imin} = kT_0 B_n F_n \left(\frac{S}{N} \right)_{omin} \tag{5.1.12}$$

式中，k 为玻尔兹曼常数，$k = 1.38 \times 10^{-23} \text{J/K}$；$T_0$ 为标准室温，一般取 290K，B_n 为接收机带宽，F_n 为噪声系数。以矩形脉冲为例，假设脉冲宽度为 τ，信号功率为 S，此时接收信号的能量 E_r 可表示为 $S\tau$；噪声功率 N 可表示为 $N_0 B_n$，其中 N_0 为噪声功率谱密度，B_n 为接收机带宽。对简单脉冲信号而言，接收机带宽 B_n 和脉冲宽度 τ 呈倒数关系，因此信号噪声功率比的表达式可以表示为

$$\frac{S}{N} = \frac{S}{N_0 B_n} = \frac{S\tau}{N_0} = \frac{E_r}{N_0} \tag{5.1.13}$$

所以，最小输出信噪比为

$$\left(\frac{S}{N} \right)_{omin} = \left(\frac{E_r}{N_0} \right)_{omin} \tag{5.1.14}$$

根据场景的不同，最小输出信噪比$(S/N)_{omin}$也称识别系数、可见度因子 M 和检测因子 D_0（Detectability Factor），即

$$M = D_0 = \left(\frac{S}{N}\right)_{\text{omin}} = \left(\frac{E_r}{N_0}\right)_{\text{omin}} \tag{5.1.15}$$

D_0 是指检波器输入端的信号噪声功率比，这里主要是指单个脉冲条件下所需的最小信号噪声功率比。在实际中，带宽 B_n 和脉冲宽度不是严格的匹配关系，所以方程中会引入带宽校正因子 C_B，以及系统损失所引入的损失因子 L。将信号功率 E_t、检测因子 D_0 代入式（5.1.10）和式（5.1.11）可得新的雷达方程为

$$R_{\max} = \left(\frac{E_t G_t A_r \sigma}{(4\pi)^2 kT_0 F_n D_0 C_B L}\right)^{1/4} = \left(\frac{P_t \tau G_t G_r \sigma \lambda^2}{(4\pi)^3 kT_0 F_n D_0 C_B L}\right)^{1/4} \tag{5.1.16}$$

式中，$E_t = P_t \tau$。这里需要强调的是，当进行脉冲积累时，提升信噪比但降低了单个脉冲条件下所需的 D_0 值，因此雷达最大作用距离得到了提升；另外，用能量表示的雷达方程适用于雷达使用各种复杂脉压信号的情况。只要知道脉冲功率及发射脉宽，就可用来估算作用距离而不必考虑具体的波形参数。

2）门限检测

门限检测的含义是把接收机的输出电压与门限电压进行幅度比较，高于门限的判定为有目标，低于门限的判定为没有目标。图 5.1.9 中给出了接收机的典型输出电压波形，其中直线为门限位置，高于门限处存在三批目标，分别用 A、B、C 表示，其余为噪声，噪声覆盖的范围较为广泛，而且随机起伏。当门限电压过高时，B 点和 C 点处的目标可能无法发现；当门限电压过低时，又会有大量的噪声超过门限而被认为是目标。由此可见，目标的发现受噪声水平的影响，由于噪声是随机的，对目标的检测势必会转化为一个统计问题，这里我们通常考虑的是奈曼-皮尔逊准则，即保证在一定虚警概率的条件下，检测概率最大。这里为什么要保证一定的虚警概率，而不只是直接追求检测概率最大呢？主要是因为虚警概率过高会导致接收机饱和，还可能造成后续跟踪时的航迹关联错误，这都是得不偿失的。

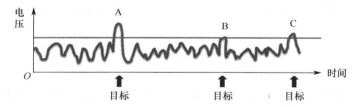

图 5.1.9　接收机的典型输出电压波形

当空间中有目标时，雷达可能给出两种判断：一种是雷达判为有目标，我们称这种情况的概率为发现概率，用 P_d 表示；另一种是雷达判为无目标，我们称这种情况的概率为漏警概率，用 P_{la} 表示。同样，空间中无目标时，雷达的判断结果也有两种情况：一是判为有目标，这种情况我们称之为虚警概率，用 P_{fa} 表示；另一种是判为无目标，这种情况我们称之为正确不发现概率，用 P_{an} 表示。显然，这 4 种概率存在以下关系：

$$p_d + p_{la} = 1, \quad p_{an} + p_{fa} = 1 \tag{5.1.17}$$

雷达系统更关心发现概率和虚警概率。这两种概率和雷达最终的目标检测之间的关系非常重要。从图 5.1.9 可知，发现概率和虚警概率是由门限和信噪比决定的，信噪比一定，门限电压过高时，发现概率降低、虚警概率降低；门限电压过低时，发现概率增加、虚警概率

增加。因此，需要合理设置门限。具体而言，在门限检测中，主要有两种实现方法：一种是人工门限，另一种是电子门限。人工门限是通过操作人员手动设置的。这种方法的人为因素对检测结果影响很大，误差较大。电子门限不同，它避免了操作人员的人为影响，可以根据不同类型的噪声和杂波特性，自动调整门限电平，可以使虚警概率保持为一个恒定的值，也就是我们所说的一定虚警概率条件下检测概率最大。

5.1.5　机载雷达信号检测过程

假定有一个小目标从很远的地方向一部多普勒搜索雷达靠近。开始时，目标回波极其微弱，以致完全淹没在背景噪声中。初看起来，可能会认为通过提高接收机增益可以把回波从噪声中提取出来。但是，接收机是把噪声和信号一起放大的，所以提高增益于事无补。

每次天线波束扫过目标时，雷达都会接收到一串脉冲。雷达信号处理机中的多普勒滤波器把包含在这个脉冲串中的能量累加起来。因此滤波器输出的目标信号非常接近于天线波束照射目标期间所接收到的总能量。这时，在此滤波器中被积累的噪声能量和信号能量混合在一起，无法区分开来。

由于距离逐渐靠近，信号能量与噪声能量之比随之增加。随着目标距离的减小，积累信号强度增加，但噪声的平均强度大致保持不变。最后，信号会增强到足以超过噪声而被检测出来（图 5.1.10）。

在多普勒雷达中，信号检测是自动完成的。在每个积累周期的末尾，各个滤波器的输出电压送到各自的检测器。若积累后的信号加噪声超过某个确定的门限，检测器就判定有目标，同时在显示器上出现一个明亮的综合目标标志信号。反之，显示器上仍然保持空白（图 5.1.11）。

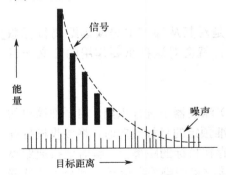

图 5.1.10　目标驻留时间内所收到的
信号能量的变化情况

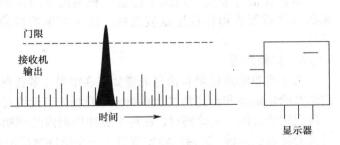

图 5.1.11　门限的选取与显示器显示

显然，门限的设置是至关重要的。如果门限太高，本来可以检测到的目标就可能无法发现。如果门限太低，那么虚警太多（图 5.1.12）。最佳设置电平应高于平均噪声电平一定的量，足以使虚警概率不超过允许值。平均噪声电平及系统增益可能在很大的范围内变化。因而，必须连续监视雷达多普勒滤波器的输出，以保持最佳的门限设置状态。

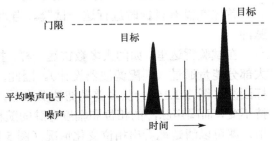

图 5.1.12　门限的选取对目标检测的影响

一般情况下，每个检测器的门限分别根据下面两项参数设置：一是输出正被检测的滤波器中可能产生的噪声电平（"本地"噪声电平），二是所有滤波器的平均噪声电平（"共有的"噪声电平）。一般，本地噪声电平由该滤波器任一侧一组滤波器的平均输出决定。因为这些滤波器的输出绝大部分是由噪声引起的，所以可以认为其平均值近似于夹在中间的那个滤波器的可能噪声电平。

对每个滤波器设置第二个噪声检测门限来确定共有的噪声电平。该门限设置得远低于目标检测门限，使得噪声尖头超过该门限的数量大大多于目标回波。连续计算这些超过门限的尖头数并统计调整这两个门限之差，便可确定整个系统的虚警率。

究竟如何选取本地滤波器组门限及如何将这些门限的平均值与系统虚警率进行比较来获得门限加权，会因系统或工作模式的不同而不同。但是，要尽可能地把门限设置得保持每个检测器的虚警率为最佳值。如果虚警率太大，就提高门限；如果虚警率太小，就降低门限。因此，自动检测器也称恒虚警率（CFAR）检测器。

根据平均噪声电平设置的目标检测门限，可确定目标检测所必需的最小积累能量 S_{det}（图 5.1.13）。但要记住，由于噪声能量是在其均值附近随机变化的，有时，甚至当信号能量小于 S_{det} 时，信号加噪声也会超过门限；而在另一些场合，信号能量大于 S_{det} 时，信号加噪声也不能达到这一门限。

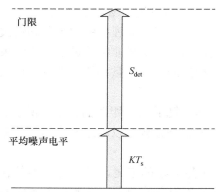

图 5.1.13　门限与平均噪声电平之间的关系

5.1.6　信号积累对探测距离的影响

尽管在信号能量表达式中隐含了积累的作用，但是对其从噪声中提取远距离目标微弱信号的重要作用往往还是被忽视。做个简单的试验，就会对这种重要作用的意义一目了然。

1）试验装置

为了观察噪声能量和信号能量如何在窄带（多普勒）滤波器中进行积累，用一部简单的雷达在给定距离和给定角度上观察一个目标。当天线对准预定的目标方向时，将接收机打开一段固定的时间。与此同时，在每个脉冲周期内的预期存在目标的距离上，瞬时地接通距离门就会接收到回波。选通门将宽度等于一个脉冲宽度的接收机中频输出信号送到窄带滤波器（图 5.1.14）。窄带滤波器调谐到目标的多普勒频率。

2）单个积累周期，只有噪声的情况

首先在没有目标时进行这一试验。当距离门接通时，滤波器收到的只是一个噪声能量脉冲。

在试验雷达里，如同大多数雷达一样，接收机中频放大器的通带宽度恰好让目标回波的大部分能量通过（匹配滤波器设计）。因此，通过中频放大器被分割成窄脉冲的噪声很像目标回波（图 5.1.15）。从多普勒滤波器来看，其主要差别是：目标回波脉冲的相位在脉间保持不变，而噪声脉冲的相位和幅度是脉间随机变化的。如果用许多相位向量来表示噪声脉冲串，就可以清楚地看出相位变化情况（图 5.1.16）。

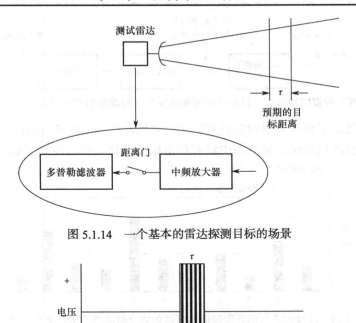

图 5.1.14　一个基本的雷达探测目标的场景

图 5.1.15　通过中放后，噪声脉冲变得非常窄，与目标回波十分相像

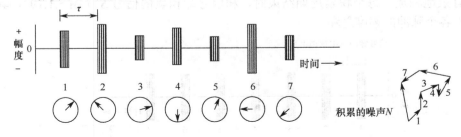

图 5.1.16　用向量表示送到多普勒滤波器中的噪声脉冲，由于相位的
变化，积累的噪声幅度仅为各噪声脉冲幅度之和的几分之一

这里，滤波器的作用是将相继脉冲的能量积累起来进一步减小接收机的通带。实质上，滤波器的作用是把这些相位向量相加。当只存在噪声时，由于噪声脉冲相位的随机性，这些脉冲大部分被抵消了。

在积累周期结束时，积累后的噪声总和 N 的幅度与单个噪声脉冲的幅度相差不是很多，仅为各个脉冲的幅度之和的几分之一。我们假定积累周期对应于单次目标驻留时间。

3）只有噪声，多次照射的情况

多次重复上述试验，每次重复对应于单次目标驻留时间。可以预料，由于噪声的随机性，滤波器中积累的噪声能量的幅度和相位在各次目标驻留时间之间变化很大。

在每次目标驻留时间结束时，所积累的能量幅度被检波，产生一个与此幅度成正比的电压（视频信号）（图 5.1.17）。附带说一下，由于积累是在检波前进行的，所以称为检波前积累。

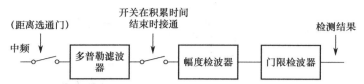

图 5.1.17 每个积累周期结束（目标驻留时间结束）时将滤波器积累的能量送到门限检测器

图 5.1.18 中显示了连续照射时的视频输出。可以看出，在许多积累周期上，被积累噪声的幅度围绕平均值随机变化。虽然图中没有画出相位变化，但它也是随机的。

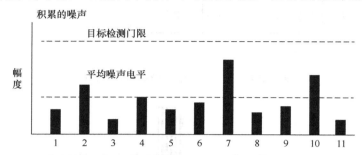

图 5.1.18 连续的各目标驻留时间结束时的幅度检波器的输出波形积累信号

4）只有目标信号的情况

现在再来重复上述试验，但这次有目标但没有噪声。每次距离门接通时，滤波器就收到来自目标的一个脉冲能量。这些脉冲与噪声不同，它们具有相同的相位。这些脉冲被滤波后就有效地相加。每个积累周期结束时，和信号即积累的信号 S （图 5.1.19），其幅度非常接近于各个脉冲的幅度之和。

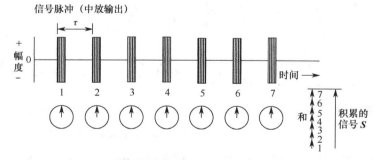

图 5.1.19 加到多普勒滤波器上的信号脉冲向量。因为各脉冲的相位
相同，所以积累的信号比单个脉冲信号的幅度大许多倍

5）信号和噪声共有的情况

最后，在既有目标信号又有噪声的条件下重复若干次上述试验。尽管信号与噪声无法区分地混合在一起，从而是同时被积累的，但按以下思路考虑，就会使问题变得清晰明了了：认为信号与噪声首先分别积累，然后在波束照射的末尾，两者之和再进行向量相加。当然，向量和的幅度不仅取决于 S 和 N 的幅度，而且取决于两者之间的相位关系（图 5.1.20）。如果噪声与信号同相，那么这两个向量的混合结果完全相加，如果噪声与信号相位相差 180°，那么其混合结果完全相减，还可以是介于这两者之间的任意一种混合方式。因此，在任一个目标驻留时间内，滤波器中积累的能量都等于积累的信号 S 的幅度加上或减去积累的噪声 N 之幅度的一部分。

6）信噪比的改善

到这里，积累是如何改善信噪比的问题就非常清楚了。虽然滤波器积累的噪声能量在各个积累周期内变化很大，但是噪声能量的平均电平实际上与积累时间无关。另一方面，积累后信号能量（目标回波）的增加与积累时间成正比。因此，增加积累时间，就能显著提高信噪比。

例如，单个目标回波的能量可能只有单个噪声脉冲能量的千分之一，但 10000 个信号脉冲积累起来，信号就可能比噪声大得多。

实际上，用检波前积累改善信噪比仅受以下三个条件的限制：① 目标驻留时间 t_{ot} 的大小；② 最大实际积累时间 t_{int}（如果它比 t_{ot} 小）；③ 目标回波的多普勒频率保持足够接近相同值的时间，以便滤波器能进行相关处理（图 5.1.21）。当然，信噪比改善越大，越能检测更微弱的目标回波，探测距离越远。

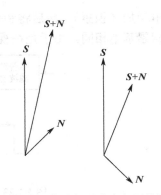

图 5.1.20　信号加噪声在积累的幅度因 **S** 和 **N** 的幅度与相位的不同而变化很大

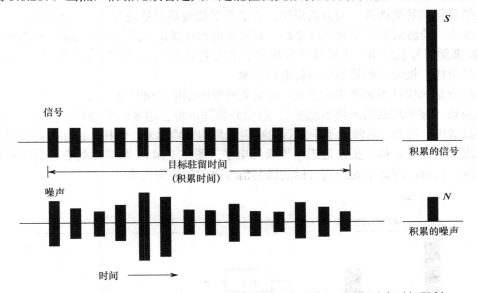

图 5.1.21　如果目标回波保持相关，信噪比的改善最终只受目标驻留时间限制

7）检波后积累

有时，实际最大积累时间要比目标驻留时间短得多。例如，所要检测目标的多普勒频率可能迅速改变。由于滤波器的通带宽度与积累时间成反比（带宽约等于 $1/t_{int}$），这时如果使 t_{int} 等于 t_{ot} 就会使通带太窄，以致远在目标驻留时间结束之前信号就已越出该滤波器的通带（图 5.1.22）。

如果滤波器积累时间等于 t_{int}，那么目标可能在积累。在这种情况下，为避免丢失信号，可以缩短多普勒滤波器的积累时间，从而给出足够的带宽，而在整个目标驻留时间内重复进行积累和视频检波（图 5.1.23）。将相继积累周期的视频

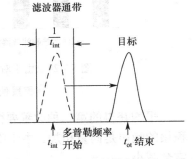

图 5.1.22　目标多普勒频率在 t_{ot} 期间迅速变化的情况

输出相加（积累），然后将和信号送到门限检测器。第二种积累过程与非多普勒雷达中所用的积累基本相同。由于是在视频检波后进行的，所以称为检波后积累（PDI）。

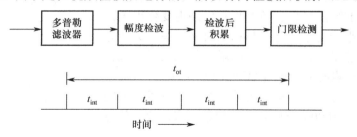

图 5.1.23   把 t_{ot} 分成许多长度较短的积累段，以便有合

适的多普勒带宽，并把各段的输出加在一起

一旦多普勒滤波器的输出（或非多普勒雷达中的中频放大器的输出）被转换为单极性视频信号，噪声就不能在积累时抵消。与此相反，在整个积累时间，内噪声与信号是以完全相同的方式增大的。因此，检波后积累不能增加平均信噪比。尽管如此，检波后积累还是能使检测灵敏度得到等效改善。为分析原因，有必要对检波后积累进行进一步的研究。

事实上，检波后积累不过是取平均，其作用恰如视频信号通过一个低通（而非带通）滤波器。将视频信号视为由一个幅度信号相应于平均电平的恒定（直流）分量加上一个起伏（交流）分量组成，检波后积累的作用就非常形象。

直流分量的幅度不因平均而改变，而交流分量的幅度却降低了。起伏的频率越高，积累的时间越长（被平均的输入样本越多），起伏分量降低得也越多。平均从两个重要方面提高了检测灵敏度。首先，它降低了积累后的噪声能量的平均偏差。这样，目标检测门限可以在不增加虚警概率的前提下更接近于平均噪声电平（图 5.1.24）。积累后的信号不需要很大也能超过这一门限，因此更远距离目标的微弱信号也能被检测出来。

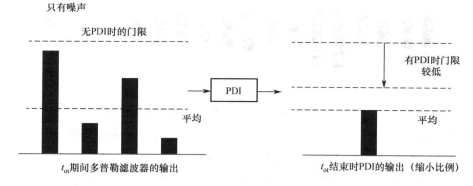

图 5.1.24   由于对 t_{ot} 期间各多普勒滤波器的输出噪声进行平均，检波后

积累使得目标检测门限可以设置得很低而不增加虚警概率

平均获得的第二种改善要微妙得多。刚才已经看到，在接收目标回波时，积累的信号和积累的噪声是向量相加。由于噪声的随机性，它与信号的相位经常不一致，所以相加的结果常会减小。

但是，如果对积累的信号加噪声做多个积累周期的平均，那么由噪声引起的起伏就趋向于抵消，这样就只剩下信号。因此，噪声引起的可检测信号的丢失概率也大大降低了。

　　两者结合起来，检波后积累实际上能够降低检测目标所需要的信号噪声比。如图 5.1.25 所示，在极端情况下，噪声和信号加噪声的起伏可以降低到平均信号噪声比小于 1 时也能检测信号。

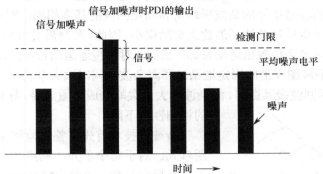

图 5.1.25　检波后积累的两种作用，使得平均信噪比小于 1 时也能检测到信号

　　有时，用"n 中取 m"的检测准则来达到近似检波后积累的等效效果。如果目标驻留时间分为 n 个检波前积累周期，那么信号处理机就要求在每个目标驻留时间内有 m 次过门限作为检测条件，而不是每个驻留时间内有一次过门限（图 5.1.26）。

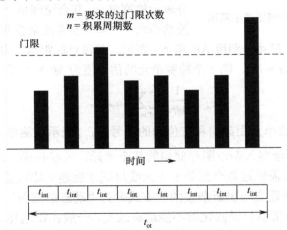

图 5.1.26　使用"n 中取 m"的检测准则，有时可以得到与检波后积累等效的结果。图中 $m = 2$，$n = 8$

　　独立的噪声尖头引起虚警的机会因此而降低。于是，在不增加虚警概率的条件下可降低检测门限，从而能够检测更远距离的目标。

5.2　时域杂波图检测技术

　　在对海微弱动目标的检测中，运动中的小型舰船的 RCS 很小，其回波常常淹没在海杂波和噪声中。此时采用基于空域处理的 CFAR 方法，如单元平均恒虚警（Cell Averaging CFAR，CA-CFAR）、有序统计量恒虚警（Order Statistics CFAR，OS-CFAR）等，利用邻近检测单元的某些参考单元的采样值对检测单元内的杂波强度进行估计。但是，海杂波在高海情的情况下，目标回波受海杂波干扰严重，基于空域处理的检测方法几乎无能为力。

　　杂波图（Clutter Map，CM）是存储器中雷达作用范围内的杂波强度分布图，属于基于时域处理的 CFAR 方法，该方法利用杂波图存储每个距离-方位单元的背景功率水平，在每个扫描周期用当前的和以前的若干次扫描周期回波的采样值更新杂波单元的数据，适合于空域或距离方向变化十分剧烈、随时域变化却比较平稳的情况，如地杂波和海杂波的情形。对于固定杂波，杂波图存储单元的杂波平均值和固定回波的基本相同，对消后基本没有剩余；而运动目标幅值被平均后对杂波图的建立贡献很小。因此，对消后动目标回波有很大的剩余，从而可将固定杂波对消而检测出运动目标。然而，对于慢速运动目标，其不同扫描周期存储的幅值基本相同，杂波图在消除固定地杂波和海杂波的同时大大削弱了目标的能量；且在强海杂波背景下，目标回波极其微弱，海杂波的大量尖峰造成严重虚警，导致时域杂波图 CFAR 的检测性能下降。

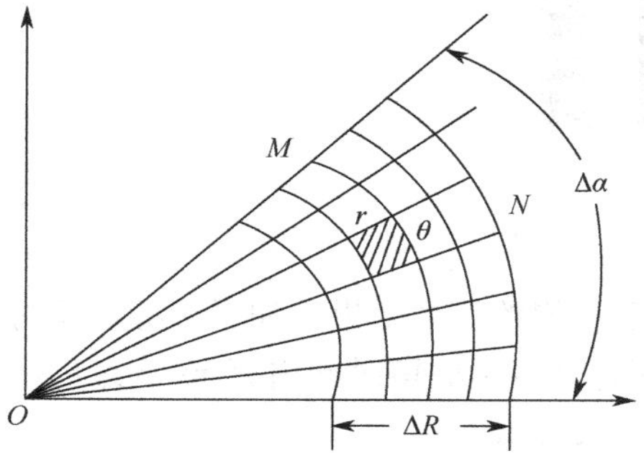

图 5.2.1　杂波图 CFAR 检测原理示意图

杂波图技术首先将整个检测空域划分成若干杂波图单元。对于每个单元，利用其自身有限次的回波输入进行反复迭代，以得出该单元处的检测门限，最后对某空域的目标回波可用其所在杂波图单元的预定检测门限进行检测。时域杂波图 CFAR 检测的基本原理如图 5.2.1 所示。图中取单元数为 $M \times N$ 的一个空间区域，M、N 分别代表方位和距离上的杂波图单元数，阴影部分表示检测单元，其余空间单元用来估计检测单元的杂波功率水平，称为参考或杂波背景单元。图中的每个杂波单元距离尺寸和方位尺寸分别用 ΔR 和 $\Delta \alpha$ 表示，若设目标距离、方位分辨单元的尺寸为 r 和 θ，且 $\Delta R = Mr$ 和 $\Delta \alpha = N\theta$，则一个检测单元的估计值为 $M \times N$ 个采样输入的二维平均，

$$\hat{c}_{i,j} = \frac{1}{MN} \sum_{n=1}^{N} \sum_{m=1}^{M} x_{i+m,j+n} \tag{5.2.1}$$

式中，i 和 j 分别是杂波单元距离向和方位向的编号，$\hat{c}_{i,j}$ 表示检测单元功率水平的估计。将此值按 i 和 j 对应的地址写入杂波图存储器的某个单元，天线扫描一周，就形成了一幅完整的杂波图。但是，一般需经过数个至数十个天线周期才能建立比较稳定的杂波图。

杂波图的类型可按建立与更新杂波图的方式分为"动态杂波图"和"静态杂波图"。"静态杂波图"的背景杂波信息已经固化而不能动态改变，一般在雷达建站时根据周围环境而建立，适用于杂波背景起伏变化不明显的场合。"动态杂波图"是一种能够不断进行自动修正更新的杂波图，其利用不同距离方位单元内的天线多圈扫描所得回波信号幅度的积累而进行杂波图的更新。移动目标每帧的回波信号不可能在同一方位距离单元内，而固定的回波信号始终在相同的方位距离单元内。因此，杂波图存储单元存储的是固定杂波的平均值。常见的"动态杂波图"方法有均值积累杂波图和单极点反馈积累杂波图，如果 k 表示天线扫描周期的序号，则均值积累杂波图（ME-CM）的更新算法是

$$\overline{c}_{i,j}(K) = \frac{1}{K} \sum_{k=1}^{K} \overline{c}_{i,j}(k) \tag{5.2.2}$$

式中，$\overline{c}_{i,j}(K)$ 是 K 个天线周期杂波功率水平的平均值。

显然，ME-CM 需要大容量的存储器，为提高运算效率，检测单元的功率水平的估值通常采用单极点反馈积累杂波图（SPFB-CM）的方法对杂波数据进行指数平滑，对第 k 个天线扫描周期的第 (i, j) 个杂波单元用前一次扫描该单元的杂波估计值 $\hat{y}_{i,j}(k-1)$ 和本次扫描的回

波 $\overline{c}_{i,j}(k)$ 来估计当前杂波背景 $\hat{y}_{i,j}(k)$，

$$\hat{y}_{i,j}(k) = (1-w)\hat{y}_{i,j}(k-1) + w\overline{c}_{i,j}(k) \tag{5.2.3}$$

式中，w 为遗忘因子，其取值范围为[0,1]，w 的选择应根据恒虚警损失、实际的杂波环境及检测概率和虚警概率的指标来决定，这里取 $w = 0.125$。采用这种更新方法能够解决杂波图 CFAR 的大容量存储问题。

杂波图对消是利用杂波图存储单元减去对应的回波信号实现的。对于固定的杂波，杂波图存储单元的杂波平均值和固定回波的值是基本相同的，对消后基本没有剩余；而对一个运动目标，两次天线扫描时不处在相同的方位距离单元内，杂波图存储单元的移动目标值被平均后对杂波图建立的贡献很小。因此，对消后动目标回波有很大的剩余，从而可将固定杂波对消而检测出运动目标。检测门限 η 根据

$$x_{i,j} \underset{H_0}{\overset{H_1}{\gtrless}} \eta = a\hat{y}_{i,j} \tag{5.2.4}$$

进行计算，式中，H_1 表示有目标，H_0 表示无目标，a 为比例因子，用于控制检测概率和虚警概率。检测器的输入是视频回波信号，如果大于门限，则判为有目标，否则判为无目标。何友等人给出了杂波图 CFAR 的虚警概率和检测概率的解析表达式，

$$P_{\text{fa}} = \cfrac{1}{\displaystyle\prod_{k=0}^{K}[1+aw(1-w)^k]} \tag{5.2.5}$$

$$P_{\text{d}} = \cfrac{1}{\displaystyle\prod_{k=0}^{K}\left[1+\cfrac{a}{1+\text{SNR}}w(1-w)^k\right]} \tag{5.2.6}$$

式中，SNR 表示信噪比。式（5.2.5）表明 P_{fa} 与杂波强度无关，获得了恒虚警的效果。

海杂波的相关性主要表现为 10ms 以内的强相关性和延伸至 2s 左右的弱相关性。抗强相关性可以采用脉间非相干积累的方法，即利用目标回波与海杂波在脉冲间的统计特性的不同来实现对目标的时域分辨。由于海杂波的强相关时间小于波束驻留时间，经过频率捷变的去相关作用后，短时间强相关的海杂波在脉冲间就变得基本不相关，通过脉间非相干积累（视频积累）可以得到相当的积累得益。而海杂波长时间的弱相关性主要是由尖头海浪引起的，一般持续时间为 2s 左右，在波束驻留时间内是不变的，不能靠脉间积累有效清除。考虑到目标的相关时间比较长，而天线的扫描周期一般大于海杂波相关时间而远小于目标的相关时间，所以通过扫描间积累即杂波图抗海杂波的方法，能有效去除由尖头海浪引起的海杂波干扰。在目标的相关时间内，积累时间越长，积累效果就越好。杂波图采用系数加权反馈积累，克服了运动目标进入杂波估值单元而影响杂波单元估值的问题，且参加估值的单元数增加，CFAR 的损失随之下降，性能有所改善。因此，采用杂波图 CFAR 检测技术较适合于对海杂波中运动目标的检测。

采用实测数据验证时域杂波图 CFAR 检测算法，所用实测数据为某民用导航雷达对海上目标的原始视频回波数据，该雷达架设于距离海岸线 300m、海拔 80m 的试验平台上，可对某港口内进出船只及海上目标进行全天候的不间断观测，并且可以随时采集海上目标的试验数据。

海杂波的相关时间与多普勒频谱成反比。根据幅度时间采样法，通常归一化的自相关

函数 $P(t) \leqslant 0.2$ 的时间为杂波的去相关时间，

$$t_r = \frac{\lambda}{2\sqrt{2\pi}\sigma_x} \qquad (5.2.7)$$

式中，σ_x 是多普勒谱标准差（单位为 m/s）。对于 X 波段雷达，按式（5.2.7）计算，杂波的相关时间为 1～10ms。由于天线的转速为 25 圈每分钟（相对风速不大于 100nm/h），因此扫描时间远大于杂波的相关时间，而远小于目标的相关时间，可以采用剩余杂波图方式，即扫描间积累检测，有效消除尖头海浪引起的杂波干扰，进而消除固定地杂波和抑制海杂波。

试验数据采集说明如表 5.2.1 所示，图 5.2.2a 以 PPI（Plan-Position Indicator）的形式给出了该批原始视频回波数据的显示结果，在该结果中未经过任何检测算法处理。图中的横坐标和纵坐标表示雷达距离向上的采样点数，坐标原点代表雷达的中心位置，图右侧的竖直颜色条的刻度值表示采样点回波强度的变化。图中标识了海岸和某港口防波堤等地杂波的信息。由表 5.2.1 和图 5.2.2a 可以看出，试验当天天气情况比较恶劣，风速较快，海况较差，导致海面有强烈的海杂波出现。由于该试验雷达为民用导航雷达，发射功率较低，仅在近程处呈现出强烈的地杂波和海杂波。图中共标识出 4 组 3 类目标信息，编号 1 为静止抛锚的货轮，目标回波受海杂波影响较大，造成很高的虚警；编号 2 为两批运动目标，虽然距离较远（3～4 海里），但目标 RCS 较大，目标回波比较清晰，受海杂波影响不大；编号 3 为微弱运动目标，其幅度起伏较大，回波时隐时现。由图也可看出固定的地杂波和强海杂波在一定程度上影响了目标检测，如果直接根据固定门限进行检测，虚警率很高。因此，有必要在检测之前采用一定的方法抑制地杂波和海杂波，这里采用时域杂波图 CFAR 检测的技术。

表 5.2.1　某导航雷达试验数据采集说明

参　数	数　值	参　数	数　值
气温	15℃～23℃	风向/风速	北风 5 级，阵风 8 级
水温	13.4℃	波高	0.8m（大浪大涌转中浪中涌）
高潮浪高	107cm	低潮浪高	−73cm
采样点数	1012	量程（海里）	4.0982

采用不同的杂波图 CFAR 检测的结果如图 5.2.2b～图 5.2.2d 所示。将不同周期的数据点进行帧间积累平均（$M = 1$，$N = 1$，$K = 10$），形成 ME-CM，其对消后的结果如图 5.2.2b 所示，由图可知，由于地杂波均为固定杂波，只要扫描周期之间的数据能够严格对齐，就能将固定地杂波完全对消。由于海杂波的随机起伏性，在平均积累对消后，能够得到较好的抑制。但与此同时，由于扫描周期很短（天线每分钟旋转 25 圈），目标在此极短时间内可以近似为固定目标，在做帧间平均积累时，固定目标（编号 1）及慢速运动目标（编号 2）回波也相应得到积累，杂波图对消也削弱了慢速运动目标的能量。因此，杂波图必须进行一定数量的扫描周期积累，才能建立比较稳定的杂波图，并且针对运动目标有效。由图中也可看出，由于雷达本身的转速不均匀，对应目标位置会出现偏差，导致视频图像出现虚影和漂移，直接导致固定杂波对消后有剩余。

采用 SPFB-CM 技术进行地杂波对消，其中 $w = 0.125$，标称因子 a 取杂波图数值和原始视频数据的比例值，如图 5.2.2c 所示。SPFB-CM 技术相当于对各个单元多次扫描（天线扫描）做指数加权积累，以获得杂波平均值的估值。由图可知，由于遗忘因子的调节作用，将新接收到的杂波值乘以 $1 - w$，与该单元乘以 w 后的原存储值相加作为新的存储值，能够保留更新前的相应信息，因此对消后，能较为明显地检测出运动目标（编号 2 和 3）。这说明 SPFB-CM 检测用于导航雷达中对海上动目标的 CFAR 检测，有相对较好的抗海杂波的能力，总体性能优于 ME-CM 检测方法。

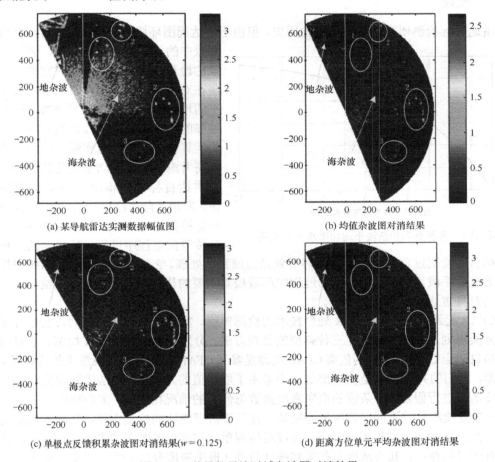

(a) 某导航雷达实测数据幅值图　　　　　　　(b) 均值杂波图对消结果

(c) 单极点反馈积累杂波图对消结果(w = 0.125)　　(d) 距离方位单元平均杂波图对消结果

图 5.2.2　某导航雷达时域杂波图对消结果

作为对 ME-CM 检测的改进，采用距离方位单元平均杂波图对回波数据进行处理，如图 5.2.2d 所示。参与平均的距离方位单元数应根据雷达本身的距离、方位分辨率和目标的尺寸大小确定，这里计算得到 $M = 4$，$N = 5$。从图中可以看出，该检测方法对地物固定杂波和海杂波的抑制能力非常好，海杂波剩余明显减少、减弱，因为该方法在不同的分辨单元内对杂波能量进行平均，能更好地估计杂波功率水平。但是对比图 5.2.2b，可以看出目标能量也极大地被削弱，这是由于距离和方位上的平均使得目标能量起伏不明显，很容易被对消，仅能检测出编号 2 中的部分运动目标。

由图 5.2.2 可以看出，采用时域杂波图 CFAR 检测技术能够较好地抑制固定地杂波，降低海杂波相关性对目标检测的影响，对提高海面运动目标的检测能力具有一定的实际应用价值。然而，实际雷达对海观测目标时，运动的小型舰船回波常常淹没在海杂波和噪声中，SCR较低，如编号 3 中的目标，且当目标的运动速度较慢时（编号 1），采用时域杂波图 CFAR技术不能正确区分海杂波和微弱目标，造成检测性能下降。因此，需要对时域 CFAR 检测技术进行改进。

5.3　恒虚警（CFAR）检测

5.3.1　概述

雷达目标检测研究已有几十年的历史，但由于雷达周围环境十分复杂，针对复杂海杂波背景中的雷达目标检测问题，采用固定门限的检测方法显然是不合时宜的，具体体现在对于固定门限检测，随着杂波功率水平的增大，虚警概率 P_{fa} 将增加（图 5.3.1），过多的虚警会导致接收机饱和或后续处理的运算量增大。这时实际检测门限的选取就需考虑背景杂噪功率变化的影响，这正是雷达目标自动检测所需解决的核心问题。所谓"自动检测"，是与雷达操作员的视觉检测相对应的，是由雷达根据回波信号按照预定程序进行目标检测的过程。雷达目标自动检测过程中的一个重要环节就是恒虚警率处理。它是雷达自动检测系统中控制虚警率的重要手段，在雷达自动检测过程中起着极其重要的作用，适当的 CFAR 检测技术将大大提高对海雷达的目标探测性能。

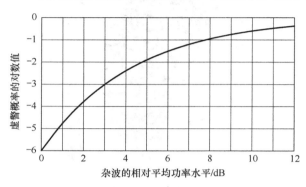

图 5.3.1　虚警概率和杂波平均功率水平的关系

CFAR 检测是包含了 CFAR 处理技术的检测策略。根据处理方式的不同，它包含多种不同的分类规则，本章主要关注三种典型的处理方法，分别是均值类 CFAR 检测、非参量均值检测和自适应 CFAR 检测。均值类 CFAR 检测是参量 CFAR 中最具有代表意义的均值类 CFAR 检测器，它们的共同特点是在局部估计中采用了取均值的方法，该方法需要预先对杂波的概率密度函数进行假定，当杂波的概率密度函数与假定的情况相同时，虚警概率的控制能力较强。与参量检测算法不同，非参量检测是一种基于数理统计的检测方法，其基本思想是在对概率特性做某些基本假设的条件下，通过对检测单元与邻近的若干参考单元相比较，统计地确定有无目标存在，其实质就是把未知统计特性（概率密度分布）的干扰变成概率密度函数为已知的干扰。因而，非参量检测器也就定义为在关于背景噪声或杂波统计特性的弱假设条件下具有固定虚警概率的检测器。这里所提到的弱假设是这样一个概念，即只有关于背景噪声或杂波统计特性最一般的假设，如采样间独立同分布、概率密度函数关于原点对称及积累分布函数连续等，除此之外，没有关于背景噪声或杂波随机过程更多的信息可以利用。考虑到实际杂波背景较为复杂，目标往往处于杂波边缘或处于多目标环境中，采用原有的方法，检测性能不佳，因此需要预先对参考单元进行筛选，从而更好地估算杂波功率水平，这就需要自适应 CFAR 检测。

5.3.2　均值类 CFAR 检测

在 CFAR 处理与目标检测方法方面，Rohling 将背景分为均匀背景、杂波边缘背景和多目标背景，后人针对这三类背景研究了大量 CFAR 检测器。在这些 CFAR 检测器的设计中，关键在于如何估计检测单元中的背景功率水平或协方差矩阵，通常利用参考距离单元来获得估计结果。均值类 CFAR 处理方法的共同特点是在局部估计中采用了取均值的方法。其中，最为经典的是单元平均方法，后来针对多目标环境出现了 SO（Smallest Of）和 WCA（Weighted

Cell-Averaging）检测器，针对杂波边缘环境出现了 GO（Greatest Of）检测器。

1）均值类 CFAR 检测算法模型

$v(t)$ 是单脉冲检测中某检测单元的一次观测结果，$D(v)$ 是其检验统计量。对于线性检测和平方率检测，$D(v)$ 分别为

$$D(v) = \sqrt{I^2(v) + Q^2(v)} \tag{5.3.1}$$

$$D(v) = I^2(v) + Q^2(v) \tag{5.3.2}$$

式中，$I(v)$ 和 $Q(v)$ 分别是信号的同相分量和正交分量的匹配滤波器的输出。当检测单元无信号时，$D(v)$ 用 D_0 表示，它表示杂波的包络，且是一个随机变量，此处我们假定该杂波包络满足瑞利分布。在实际处理过程中，杂波分布类型较为复杂，需要对具体的杂波分布类型进行分析。在该假设背景下，虚警概率可以表示为

$$P_{fa} = \Pr[D(v) \geqslant S \mid 不存在目标] = \int_S^\infty f_{D_0}(x)\mathrm{d}x \tag{5.3.3}$$

S 表示门限，$f_{D_0}(x)$ 表示杂波的概率密度函数。对于多脉冲检测，检测概率可以表示为

$$P_d = \Pr[LD(v) \geqslant S \mid 不存在目标] = \int_S^\infty f_{LD_0}(x)\mathrm{d}x \tag{5.3.4}$$

式中，L 表示脉冲个数，$LD(v)$ 表示多脉冲线性检测的检测统计量，当检测单元没有目标时，$LD(v)$ 用 LD_0 表示。

ML 类单脉冲 CFAR 检测器结构可用图 5.3.2 描述。其中，$x_i (i = 1, \cdots, n)$ 表示前沿滑窗的参考单元，$y_i (i = 1, \cdots, n)$ 表示后沿滑窗的参考单元，n 表示参考单元数。X 和 Y 分别是前沿和后沿滑窗中的局部估计，此时自适应判决准则为

$$D \underset{H_0}{\overset{H_1}{\gtrless}} TZ \tag{5.3.5}$$

式中，Z 是杂波功率水平估计，T 表示门限因子，T 是与杂波分布类型相关的量，此处需要注意在实际雷达处理中，往往在参考单元两侧选取保护单元，这主要是因为目标的能量相对其能量泄漏到参考单元时会导致杂波功率水平估计不准，进而导致检测性能下降。

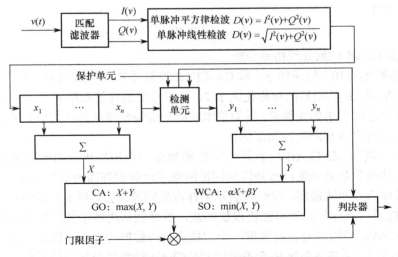

图 5.3.2　均值类单脉冲 CFAR 检测器结构框图

2）CA-CFAR 检测器

在 CA-CFAR 检测器中，杂波功率水平估计值 Z 可以表示为

$$Z = \sum_{i=1}^{n} x_i + \sum_{j=1}^{n} y_j \tag{5.3.6}$$

此时，Z 表示前、后沿滑窗总的杂波功率水平估计。

在背景杂波服从指数分布的条件下，CA-CFAR 检测器的检测概率表达式为

$$P_{d} = \left[1 + \frac{T}{1+\lambda} \right]^{2n} \tag{5.3.7}$$

式中，T 为门限因子，满足

$$T = (P_{fa})^{-1/2n} - 1 \tag{5.3.8}$$

从式（5.3.7）和式（5.3.8）可以看出，门限因子只与参考单元数有关，而与杂波的分布类型参数无关，因此其是恒虚警的。

3）GO-CFAP 和 SO-CFAR 检测器

在实际的雷达处理中，目标所处的环境往往难以处于均匀的杂波背景中，当目标处于杂波边缘背景中时，由于目标前、后沿滑窗的杂波功率水平不一致，简单采取平均的方式势必导致虚警率的上升。此时就需要研究新的检测器，GO-CFAR 主要是为对抗杂波边缘而设计的，它取两个局部估计的较大者作为总的杂波功率水平估计，即有

$$Z = \max(X, Y) \tag{5.3.9}$$

式中，

$$X = \sum_{i=1}^{n} x_i , \quad Y = \sum_{j=1}^{n} y_j \tag{5.3.10}$$

除了杂波边缘的情况，当干扰目标出现在前沿或后沿滑窗内时，会导致该侧参考滑窗内杂波的平均功率水平上升，无论是取平均还是选大，在进行整个杂波功率水平的估计时均会引入干扰目标的杂波功率水平，从而导致恒虚警能力下降，此时就需要研究新的检测器。SO-CFAR 主要是为对抗多目标环境而设计的，它取两个局部估计的较大者作为总的杂波功率水平估计，即有

$$Z = \min(X, Y) \tag{5.3.11}$$

4）均值类 CFAR 检测处理结果分析

在虚警概率 $P_{fa} = 10^{-5}$ 的条件下，取 CA-CFAR 检测器参考单元数 $M = 15$，由式（5.3.11）可以计算出 CA-CFAR 检测器的标称化因子 T。这里设定的虚警概率 $P_{fa} = 10^{-5}$ 是理论值而不是检测器实际处理结果中的虚警率，目的是求取同一虚警概率条件下均值类 CFAR 检测器的标称因子，从而得到背景杂波的局部估计。

图 5.3.3a 是利用 MATLAB 仿真软件对原始数据一个扫描周期内数据处理后的结果。图 5.3.3a 右方的颜色条表示采样点处雷达回波的强度由弱到强而由蓝色逐渐变化到红色，即深蓝色表示采样点处回波最弱，深红色表示采样点处回波最强。图 5.3.3a 中标注了岛屿和地物回波，14 批船只目标显示为深红色点状回波，虽然能从周围杂波中分辨出来，但不是特别明显。CA-CFAR 检测器对该批数据一个扫描周期内数据的处理结果分别以平面图的形式在图 5.3.3b 中给出。从图 5.3.3b 中看不出经 CA-CFAR 检测器处理后检测效果有太明显的改善，整个探测区域仍然存在较多的杂波干扰，只是强度比处理前有所减弱。这说明 CA-CFAR

检测器虽然对杂波有一定的抑制能力，但是对于海尖峰杂波 CA-CFAR 检测器的性能却快速下降。观察原始视频数据显示结果和 CA-CFAR 检测器处理结果可以发现，CA-CFAR 检测器不仅成功检测出了数据中的目标，而且对地杂波和海杂波有一定的抑制能力，但是残留的强海杂波还是对有用目标的观测造成了极大的影响。

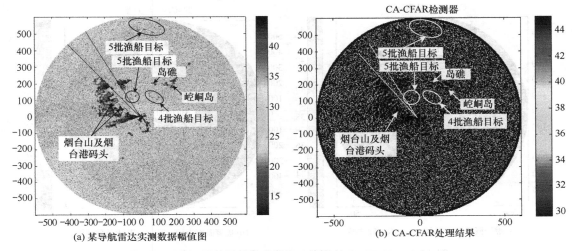

图 5.3.3 CA-CFAR 检测器对实测数据处理的平面位置显示图

以上是 CA-CFAR 检测器在虚警概率 $P_{\text{fa}} = 10^{-5}$ 的条件下对数据的处理结果，海浪尖峰杂波对检测目标造成的影响较大。为了抗海尖峰杂波，最简单的方法就是提高检测器的检测门限来降低虚警概率，对于 CA-CFAR 检测器而言，改变检测门限就意味着调整标称因子 T。下面将 CA-CFAR 检测器的虚警概率降为 10^{-8}，处理结果如图 5.3.4 所示。

降低虚警概率意味着提高杂波单元平均功率水平，从图 5.3.4a 的处理结果可以直观地看到，虚警概率降低三个数量级后，CA-CFAR 检测器对该批数据的处理画面比图 5.3.3b 更清晰，原因是提高检测门限后，更多强海杂波造成的干扰被抑制掉，只留下相对较少的强海杂波干扰和强目标回波及地杂波，使得画面上目标和地杂波、海杂波可以更清晰地区分开。但是，此时却将图 5.3.3a 中圆圈区域内 5 批目标中的一批相对较小的目标完全漏掉。注意到在雷达距离向上与漏掉的这批小目标相距非常近的地方有一批回波较强的目标，分析认为正是因为在检测这批小目标时，回波较强的这批目标落入 CA-CFAR 检测器的参考单元，抬高了参考单元中的杂波干扰电平，导致其没能检测出这批小目标。出现这样的结果是很正常的，因为 CA-CFAR 检测器只对均匀杂波背景中的单一目标具有良好的检测性能。图 5.3.3b 中浅蓝色的海杂波干扰仍然布满了整个画面，是一些强海尖峰杂波，这说明调整 CA-CFAR 检测器的标称因子 T 并不能从根本上抑制海尖峰造成的干扰，这也验证了前面得出的 CA-CFAR 检测器不能有效处理海尖峰的结论。

图 5.3.4b 是 CA-CFAR 检测器在虚警概率 $P_{\text{fa}} = 10^{-10}$ 下的检测结果，与图 5.3.4a 相比画面变得更清晰，这是因为门限因子的增加直接导致了检测门限的提高，从而进一步抑制了部分地杂波和海尖峰杂波造成的干扰杂波剩余。因为海上的船只目标与周围海杂波相比回波强度要强得多，所以检测效果都比较理想。但是，注意到在这几幅图中距离雷达较远的海面上均出现了许多回波较强的红色点状干扰回波，这些回波不是海上目标回波，而是 CA-CFAR 检测器的虚警检测，这些虚警是由离雷达较远处的海浪起伏对雷达影响比较大，从而形成强

尖峰海浪回波造成的，说明 CA-CFAR 检测器对具有"长拖尾"分布的海杂波虚警检测增加，因此不适用于对具有"长拖尾"分布海杂波中的目标进行检测。另外，从整个画面上看，仍然存在由海尖峰造成的大量干扰，这些残留的干扰对目标的判断仍然会带来影响，CA-CFAR 检测器不能从根本上完全抑制这些海尖峰。

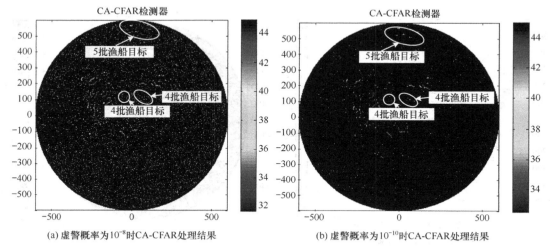

(a) 虚警概率为10^{-8}时CA-CFAR处理结果　　　　　　　(b) 虚警概率为10^{-10}时CA-CFAR处理结果

图 5.3.4　CA-CFAR 检测器对实测数据处理的平面位置显示图

　　GO-CFAR 检测器是为了抗杂波边缘效应而设计的，而 SO-CFAR 检测器解决了参考单元中出现多个空间近距离干扰目标引起的 CA-CFAR 检测器检测性能下降的问题。下面研究 GO-CFAR 和 SO-CFAR 检测器对该批数据的处理结果，看看这两种检测器能否克服 CA-CFAR 检测器的以上不足。假设两种检测器同样在虚警概率 $P_{fa} = 10^{-5}$ 下完成对目标的检测。取参考单元数 $M = 15$，即检测单元两侧参考单元的个数均为 8，计算出两个检测器的标称化因子分别为 T_GO = 2.4195 和 T_SO = 5.1321。图 5.3.5a 为 GO-CFAR 检测器对数据处理的结果，与图 5.3.3b 相比在相同的虚警概率条件下，GO-CFAR 检测器的处理结果明显优于 CA-CFAR 检测器，剩余杂波明显减少，说明 GO-CFAR 检测器的抗尖峰海杂波能力明显优于 CA-CFAR 检测器。但是，画面效果仍不是十分理想，布满了点状尖海杂波干扰，给目标检测造成了一定的困难。以画面上方 5 批船只目标为例，其中有 4 批目标回波较强，1 批目标回波较弱，这批回波较弱的目标在图 5.3.3b 中几乎完全湮没在周围的海杂波干扰中，在 GO-CFAR 检测器的处理结果中，这批目标也仅显示为一个很小的黄色点状回波，即使周围大部分杂波干扰被抑制掉，这样的点状回波也很容易被判断为虚警，因此目标检测难度非常大。另外，港口内的地物回波只保留了回波的较强部分，而强地杂波周围较弱的部分被抑制掉，这正是 GO-CFAR 检测器的特点。因此，在图 5.3.3b 中圆圈区域的 5 批船只目标中，回波较弱的一批也被抑制掉。另外，图 5.3.5a 中港口和岛屿回波区域的轮廓变得模糊不清，这也是由于一部分相对较弱的回波被周围的强杂波抑制所致，因此对于近岸的目标检测问题，GO-CFAR 检测器的效果可能不会十分理想。

　　三种均值类参量 CFAR 检测器对实测数据的处理结果表明，CA、GO 和 SO-CFAR 检测器都可用于雷达实测海杂波数据中的目标检测问题。但是在相同的检测条件下，CA-CFAR 检测器的效果较差，画面上杂波剩余最严重，GO-CFAR 检测器的效果较好，但是却漏掉了一批目标，SO-CFAR 检测器效果最好，不仅画面上杂波剩余最少，而且检测到了 GO-CFAR 检测器漏掉的目标且没有出现漏警问题。但是，即使是 SO-CFAR 检测器，在处理画面上仍然有许多杂波剩余，这说明虽然均值类参量 CFAR 检测器可以用于导航雷达实测数据中目标的检测，但是其抗尖峰海杂波能力较弱。此外，随着虚警概率的降低，CA-CFAR 和 GO-CFAR 检测器均出现了不同程度的漏警问题，在虚警概率 $P_{fa} = 10^{-8}$ 下两个检测器都漏检了一批目标，而 SO-CFAR 检测器成功检测到了这批目标，这说明对于参考单元中有干扰目标存在的情况，SO-CFAR 检测器比 CA-CFAR 和 GO-CFAR 检测器更具优势。

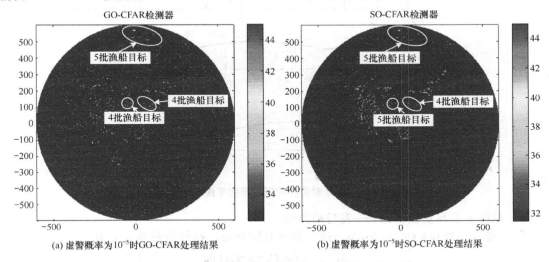

图 5.3.5　检测器对实测数据处理的平面位置显示图

5.3.3　非参量 CFAR 检测

前面讨论的方法都假设杂波包络的分布类型已知，只需要估计一些未知参数，使之在该假设下具有 CFAR，我们将这类方法称为参量 CFAR 方法。由于在实际中雷达环境的杂波类型往往是未知的且常常是时变的，采用非参量检测或自由分布检测就具有一定的优势。非参量检测器的基本结构是把杂波或纯噪声输入数据集转换成检测统计量。这个检测统计量与一个固定检测门限进行比较，以获得关于背景噪声或杂波环境统计特性弱假设下的恒虚警率。这种弱假设即使是在单脉冲匹配滤波器的输出处，得到的仍然是一类（如中值已知的独立分布）杂波或纯噪声采样数据的集合，是唯一可以利用的关于杂波或纯噪声随机过程的信息，没有其他可以利用的杂波或纯噪声分布的函数形式信息。

非参量检测通常分为单样本非参量检测和两样本非参量检测。单样本非参量检测器要求检测样本统计分布的中位数为零或是已知的，这个条件通常把它们限制在背景噪声中而非杂波环境中。两样本非参量检测器相对于单样本非参量检测器的重要区别是，除了检测单元的样本的集合，还引入了一个多个脉冲的参考单元集合，该集合可以通过多个脉冲不同距离单元获得。图 5.3.6 中给出了雷达在天线波束范围内 M 个检测脉冲的视频输出。

为了更好地解释图 5.3.6，我们将其转化为一个 $M \times N$ 采样存储矩阵：

$$\begin{bmatrix} x_{1,1} & x_{1,2} & \cdots & x_{1,N/2} & y_1 & x_{1,[(N/2)+1]} & \cdots & x_{1,(N-1)} & x_{1,N} \\ x_{2,1} & x_{2,2} & \cdots & x_{2,N/2} & y_2 & x_{2,[(N/2)+1]} & \cdots & x_{2,(N-1)} & x_{2,N} \\ \vdots & \vdots & \ddots & \vdots & \vdots & \vdots & & \vdots & \vdots \\ x_{M,1} & x_{M,2} & \cdots & x_{M,N/2} & y_M & x_{M,[(N/2)+1]} & \cdots & x_{M,(N-1)} & x_{M,N} \end{bmatrix} \quad (5.3.12)$$

式中，M 表示脉冲数，N 表示距离单元数，y_j $(j = 1, 2, \cdots, M)$ 表示检测单元的采样输出，x_{ki}

（$i = 1, 2, \cdots, N$, $k = 1, 2, \cdots, M$）表示参考单元的采样输出。于是，这些观测样本就成为构造两样本非参量检验统计量的基础。

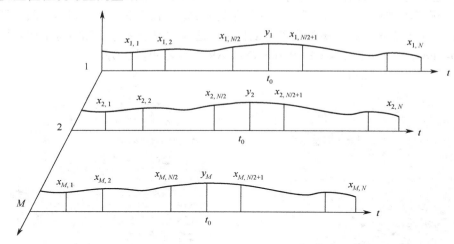

图 5.3.6　检测器对实测数据处理的平面位置显示图

1）单样本非参量检测器——符号检测器

假定输入序列 $\boldsymbol{w} = (w_1, w_2, \cdots, w_n)$ 统计独立且同分布。符号检测器定义为

$$d_s = \sum_{i=1}^{n} u(w_i) \begin{cases} < C_2 \Rightarrow 无目标 \\ \geqslant C_2 \Rightarrow 有目标 \end{cases} \tag{5.3.13}$$

式中，$u(w_i)$ 表示单位阶跃函数，即

$$u(w_i) = \begin{cases} 1, & w_i > 0 \\ 0, & w_i < 0 \end{cases} \tag{5.3.14}$$

图 5.3.7 中给出了符号检测器的检测原理框图。

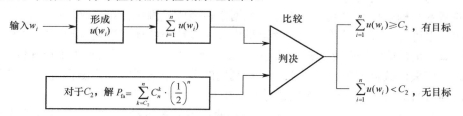

图 5.3.7　符号检测器的检测原理框图

2）单样本非参量检测器——符号检测器

图 5.3.8 中给出了 Wilcoxon 检测器的检测原理框图。

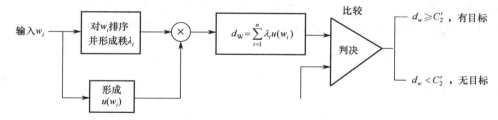

图 5.3.8　Wilcoxon 检测器的检测原理框图

Wilcoxon 符号秩检测器对输入样本序列 $w = (w_1, w_2, \cdots, w_n)$ 按绝对值大小进行排序, 得到

$$\left| w_{(1)} \right| < \left| w_{(2)} \right| < \cdots < \left| w_{(n)} \right| \tag{5.3.15}$$

令 λ_i 表示 w_i 的秩, 则有

$$\lambda_i = \begin{cases} j, & w_i = w_{(j)} > 0 \\ 0, & w_i = w_{(j)} \leqslant 0 \end{cases} \tag{5.3.16}$$

Wilcoxon 检测器的检测统计量定义为

$$d_{\mathrm{W}} = \sum_{i=1}^{n} \lambda_i u(w_i) \tag{5.3.17}$$

它的判决准则为

$$d_{\mathrm{W}} = \sum_{i=1}^{n} \lambda_i u(w_i) \begin{cases} < C_2' \Rightarrow 无目标 \\ \geqslant C_2' \Rightarrow 有目标 \end{cases} \tag{5.3.18}$$

3) 两样本非参量检测器——广义符号 (Generalized Sign, GS) 检测器

GS 检测器的检测统计量为

$$T_{\mathrm{GS}} = \sum_{i=1}^{M} r_j = \sum_{j=1}^{M} \sum_{i=1}^{N} u(y_j - x_{ji}) \tag{5.3.19}$$

式中,

$$r_j = \sum_{i=1}^{N} u(y_j - x_{ji}) \tag{5.3.20}$$

且

$$u(y_j - x_{ji}) = \begin{cases} 1, & y_j > x_{ji} \\ 0, & y_j < x_{ji} \end{cases} \tag{5.3.21}$$

$$u(y_j - x_{ji}) = \begin{cases} 1, & i - j 为奇数 \\ 0, & i - j 为偶数 \end{cases} \tag{5.3.22}$$

其中 r_j 是检测单元的秩值。

4) 两样本非参量检测器——Mann-Whitney (MW) 检测器

MW 检测器的检测统计量为

$$T_{\mathrm{MW}} = \sum_{i=1}^{M} r_j = \sum_{j=1}^{M} \sum_{k=1}^{M} \sum_{i=1}^{N} u(y_j - x_{ki}) \tag{5.3.23}$$

这种检测统计量与广义符号检验统计量的差别是, T_{GS} 中的 y_j 只与它所在检测周期的参考单元的采样 x_{ji} ($i = 1, 2, \cdots, N$) 比较, 而 T_{MW} 中的 y_j 与 M 个探测周期中的所有参考单元的采样 x_{ki} ($k = 1, 2, \cdots, M$, $i = 1, 2, \cdots, N$) 比较, 即

$$r_j = \sum_{k=1}^{M} \sum_{i=1}^{N} u(y_j - x_{ki}) \tag{5.3.24}$$

这两种检验统计量相比, 显然 T_{MW} 检验统计量的运算量大, 相应设备量也大。但是, 可以预期它的检测性能要比 GS 检测器的好一些。

5) 两样本非参量检测器——Savage (S) 检测器与修正的 Savage (Modified Savage, MS) 检测器

S 检测器的检测统计量为

$$T_{\text{S}} = \sum_{j=1}^{M} a_j(r_j) \tag{5.3.25}$$

式中，

$$r_j = \sum_{k=1}^{M} \sum_{i=1}^{N} u(y_j - x_{ki}) \tag{5.3.26}$$

$$a_j(r_j) = \sum_{\ell_j = NM+1-r_j}^{NM+1} (\ell_j)^{-1}, \quad 0 \leqslant r_j \leqslant NM \tag{5.3.27}$$

如果对所有的 j 都有 $a_j(r_j) = r_j$，那么 S 检测器就退化为熟知的 MW 检测器，即

$$T_{\text{MW}} = \sum_{j=1}^{M} \sum_{k=1}^{M} \sum_{i=1}^{N} u(y_j - x_{ki}) \tag{5.3.28}$$

在 MS 检测器中，对应于 y_j 的修正 Savage 统计量为

$$T_{\text{MS}} = \sum_{j=1}^{M} a_j(r_j) \tag{5.3.29}$$

与 S 检测器不同的是，

$$r_j = \sum_{i=1}^{N} u(y_j - x_{ji}) \tag{5.3.30}$$

$$a_j(r_j) = \sum_{\ell_j = N+1-r_j}^{N+1} (\ell_j)^{-1}, \quad 0 \leqslant r_j \leqslant N \tag{5.3.31}$$

6）两样本非参量检测器——秩方（Rank Square，RS）检测器与修正的秩方（Modified Rank Square，MRS）检测器

如果在 Savage 的检验统计量中令 $a_j(r_j) = r_j^2$，那么可得 RS 检测器的检测统计量为

$$T_{\text{RS}} = \sum_{j=1}^{M} r_j^2 \tag{5.3.32}$$

式中，r_j 的定义与式（5.3.25）相同，即

$$r_j = \sum_{j=1}^{M} \sum_{i=1}^{N} u(y_j - x_{ji}) \tag{5.3.33}$$

MRS 检测器的检测统计量为

$$T_{\text{MRS}} = \sum_{j=1}^{M} r_j^2 \tag{5.3.34}$$

不同的是，r_j 的定义与式（5.3.29）相同，即

$$r_j = \sum_{i=1}^{N} u(y_j - x_{ji}) \tag{5.3.35}$$

由此可见，MRS-CFAR 检测器与 GS-CFAR 检测器类似，不同的是 GS-CFAR 检测器采用检测单元在参考单元中秩的和作为检测统计量，而 MRS-CFAR 检测器采用检测单元在参考单元中秩平方的和作为检测统计量。

7）非参量检测处理实例分析

GS-CFAR 检测器被认为是上述五种基于秩的非参量 CFAR 检测器中结构最简单且最容易实现的一种。当然，在相同的条件下，GS-CFAR 检测器的目标检测性能也逊于另外五种非参量检测器，因此以 GS-CFAR 检测器为例对原始视频数据进行处理。假设 GS-CFAR 检

测器在虚警概率 $P_{fa} = 10^{-5}$ 下完成对目标的检测，这里的虚警概率同样表示理论值而非处理结果中的实际虚警率的大小。由于该雷达的水平波束宽度为 1.3°，由计算可知一个波束宽度内的脉冲个数 $N = 11$，因此积累脉冲个数的选取不是任意的，这里取积累脉冲个数 $N = 10$，参考单元数 $M = 15$。GS-CFAR 检测器的检测门限 K_{GS} 是虚警概率 P_{fa}、积累脉冲个数 N 和参考单元数 M 的函数，但是利用解析的方法计算 K_{GS} 往往非常困难，要求必须知道杂波背景的概率密度函数。本次试验中利用的数据是未知分布的实测海杂波数据，无法利用解析的方法精确计算出 K_{GS}。这里使用蒙特卡罗仿真方法获取两个非参量检测器门限，仿真平台基于 MATLAB。通过试验仿真得到 GS-CFAR 检测器在虚警概率 $P_{fa} = 10^{-5}$、相邻积累脉冲个数 $N = 10$ 和参考单元数 $M = 15$ 条件下的检测门限为 $K_{GS} = 147$。图 5.3.9 中圆形区域和椭圆区域标注的 8 批距离雷达较近的目标均被 GS-CFAR 检测器成功地检测到，由于目标附近没有露出水面的礁石类海上目标回波，而只有海浪回波，所以目标检测比较明显，从图 5.3.9 可以清楚地看到烟台山和烟台港及港内的三道防波堤的轮廓，如果只对船只目标感兴趣的话，那么这些目标回波就都认为是由地杂波造成的虚警。不过，对于导航雷达而言，有时这些也往往是有用的信息，比如在能见度不佳的情况下，利用雷达观测到的这些信息引导船只进出航道及避碰等。

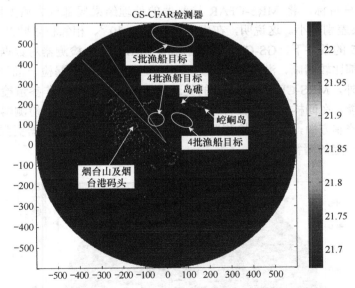

图 5.3.9　虚警概率 $P_{fa} = 10^{-5}$ 时 GS-CFAR 检测器的处理结果

比较图 5.3.9 和图 5.3.3a 中圆形区域内标注的船只目标可以看出，GS-CFAR 检测器将一批目标漏检，漏检的这批目标回波较弱且与另外一批回波较强的目标在距离接近的雷达同一距离向上。研究认为，正是由于这批强目标回波落入检测器参考单元造成目标干扰，从而使得作为主目标的这一小目标被漏检，这与 GS-CFAR 检测器完成每次检测所用的参考单元和保护单元个数以及雷达本身的距离分辨率有关，适当地减少参考单元和保护单元个数可以解决这一问题。但是，减少参考单元个数势必降低非参量检测器的目标检测能力，这就要求根据雷达的距离分辨率在两者之间做出折中，或者提出用于多目标环境的新非参量检测算法。这也正是多目标情况下非参量检测器亟待解决的问题之一，这方面的研究还很少有人涉及，已有的研究也仅限于理论层面的分析，并未运用到实际的雷达系统中，将多目标情况下的非参量检测器模型用于海杂波中的目标检测更无人涉及。希望今后能在这方面做一些实际的基础性工作，为现有装备提供更加可靠并易于实现的检测算法。

　　比较 GS-CFAR 检测器和前一节中的三种参量 CFAR 检测器的处理结果可以发现，在相同的虚警概率和检测器参考单元个数的条件下，经 GS-CFAR 检测器处理后的画面最"干净"，由尖海杂波造成的干扰几乎完全被抑制掉，并且对海面目标的检测效果非常好。这说明 GS-CFAR 检测器比三种均值类参量 CFAR 检测器抗尖海杂波的能力更强，非参量 CFAR 检测器具有更好的抗尖海杂波的性能，更适用于雷达低掠射角时对强海杂波中的目标进行检测，从另外一种意义上讲，也就是在相同的情况下，非参量检测器能检测到距离更远的目标。

　　MRS-CFAR 检测器被证明是一种比 GS-CFAR 检测器性能更优的非参量 CFAR 检测器，结构相对比较简单，只是比 GS-CFAR 检测器稍复杂，检验统计量的获取基于检测单元秩的平方和。人们过去对其的研究仅仅停留在理论分析上，比如对 ARE 的计算，以及与不同非参量检测器在高斯或非高斯背景中检测性能的比较等，至今没有广泛应用于实际雷达系统。采用与 GS-CFAR 检测器相同的数据，MRS-CFAR 检测器的检测结果如图 5.3.10 所示。从图中可以看出，实测数据中船只目标和海岛都被成功地检测到，但与 GS-CFAR 检测器一样漏检了同一批船只目标。将 MRS-CFAR 检测器的处理结果局部放大后如图 5.3.10 所示，与图 5.3.9 的结果差别较小。这说明，在虚警概率 $P_{\text{fa}} = 10^{-5}$、相邻积累脉冲个数 $N = 10$ 和参考单元数 $M = 15$ 的条件下，GS-CFAR 检测器和 MRS-CFAR 检测器对数据的处理结果非常接近，处理画面都比较清晰，海杂波抑制效果比较理想，除了均漏检一批目标，总体检测效果比较理想。另外，MRS-CFAR 检测器的处理结果进一步表明，非参量检测器具有良好的抗尖海杂波的性能，在同样的检测条件下，非参量检测器具有比参量检测器更强的海杂波抑制能力。在虚警控制方面，非参量检测器的虚警控制能力比参量检测器更强，但参量和非参量检测器都存在一定的漏警现象。

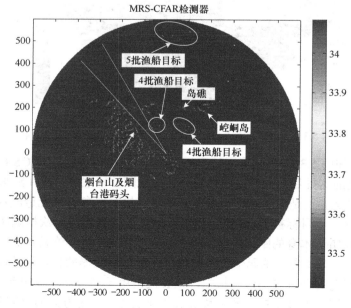

图 5.3.10　虚警概率 $P_{\text{fa}} = 10^{-5}$ 时 MRS-CFAR 检测器的处理结果

　　GS-CFAR 和 MRS-CFAR 这两种非参量 CFAR 检测器对同一批实测数据的处理结果表明，非参量检测器适用于雷达中的目标检测问题，在相同的检测条件下，非参量检测器的检测效果要明显优于均值类参量检测器，处理画面中尖峰海杂波造成的杂波剩余比三种均值类参量检测器少得多。这说明非参量检测器比参量检测器有更好的抗尖海杂波的能力。

　　在实测海杂波数据中，非参量检测器的效果之所以优于参量检测器，是因为参量检测器对杂波背景条件的要求过于苛刻。CA-CFAR 检测器仅对杂波包络服从瑞利分布的均匀杂波背景中的目标有良好的检测性能，对于偏离瑞利分布的非均匀杂波背景检测性能急剧下降；GO-CFAR 检测器具有很好的抗边缘杂波能力，但在多目标环境中的检测性能下降到了令人不能接受的地步；SO-CFAR 检测器具有较好的抗干扰目标能力，但在均匀杂波背景中的检测性能和抗边缘杂波性能又分别逊于 CA-CFAR 检测器和 GO-CFAR 检测器。

5.3.4　自适应 CFAR 检测

　　在估计背景均值时，均值类 CFAR 检测方法总是基于背景类型的某个假设来获取足够的独立同分布样本。例如，工程中常用的 CA-CFAR 方法基于均匀背景假设，相应的检测单元背景均值是利用邻近距离单元的样本均值来估计的；而 GO-CFAR 方法则基于杂波边缘背景假设，相应的检测单元背景均值通过选择两侧邻近距离单元样本均值中的较大者来估计。然而，在实际雷达工作环境中，只有单一背景类型（背景类型分为三类，即均匀背景、杂波边缘背景和多目标环境）的情况是很难出现的。更常见的是，同时由海面、岛屿、陆地、海尖峰、其他目标、强散射点距离旁瓣及不同海情等形成的、涵盖三类背景类型的复杂非均匀环境。这种复杂非均匀环境，使得基于单一背景类型假设而设计的 CFAR 检测算法难以获得足够的独立同分布样本来进行背景均值估计，同时保护单元数和参考单元数的设置往往面临着两难问题。通常的解决办法是，设计复杂的样本单元删除逻辑、CFAR 算法选择逻辑及算法参数调整方案来适应实际的复杂非均匀环境，但是实际上上述方法涉及的选择逻辑、算法和有关参数都是固定的，因此需要研究一种自适应与背景杂波分布类型和杂波环境的 CFAR 检测器，这类检测器被称为自适应 CFAR 检测器。这里主要介绍其中的两种，分别为 VI-CFAR 检测器和 ACCA-ODV-CFAR 检测器。

　　1）VI-CFAR 检测器

　　VI-CFAR（Variability Index-Constant False Rate）检测器是由 Michael 等人于 2000 年提出的。该方法通过变化指数 V_{VI} 和前后滑窗均值之比 V_{MR} 动态地对杂波功率水平进行估计，从而判断出杂波背景是多目标环境、杂波边缘环境还是均匀背景，然后选取相应的距离单元。VI-CFAR 检测器的处理流程如图 5.3.11 所示。

　　V_{VI} 是一个二阶统计量，对于前后沿滑窗有

$$V_{VI} = 1 + \frac{\hat{\sigma}^2}{\hat{\mu}^2} = 1 + \frac{1}{n-1} \sum_{i=1}^{n} \frac{(x_i - \bar{x})^2}{(\bar{x})^2} \tag{5.3.36}$$

式中，$\hat{\sigma}^2$ 是方差的估计值，$\hat{\mu}^2$ 是均值的估计值，$\bar{x}$ 是 n 个参考距离单元的算术平均值。通过对 V_{VI} 与门限 K_{VI} 进行比较，

$$\begin{aligned} V_{VI} \leq K_{VI} &\Rightarrow 均匀杂波 \\ V_{VI} \geq K_{VI} &\Rightarrow 非均匀杂波 \end{aligned} \tag{5.3.37}$$

可以判别 V_{VI} 是来自均匀杂波还是来自非均匀杂波。

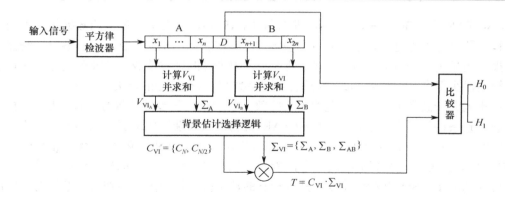

图 5.3.11　VI-CFAR 检测器的处理流程

前滑窗 A 和后滑窗 B 的均值比 V_{MR} 定义为

$$V_{MR} = \bar{x}_A / \bar{x}_B = \sum_{i \in A} x_i \Big/ \sum_{i \in B} x_i \qquad (5.3.38)$$

式中，$\bar{x}_A$ 表示前滑窗的均值，$\bar{x}_B$ 表示后滑窗的均值。通过 V_{MR} 与门限 K_{MR} 进行比较，

$$K_{MR}^{-1} \leqslant V_{MR} \leqslant K_{MR} \qquad \Rightarrow \text{均值相同}$$
$$V_{MR} < K_{MR}^{-1} \text{ 或 } V_{MR} > K_{MR} \qquad \Rightarrow \text{均值不同} \qquad (5.3.39)$$

可以确定前后滑窗的均值是否相同。而 VI-CFAR 的检测门限是根据 VI（Variability Index）假设检验和 MR（Mean Ratio）假设检验的结果确定的，生成方法如表 5.3.1 所示。其中，背景乘积常数 C_N 或 $C_{N/2}$ 中的 N 表示参考单元数目 $2n$。两个滑窗都被利用时采用 C_N，只利用前滑窗或后滑窗时采用 $C_{N/2}$。

表 5.3.1　自适应门限生成方法

序号	前滑窗杂波是否均匀	后滑窗杂波是否均匀	均值是否相同	VI-CFAR 自适应门限	等价的 CFAR 处理方法
1	是	是	是	$C_N \sum_{AB}$	CA-CFAR
2	是	是	否	$C_{N/2} \max(\sum_A, \sum_B)$	GO-CFAR
3	否	是	否	$C_{N/2} \sum_B$	CA-CFAR
4	是	否	否	$C_{N/2} \sum_A$	CA-CFAR
5	否	否	否	$C_{N/2} \min(\sum_A, \sum_B)$	SO-CFAR

当 VI-CFAR 检测器位于均匀环境中时，理论上前后沿滑窗的杂波分布均匀且均值相同，在进行杂波功率水平估计时，可采用前后沿滑窗数据对杂波功率水平进行估计，此时 VI-CFAR 检测器即转变为 CA-CFAR 检测器，对应表 5.3.1 中的第一行，但是在进行 VI 和 MR 假设检验时，难免会有估算不准的情况，此时实际的检测效果会略低于 CA-CFAR 检测器；当 VI-CFAR 检测器位于杂波边缘环境中时，理论上前后沿滑窗的杂波分布均匀，但是当目标处于陆海交界时，陆地杂波强于海面杂波，因此某一侧的杂波功率水平的均值会高于另一侧，此时均值不同，需要选取前后沿滑窗中较大的一侧，VI-CFAR 检测器即转变为 CA-CFAR 检测器，对应表 5.3.1 中的第二行；对于多目标情况来说，情形相对比较复杂，因为目标出现时势必改变对应滑窗的均匀性，导致两侧滑窗的均值不同，此时需要选取未受干扰目标影响的一侧进行杂波功率水平估计。由于目标会导致杂波功率水平的上升，所以应选取较小的一侧进行杂波功

率水平估计，这就对应表 5.3.1 中的第三行和第四行，实际上，该效果类似于单侧 CA-CFAR 的处理结果；当干扰目标进一步增多，特别是出现在检测单元两侧时，由于干扰目标的加入，对应的参考单元的均匀性被破坏。另外，由于干扰目标的大小不一，也很难保证前后滑窗的均值相同。这里，VI-CFAR 检测器通常选择适用于多目标环境的 SO-CFAR 检测器，但是，无论怎么选择都会引入干扰目标的影响，因此，如何解决前后沿滑窗中出现干扰目标的情况显得特别重要，这时就需要考虑 ACCA-ODV-CFAR 检测器。

2）ACCA-ODV-CFAR 检测器

基于有序数据可变性（Ordered Data Variability，ODV）的自动删除单元平均（Automatic Censored Cell Averaging，ACCA）CFAR 检测器，是由 Farrouki 等人于 2005 年针对非均匀背景环境提出的。其原理是通过一系列假设检验，在排列好的单元中动态选择合适的集合来估计背景功率水平，通过变化指数统计量作为形状参数来判决序列单元的取舍。ACCA-ODV-CFAR 检测器原理框图如图 5.3.12 所示。

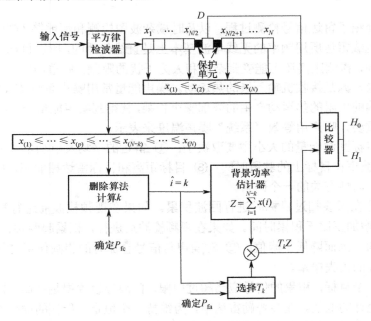

图 5.3.12 ACCA-ODV-CFAR 检测器原理框图

首先，对参考单元进行排序，采用删除算法删除最大的 k 个单元，剩下的单元用来形成背景杂波估计，即

$$Z = \sum_{i=1}^{N-k} x_{(i)} \tag{5.3.40}$$

然后，根据虚警概率 P_{fa} 选择门限因子 T_k，因此，目标存在与否的假设检验为

$$D \underset{H_0}{\overset{H_1}{\gtrless}} T_k Z \tag{5.3.41}$$

删除算法的基本过程如下。

（1）选取 $x = x_{(N-k)}$。

（2）形成有序样本 $E_x = \{x_{(1)}, x_{(2)}, \cdots, x_{(p)}, \cdots, x\}$。

（3）计算 E_x 的有序数据的可变性（ODV）统计量 V_k 作为形状参数。

（4）执行基于 ODV 的假设检验（假设检验的错误概率预设为 P_{FC}），重复步骤 1～4，其中 $k = 0,1,\cdots$，直到 $d_k = 0$ 或 $k = N - p$。

（5） $\hat{i} = k$ 就是删除单元的估计数目。

ACCA-ODV-CFAR 检测器由 OS-CFAR 和 VI-CFAR 合成，在多个干扰环境下，它不像 VI-CFAR 那样受干扰位置的影响，因此性能要优于 VI-CFAR。对于杂波边缘环境，OS-CFAR 和 VI-CFAR 的性能明显下降，而 ACCA-ODV-CFAR 几乎不受影响。

总之，基于 ODV 的删除技术增强了单元平均检测器的鲁棒性，当多个干扰不止存在于单个滑窗内时，表现出了较好的性能，接近于 OS-CFAR，而明显优于 VI-CFAR。对于杂波边缘环境，同样表现出较好的检测性能。

小　　结

本章主要介绍了雷达信号检测过程，以及时域杂波图检测和恒虚警（CFAR）检测技术。

由于航空机载雷达所用频率的无线电波基本上是直线传播的，所以目标只有在视线以内时才能被探测到，探测距离还可能受到杂波和人为干扰的限制。归根结底，它取决于信噪能量比，主要的噪声源是接收机输入级的热运动。噪声能量常用噪声系数 F 表示，把 F 与接在接收机输入端的电阻的热运动产生的外部噪声相乘，就得到噪声能量。对于低噪声接收机，外部噪声比较重要，噪声用等效"系统"噪声温度来表示。

接收到的目标回波能量的大小主要取决于：① 雷达的平均发射功率、天线增益和天线有效面积；② 波束在目标上的驻留时间；③ 目标距离和目标雷达截面积，后者是与目标尺寸、反射率和方向性有关的一个因素。

大多数雷达在天线扫过目标时进行回波积累。如果在视频检波前进行积累（检波前积累），信噪比的增加正比于积累时间。如果在视频检波后进行，积累起两种作用：① 对噪声的起伏进行平均，因而降低了峰值；② 对噪声与信号叠加时的相减作用进行平均，因而降低了可检测目标的丢失概率。

要检测到一个目标，积累的信号应当超过门限，门限应设置得足够高，以保证噪声超过门限的概率为允许的低值。在多普勒雷达中，为维持一个恒定、最佳的虚警率，对每个多普勒滤波器输出的幅度检测器的门限设置，应基于一组相邻滤波器输出的平均噪声电平和全部滤波器输出的平均噪声电平的测量值。

从信号和噪声能量表达式可以推导简单的探测距离方程，这一方程告诉我们：

- 探测距离随着平均发射功率、雷达截面积和积累时间的 1/4 次幂增加。
- 探测距离随天线有效面积的平方根增加。
- 噪声的降低等效于按同样比例增加发射功率。

将距离方程修改为适用于空间搜索的特例，可以发现在一阶近似情况下，距离与频率无关，并且可用尽可能高的平均功率和尽可能大的天线实现最大的探测距离。

即使考虑了所有影响信噪比的次要因素，距离方程也不能确切地告诉我们某个目标在什么距离上会被检测到，因为噪声和雷达截面积两者都有很大的起伏。

因此，探测距离通常用概率表示。搜索状态下最常用的是尖头扫描比（也称单次扫描概率或单次观察概率）。通过以下步骤可以求出满足给定检测概率的距离：① 确定容许的虚警概率；② 设置目标检测门限，使其恰好能保证此虚警概率；③ 根据设置的门限求出能够给出所需目标检测概率的信噪比。借助基于标准目标数学模型的曲线，可以简化这一过程。然后，就可用距离方程计算出信噪比等于所需值的距离。

为了考虑高速向站飞行接近速率的影响，可用累积检测概率来表示检测距离，就是给定目标在到达指定距离之前至少被检测到一次的概率。

应当记住以下关系：

$$\text{平均噪声功率} = F_n k T_0 B \text{ 或 } k T_s B$$

$$\text{平均噪声能量} = k T_s B t_n$$

$$\text{平均噪声能量} = \frac{k T_s t_n}{\tau} \quad (\text{匹配滤波器})$$

$$\text{平均噪声能量} = k T_s \quad (\text{多普勒雷达})$$

$$\text{信号能量} \approx K \frac{P_{avg} G \sigma A_e t_{ot}}{R^4}$$

累积信噪比为 1 的距离：

$$\text{聚束照射时，} \quad R_0 \propto \sqrt[4]{\frac{P_{avg} A_e^2 \sigma t_{ot}}{k T_2 \lambda^2}} \, ; \qquad \text{空域搜索时，} \quad R_0 \propto \sqrt[4]{P_{avg} A_e}$$

虚警时间：

$$t_{fa} = \frac{1}{\text{虚警率}} = \frac{t_{int}}{P_{fa} N}$$

单个检测器的虚警概率：

$$P_{fa} = \frac{1}{t_{fa} N_{RG} N_{DF}}$$

检测概率为 P_d 的距离：

$$R_{P_d} = \left(\frac{P_{avg} A_e^2 \sigma t_{ot}}{(4\pi)^2 (S/N)_{reg} k T_s \lambda^2} \right)^{1/4}$$

累积检测概率：

$$P_c = 1 - (1 - P_d)^n$$

CFAR 处理方法总体上可以粗略地分为两大类：参量检测和非参量检测。参量检测是指在杂波包络的分布类型已知的情况下，对杂波的某些参量进行估值，产生适当的检验统计量和门限，从而保证 CFAR 的方法。当杂波的概率密度函数已知，即掌握了干扰或噪声的全部检测特性时，往往参量检测器的检测性能更好。但是在实际环境中，这种要求往往难以实现，同时当杂波环境发生变化，特别是与所假设的杂波分布不一致时，参量检测器的性能将快速下降，失去 CFAR 的能力。为了实现 CFAR，克服参量检测对环境变化适应较差的弊端，就要采用与杂波分布类型无关的非参量检测方法。由于非参量检测器不需要关于背景噪声或杂波分布的先验假设，与参量检测器相比较，显然其适应能力更强，但是针对性较差。

杂波图抗海杂波的方法也称扫描间积累检测，由于天线的扫描时间远小于目标的相关时间，因此扫描间积累可有效消除尖头海浪引起的杂波干扰。杂波图 CFAR 的原理与距离单元平均 CFAR 的原理是一样的，都是通过比较判决电路把估值单元间相关的部分消除掉，而将不相关的部分压低到噪声电平。不同的是，距离单元平均 CFAR 是在距离维上处理一次发射脉冲内的回波数据，而杂波图 CFAR 则是在时间维上处理同一距离单元在不同天线扫描周期回波间的回波幅度。杂波图对消技术可以有效地消除固定地杂波，它具有以下优点：① 克服了天线相继的扫掠间强相关的问题；② 采用系数加权反馈积累克服了运动目标进入杂波估值单元而影响杂波单元估值的问题；③ 相对于距离 CFAR 电路，由于参加估值的单元数增加了，CFAR 的损失有所下降，性能有所改善；④ 算法简单有效。因此，它在实际雷达装备上有很广阔的应用前景。

<h1 style="text-align:center">思 考 题</h1>

1. 详述雷达信号检测的全过程。
2. 检测因子是如何定义的？
3. 脉冲积累分为几类？分别对信噪比有何改善？
4. 如何理解 MTD 相比于 MTI 增加杂波图，使之能够检测切向飞行的大目标？
5. 何谓发现概率、漏报概率、正确不发现概率、虚警概率？
6. 虚警概率、发现概率与门限电平、信噪比之间的关系如何？
7. 要在虚警概率保持不变的情况下提高发现概率，应调整哪些参数？
8. 哪些 CFAR 方法属于均值类 CFAR 方法？
9. 时域杂波图检测技术与空域 CFAR 检测技术的区别是什么？
10. 非参量检测器的检测性能与参量检测器的检测性能相比，哪一个更优？说明原因。

<h1 style="text-align:center">参 考 文 献</h1>

[1] 丁鹭飞，耿富录，陈建春. 雷达原理（第 6 版）[M]. 北京：电子工业出版社，2020.
[2] 何友，关键，孟祥伟. 雷达目标检测与恒虚警处理（第二版）[M]. 北京：清华大学出版社，2011.
[3] 张欣，叶灵伟，李淑华，王勇. 航空雷达原理[M]. 北京：国防工业出版社，2012.
[4] 张明友，汪学刚. 雷达系统[M]. 北京：电子工业出版社，2013.
[5] 许小剑，黄培康. 雷达系统及其信息处理[M]. 北京：电子工业出版社，2010.
[6] 何友，黄勇，关键，陈小龙. 海杂波中的雷达目标检测技术[J]. 现代雷达，2014，63(12): 1-9.
[7] 陶海红，李明，廖桂生. 雷达杂波图的形成算法及实现[J]. 现代雷达，2002，24(3): 13.
[8] 何友，关键，孟祥伟. 雷达自动检测和 CFAR 处理方法综述[J]. 系统工程与电子技术，2001，23(1): 9-15.
[9] 孟祥伟. 韦布尔杂波下非参数量化秩检测器的性能[J]. 电子学报，2009，37(9): 2030-2034.
[10] 赵志坚，关键. 利用逆正态得分函数修正秩的非参量检测器[J]. 现代雷达，2011，33（4）：27-36.
[11] 赵志坚，关键. 海杂波中非参量检测器性能分析[J]. 雷达科学与技术，2010，8（1）：65-73.
[12] 张林，赵志坚，关键，何友. 基于自适应阈值选择的非参量 GS 检测算法[J]. 雷达学报，2012，1（4）：387-392.
[13] 董云龙，赵志坚，关键. 修正秩非参量检测器在 K 分布海杂波中的应用[J]. 火力与指挥控制，2012，37（10）：19-26.
[14] 张林，黄勇，关键，何友. 基于广义符号最大或最小选择检测器[J]. 雷达科学与技术，2011，9（3）：259-263.
[15] 张林，黄勇，关键，何友. 基于排序方差的非参量自动删除检测算法[J]. 雷达科学与技术，2012，10（3）：281-285.

第 6 章　机载雷达数据处理

6.1　雷达数据处理概述

6.1.1　雷达数据处理的历史与现状

　　最早的雷达数据处理方法是高斯于 1795 年提出的最小二乘算法。高斯首次运用该方法对谷神星轨道进行预测，开创了用数学方法处理观测数据和实验数据的科学领域。最小二乘算法虽然具有未考虑观测数据的统计特性等缺点，但它具有计算上比较简单等优点，所以仍然是一种应用非常广泛的估计方法，而且这种方法经后人的不断修改和完善，现在已经具有适于实时运算的形式。该方法是在得不到准确的系统动态误差和观测数据统计特性情况下的一种数据处理方法。1912 年，费雪提出了极大似然估计方法，该方法从概率密度角度出发来考虑估计问题，对估计理论做出了重要贡献。对于随机过程的估计，到 20 世纪 30 年代才积极发展起来，而现代滤波理论是建立在概率论和随机过程理论的基础之上的。1940 年，控制论的创始人之一美国学者维纳根据火力控制上的需要，提出了一种在频域中设计统计滤波器的方法，即著名的维纳滤波，维纳滤波一经提出就被应用于通信、雷达和控制等各个领域，取得了巨大成功。同一时期，苏联学者科尔莫哥洛夫提出并初次解决了离散平稳随机序列的预测和外推问题，维纳滤波和科尔莫哥洛夫滤波方法开创了用统计估计方法研究随机控制问题的新领域，为现代维纳滤波理论的研究发展奠定了基础。

　　由于滤波采用的是频域设计法，解析求解困难，运算复杂，而且它采用的是批处理方法，对存储空间的要求很大，这就造成其适用范围极其有限，仅适用于一维平稳随机过程信号滤波。滤波的缺陷促使人们寻找其他最优滤波器的设计方法，其中美国学者卡尔曼做出了重要贡献，他于 1960 年提出了离散系统卡尔曼滤波，1961 年又与 Bucy 合作，把这一滤波理论推广到连续时间系统中，形成了卡尔曼滤波估计的完整理论。卡尔曼滤波推广了维纳滤波的结果，它与维纳滤波采用的都是最小均方误差估计准则，二者的基本原理是一致的，但卡尔曼滤波与维纳滤波又是两种截然不同的方法：卡尔曼滤波将状态变量分析方法引入滤波理论，得到的是最小均方误差估计问题的时域解。而且卡尔曼滤波理论突破了维纳滤波的局限性，可用于非平稳和多变量的线性时变系统，卡尔曼滤波具有递推结构，更适于计算机计算，计算量和数据存储量小，实时性强。正是由于卡尔曼滤波具有以上一些其他滤波方法不具备的优点，卡尔曼滤波理论一经提出立即就在实际工程中获得了应用。阿波罗登月计划和 C-5A 飞机导航系统的设计是早期工程应用中最成功的实例。卡尔曼滤波具有应用范围广泛，设计方法简单易行等优点，在它的基础上为了进一步减少计算量，人们提出了常增益滤波。目前卡尔曼滤波理论作为一种最重要的最优估计理论被广泛应用于各种领域，如目标跟踪、惯性制导、全球定位系统、空中交通管制、故障诊断等。在滤波理论发展的 200 多年的历史中，高斯、维纳、卡尔曼做出了重大的贡献，他们奠定了雷达数据处理的理论基础。

　　由于卡尔曼最初提出的滤波理论只适用于线性系统，且要求观测方程也必须是线性的。在此后的十多年里，Bucy 和 Sunahara 等人致力于研究卡尔曼滤波理论在非线性系统和非线性观测下的扩展，提出了扩展卡尔曼滤波这种适用于非线性系统的滤波方法。在 20 世纪 70 年代初辛格等人又提出了一系列机动目标跟踪方法。20 世纪 70 年代中期，皮尔森和柴田实等人又成功地将卡尔曼滤波技术用于机载雷达跟踪系统，传统的卡尔曼滤波理论是建立在模型精确和随机干扰信号统计特性已知基础上的，对于一个实际系统往往存在模型不确定性或干扰信号统计特性不完全已知等不确定因素，这些不确定因素使得传统的卡尔曼滤波的估计精度大大降低，严重时会导致滤波发散，为此学者将鲁棒控制的思想引入滤波理论，形成了鲁棒滤波理论。

近年来，随着应用环境的不断复杂，要求雷达具有多目标跟踪能力，能够同时实现对多个目标的跟踪，多目标跟踪的基本概念是 Wax 于 1955 年在《应用物理》杂志的一篇文章中提出来的。1964 年，斯特尔发表的一篇名为"监视理论中的最优数据互联问题"的论文是多目标跟踪的先导性工作，但那时卡尔曼滤波尚未普遍应用，他采用的是一种航迹分叉法；20 世纪 70 年代初开始在有虚警存在的情况下，利用卡尔曼滤波方法系统地对多目标跟踪进行处理。1971 年，Singer 提出的最近邻法是解决数据互联的最简单的方法，但这种方法在杂波环境下正确关联率较低。在此期间，Y. Bar-Shalom 起到了举足轻重的作用，他于 1975 年提出了特别适用于在杂波环境下对单目标进行跟踪的概率数据互联算法；在此基础上为了有效解决杂波环境下的多目标跟踪问题，T. E. Formann 和 Y. Bar-Shalom 等人又提出了联合概率数据互联算法。以 Y. Bar-Shalom 提出的聚概念为基础，1979 年 Reid 又提出利用多假设法解决多目标跟踪问题。近年来，随着科学技术的不断发展，目标为了避免被跟踪、被攻击等必须进行机动，所以从 1970 年开始，R. A. Singer、Y. Bar-Shalom 和 K. Birmiwal 等人又先后提出利用 Singer 算法、变维滤波算法、交互多模型算法等对机动目标进行跟踪。1986 年，S. S. Blackman 等人开始对群目标跟踪问题进行研究，1988 年，Carlson 提出了联邦滤波理论，旨在为容错组合导航系统的设计提供理论。其后，对雷达数据处理技术在各个方面应用的深入研究蓬勃展开，出现了大量有关多目标跟踪的专著、学术文章和研究报告。现在，数据处理技术已从最初的单部雷达向多部雷达、从多部雷达向多个传感器转变，而有关多传感器信息融合方面的专著、论文等更是大量涌现。

6.1.2 雷达数据处理的目的和意义

现代雷达系统一般都包含信号处理器和数据处理器，如图 6.1.1 所示。信号处理器是用来检测目标的，即利用一定的方法来抑制由地（海）面杂波、气象、射频干扰、噪声源和人为干扰产生的不希望的信号。经过信号处理、恒虚警检测等一系列处理后的视频输出信号若超过某个设定的检测门限，便判断为发现目标，然后把发现的目标信号输送到数据录取器，以录取目标的空间位置、幅度值、径向速度及其他一些目标特性参数，数据录取器一般是由计算机来实现的。由数据录取器输出的点迹（量测）还要在数据处理器中完成各种相关处理，即对获得的目标位置（如径向距离、方位角、俯仰角）、运动参数等测量数据进行互联、跟踪、滤波、平滑、预测等运算，以达到有效抑制测量过程中引入的随机误差，对控制区域内目标的运动轨迹和相关运动参数（如速度和加速度等）进行估计，预测目标下一时刻的位置，形成稳定的目标航迹，实现对目标的高精度实时跟踪的目的。

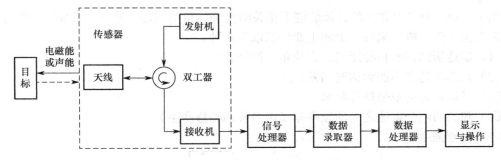

图 6.1.1　现代雷达系统简化框图

从对雷达回波信号进行处理的层次来讲，雷达信号处理通常被视为对雷达探测信息的一次处理，它是在每个雷达站进行的，通常它利用的是同一部雷达、同一个扫描周期、同一个距离单元的信息，目的是在杂波、噪声和各种有源、无源干扰背景中提取有用的目标信息。

雷达数据处理通常被视为对雷达信息的二次处理，它利用的是同一部雷达、不同的扫描周期、不同的距离单元的信息，它可在各个雷达站单独进行，也可在雷达网的信息处理中心或系统指挥中心进行。多雷达数据融合则被视为对雷达信息的三次处理，它通常是在信息处理中心完成的，即信息处理中心接收的是多部雷达一次处理后的点迹或二次处理后的航迹（通常称为局部航迹），融合后形成的航迹称为全局航迹或系统航迹。

雷达信息二次处理的功能是在一次处理的基础上，实现多目标的滤波、跟踪，对目标的运动参数和特征参数进行估计，二次处理是在一次处理后进行的，有严格的时间顺序，而三次处理和二次处理之间没有严格的时间界限，是二次信息处理的扩展和自然延伸，主要表现在空间和维数上。

近年来，随着新型雷达和新概念雷达的不断出现，相关硬件、算法和计算机性能等的巨大进步，使得信号处理能力上了一个又一个台阶，进而使得与之相适应的雷达数据处理设备功能越来越强，处理的信息量越来越大，设备的组成也越来越复杂，这些都对雷达数据处理工作提出了更高的要求，进而加速了雷达数据处理技术的发展。过去，一名熟练的操纵员，在典型搜索雷达的一个扫描周期中，通过人工录取和口报通常不会超过 10 批目标，而在现代战争中，空中目标可能有几百批甚至上千批，加上大量的杂波和干扰，因而利用传统方法已不能适应现代战争的需要，这就要求必须利用现代数据处理手段，实时对雷达目标测量数据进行处理。

6.1.3　雷达数据处理的基本概念

雷达数据处理单元的输入是前端送来的点迹，即点迹是数据处理的对象，数据处理单元输出的是对目标进行数据处理后形成的航迹。雷达数据处理过程中的功能模块包括点迹预处理、航迹起始和终结、数据互联、跟踪等内容，而在数据互联和跟踪的过程中必须建立波门，它们之间的相互关系可用图 6.1.2 所示的框图来表示。下面简要讨论雷达数据处理各功能模块所包含的主要内容和相关概念。

6.1.3.1　量测

量测是指与目标状态有关的受噪声污染的观测值，量测有时也称测量或观测。量测通常不是雷达的原始数据点迹，而是经过信号处理后的数据录取器输出的点迹。按是否与已建立的目标航迹发生互联，点迹可分为自由点迹和相关点迹，其中，与已知目标航迹相关的点迹称为相关点迹，而与已建立的目标航迹不相关的点迹为自由点迹。另外，初始时刻测到的点迹均为自由点迹。概括来讲，量测主要包括以下几种。

（1）雷达所测得的目标距离、方位角、俯仰角。

（2）两部雷达之间的到达时间差。

（3）目标辐射的窄带信号频率。

（4）观测的两个雷达之间的频率差（由多普勒频移产生）。

（5）信号强度等。

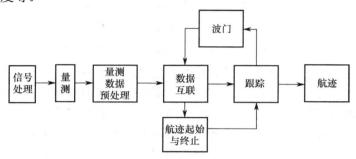

图 6.1.2　雷达数据处理示意框图

　　图 6.1.3 中给出了目标真实运动轨迹和雷达测量值的关系，雷达数据处理的目的是对监视区域内目标的运动轨迹进行估计，给出它们在下一时刻的位置推移，实现对目标的高精度实时跟踪。

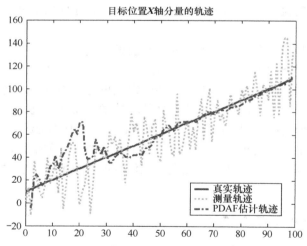

图 6.1.3　目标真实运动轨迹和雷达测量值的关系

　　在现代战场环境中，由于多种因素的影响，量测有可能是来自目标的正确量测，也有可能是来自杂波、虚假目标、干扰目标的错误量测，而且还有可能存在漏检情况，也就是说量测通常具有不确定性。概括来讲，造成量测不确定性的原因主要有以下几种。

（1）检测过程中的随机虚警。

（2）由感兴趣目标附近的虚假反射体或辐射体产生的杂波。

（3）干扰目标。

（4）诱饵等。

6.1.3.2　量测数据预处理

尽管现代雷达采用了许多信号处理技术，但总有一小部分杂波/干扰信号超过门限，为了减轻后续数据处理计算机的负担、防止计算机饱和、提高系统性能等，还要对一次处理给出的点迹（量测）进行预处理——量测数据预处理。量测数据预处理是对雷达信息二次处理的预处理，是对雷达数据进行正确处理的前提条件，有效的量测数据预处理方法可以起到事半功倍的作用，即在降低目标跟踪的计算量的同时提高目标的跟踪精度。量测数据预处理技术包括的内容很多，其中主要包括以下几种。

（1）系统误差配准。雷达对目标进行测量所得的测量数据中包含两种测量误差。一种是随机误差，由测量系统的内部噪声引起，每次测量时它可能都是不同的；通过增加测量次数、利用滤波方法等使误差的方差在统计意义下最小化，在一定程度上可以克服随机误差。另一种是系统误差，它是由测量环境、天线、伺服系统、数据采集过程中的非校准因素等引起的，如雷达站的站址误差、高度计零点偏差等，系统误差是复杂、慢变、非随机的，在相对较长的一段时间内可视为未知的"恒定值"。研究结果表明，当系统偏差和随机误差的比例大于或等于 1 时，分布式航迹融合和集中式点迹融合的效果明显恶化，此时须对系统误差进行校正。

（2）时间同步。由于每部雷达的开机时间和采样率均可能不相同，通过数据录取器录取的目标测量数据通常不是同一时刻的，所以在多雷达数据处理过程中，必须对这些观测数据进行时间同步，通常将一部雷达的采样时刻作为基准，把其他雷达的时间统一到该雷达的时间上。

（3）空间对准。把不同地点各个雷达站送来的数据的坐标原点的位置、坐标轴的方向等进行统一，从而将多个雷达的测量数据纳入一个统一的参考框架，为雷达数据处理的后期工作做铺垫。

（4）野值剔除。把雷达测量数据中明显异常的值剔除掉。

6.1.3.3　点迹

点迹是指雷达电磁波照射一次目标所得到的一组目标位置量测数据，如图 6.1.4 所示；雷达电磁波周期性照射目标，同一批目标会出现多个点迹，如果目标在运动，各点迹出现的位置也会随之改变。图 6.1.5 中给出了近程和远程海面目标的点迹，由于海面目标运动速度很慢，加之目标随海面起伏变化，相邻两次测量目标距离起伏严重，导致海面目标的点迹误差很大，距离越远误差越大。

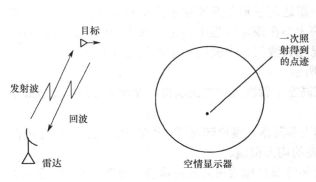

图 6.1.4　目标点迹

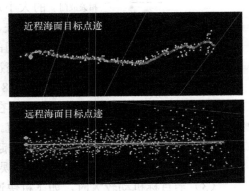

图 6.1.5　近程和远程海面目标的点迹

点迹的处理主要是对录取的点迹数据进行野值剔除、滤波和凝聚处理。点迹数据在距离上、方位上的分裂程度不同，准则和门限也不同。点迹凝聚处理需要完成 4 个任务。

（1）对虚假点迹进行过滤。

（2）合并已被标记为目标点的点迹。

（3）判别点迹的质量属性。

（4）精确估计点迹参数（距离、方位、幅度等）。

图 6.1.6 中给出了目标跟踪点迹凝聚的主要方法，即在目标检测过门限后的回波，根据距离向和方位向的一定准则（最大值、前沿、后沿、质心等）进行的回波点的聚集。

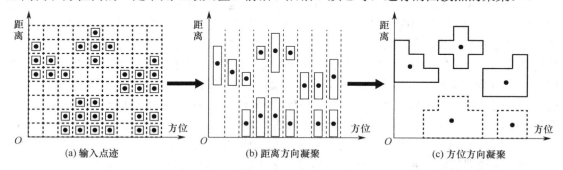

(a) 输入点迹   (b) 距离方向凝聚   (c) 方位方向凝聚

图 6.1.6   目标跟踪点迹凝聚的主要方法

6.1.3.4   波门

在对目标进行航迹起始和跟踪的过程中，通常要利用波门解决数据互联问题，那么什么是波门呢？波门分为哪几种？下面针对该问题进行简要讨论。

初始波门是指以自由点迹为中心，用来确定该目标的观测值可能出现范围的一块区域。在航迹起始阶段，为了更好地对目标进行捕获，初始波门一般要稍大一些。

相关波门（或相关域、跟踪波门）是在目标跟踪过程中，用来衡量新的点迹（当前观测值）与本批目标航迹是否相关的门限，指以初始点迹或航迹外推位置为中心、符合一定约束的区域，如图 6.1.7 所示。波门大小与雷达测量误差大小、正确接收回波的概率等有关，也就是在确定波门的形状和大小时，应使真实量测以很高的概率落入波门，同时又要使相关波门内的无关点迹的数量不是很多。落入相关波门内的回波称为候选回波。跟踪门的大小反映了预测的目标位置和速度的误差，该误差与跟踪方法、雷达测量误差及要保证的正确互联概率有关。相关波门的大小在跟踪过程中不是一成不变的，而应根据跟踪的情况在大波门、中波门和小波门之间自适应调整，如图 6.1.8 所示。

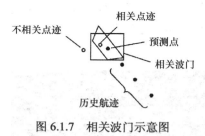

图 6.1.7   相关波门示意图

（1）对做匀速直线运动的目标，如在高空平稳段飞行的民航机，设置小波门；波门最小尺寸不应小于 3 倍测量误差的均方根值。

（2）当目标机动较小时，如飞机的起飞和降落、慢速转弯等，设置中波门；中波门可在小波门的基础上再加上 1～2 倍的测量误差的均方根值。

（3）当目标机动较大时，如飞机快速转弯或目标丢失后的再捕获，设置大波门。另外，在航迹起始阶段，为了有效捕获目标初始波门，也应采用大波门。

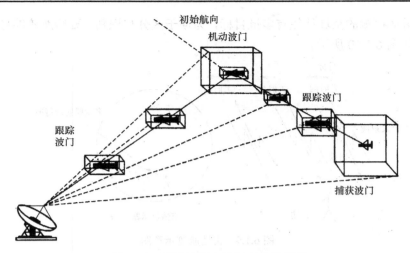

图 6.1.8　跟踪过程中波门变化示意图

6.1.3.5　数据互联

在单目标无杂波环境下，目标的相关波门内只有一个点迹，此时只涉及跟踪问题。在多目标情况下，可能出现单个点迹落入多个波门的相交区域，或者出现多个点迹落入单个目标的相关波门的情形，此时就涉及数据互联问题。例如，假设雷达在第 n 次扫描之前就已建立两条目标航迹，且在第 n 次扫描中检测到两个回波，那么这两个回波是两个新目标还是已建立航迹的两个目标在该时刻的回波呢？如果是已建立航迹的两个目标在该时刻的回波，那么这两次扫描的回波和两条航迹之间怎样实现正确配对呢？这就是数据互联问题，即建立某时刻雷达量测数据和其他时刻量测数据（或航迹）的关系，以确定这些量测数据是否来自同一个目标的处理过程（或确定正确的点迹和航迹配对的处理过程）。数据互联通常又称数据关联，有时也称点迹相关，它是雷达数据处理的关键问题之一，如果数据互联不正确，那么错误的数据互联会给目标配上一个错误的速度。对于空中交通管制雷达来说，错误的目标速度可能导致飞机碰撞，对于军用雷达来说，可能导致错过目标拦截。数据互联是通过相关波门来实现的，即通过波门排除其他目标形成的真点迹和噪声、干扰形成的假点迹。

概括来讲，按照互联的对象的不同，数据互联问题可分为以下几类。

（1）量测与量测的互联，或点迹与点迹的互联（航迹起始）。

（2）量测与航迹的互联，或点迹与航迹的互联（航迹保持或航迹更新）。

（3）航迹与航迹的互联，或者称为航迹关联（航迹融合）。

从数学上来看，数据互联问题可分为以下两种模型。

（1）确定性模型，其中量测源是确定的，并且忽略它未必正确这一事实。

（2）概率模型，它利用贝叶斯准则计算各个事件的概率，然后利用这些概率值适当修正状态估计算法。

6.1.3.6　航迹

对若干点迹进行处理后，将同一目标经雷达电磁波多次照射所得点迹连成的有序点迹组，能表示空中目标航行的轨迹，即从一组观测值估计出的目标状态轨迹，如图 6.1.9 所示。

航迹处理主要是指将同一目标点迹连成航迹的处理过程。一般包括航迹起始、关联和外推等内容。雷达探测的空域往往有多批目标，为便于区分与识别，要给航迹编号，这个编号称为批号，如图 6.1.10 所示。

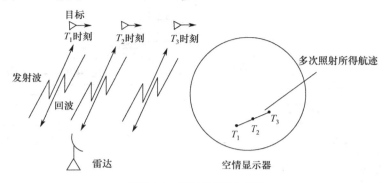

图 6.1.9　雷达航迹示意图

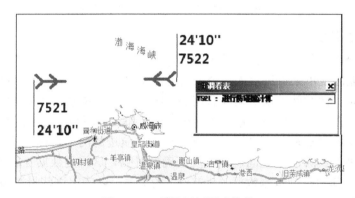

图 6.1.10　雷达目标跟踪批号

航迹是由来自同一个目标的量测集合所估计的目标状态形成的轨迹，即跟踪轨迹。雷达在对多目标进行数据处理时，要对每个跟踪轨迹规定一个编号，即航迹号，与一个给定航迹相联系的所有参数都以其航迹号作为参考；而航迹可靠性程度的度量可用航迹质量来描述，通过航迹质量管理，可以及时、准确地记录起始航迹以建立新目标档案，也可以及时、准确地撤销航迹以消除多余目标档案。与航迹有关的概念还包括如下几个。

（1）可能航迹。可能航迹是由单个测量点组成的航迹。

（2）试验航迹。试验航迹是由两个或多个测量点组成且航迹质量数较低的航迹，它可能是目标航迹，也可能是随机干扰，即虚假航迹。可能航迹完成初始相关后就转化成试验航迹或撤销航迹，也有人把试验航迹称为暂时航迹。

（3）确认航迹。确认航迹是具有稳定输出或航迹质量数超过某一定值的航迹，也称可靠航迹或稳定航迹，它通常被认为是真实目标航迹。

（4）固定航迹。由杂波点迹组成的航迹，其位置在雷达各次扫描间变化不大。

在点迹与航迹的互联过程中可确定这样一种排列顺序：先是固定航迹，再是可靠航迹，最后是暂时航迹。也就是在获得一组观测点迹后，这些点迹首先与固定航迹互联，那些与固定航迹互联上的点迹从点迹文件中删除并用来更新固定航迹，即用互联上的点迹来代替旧的杂波点。若这些点迹不能与固定航迹进行互联，则与已经存在的确认航迹进行互联，互联成功的点迹用来更新确认航迹。与确认航迹互联不上的点迹和试验航迹进行互联，暂时航迹后来不是消失了，就是转为可靠航迹或固定航迹。确认航迹的优先级别高于暂时航迹，这样可使得暂时航迹不可能从可靠航迹中窃得点迹。点迹和航迹互联示意图如图 6.1.11 所示。

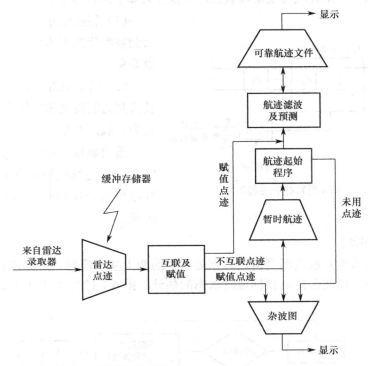

图 6.1.11　点迹和航迹互联示意图

（5）撤销航迹。当航迹质量低于某一定值或由孤立的随机干扰点组成时，称该航迹为撤销航迹，而这一过程称为航迹撤销或航迹终止。航迹撤销就是在航迹不满足某种准则时，将其从航迹记录中抹去，这意味着该航迹不是一个真实目标的航迹，或者该航迹对应的目标已经运动出雷达的威力范围。换句话说，如果某个航迹在某次扫描中没有与任何点迹互联上，那么要按最新的速度估计进行外推，在一定次数的相继扫描中没有收到点迹的航迹就要被撤销。航迹撤销的主要任务是及时删除假航迹而保留真航迹。航迹撤销可以分为三种情况。

① 可能航迹（只有航迹头的情况），只要其后的第一个扫描周期中没有点迹出现，就将其撤销。

② 试验航迹（例如对一条刚初始化的航迹来说），只要其后连续三个扫描周期中没有点迹出现，就将该初始航迹从数据库中消去。

③ 确认航迹，对其撤销要慎重，可设定连续 4～6 个扫描周期内没有点迹落入相关波门，可考虑撤销该航迹。注意，期间必须多次利用盲推的方法，扩大波门对丢失目标进行再捕获，当然也可利用航迹质量管理对航迹进行撤销。

6.1.3.7　航迹起始与终止

从目标进入雷达威力区（并被检测到）到建立该目标航迹的过程称为航迹起始。航迹起始是雷达数据处理中的重要问题，若航迹起始不正确，则根本无法实现对目标的跟踪。

在对目标进行跟踪的过程中，由于被跟踪的目标随时都有逃离监视区域的可能，一旦目标超出雷达的探测范围，跟踪器就必须做出相应的决策以消除多余的航迹档案，进行航迹终结。按照终结的航迹是假航迹还是真航迹，可以分为如下两种寿命。

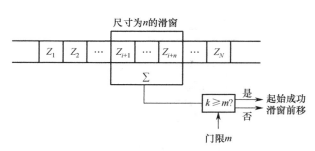

图 6.1.12　m/n 逻辑法航迹起始

（1）假航迹寿命。一条假航迹从起始后到被删除的平均雷达扫描数，称为假航迹寿命。

（2）真航迹寿命。一条真航迹起始后被误判为假航迹删除的平均雷达扫描数，称为真航迹寿命。

通用航迹起始方法为 m/n 逻辑法，即在 n 次连续扫描中有不少于 m 次量测互联即宣告航迹起始成功，如图 6.1.12 所示。

6.1.3.8　跟踪

跟踪问题和数据互联问题是雷达数据处理中的两大基本问题。跟踪是指对来自目标的量测值进行处理，以便保持对目标现时状态的估计。图 6.1.13 中给出了雷达跟踪系统框图示意图。

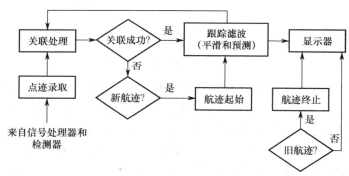

图 6.1.13　雷达跟踪系统框图

跟踪方法包括卡尔曼滤波方法、常增益滤波等，这些滤波方法针对的是匀速和匀加速目标，这时采用卡尔曼滤波技术或常增益滤波可获得最佳估计，而且随着滤波时间的增长，滤波值和目标真实值之间的差值会越来越小。但是，由于雷达数据处理过程中存在两种不确定性［① 模型参数具有不确定性（目标运动可能存在不可预测的机动）；② 用于滤波的观测值具有不确定性（由于存在多目标和虚警，雷达环境会产生很多点迹）］，因此，一旦目标的真实运动与滤波所用的目标运动模型不一致（目标出现了机动），或者出现了错误的数据互联，就很可能导致滤波发散，即滤波值和目标真实值之间的差值随着时间的增加而无限增长。一旦出现发散现象，滤波就失去了意义。

状态估计是对目标过去的运动状态（位置、速度和加速度等）进行平滑、对目标现在的运动状态进行滤波，以及对目标未来的运动状态进行预测。$\hat{X}(k \mid j)$ 是根据已知的 j 时刻和 j

以前时刻的量测值对 k 时刻的状态 $X(k)$ 做出的某种估计，$k > j$ 时表示预测（外推），$k = j$ 时表示滤波，$k < j$ 时表示数据平滑。

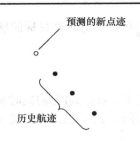

图 6.1.14　预测点迹示意图

预测也称外推，即根据已得到的历史航迹数据来推算出下一次雷达电磁波照射时新点迹出现的位置，如图 6.1.14 所示。

滤波的作用是使航迹更加接近目标的真实轨迹，办法是将预测值与当前的观测值，通过适当的方法进行融合计算，考虑了历史航迹的因素，因而可以减少当前的观测误差，如图 6.1.15 所示。

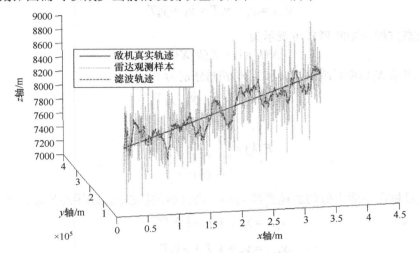

图 6.1.15　雷达数据滤波示意图

6.1.4　系统模型

雷达数据处理中的基础是估计理论，它要求建立系统模型来描述目标动态特性和雷达测量过程。状态变量法是描述系统模型的一种很有价值的方法，其定义的状态变量应是能够全面反映系统动态特性的一组维数最少的变量，该方法把某一时刻的状态变量表示为前一时刻状态变量的函数，系统的输入/输出关系是用状态转移模型和输出观测模型在时域内加以描述的。状态反映了系统的"内部条件"，输入可由确定的时间函数和代表不可预测的变量或噪声的随机过程组成的状态方程来描述，输出是状态向量的函数，通常受到随机观测误差的扰动，可由量测方程描述。滤波问题的模型说明如图 6.1.16 所示。

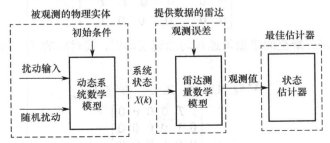

图 6.1.16　滤波问题的模型说明

6.1.4.1　状态方程

状态方程是目标运动规律的假设。例如，假设目标在平面内做匀速直线运动，则离散时

间系统下 t_k 时刻目标的状态 (x_k, y_k) 可表示为

$$x_k = x_0 + v_x t_k = x_0 + v_x kT \tag{6.1.1}$$

$$y_k = y_0 + v_y t_k = y_0 + v_y kT \tag{6.1.2}$$

式中，(x_0, y_0) 为初始时刻目标的位置，v_x 和 v_y 分别为目标在 x 轴和 y 轴的速度，T 为采样间隔。式（6.1.1）和式（6.1.2）用递推形式可表示为

$$x_{k+1} = x_k + v_x T = x_k + \dot{x}_k T \tag{6.1.3}$$

$$y_{k+1} = y_k + v_y T = y_k + \dot{y}_k T \tag{6.1.4}$$

目标状态方程用矩阵形式可表示为

$$\boldsymbol{X}(k+1) = \boldsymbol{F}(k)\boldsymbol{X}(k) \tag{6.1.5}$$

式中，状态向量 $\boldsymbol{X}(k)$ 和系统状态转移矩阵 $\boldsymbol{F}(k)$ 分别为

$$\boldsymbol{X}(k) = [x_k \ \ \dot{x}_k \ \ y_k \ \ \dot{y}_k]' \tag{6.1.6}$$

$$\boldsymbol{F}(k) = \begin{bmatrix} 1 & T & 0 & 0 \\ 0 & 1 & 0 & 0 \\ 0 & 0 & 1 & T \\ 0 & 0 & 0 & 1 \end{bmatrix} \tag{6.1.7}$$

若假设目标在平面内做匀加速直线运动，则目标的状态 (x_k, y_k) 用递推形式可表示为

$$x_{k+1} = x_k + \dot{x}_k T + \frac{1}{2}\ddot{x}_k T^2 \tag{6.1.8}$$

$$y_{k+1} = y_k + \dot{y}_k T + \frac{1}{2}\ddot{y}_k T^2 \tag{6.1.9}$$

目标状态方程用矩阵形式仍可表示为

$$\boldsymbol{X}(k+1) = \boldsymbol{F}(k)\boldsymbol{X}(k) \tag{6.1.10}$$

式中，

$$\boldsymbol{X}(k) = [x_k \ \ \dot{x}_k \ \ \ddot{x}_k \ \ y_k \ \ \dot{y}_k \ \ \ddot{y}_k]' \tag{6.1.11}$$

$$\boldsymbol{F}(k) = \begin{bmatrix} 1 & T & \frac{1}{2}T^2 & 0 & 0 & 0 \\ 0 & 1 & T & 0 & 0 & 0 \\ 0 & 0 & 1 & 0 & 0 & 0 \\ 0 & 0 & 0 & 1 & T & \frac{1}{2}T^2 \\ 0 & 0 & 0 & 0 & 1 & T \\ 0 & 0 & 0 & 0 & 0 & 1 \end{bmatrix} \tag{6.1.12}$$

同理，当目标在三维空间中做匀速和匀加速运动时，其对应的状态向量和系统状态转移矩阵分别为

$$\boldsymbol{X}(k) = [x_k \ \ \dot{x}_k \ \ y_k \ \ \dot{y}_k \ \ z_k \ \ \dot{z}_k]' \tag{6.1.13}$$

$$\boldsymbol{F}(k) = \begin{bmatrix} 1 & T & 0 & 0 & 0 & 0 \\ 0 & 1 & 0 & 0 & 0 & 0 \\ 0 & 0 & 1 & T & 0 & 0 \\ 0 & 0 & 0 & 1 & 0 & 0 \\ 0 & 0 & 0 & 0 & 1 & T \\ 0 & 0 & 0 & 0 & 0 & 1 \end{bmatrix} \tag{6.1.14}$$

$$X(k) = [x_k \quad \dot{x}_k \quad \ddot{x}_k \quad y_k \quad \dot{y}_k \quad \ddot{y}_k \quad z_k \quad \dot{z}_k \quad \ddot{z}_k]' \tag{6.1.15}$$

$$F(k) = \begin{bmatrix} 1 & T & \frac{1}{2}T^2 & 0 & 0 & 0 & 0 & 0 & 0 \\ 0 & 1 & T & 0 & 0 & 0 & 0 & 0 & 0 \\ 0 & 0 & 1 & 0 & 0 & 0 & 0 & 0 & 0 \\ 0 & 0 & 0 & 1 & T & \frac{1}{2}T^2 & 0 & 0 & 0 \\ 0 & 0 & 0 & 0 & 1 & T & 0 & 0 & 0 \\ 0 & 0 & 0 & 0 & 0 & 1 & 0 & 0 & 0 \\ 0 & 0 & 0 & 0 & 0 & 0 & 1 & T & \frac{1}{2}T^2 \\ 0 & 0 & 0 & 0 & 0 & 0 & 0 & 1 & T \\ 0 & 0 & 0 & 0 & 0 & 0 & 0 & 0 & 1 \end{bmatrix} \tag{6.1.16}$$

状态向量维数增加估计会更准确，但估计的计算量也会相应地增加，因此在满足模型的精度和跟踪性能的条件下，要尽可能采用简单的数学模型。考虑到不可能获得目标精确模型及许多不可预测的现象，这里引入过程噪声。在匀速运动模型中，驾驶员或环境扰动等都可造成速度出现不可预测的变化，如飞机飞行过程中云层和阵风对飞机飞行速度的影响等，这些都要视为过程噪声来建模。

考虑到目标运动过程中有可能有控制信号，所以目标状态方程的一般形式为

$$X(k+1) = F(k)X(k) + G(k)u(k) + V(k) \tag{6.1.17}$$

式中，$G(k)$ 是输入控制项矩阵，$u(k)$ 是已知输入或控制信号，$V(k)$ 是过程噪声序列，通常假定为零均值的附加高斯白噪声序列，且假定过程噪声序列与量测噪声序列及目标初始状态是相互独立的。

6.1.4.2　量测方程

量测方程是雷达测量过程的假设。对于线性系统而言，量测方程可表示为

$$Z(k) = H(k)X(k) + W(k) \tag{6.1.18}$$

式中，$Z(k)$ 是量测向量，$H(k)$ 是量测矩阵，$X(k)$ 是状态向量，$W(k)$ 是量测噪声序列，一般假定其为零均值的附加高斯白噪声序列。

当在二维平面中以匀速或匀加速运动对目标进行建模时，对应的状态向量 $X(k)$ 可分别用式（6.1.6）和式（6.1.11）表示，此时这两种情况下的量测向量 $Z(k)$ 均为

$$Z(k) = [x_k \quad y_k]' \tag{6.1.19}$$

而量测矩阵 $H(k)$ 分别为

$$H(k) = \begin{bmatrix} 1 & 0 & 0 & 0 \\ 0 & 0 & 1 & 0 \end{bmatrix} \tag{6.1.20}$$

$$H(k) = \begin{bmatrix} 1 & 0 & 0 & 0 & 0 & 0 \\ 0 & 0 & 0 & 1 & 0 & 0 \end{bmatrix} \tag{6.1.21}$$

当在三维空间中以匀速或匀加速运动对目标进行建模时，对应的状态向量 $X(k)$ 可分别用式（6.1.13）和式（6.1.15）表示，此时这两种情况下量测向量 $Z(k)$ 均为

$$Z(k) = [x_k \quad y_k \quad z_k]' \tag{6.1.22}$$

而量测矩阵 $\boldsymbol{H}(k)$ 分别为

$$\boldsymbol{H}(k) = \begin{bmatrix} 1 & 0 & 0 & 0 & 0 & 0 \\ 0 & 0 & 1 & 0 & 0 & 0 \\ 0 & 0 & 0 & 0 & 1 & 0 \end{bmatrix} \tag{6.1.23}$$

$$\boldsymbol{H}(k) = \begin{bmatrix} 1 & 0 & 0 & 0 & 0 & 0 & 0 & 0 & 0 \\ 0 & 0 & 0 & 1 & 0 & 0 & 0 & 0 & 0 \\ 0 & 0 & 0 & 0 & 0 & 0 & 1 & 0 & 0 \end{bmatrix} \tag{6.1.24}$$

6.2　量测数据预处理技术

量测数据预处理技术是对雷达数据进行正确处理的前提条件，有效的量测数据预处理方法可以降低雷达数据处理的计算量、提高目标的跟踪精度。本节主要讨论量测预处理技术中的坐标变换、野值剔除和数据压缩问题。在多目标跟踪系统中，任何一个观测模型都是依据状态空间模型建立的，因此选择适当的坐标系相当重要。坐标系的选择直接影响跟踪的精度和计算量的大小。在许多雷达跟踪系统中，目标量测所在坐标系与数据处理所在坐标系经常是不一致的。此时，就需要通过坐标转换技术，将所有的数据信息格式统一到同一坐标系中。在各种数据处理问题中，传感器本身或者数据传输中的种种原因，都可能使给出的量测序列中包含某些错误的量测量，工程上称为野值。它们或者在量级上与正常量测相差很大，或者在量级上虽没有明显差别，但误差超越了传感器正常状态允许的误差范围。不将这些野值预先剔除，会给数据处理带来很大的误差，并且可能导致滤波发散。在雷达数据处理系统中，数据压缩技术也是一项与实际工程紧密结合的技术。有效的数据压缩技术将提高目标跟踪的精度，有效地减少系统运算量。

6.2.1　坐标变换

6.2.1.1　坐标系

对于雷达来说，目标的测量通常都在空间极坐标系中完成，而后续的目标量测数据处理却在直角坐标系中完成。另外，当雷达安装在不同的载体（飞机、舰艇等）上时，根据定义的不同，不同雷达系统采用的坐标系又称 NED（北东下）坐标系、载体坐标系、雷达天线坐标系、目标视线坐标系等。

6.2.1.2　坐标变换

在雷达跟踪系统中，坐标变换的问题是：已知两个坐标系，根据二者之间的位置关系，可以给出同一点的两组坐标间的位置关系，并且根据这个关系式，把同一目标的空间位置用不同的空间坐标系表示，从而方便整个雷达跟踪系统的目标测量和数据处理。

坐标变换主要有两种方式：一是平移变换，二是旋转变换。平移变换只改变原点的位置而不改变轴的方向，旋转变换改变轴的方向而不改变原点的位置。任何系统的坐标变换都可通过这两种变换或其中一种变换方式完成。

1）平移变换

如图 6.2.1 所示，将坐标轴自第一位置 OX, OY 与 OZ 平行移到第二位置 $O'X'$, $O'Y'$ 与 $O'Z'$，即 $O'X'$, $O'Y'$ 与 $O'Z'$ 分别平行于 OX, OY 与 OZ，这种方法称为坐标系的平移。

假设新原点 O' 关于旧坐标系的坐标是 (a, b, c)，且点 P 关于旧坐标系和新坐标系的坐标分别是 (x, y, z) 和 (x', y', z')，于是根据图 6.2.1 的空间几何关系，可以得出

$$\begin{cases} x = x' + a \\ y = y' + b \\ z = z' + c \end{cases} \tag{6.2.1}$$

或

$$\begin{cases} x' = x - a \\ y' = y - b \\ z' = z - c \end{cases} \tag{6.2.2}$$

式（6.2.1）和式（6.2.2）称为坐标轴平移下的坐标变换公式，简称平移公式。

2）旋转变换

空间坐标系的旋转，是指原点不动而坐标轴的方向变动，但单位线段不动。为了说明旋转变换公式的推导过程，我们先研究一种比较简单的情况，即一个坐标轴不动，另外两个坐标轴围绕这个轴旋转的情况，如图 6.2.2 所示。在图 6.2.2 中，OX, OY 依相同方向绕 OZ 轴旋转 θ 角，得到 OX', OY'，而 OZ 不动，即坐标系 $OXYZ$ 逆时针旋转后得到 $OX'Y'Z$。如果点 P 在旧、新坐标系下的坐标分别是 (x, y, z) 和 (x', y', z')，那么该点的 Z 轴坐标显然不变，而 Y 轴、X 轴的坐标改变了。根据图 6.2.2 中的各点的几何关系，可得到以下公式：

$$\begin{cases} x' = x \cos\theta + y \sin\theta \\ y' = -x \sin\theta + y \cos\theta \\ z' = z \end{cases} \tag{6.2.3}$$

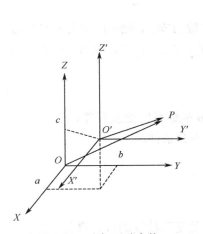

图 6.2.1　坐标平移变换

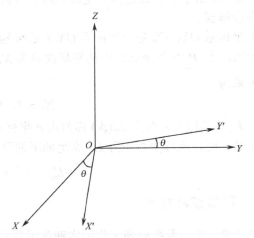

图 6.2.2　单坐标轴旋转空间几何关系

同样，当坐标绕 X 轴或 Y 轴逆时针旋转时，可分别得到类似的公式：

$$\begin{cases} x' = x \\ y' = y \cos\theta + z \sin\theta \\ z' = -y \sin\theta + z \cos\theta \end{cases} \tag{6.2.4}$$

$$\begin{cases} x' = x\cos\theta - z\sin\theta \\ y' = y \\ z' = x\sin\theta + z\cos\theta \end{cases} \tag{6.2.5}$$

在雷达数据处理系统中，为表述方便，通常将目标的空间坐标位置用向量表示。假设空间某坐标系定义为 $OX_aY_aZ_a$，则该坐标系中任意一点 P 的坐标 X_a 可用 $X_a = [X_{xa}\ X_{ya}\ X_{za}]'$ 表示，其中 X_{xa}，X_{ya} 和 X_{za} 分别是点 P 在各坐标轴的对应位置：

$$X_b = L_1 X_a \tag{6.2.6}$$

$$X_b = L_2 X_a \tag{6.2.7}$$

$$X_b = L_3 X_a \tag{6.2.8}$$

式中，

$$L_1(\theta) = \begin{bmatrix} \cos\theta & \sin\theta & 0 \\ -\sin\theta & \cos\theta & 0 \\ 0 & 0 & 1 \end{bmatrix} \tag{6.2.9}$$

$$L_2(\theta) = \begin{bmatrix} 1 & 0 & 0 \\ 0 & \cos\theta & \sin\theta \\ 0 & -\sin\theta & \cos\theta \end{bmatrix} \tag{6.2.10}$$

$$L_3(\theta) = \begin{bmatrix} \cos\theta & 0 & -\sin\theta \\ 0 & 1 & 0 \\ \sin\theta & 0 & \cos\theta \end{bmatrix} \tag{6.2.11}$$

称为绕 Z 轴、X 轴、Y 轴的基本旋转矩阵。任何两坐标系的旋转变换关系均可由基本旋转矩阵的合成得到。

若坐标系 $OX_bY_bZ_b$ 是由坐标系 $OX_aY_aZ_a$ 分别绕 X 轴、Y 轴、Z 轴逆时针旋转角度 $\varphi_1, \varphi_2, \varphi_3$ 后得到的，点 P 在新坐标系中的坐标向量为 $X_b = [X_{xb}\ X_{yb}\ X_{zb}]'$，则 X_a 和 X_b 的坐标旋转变换关系为

$$X_b = L_{ba} X_a \tag{6.2.12}$$

式中，$L_{ba} = L_1(\phi_1) \cdot L_2(\phi_2) \cdot L_3(\phi_3)$ 称为由 a 坐标系到 b 坐标系的变换矩阵。

不难证明，坐标变换矩阵 L_{ba} 满足如下的可逆和正交条件：

$$L'_{ba} = L_{ba}^{-1} = L_{ab} \tag{6.2.13}$$

6.2.2　野值剔除技术

多年来，雷达数据处理工作的实践告诉我们，即使是高精度的雷达设备，由于多种偶然因素的综合影响或作用，采样数据集合中往往有 1%～2%［有时甚至多达 10%～20%（如雷达进行高仰角跟踪）的数据点严重偏离目标真值。工程数据处理领域称这部分异常数据为野值。野值又称异常值，它对雷达数据处理工作有着十分不利的影响。近几十年来，国际统计界大量的研究结果表明，无论是基于最小二乘理论的模型参数最优估计、最优线性滤波算法（包括多项式滤波与递推卡尔曼滤波等），还是频谱分析中著名的极大熵谱估计，对采样数据中包含的野值点反应都极为敏感。工程数据处理的实践也证实，在雷达的数据处理工作中，

数据合理性检验是数据处理工作的重要一环。它对改进处理结果的精度、提高处理质量都极为重要。

1）定义

什么是野值？其定义一直不很明确，持不同态度的应用统计学家对其定义也不一样。本书采用如下定义：测量数据集合中严重偏离大部分数据所呈现趋势的小部分数据点。这一定义强调主体数据所呈现的"趋势"，以偏离数据集合主体的变化趋势为判别异常数据的依据，并且明确指出野值在测量数据集合中只占一小部分（最多不超过一半）。

2）成因

测量数据集合中出现野值点的原因很多。就雷达数据而言，产生野值的原因主要如下。

（1）操作和记录时的过失，以及数据复制和计算处理时出现的过失性错误。由此产生的误差称为过失误差。

（2）探测环境的变化。探测环境的突然改变使得部分数据与原先样本的模型不符合，如雷达跟踪时应答机工作状态的不稳定等。

（3）实际采样数据中也可能出现另一类异常数据，它既不是来自操作和处理的过失，又不是由突发性强影响因素导致的，而是某些服从长尾分布的随机变量（如服从 t 分布的随机变量）作用的结果。

3）分类

雷达数据处理过程中出现的野值点，比较常见的有如下几种类型。

（1）孤立型野值。它的基本特点是，某一采样时刻的测量数据是否为野值，与前一时刻及后一时刻的数据的质量无必然联系。而且，比较常见的是，当某个时刻的测量数据呈现异常时，在该时刻的一个邻域内的数据质量是好的，即野值点的出现是孤立的。动态测量数据中孤立异常值的出现也是比较普遍的情形之一。

（2）野值斑点。简称斑点，是指成片出现的异常数据。它的基本特征是，在当前时刻出现的野值可能带动后续时刻均严重偏离真值。雷达在跟踪高仰角目标的测量数据序列中，野值斑点的出现是比较常见的故障现象。

6.2.3　数据压缩技术

就目前的雷达数据处理技术来说，数据压缩有两种概念：一是指在单雷达数据处理系统中，将雷达不同时刻的数据压缩成一个时刻的数据；二是在多雷达（组网雷达）数据处理系统中，将多部雷达的数据压缩成单雷达数据。

6.2.3.1　单雷达的数据压缩

目前，各类传感器的数据率越来越高，获得的目标的运动信息也越来越多，目标的跟踪精度自然也就越高。然而，滤波采样率的提高，将提高对计算机运行速度的要求，同时增加跟踪器的代价。因此，在实际工程中，常用数据压缩技术妥善处理滤波精度与数据量之间的矛盾。单雷达数据压缩技术又分为等权平均量测预处理和变权平均量测预处理两种方法。

1）等权平均量测预处理

设目标的离散状态方程和量测方程分别为

$$\boldsymbol{X}(k+1) = \boldsymbol{F}(k+1,k)\boldsymbol{X}(k) + \boldsymbol{V}(k) \tag{6.2.14}$$

$$\boldsymbol{Z}(k+1) = \boldsymbol{H}(k+1)\boldsymbol{X}(k+1) + \boldsymbol{W}(k+1) \tag{6.2.15}$$

式中，$\boldsymbol{F}(k+1,k)$ 和 $\boldsymbol{H}(k+1)$ 分别是状态转移矩阵和观测矩阵，$\boldsymbol{V}(k)$ 和 $\boldsymbol{W}(k+1)$ 分别是相互独立的高斯白过程噪声和量测噪声向量。

再设滤波速率为 $k(1/s)$，在每个采样周期内对目标进行 M 次测量，量测序列为

$$\left\{ \boldsymbol{Z}\left(k+\tfrac{1}{M}\right), \cdots, \boldsymbol{Z}\left(k+\tfrac{i}{M}\right), \cdots, \boldsymbol{Z}(k+1) \right\} \tag{6.2.16}$$

定义这 M 次量测的等权平均残差为 $\boldsymbol{v}_{\mathrm{pm}}(k+1)$，则由标准卡尔曼滤波方程可得如下关系：

$$
\begin{aligned}
\boldsymbol{v}_{\mathrm{pm}}(k+1) &= \frac{1}{M}\sum_{i=1}^{M} \boldsymbol{v}\left(k+\tfrac{i}{M}\right) \\
&= \frac{1}{M}\sum_{i=1}^{M}\left[\boldsymbol{Z}\left(k+\tfrac{i}{M}\right) - \boldsymbol{H}\left(k+\tfrac{i}{M}\right)\hat{\boldsymbol{X}}\left(k+\tfrac{i}{M}\,\big|\,k\right) \right] \\
&= \frac{1}{M}\sum_{i=1}^{N} \boldsymbol{H}\left(k+\tfrac{i}{M}\right)\left[\boldsymbol{X}\left(k+\tfrac{i}{M}\right) - \boldsymbol{F}\left(k+\tfrac{i}{M},k\right)\hat{\boldsymbol{X}}(k\,|\,k) \right] + \frac{1}{M}\sum_{i=1}^{N} \boldsymbol{W}\left(k+\tfrac{i}{M}\right)
\end{aligned}
\tag{6.2.17}
$$

最后一项称为等权平均量测噪声 $\boldsymbol{W}_{\mathrm{pm}}(k+1)$，其中协方差矩阵为

$$
\begin{aligned}
\boldsymbol{R}_{\mathrm{pm}}(k+1) &= \mathrm{E}\left[\boldsymbol{W}_{\mathrm{pm}}(k+1)\boldsymbol{W}'_{\mathrm{pm}}(k+1) \right] \\
&= \sum\left[\frac{1}{M^2}\sum_{i=1}^{M}\sum_{j=1}^{M} \boldsymbol{W}\left(k+\tfrac{i}{M}\right)\boldsymbol{W}'\left(k+\tfrac{j}{M}\right) \right] \\
&= \frac{1}{M}\boldsymbol{R}(k+1)
\end{aligned}
\tag{6.2.18}
$$

式中，$\boldsymbol{R}(k+1)$ 是量测噪声 $\boldsymbol{W}(k+1)$ 的协方差矩阵。显然，等权平均残差中随机测量噪声的影响已大大减小。等权平均量测预处理的基本思想是，用这种包含更多目标信息而量测噪声影响更小的等权平均残差 $\boldsymbol{v}_{\mathrm{pm}}(k+1)$ 代替一次量测残差 $\boldsymbol{v}(k+1)$ 来计算目标状态估值，无疑会大大提高跟踪器的估计精度。

2）变权平均量测预处理

变权平均量测预处理的核心同样是用包含更多目标信息但量测噪声影响更小的变权平均残差 $\boldsymbol{v}_{\mathrm{vm}}(k+1)$ 代替一次量测残差 $\boldsymbol{v}(k+1)$ 来估计目标的状态，目的是加强最新量测数据对滤波的作用。

定义 M 次量测的变权平均残差为 $\boldsymbol{v}_{\mathrm{vm}}(k+1)$ 为

$$
\begin{aligned}
\boldsymbol{v}_{\mathrm{vm}}(k+1) &= \frac{\displaystyle\sum_{i=1}^{M} i\cdot\boldsymbol{v}\left(k+\tfrac{i}{M}\right)}{\displaystyle\sum_{i=1}^{M} i} \\
&= \frac{1}{\displaystyle\sum_{i=1}^{M} i}\sum_{i=1}^{M} i\cdot\boldsymbol{H}\left(k+\tfrac{i}{M}\right)\left[\hat{\boldsymbol{X}}\left(k+\tfrac{i}{M}\,\big|\,k\right) - \boldsymbol{F}\left(k+\tfrac{i}{M},k\right)\hat{\boldsymbol{X}}(k\,|\,k) \right] + \boldsymbol{W}_{\mathrm{vm}}\left(k+\tfrac{i}{M}\right)
\end{aligned}
\tag{6.2.19}
$$

式中，$\boldsymbol{W}_{\mathrm{vm}}(k+1)$ 是变权平均量测噪声：

$$W_{vm}(k+1) = \frac{\sum_{i=1}^{M} i \cdot W\left(k + \frac{i}{M}\right)}{\sum_{i=1}^{M} i} \tag{6.2.20}$$

其协方差矩阵为

$$
\begin{aligned}
R_{vm}(k+1) &= E\left[W_{vm}(k+1)W'_{vm}(k+1)\right] \\
&= \frac{1}{\left(\sum_{i=1}^{M} i\right)^2} E\left[\sum\left[\sum_{i=1}^{M}\sum_{j=1}^{M} i \cdot j \cdot W\left(k + \frac{i}{M}\right)W'\left(k + \frac{j}{M}\right)\right]\right] \\
&= \frac{\sum_{i=1}^{M} i^2}{\left(\sum_{i=1}^{M} i\right)^2} R(k+1)
\end{aligned}
\tag{6.2.21}
$$

6.2.3.2　多雷达的数据压缩

集中式结构是多雷达系统经常采用的一种数据处理结构。集中式结构将各传感器录取的观测信息传递到系统的数据处理中心，在那里直接对这些信息进行融合。当目标数量增多时，这种系统的计算量会显著增加。因此，在许多实际系统中经常采用数据压缩方法来提高系统的实时处理速度。

组网雷达系统的数据压缩可分为两类：点迹合成式和串行合并式。点迹合成将多部雷达在同一时间对同一目标的点迹合并，将多个探测数据合成为一个数据。串行合并将多雷达数据组合成类似于单雷达的探测点迹，但不将多个探测数据合成为一个数据。

1）点迹合成

假设同一目标同一时刻的测量向量分别为 $Z_1, Z_2, \cdots, Z_N$，对应的测量误差协方差分别为 $R_1, R_2, \cdots, R_N$，则可采用如下的公式进行数据压缩：

$$Z = R\sum_{i=1}^{N} R_i^{-1} Z_i \tag{6.2.22}$$

$$R = \left[\sum_{i=1}^{N} R_i^{-1}\right]^{-1} \tag{6.2.23}$$

从以上两式容易看出，估计的结果是各雷达的测量按精度加权；合并后的点迹不仅提高了精度，而且减少了运算量。对于非同步采样的多雷达系统，可以采用时间校正的方法，将异步数据变换成同步数据再进行点迹合并。另外，在实际工程中，为了进一步减少计算量，经常采用解耦的方式进行数据压缩。

2）串行合并

串行合并又称点迹-航迹合成，它在实际中有着广泛的应用。美国 DDG-2/15 级舰载指控系统 SYS-1-D 采用的就是这种模式。点迹数据流合成的原理如图 6.2.3 所示（以单目标为例），图中横轴代表时间，点表示探测的点迹。

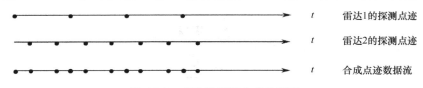

图 6.2.3　点迹数据流合成的原理

不难看出，串行合并的一个显著特点是合成后的数据流数据率加大，这意味着跟踪精度的提高，尤其是在目标发生机动的情形下。另外，总体数据率提高使航迹起始速度加快，这对反低空突防和低空反导尤为重要。同时，需要指出的是，对于数据率高的雷达系统，采用串行合并的方法将失去实际意义，此时最好采用点迹合成的方法。

6.3　目标跟踪中的航迹起始

航迹起始作为多目标航迹处理中的首要问题，其起始航迹的正确性是减少多目标跟踪固有的组合爆炸所带来的计算负担的有效措施。如果航迹起始不正确，那么根本无法实现对目标的跟踪，"失之毫厘，谬以千里"这句话可以充分体现航迹起始的重要性。而且，由于航迹起始时目标距离较远，传感器探测分辨率低、测量精度差，再加上真假目标的出现无真正的统计规律，所以航迹起始问题同时又是一个较难处理的问题。其中，多目标嘈杂环境航迹起始处理最复杂，这种情况下的复杂性主要是由多目标密集环境（含真假密集目标）航迹处理自身复杂性和航迹起始的地位决定的。相关波门或确认区域的形成是多目标跟踪问题中的首要问题，相关波门是指以被跟踪目标的预测位置为中心，用来确定该目标的观测值可能出现范围的一块区域。区域大小由正确接收回波的概率确定，也就是在确定波门的形状和大小时，应使真实量测以很高的概率落入波门，同时又要使相关波门内的无关点迹的数量不是很多。相关波门用来判断量测值是否源自目标的决策门限，落入相关波门内的回波称为候选回波，相关波门的形状和大小一旦确定，就确定了真实目标的量测被正确检测到的检测概率和虚假目标被错误检测到的虚警概率。而检测概率和虚警概率常常是矛盾的，因此选择合适的相关门是很重要的。

6.3.1　航迹起始波门的形状和尺寸

这里主要讨论几种比较常用的相关波门，包括环形波门、椭圆（球）波门、矩形波门和极坐标系下的扇形波门。为讨论方便，这里对量测方程、新息（量测残差）和新息协方差进行描述。

量测方程为

$$Z(k+1) = H(k+1)X(k+1) + W(k+1) \qquad (6.3.1)$$

式中，$H(k+1)$ 是量测矩阵，$X(k+1)$ 是状态向量，$W(k+1)$ 是具有协方差 $R(k+1)$ 的零均值白色高斯量测噪声序列。新息为

$$v(k+1) = Z(k+1) - \hat{Z}(k+1 \mid k) \qquad (6.3.2)$$

新息协方差为

$$S(k+1) = H(k+1)P(k+1 \mid k)H'(k+1) + R(k+1) \qquad (6.3.3)$$

式中，$P(k+1 \mid k)$ 为协方差的一步预测。

6.3.1.1　环形波门

环形波门一般是用在航迹起始中的初始波门，它是一个以航迹头为中心建立的，由目标最大、最小运动速度及采样间隔决定的 360°环形大波门。这是因为航迹起始时目标一般距离较远，传感器探测分辨率低、测量精度差，所以初始波门相应地要建大波门，环形波门的内径和外径应满足 $R_1 = V_{\min} T$ 和 $R_2 = V_{\max} T$，如图 6.3.1 所示，其中 $V_{\min}$ 和 $V_{\max}$ 分别是目标的最小和最大速度，T 是采样间隔。

6.3.1.2　椭圆（球）波门

若传感器测得的目标直角坐标系下的转换量测值 $\boldsymbol{Z}_c(k+1)$ 满足

$$\tilde{V}_{k+1}(\gamma) \triangleq [\boldsymbol{Z}_c(k+1) - \hat{\boldsymbol{Z}}_c(k+1|k)]' \boldsymbol{S}^{-1}(k+1)[\boldsymbol{Z}_c(k+1) - \hat{\boldsymbol{Z}}_c(k+1|k)] \tag{6.3.4}$$
$$= \boldsymbol{v}_c'(k+1) \boldsymbol{S}^{-1}(k+1) \boldsymbol{v}_c(k+1) \leqslant \gamma$$

则称转换量测值 $\boldsymbol{Z}_c(k+1)$ 为候选回波，式（6.3.4）称为椭圆（球）波门规则，参数 γ 由卡方分布表获得。若量测值 $\boldsymbol{Z}_c(k+1)$ 是 n_z 维的，则 $\tilde{V}_{k+1}(\gamma)$ 是具有 n_z 个自由度的卡方分布随机变量。参数 γ 的平方根 $g = \sqrt{\gamma}$ 称为门的"σ 数"。当 $n_z = 2$ 时，椭圆相关波门的形状如图 6.3.2 所示。

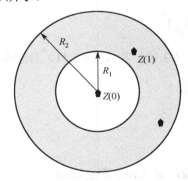

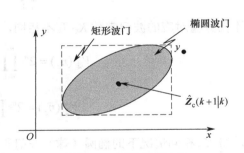

图 6.3.1　环形波门　　　　　　　图 6.3.2　椭圆相关波门

对于不同的 γ 值和量测维数 n_z，真实转换量测落入波门内的概率 P_G 不同，定义

$$P_G = \Pr\{\boldsymbol{Z}_c(k+1) \in \tilde{V}_{k+1}(\gamma)\} \tag{6.3.5}$$

n_z 维椭圆（球）波门的面（体）积为

$$V_{椭}(n_z) = c_{n_z} \gamma^{\frac{n_z}{2}} | \boldsymbol{S}(k+1) |^{1/2} \tag{6.3.6}$$

式中，

$$c_{n_z} = \begin{cases} \dfrac{\pi^{\frac{n_z}{2}}}{(n_z/2)!}, & n_z\text{为偶数} \\[4mm] \dfrac{2^{n_z+1}\left(\dfrac{n_z+1}{2}\right)! \pi^{\frac{n_z-1}{2}}}{(n_z+1)!}, & n_z\text{为奇数} \end{cases} \tag{6.3.7}$$

当 $n_z = 1, 2, 3$ 时，c_{n_z} 分别为 $2, \pi$ 和 $4\pi/3$。

利用新息协方差的标准差进行归一化，可得归一化后 n_z 维椭圆（球）波门的体积为

$$V_{椭}^u(n_z) = c_{n_z} \gamma^{n_z/2} \qquad (6.3.8)$$

6.3.1.3 矩形波门

最简单的相关波门形成方法是，在跟踪空间内定义一个矩形区域，即矩形波门。设新息 $v_c(k+1)$、转换量测 $Z_c(k+1)$ 和量测的预测值 $\hat{Z}_c(k+1|k)$ 的第 i 个分量分别用 $v_{ci}(k+1)$，$z_{ci}(k+1)$ 和 $\hat{z}_{ci}(k+1|k)$ 表示，新息协方差 $S(k+1)$ 的第 i 行、第 j 列的元素用 S_{ij} 表示，则当量测 $Z_c(k+1)$ 的所有分量均满足关系

$$\left| v_{ci}(k+1) \right| = \left| Z_{ci}(k+1) - \hat{Z}_{ci}(k+1|k) \right| \leqslant K_G \sqrt{S_{ii}}, \qquad i = 1, 2, \cdots, n_z \qquad (6.3.9)$$

则称转换量测值 $Z_c(k+1)$ 落入矩形波门内，该量测为候选回波。其中，K_G 为波门常数，在实际应用中往往取较大的 K_G 值（$K_G \geqslant 3.5$）。

n_z 维矩形波门的面（体）积为

$$V_{矩}(n_z) = (2K_G)^{n_z} \prod_{i=1}^{n_z} \sqrt{S_{ii}} \qquad (6.3.10)$$

利用新息协方差的标准差进行归一化，得归一化后 n_z 维矩形波门面（体）积为

$$V_{矩}^u(n_z) = 2^{n_z} \prod_{i=1}^{n_z} K_{Gi} = (2K_G)^{n_z} \qquad (6.3.11)$$

若不同分量对应的波门常数 K_G 互不相同，则式（6.3.10）和式（6.3.11）分别变为

$$V_{矩}(n_z) = 2^{n_z} \prod_{i=1}^{n_z} K_{Gi} \sqrt{S_{ii}} \qquad (6.3.12)$$

$$V_{矩}^u(n_z) = 2^{n_z} \prod_{i=1}^{n_z} K_{Gi} \qquad (6.3.13)$$

可求得 K_G 相同情况下的椭圆（球）波门和矩形波门面（体）积之比为

$$\text{ratio}(n_z) = \frac{V_{椭}^u(n_z)}{V_{矩}^u(n_z)} = \frac{c_{n_z} \gamma^{n_z/2}}{(2K_G)^{n_z}} \qquad (6.3.14)$$

波门常数 K_G、参数 γ 和参数 n_z 确定的情况下，由式（6.3.14）求得的椭圆（球）波门和矩形波门面（体）积之比。

6.3.1.4 扇形波门

若相关是在测量坐标系（极坐标系）下进行的，传感器测得的目标量测值 ρ, θ 满足

$$\left| \rho(k+1) - \hat{\rho}(k+1|k) \right| \leqslant K_\rho \sqrt{\sigma_\rho^2 + \sigma_{\hat{\rho}(k+1|k)}^2} \qquad (6.3.15)$$

$$\left| \theta(k+1) - \hat{\theta}(k+1|k) \right| \leqslant K_\theta \sqrt{\sigma_\theta^2 + \sigma_{\hat{\theta}(k+1|k)}^2} \qquad (6.3.16)$$

则称量测值 ρ, θ 落入扇形波门内，该量测为候选回波。其中，K_ρ, K_θ 为由卡方分布表查得的参数的平方根，σ_ρ^2 和 σ_θ^2 分别为极坐标量测值 ρ 和 θ 的量测误差的方差，$\sigma_{\hat{\rho}(k+1|k)}^2$ 和 $\sigma_{\hat{\theta}(k+1|k)}^2$ 分别为对应的预测值的方差。扇形波门的形状如图 6.3.3 所示，其尺寸大小与由卡方分布表查

得的参数、σ_ρ^2、σ_θ^2 及 $\sigma_{\hat{\rho}(k+1|k)}^2$ 和 $\sigma_{\hat{\theta}(k+1|k)}^2$ 有关。

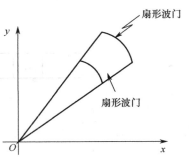

图 6.3.3　扇形波门的形状

6.3.2　航迹起始算法

航迹起始是目标跟踪的第一步，是建立新的目标档案的决策方法，主要包括暂时航迹形成和轨迹确定两个方面。现有的航迹起始算法可分为顺序处理技术和批处理技术两大类。通常，顺序处理技术适用于相对弱杂波背景中的起始目标的航迹，批数据处理技术对于起始强杂波环境下目标的航迹具有很好的效果。但是使用批数据处理技术的代价是增加计算负担。本节重点介绍航迹起始算法中最为常用的逻辑法。

逻辑法对整个航迹处理过程均适用，当然也适用于航迹起始。逻辑法和直观法涉及雷达连续扫描期间接收到的顺序观测值的处理，观测值序列代表含有 N 次雷达扫描的时间窗的输入，当时间窗内的检测数达到指定门限时，就生成一条成功的航迹，否则把时间窗向增加时间的方向移动一次扫描时间。不同之处在于，直观法用速度和加速度两个简单的规则来减少可能起始的航迹，而逻辑法则以多重假设的方式通过预测和相关波门来识别可能存在的航迹。下面具体讨论逻辑法。

设 $z_i^l(k)$ 是 k 时刻量测 i 的第 l 个分量，$l=1,\cdots,p$，$i=1,\cdots,m_1$。于是，可将观测值 $\mathbf{Z}_i(k)$ 与 $\mathbf{Z}_j(k+1)$ 间的距离向量 $\mathbf{d}_{ij}$ 的第 l 个分量定义为

$$d_{ij}^l(t) = \max[0, z_j^l(k+1) - z_i^l(k) - v_{\max}^l t] + \max[0, -z_j^l(k+1) + z_i^l(k) + v_{\min}^l t] \qquad (6.3.17)$$

式中，t 为两次扫描之间的时间间隔。若假设观测误差是独立、零均值、高斯分布的，协方差为 $\mathbf{R}_i(k)$，则归一化距离平方为

$$D_{ij}(k) \triangleq \mathbf{d}_{ij}'[\mathbf{R}_i(k) + \mathbf{R}_j(k+1)]^{-1}\mathbf{d}_{ij} \qquad (6.3.18)$$

$D_{ij}(k)$ 是服从自由度为 p 的卡方概率分布的随机变量。由给定的门限概率查自由度 p 的卡方分布表可得门限 γ，若 $D_{ij}(k) \leqslant \gamma$，则可判定 $\mathbf{Z}_i(k)$ 和 $\mathbf{Z}_j(k+1)$ 两个量测互联。

搜索程序按以下步骤进行。

（1）用第一次扫描中得到的量测为航迹头建立门限，用速度法建立初始相关波门，对落入初始相关波门的第二次扫描量测均建立可能航迹。

（2）对每个可能航迹进行外推，以外推点为中心，后续相关波门的大小由航迹外推误差协方差确定；第三次扫描量测落入后续相关波门离外推点最近者给予互联。

（3）若后续相关波门没有量测，则撤销此可能航迹，或用加速度限制的扩大相关波门考察第三次扫描量测是否落在其中。

（4）继续上述步骤，直到形成稳定航迹，航迹起始方算完成。

（5）在历次扫描中，未落入相关波门参与数据互联判别的那些量测（称自由量测）均作为新的航迹头，转步骤 1。

用逻辑法确定航迹起始，何时才能形成稳定的航迹？这个问题取决于航迹起始复杂性分析和性能的折中，即取决于真假目标性能、密集的程度及分布、搜索传感器分辨率和量测误差等。一般采用的方法是航迹起始滑窗法的 m/n 逻辑原理，如图 6.3.4 所示。

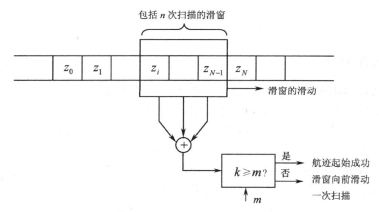

图 6.3.4   滑窗法的 m/n 逻辑原理

序列 $(z_1, z_2, \cdots, z_i, \cdots, z_n)$ 表示含 n 次雷达扫描的时间窗的输入，若在第 i 次扫描时相关波门内含有点迹，则元素 z_i 等于 1，反之等于 0。当时间窗内的检测数达到某个特定值 m 时，航迹起始便告成功。否则，滑窗右移一次扫描，即增大窗口时间。航迹起始的检测数 m 和滑窗中的相继事件数 n，两者一起构成航迹起始逻辑。

在军用飞机编队飞行的背景模拟中，用 3/4 逻辑最为合适，取 $n = 5$ 时，改进的效果不明显。为了折中性能与计算复杂程度，在多次扫描内，取 $1/2 < m/n < 1$ 是适宜的。因为 $m/n > 1/2$ 表示互联量测数过半，若不然，再作为可能航迹不可信赖；若取 $m/n = 1$，则表示每次扫描均有量测互联，这样也过分相信环境安静。因此，工程上通常只取下述两种情况。

（1）2/3 比值，作为快速启动。

（2）3/4 比值，作为正常航迹起始。

6.4   目标跟踪方法（卡尔曼滤波器）

6.4.1   系统模型

卡尔曼滤波利用信号与观测噪声的一阶和二阶矩的统计特性，以线性最小均方估计方法解决随机信号的滤波问题。状态变量法是描述动态系统的一种很有价值的方法，采用这种方法时，系统的输入/输出关系是用状态转移模型和输出观测模型在时域内加以描述的。输入可以用确定的时间函数和代表不可预测的变量或噪声的随机过程组成的动态模型进行描述，输出是状态向量的函数，通常受到随机观测误差的扰动，可由量测方程描述。

离散时间系统的动态方程（状态方程）可表示为

$$X(k+1) = F(k)X(k) + G(k)u(k) + V(k) \tag{6.4.1}$$

式中，$F(k)$ 为状态转移矩阵；$X(k)$ 为状态向量；$G(k)$ 为输入控制项矩阵；$u(k)$ 为已知输入或控制信号；$V(k)$ 是零均值、高斯白噪声序列，其协方差为 $Q(k)$；若过程噪声 $V(k)$ 用 $\Gamma(k)v(k)$ 代替，则 $Q(k)$ 变为 $\Gamma(k)q\Gamma'(k)$，$\Gamma(k)$ 为过程噪声分布矩阵，

$$E[V(k)V'(j)] = Q(k)\delta_{kj} \tag{6.4.2}$$

式中，δ_{kj} 为 Kronecker Delta 函数，该性质说明不同时刻的过程噪声是相互独立的。

离散时间系统的量测方程为

$$Z(k+1) = H(k+1)X(k+1) + W(k+1) \tag{6.4.3}$$

式中，$H(k+1)$ 为量测矩阵，$W(k+1)$ 为具有协方差 $R(k+1)$ 的零均值、高斯白量测噪声序列，

$$E[W(k)W'(j)] = R(k)\delta_{kj} \tag{6.4.4}$$

该性质说明不同时刻的量测噪声也是相互独立的。

上述离散时间线性系统也可用图 6.4.1 中的框图来表示，系统中包含如下先验信息。

（1）初始状态 $X(0)$ 是高斯的，具有均值 $\hat{X}(0|0)$ 和协方差 $P(0|0)$。

（2）初始状态与过程噪声和量测噪声序列不相关。

（3）过程噪声和量测噪声序列互不相关。

在上述假定条件下，状态方程（6.4.1）和量测方程（6.4.3）的线性性质可保持状态和量测的高斯性质。若将根据已知的 j 时刻和 j 以前时刻的量测值对 k 时刻的状态 $X(k)$ 做出的某种估计记为 $\hat{X}(k|j)$，则按照状态估计所指的时刻，估计问题可归纳为下列三种。

（1）当 $k=j$ 时是滤波问题，$\hat{X}(k|j)$ 为 k 时刻状态 $X(k)$ 的滤波值。

（2）当 $k>j$ 时是预测问题，为 k 时刻状态 $X(k)$ 的预测值。

（3）当 $k<j$ 时是平滑问题，为 k 时刻状态 $X(k)$ 的平滑值。

下面只讨论预测和滤波问题，而不讨论平滑问题。

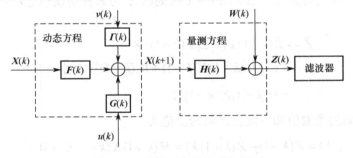

图 6.4.1　离散时间线性系统框图

6.4.2　滤波模型

在所有的线性滤波器中，线性均方估计滤波器是最优的。线性均方误差准则下的滤波器包括维纳滤波器和卡尔曼滤波器，在稳态条件下二者是一致的，但卡尔曼滤波器适用于有限观测间隔的非平稳问题，是适合于计算机计算的递推算法。

静态（非时变）情况下随机向量 x 的最小均方误差估计为

$$\hat{x} = E[x|z] = \bar{x} + P_{xz}P_{zz}^{-1}(z - \bar{z}) \tag{6.4.5}$$

其对应的条件误差协方差矩阵为

$$P_{xx|z} = E[(x - \hat{x})(x - \hat{x})'|z] = P_{xx} - P_{xz}P_{zz}^{-1}P_{zx} \tag{6.4.6}$$

类似地，动态（时变）情况下的最小均方误差估计可定义为

$$\hat{x} \to \hat{X}(k|k) = E[X(k)|Z^k] \tag{6.4.7}$$

式中，

$$Z^k = \{Z(j), \quad j = 1, 2, \cdots, k\} \tag{6.4.8}$$

与上式相伴的状态误差协方差矩阵定义为

$$P(k \mid k) = \mathrm{E}\{[X(k) - \hat{X}(k \mid k)][X(k) - \hat{X}(k \mid k)]' \mid Z^k\}$$
$$= \mathrm{E}\{\tilde{X}(k \mid k)\tilde{X}'(k \mid k) \mid Z^k\} \tag{6.4.9}$$

把以 Z^k 为条件的期望算子应用到式（6.4.1）中，得到状态的一步预测为

$$\bar{x} \to \hat{X}(k+1 \mid k) = \mathrm{E}[X(k+1) \mid Z^k]$$
$$= \mathrm{E}[F(k)X(k) + G(k)u(k) + V(k) \mid Z^k] \tag{6.4.10}$$
$$= F(k)\hat{X}(k \mid k) + G(k)u(k)$$

预测值的误差为

$$\tilde{X}(k+1 \mid k) = X(k+1) - \hat{X}(k+1 \mid k) = F(k)\tilde{X}(k \mid k) + V(k) \tag{6.4.11}$$

一步预测协方差为

$$P_{xx} \to P(k+1 \mid k) = \mathrm{E}[\tilde{X}(k+1 \mid k)\tilde{X}'(k+1 \mid k) \mid Z^k]$$
$$= \mathrm{E}[(F(k)\tilde{X}(k \mid k) + V(k))(\tilde{X}'(k \mid k)F'(k) + V'(k)) \mid Z^k] \tag{6.4.12}$$
$$= F(k)P(k \mid k)F'(k) + Q(k)$$

注意，一步预测协方差 $P(k+1 \mid k)$ 为对称阵，可用来衡量预测的不确定性，$P(k+1 \mid k)$ 越小，预测越精确。通过对式（6.4.3）取 $k+1$ 时刻以 Z^k 为条件的期望值，可以类似地得到量测的预测是

$$\bar{Z} \to \hat{Z}(k+1 \mid k) = \mathrm{E}[Z(k+1) \mid Z^k]$$
$$= \mathrm{E}\Big[\big(H(k+1)X(k+1) + W(k+1)\big) \mid Z^k\Big] \tag{6.4.13}$$
$$= H(k+1)\hat{X}(k+1 \mid k)$$

进而，可求得量测的预测值和量测值之间的差值为

$$\tilde{Z}(k+1 \mid k) = Z(k+1) - \hat{Z}(k+1 \mid k) = H(k+1)\tilde{X}(k+1 \mid k) + W(k+1) \tag{6.4.14}$$

量测的预测协方差（或新息协方差）为

$$P_{zz} \to S(k+1) = \mathrm{E}[\tilde{Z}(k+1 \mid k)\tilde{Z}'(k+1 \mid k) \mid Z^k]$$
$$= \mathrm{E}[(H(k+1)\tilde{X}(k+1 \mid k) + W(k+1))(\tilde{X}'(k+1 \mid k)H'(k+1) + W'(k+1)) \mid Z^k] \tag{6.4.15}$$
$$= H(k+1)P(k+1 \mid k)H'(k+1) + R(k+1)$$

注意：新息协方差 $S(k+1)$ 也为对称阵，它用来衡量新息的不确定性，新息协方差越小，说明量测值越精确。

状态和量测之间的协方差为

$$P_{xz} \to \mathrm{E}[\tilde{X}(k+1 \mid k)\tilde{Z}'(k+1 \mid k) \mid Z^k]$$
$$= \mathrm{E}[\tilde{X}(k+1 \mid k)(H(k+1)\tilde{X}(k+1 \mid k) + W(k+1))' \mid Z^k] \tag{6.4.16}$$
$$= P(k+1 \mid k)H'(k+1)$$

增益为

$$P_{xz}P_{zz}^{-1} \to K(k+1) = P(k+1 \mid k)H'(k+1)S^{-1}(k+1) \tag{6.4.17}$$

进而，可求得 $k+1$ 时刻的估计（状态更新方程）为

$$\hat{X}(k+1|k+1) = \hat{X}(k+1|k) + K(k+1)v(k+1) \tag{6.4.18}$$

其中，$v(k+1)$ 为新息或量测残差，

$$v(k+1) = \tilde{Z}(k+1|k) = Z(k+1) - \hat{Z}(k+1|k) \tag{6.4.19}$$

说明 $k+1$ 时刻的估计 $\hat{X}(k+1|k+1)$ 等于该时刻的状态预测值 $\hat{X}(k+1|k)$ 再加上一个修正项，而这个修正项与增益 $K(k+1)$ 和新息有关。协方差更新方程为

$$
\begin{aligned}
P(k+1|k+1) &= P(k+1|k) - P(k+1|k)H'(k+1)S^{-1}(k+1)H(k+1)P(k+1|k) \\
&= [I - K(k+1)H(k+1)]P(k+1|k) \\
&= P(k+1|k) - K(k+1)S(k+1)K'(k+1) \\
&= [I - K(k+1)H(k+1)]P(k+1|k)[I + K(k+1)H(k+1)]' - K(k+1)R(k+1)K'(k+1)
\end{aligned}
$$

$$\tag{6.4.20}$$

式中，I 为与协方差同维的单位阵。上式可保证协方差矩阵 P 的对称性和正定性。

滤波器增益的另一种表示形式为

$$K(k+1) = P(k+1|k+1)H'(k+1)R^{-1}(k+1) \tag{6.4.21}$$

图 6.4.2 中给出了卡尔曼滤波器所包含的方程及滤波流程，而卡尔曼滤波器的一个循环过程如图 6.4.3 所示，其余的类推。

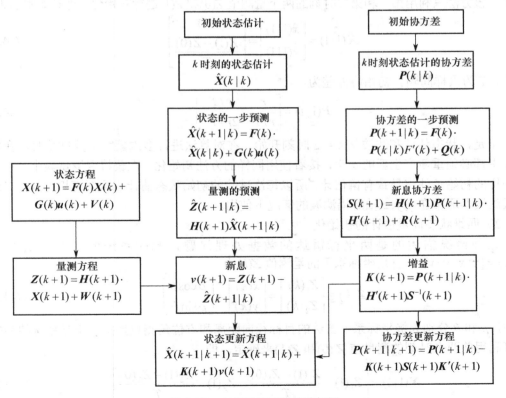

图 6.4.2　卡尔曼滤波器算法框图

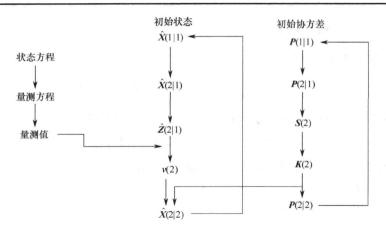

图 6.4.3　卡尔曼滤波器算法单次循环流程图

6.4.3　卡尔曼滤波器的初始化

本节讨论的状态估计的初始化问题是运用卡尔曼滤波器的一个重要前提条件，只有进行了初始化，才能利用卡尔曼滤波器对目标进行跟踪。

1）二维状态向量估计的初始化

系统的状态方程和量测方程同式（6.4.1）和式（6.4.3），此时的状态向量表示为 $\boldsymbol{X} = [x, \dot{x}]'$，量测噪声 $W(k) \sim N(0, r)$，且与过程噪声相互独立。这种情况下的状态估计初始化可采用两点差分法，该方法只利用第一和第二时刻的两个量测值 $Z(0)$ 和 $Z(1)$ 进行初始化，即初始状态为

$$\hat{\boldsymbol{X}}(1|1) = \begin{bmatrix} \hat{x}(1|1) \\ \hat{\dot{x}}(1|1) \end{bmatrix} = \begin{bmatrix} Z(1) \\ \dfrac{Z(1) - Z(0)}{T} \end{bmatrix} \tag{6.4.22}$$

式中，T 为采样间隔。初始协方差为

$$\boldsymbol{P}(1|1) = \begin{bmatrix} r & r/T \\ r/T & 2r/T^2 \end{bmatrix} \tag{6.4.23}$$

于是，状态估计和滤波从 $k = 2$ 时刻开始。在对算法进行多次蒙特卡罗试验时，在每次试验中都必须重新产生新的噪声，接着使用同样的方法初始化。在蒙特卡罗试验中，重复使用同样的初始条件将导致有偏估计，所以每次试验的初始状态估计应重新随机选择。二维卡尔曼滤波器通常在 x, y, z 轴解耦滤波的情况下使用。

2）四维状态向量估计的初始化

这种情况描述的是两坐标雷达的数据处理问题，此时系统的状态向量表示为 $\boldsymbol{X}(k) = [x \ \dot{x} \ y \ \dot{y}]'$，直角坐标系下的量测值 $\boldsymbol{Z}(k)$ 为

$$\boldsymbol{Z}(k) = \begin{bmatrix} Z_1(k) \\ Z_2(k) \end{bmatrix} = \begin{bmatrix} x(k) \\ y(k) \end{bmatrix} = \begin{bmatrix} \rho \cos\theta \\ \rho \sin\theta \end{bmatrix} \tag{6.4.24}$$

式中，ρ 和 θ 分别为极坐标系下雷达的目标径向距离和方位角测量数据，于是系统的初始状态可利用前两个时刻的测量值 $\boldsymbol{Z}(0)$ 和 $\boldsymbol{Z}(1)$ 来确定，即

$$\hat{\boldsymbol{X}}(1|1) = \begin{bmatrix} Z_1(1) & \dfrac{Z_1(1) - Z_1(0)}{T} & Z_2(1) & \dfrac{Z_2(1) - Z_2(0)}{T} \end{bmatrix}' \tag{6.4.25}$$

k 时刻量测噪声在直角坐标系下的协方差为

$$\boldsymbol{R}(k) = \begin{bmatrix} r_{11} & r_{12} \\ r_{12} & r_{22} \end{bmatrix} = \boldsymbol{A} \begin{bmatrix} \sigma_\rho^2 & 0 \\ 0 & \sigma_\theta^2 \end{bmatrix} \boldsymbol{A}' \qquad (6.4.26)$$

式中，σ_ρ^2 和 σ_θ^2 分别为径向距离和方位角测量误差的方差，而

$$\boldsymbol{A} = \begin{bmatrix} \cos\theta & -\rho\sin\theta \\ \sin\theta & \rho\cos\theta \end{bmatrix} \qquad (6.4.27)$$

由量测噪声协方差的各元素可得四维状态向量情况下的初始协方差阵为

$$\boldsymbol{P}(1|1) = \begin{bmatrix} r_{11}(1) & r_{11}(1)/T & r_{12}(1) & r_{12}(1)/T \\ r_{11}(1)/T & 2r_{11}(1)/T^2 & r_{12}(1)/T & 2r_{12}(1)/T^2 \\ r_{12}(1) & r_{12}(1)/T & r_{22}(1) & r_{22}(1)/T \\ r_{12}(1)/T & 2r_{12}(1)/T^2 & r_{22}(1)/T & 2r_{22}(1)/T^2 \end{bmatrix} \qquad (6.4.28)$$

且滤波器从 $k = 2$ 时刻开始工作。

3）六维状态向量估计的初始化

这种情况描述的是三坐标雷达的数据处理问题，此时系统的状态向量表示为 $\boldsymbol{X}(k) = [x\ \dot{x}\ y\ \dot{y}\ z\ \dot{z}]'$，直角坐标系下的量测值 $\boldsymbol{Z}(k)$ 为

$$\boldsymbol{Z}(k) = \begin{bmatrix} Z_1(k) \\ Z_2(k) \\ Z_3(k) \end{bmatrix} = \begin{bmatrix} x(k) \\ y(k) \\ z(k) \end{bmatrix} = \begin{bmatrix} \rho\cos\theta\cos\varepsilon \\ \rho\sin\theta\cos\varepsilon \\ \rho\sin\varepsilon \end{bmatrix} \qquad (6.4.29)$$

式中，ρ 和 θ 的定义同四维状态向量情况，ε 为目标的俯仰角测量数据。此时系统的初始状态仍只需利用前两个时刻的测量值 $\boldsymbol{Z}(0)$ 和 $\boldsymbol{Z}(1)$ 来确定，即

$$\hat{\boldsymbol{X}}(1|1) = \begin{bmatrix} Z_1(1) & \dfrac{Z_1(1) - Z_1(0)}{T} & Z_2(1) & \dfrac{Z_2(1) - Z_2(0)}{T} & Z_3(1) & \dfrac{Z_3(1) - Z_3(0)}{T} \end{bmatrix}' \qquad (6.4.30)$$

在这种情况下，k 时刻直角坐标系下的量测噪声协方差为

$$\boldsymbol{R}(k) = \begin{bmatrix} r_{11} & r_{12} & r_{13} \\ r_{12} & r_{22} & r_{23} \\ r_{13} & r_{23} & r_{33} \end{bmatrix} = \boldsymbol{A} \begin{bmatrix} \sigma_\rho^2 & 0 & 0 \\ 0 & \sigma_\theta^2 & 0 \\ 0 & 0 & \sigma_\varepsilon^2 \end{bmatrix} \boldsymbol{A}' \qquad (6.4.31)$$

式中，σ_ρ^2 和 σ_θ^2 的定义同四维状态向量情况，σ_ε^2 为俯仰角测量误差的方差，而

$$\boldsymbol{A} = \begin{bmatrix} \cos\theta\cos\varepsilon & -\rho\sin\theta\cos\varepsilon & -\rho\cos\theta\sin\varepsilon \\ \sin\theta\cos\varepsilon & \rho\cos\theta\cos\varepsilon & -\rho\sin\theta\sin\varepsilon \\ \sin\varepsilon & 0 & \rho\cos\varepsilon \end{bmatrix} \qquad (6.4.32)$$

由量测噪声协方差的各元素可得六维状态向量情况下的初始协方差阵为

$$\boldsymbol{P}(1|1) = \begin{bmatrix} r_{11}(1) & r_{11}(1)/T & r_{12}(1) & r_{12}(1)/T & r_{13}(1) & r_{13}(1)/T \\ r_{11}(1)/T & 2r_{11}(1)/T^2 & r_{12}(1)/T & 2r_{12}(1)/T^2 & r_{13}(1)/T & 2r_{13}(1)/T^2 \\ r_{12}(1) & r_{12}(1)/T & r_{22}(1) & r_{22}(1)/T & r_{23}(1) & r_{23}(1)/T \\ r_{12}(1)/T & 2r_{12}(1)/T^2 & r_{22}(1)/T & 2r_{22}(1)/T^2 & r_{23}(1)/T & 2r_{23}(1)/T^2 \\ r_{13}(1) & r_{13}(1)/T & r_{23}(1) & r_{23}(1)/T & r_{33}(1) & r_{33}(1)/T \\ r_{13}(1)/T & 2r_{13}(1)/T^2 & r_{23}(1)/T & 2r_{23}(1)/T^2 & r_{33}(1)/T & 2r_{33}(1)/T^2 \end{bmatrix} \qquad (6.4.33)$$

且滤波器从 $k=2$ 时刻开始工作。

6.4.4　卡尔曼滤波算法应用举例

设目标在 x 轴方向上做匀速直线运动，其状态方程为
$$\boldsymbol{X}(k+1) = \boldsymbol{F}(k)\boldsymbol{X}(k) + \boldsymbol{\Gamma}(k)v(k) \qquad k = 0,1,\cdots,99 \tag{6.4.34}$$
其中，状态向量为 $\boldsymbol{X}(k) = [x \quad \dot{x}]'$，状态转移矩阵 $\boldsymbol{F}(k)$、过程噪声分布矩阵 $\boldsymbol{\Gamma}(k)$ 分别为
$$\boldsymbol{F}(k) = \begin{bmatrix} 1 & T \\ 0 & 1 \end{bmatrix} \tag{6.4.35}$$
$$\boldsymbol{\Gamma}(k) = \begin{bmatrix} T^2/2 \\ T \end{bmatrix} \tag{6.4.36}$$
式中，采样间隔 $T = 1\mathrm{s}$，过程噪声是零均值的高斯白噪声，且和量测噪声序列相互独立，其方差为 $\mathrm{E}[v^2(k)] = q$，仿真时取 $q = 0$ 和 $q = 1$ 两种情况。目标真实的初始状态为
$$\boldsymbol{X}(0) = \begin{bmatrix} 9 \\ 11 \end{bmatrix} \tag{6.4.37}$$
量测方程为
$$Z(k) = \boldsymbol{H}(k)\boldsymbol{X}(k) + W(k) \tag{6.4.38}$$
式中，量测噪声是零均值的白噪声，具有方差，而量测矩阵 $\mathrm{E}[W^2(k)] = r = 4$，
$$\boldsymbol{H}(k) = [1 \quad 0] \tag{6.4.39}$$
要求：

（1）画出目标真实运动轨迹和估计轨迹。

（2）画出目标预测和更新的位置和速度方差。

解： 由于系统的状态向量是二维的，所以采用式（6.4.22）和式（6.4.23）的方法进行状态和协方差初始化，量测值 $Z(k)$ 由式（6.4.38）获得。图 6.4.4 为过程噪声 $q = 0$ 和 $q = 1$ 情况下的目标真实轨迹和滤波轨迹，其中横坐标为目标的位置，纵坐标为目标的运动速度大小。

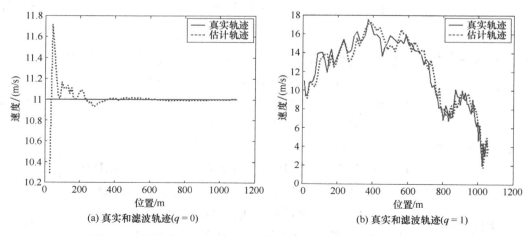

(a) 真实和滤波轨迹($q = 0$)　　　　　　(b) 真实和滤波轨迹($q = 1$)

图 6.4.4　过程噪声 $q = 0$ 和 $q = 1$ 情况下的目标真实轨迹和滤波轨迹

图 6.4.5 和图 6.4.6 分别为过程噪声 $q = 0$ 和 $q = 1$ 情况下的预测位置误差协方差 $P_{11}(k+1|k)$、

预测速度误差协方差 $P_{22}(k+1|k)$ 和更新位置误差协方差 $P_{11}(k+1|k+1)$、更新速度误差协方差 $P_{22}(k+1|k+1)$ 的轨迹图，其中横坐标为跟踪步数，纵坐标分别为位置和速度误差协方差。

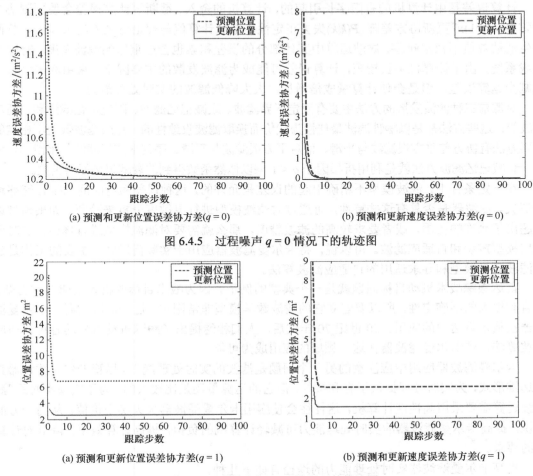

(a) 预测和更新位置误差协方差($q=0$)　　　　(b) 预测和更新速度误差协方差($q=0$)

图 6.4.5　过程噪声 $q=0$ 情况下的轨迹图

(a) 预测和更新位置误差协方差($q=1$)　　　　(b) 预测和更新速度误差协方差($q=1$)

图 6.4.6　过程噪声 $q=1$ 情况下的轨迹图

6.4.5　卡尔曼滤波器应用中应注意的问题

卡尔曼滤波结果的好坏与过程噪声和量测噪声的统计特性[零均值 $Q(k)$ 和协方差 $R(k)$]、状态初始条件等因素有关。实际上这些量都是未知的，我们在滤波时对它们进行了假设。如果假设的模型和真实模型比较相符，则滤波结果和真实值很相近，而且随着滤波时间的增长，二者之间的差值越来越小。但是，假设的模型和真实模型不相符时，会出现滤波发散现象。什么是滤波发散？滤波发散是指滤波器实际的均方误差比估计值大很多，且其差值随着时间的增加而无限增长。一旦出现发散现象，滤波就失去了意义。因此，在实际应用中应克服这种现象。

引起滤波发散的主要原因概括如下。

（1）系统过程噪声和量测噪声参数的选取与实际物理过程不符，特别是过程噪声的影响较大。

（2）系统的初始状态和初始协方差的假设值偏差过大。

（3）不适当的线性化处理或降维处理。

（4）计算误差。

计算误差是由计算机的有限字长引起的，计算机的舍入、截断等计算误差会使预测协方差阵 $P(k|k-1)$ 或更新协方差阵 $P(k|k)$ 失去正定性，造成计算值与理论值之差越来越大，从而产生滤波数值不稳定问题。滤波运算中其他部分的误差积累也会严重影响滤波精度。特别是机载系统，由于计算机字长较短，计算误差可能成为滤波发散的主要因素。采用双倍字长可以减少运算误差，但是会使计算量成倍增加，大大降低滤波的实时处理能力。

克服前三种滤波发散的方法主要有限定下界滤波、衰减记忆滤波、限定记忆滤波和自适应滤波等，这些方法都是以牺牲滤波最佳性为代价而换取滤波收敛性的。克服滤波数值不稳定的主要方法有协方差平方根滤波与平滑、信息平方根滤波与平滑、序列平方根滤波与平滑等。例如，衰减记忆滤波方法就是利用折扣因子 $\alpha<1$ 乘以似然函数得到的衰减记忆似然函数。

在一定条件下，滤波模型不精确引起的误差是允许的，这种误差随着时间的推移能够逐渐消失。滤波器是否具有这些特性，可通过对滤波模型进行灵敏度分析来验证。如果模型误差超出了允许的范围，或者要求较高的滤波精度，那么就需要对滤波模型进行修改。这时可采用模型辨识和自适应滤波。可以说，将卡尔曼滤波器应用于实际问题时，主要的工作是建立滤波数学模型和寻求适用的自适应滤波算法。

雷达跟踪战术机动目标问题就是一个典型的例子。因为战术目标的机动规律非常复杂，而且有很大的不确定性，所以要建立它的滤波数学模型非常困难。这个原因阻碍了卡尔曼滤波器在战术雷达中的应用。20 世纪 70 年代后，人们相继提出了跟踪机动目标的各种自适应滤波算法，使卡尔曼滤波器在这一领域的应用成为可能。

卡尔曼滤波器应用中应注意的另一个问题是滤波的实时处理能力。尽管卡尔曼滤波器具有递推形式，为实时处理提供了有利条件，但它的运算量还是比较大的。为了实现实时跟踪，滤波运算需要采用高性能计算机，这往往会使应用卡尔曼滤波器失去实用价值。从另一方面来说，提高卡尔曼滤波器的实时处理能力可减轻计算机的负担，提高计算效率，降低对计算机的要求。

提高卡尔曼滤波器实时处理能力的途径有如下几种。

（1）改进计算技术，如采用计算量较小的序贯处理和信息滤波算法。

（2）减少状态维数，可通过压缩状态维数或将系统解耦成几个子系统来实现。

（3）采用简化增益，如采用常增益或分段常增益滤波。

（4）降低数据率。特别是脉冲多普勒雷达，其数据率高达几十或几百千赫，而典型的滤波速率是每秒几十次。为了解决高数据率与滤波实时处理能力的矛盾，可以采用简单的算法对数据进行预处理，这样既能降低数据率，又能基本保持数据中的有用信息。

6.5 机载雷达常用跟踪模式

雷达数据处理是计算机在雷达中的应用的一个方面，它对雷达控制威力范围内的目标进行自动检测、目标位置与特征参数估值与录取、点迹和航迹处理、对下一时刻目标位置的预测，完成高速、大容量、精确稳定的目标跟踪，把处理的航迹数据和原始的目标回波以操作员易于理解和灵活操作的方式呈现给操作人员并直接上报给指挥机构，实现空中目标信息的探测、获取、处理、传输和显示的自动化。

雷达数据处理机利用数字计算机,对雷达接收机或信号处理机送来的目标回波由自动检测装置判决目标存在和由信息提取器录取目标有关参数后,进行航迹数据处理,以提供每个目标的位置、速度、机动情况和属性识别,其精度和可靠性要比一次观测的雷达报告高。

依据雷达种类、数目和要跟踪处理的目标数,可以将雷达数据处理分为三类。

(1)单传感器单目标跟踪。用单个传感器跟踪单个目标的运动是雷达数据处理最基本的应用,如单目标跟踪火控雷达。这种情况下,将处理集中在连续更新单个目标的状态,用预测值来调整传感器探测位置以跟踪目标运动,总是保持跟踪传感器的视线指向单个要跟踪的目标。由于假定每个检测都来自单个目标或虚警,不需要复杂的分配逻辑,从而大大简化了处理。单目标跟踪技术可以分为距离跟踪、角度跟踪和速度跟踪。

(2)单传感器多目标跟踪。随着目标数目的增加,需要把每次的探测结果标识为一条已有航迹,或一条新航迹,或一个虚警,使得观测到目标的分配变得复杂。特别是当目标变得稠密,或目标交叉、分批或继续聚合一起时,分配处理更为复杂。边扫描边跟踪(Track While Scan,TWS)系统是多目标跟踪的一个特例,其波束在空间机械扫描,以大致固定的间隔录取目标位置的观测值;相控阵雷达数据处理系统是另一个例子,其天线波束在空间的扫描是电控的,具有灵活性和快速性,对不同的目标,其点迹的录取率可以不同,也可以灵活地改变。

(3)多传感器多目标跟踪。该类型是最为复杂的数据处理,多个传感器具有不同的目标视角、几何测量方法、精度、分辨率和视野。尽管通过考虑空间以外的参数,使不同传感器观测中的属性数据可以辅助处理,但是这些传感器中任何不同的特性仍然会使测量的分配问题进一步复杂化。组网雷达的数据处理和多传感器数据融合是对付现代雷达"四大威胁"的有效手段之一,可以获得更好的性能。

6.5.1　单目标跟踪

由于雷达天线通过扫描来获得较大的侦察空域,因此雷达观察一个目标的时间是有限的。当雷达发现目标时,对目标进行连续的序贯检测,使得天线的每次扫描对目标的探测都相关且结果具有可融合性,这就需要对目标进行跟踪。

雷达测量目标的参数(距离、方位和速度),随着时间的推移,观测出目标的运动轨迹,同时预测出下一个时间目标会出现在什么位置,是雷达的目标跟踪功能。通过提供的目标先验信息,雷达跟踪除了改善目标的探测环境,还可提高目标距离、速度、角度测量的质量。

机载跟踪雷达一般有以下三种体制:单目标跟踪(Single Target Tracker, STT)、边扫描边跟踪(TWS)和相控阵雷达跟踪(Phased Array Radar Tracking, PRT)。边扫描边跟踪雷达在快速扫描特定扇形区域的同时完成目标跟踪,在所覆盖的区域可以跟踪多个目标,具有中等数据率。使用电调向的相控阵雷达,能够以高数据率同时跟踪大批量目标。这两种跟踪体制均可实现多目标跟踪。

单目标跟踪雷达一般发射笔形波束,接收单个目标的回波,并以高数据率连续跟踪单个目标的方位、距离或多普勒频移。其分辨单元由天线波束宽度、发射脉冲宽度(或脉冲压缩后的脉宽)和多普勒频带宽度决定。分辨单元与搜索雷达的分辨单元相比通常很小,用来排除来自其他目标、杂波和干扰等不需要的回波信号。

单目标跟踪雷达的波束窄,因此,它常常依赖于搜索雷达或其他目标定位源的信息来捕获目标,即在开始跟踪之前,将它的波束对准目标或置于目标附近,如图 6.5.1 所示。在锁定目标或闭合跟踪环之前,波束可能需要在有限的角度区域内扫描,以便将目标捕获在波束之内，并使距离跟踪波门位于回波脉冲的中心。跟踪雷达由波束指向的角度和距离跟踪波门的位置来决定目标位置。跟踪滞后是通过把来自跟踪环的跟踪滞后误差电压，转换成角度单位来度量的。为了实时校正跟踪滞后误差，通常把这个数据加到角度轴位置数据之上，或从角度轴位置数据中减去此数据。

6.5.1.1 距离跟踪

雷达的距离是由发射射频脉冲到目标回波信号之间的时间延迟来测定的，连续估计目标距离的过程称为距离跟踪，它是一个自动跟踪系统。早期雷达都是通过模拟电路来实现距离跟踪的，现代雷达系统已经数字化，可在数据处理机中完成。由于运动目标的距离随时间变化，因此在距离跟踪雷达中，不是直接测量回波脉冲滞后于发射同步脉冲的时间延迟 t_R，而是由距离自动跟踪系统产生一个可移动的距离跟踪波门脉冲（如采用前、后波门），将它与回波信号重合，从而测出距离跟踪波门相对于发射同步脉冲的时延 t_d。正常跟踪时，$t_R = t_d$，即可得出目标的距离 R。

图 6.5.2 是距离自动跟踪系统的原理框图。目标距离自动跟踪系统主要包括时间鉴别器、控制器和跟踪脉冲产生器三部分。

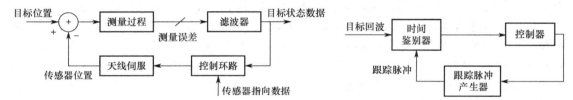

图 6.5.1　单目标跟踪系统示意图　　　　图 6.5.2　距离自动跟踪系统的原理框图

6.5.1.2 角度跟踪

在火控雷达和精密跟踪雷达中，必须快速连续地提供单个或多个目标（飞机、导弹等）坐标的精确数值。此外，在靶场测量、卫星跟踪、宇宙航行等方面的应用中，雷达也应观测一个或多个目标，而且必须快速精确地提供目标坐标的测量数据。

为了快速提供目标的精确坐标值，需要采用自动测角的方法。自动测角时，天线能自动跟踪目标，同时将目标的坐标数据经数据传递系统送到计算机数据处理系统。

和自动测距需要一个时间鉴别器一样，自动测角也要有一个角误差鉴别器。当目标方向偏离天线轴线（出现了误差角 ε）时，就能产生一个误差电压。误差电压的大小正比于误差角，其极性随偏离方向不同而改变。此误差电压经跟踪系统变换、放大、处理后，控制天线向减小误差角的方向运动，使天线轴线对准目标。

采用等信号法测角时，在一个角平面内需要两个波束。这两个波束可以交替出现（顺序波瓣法），也可以同时存在（同时波瓣法）。前一种方法以圆锥扫描雷达最为典型，后一种方法是单脉冲雷达。

单脉冲雷达通过比较由多个天线波束收到的回波脉冲的振幅和相位来测定目标的角位置。因此，从理论上讲，单脉冲雷达可从一个目标回波脉冲中获取目标的位置信息，不受回波振幅起伏的影响，具有测量精度高、获取数据快、抗干扰性能好等优点，因而发展迅速，应用广泛。导弹跟踪测量雷达、机载火控雷达、地物回避及地形跟随雷达、反雷达导弹中的跟踪雷达、脉冲多普勒雷达和相控阵雷达等，都大量应用了单脉冲体制雷达技术。

单脉冲自动测角属于同时波瓣测角法。在一个角平面内，两个相同的波束部分重叠，其交叠方向即为等信号轴。将两个波束同时接收到的回波信号振幅进行比较，即可得到目标在该平面上的角误差信号，然后将此误差信号电压放大变换后加到驱动电机，控制天线向减小误差的方向运动。

6.5.1.3　速度跟踪

对于相参体制的脉冲多普勒雷达，可以通过多普勒滤波取出目标的速度信息，当需要对单个目标测速并要求连续给出其准确速度数据时，可采用速度跟踪环路实现。速度跟踪环路根据频率敏感元件的不同可分为锁频式和锁相式两种。

锁频式跟踪环路用鉴频器作为敏感元件，其原理框图如图 6.5.3 所示。一般鉴频器的中心频率不是 0，而是调在 f_2，被跟踪信号的频率是 f_0+f_d。带通滤波器的通带由信号频率决定。在跟踪相参谱线时，带通滤波器和鉴频器的带宽对应一根谱线的宽度。

锁相式频率跟踪器的原理框图如图 6.5.4 所示。可以看出，除将频率变化的敏感元件换成鉴相器外，其他部分与锁频式频率跟踪器的基本相同。

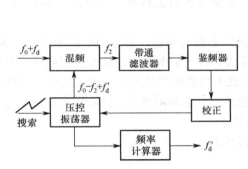

图 6.5.3　锁频式频率跟踪器原理框图

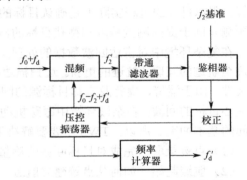

图 6.5.4　锁相式频率跟踪器原理框图

6.5.2　多目标跟踪

随着雷达应对的目标数量的增加，对多个目标同时进行跟踪已成为许多雷达不可缺少的一种工作体制。例如，机载多功能雷达在远程拦截时，要能够同时跟踪多个目标，并从中选取若干威胁最大或攻击命中率最高的目标进行攻击。在攻击单个目标时，往往也需要同时监视周围的空情。机载预警雷达必须具有同时跟踪多批多个目标的能力，并自动地进行目标辨识和编批等处理，同时将有关数据送至指挥中心。此外，诸如导弹防御系统、防空系统、水面舰只和潜艇监视和地面战情监视等都提出了多目标跟踪问题。随着数据处理理论的发展，多目标跟踪技术也日趋完善，并且成功运用于各类实际系统。

雷达观测目标是不精确（随机测量误差）、不完全正确（假目标）和模糊（目标源的不确定，没有从哪个目标来的回波的信息的）；目标的运动状态变化是不确定的。所以，将雷达接收到的信号及提取出的数据，分解为对应各种不确定机动信息源产生的不同观测集合或轨迹，一旦轨迹被确定，则被跟踪的目标数目及对应每条运动轨迹的目标状态参数，如位置、速度、加速度等均可相应地估计出来。

边扫描边跟踪（TWS）数据处理是多目标跟踪的一种具体应用，当用于连续扫描期间得到雷达目标检测报告时，要进行如下工作。

（1）识别属于同一目标的各次检测的特征，求出矩心值，形成目标的点迹数据。

（2）估计目标的运动参数（位置、速度和加速度），从而建立目标的航迹。

（3）预测目标航迹的位置。

（4）鉴别不同的目标，进而建立各个目标的航迹文件。

（5）鉴别虚假检测（由人为干扰或自然干扰所致）和真实目标。

（6）在统一进行信号处理与数据处理设计时，自适应地精确设定信号处理器的检测门限，使雷达根据扫描间不断刷新的虚假检测存储图的内容，在不同的空间方向上改变检测灵敏度。

这种处理的核心就是雷达系统为了维持对多个目标当前状态的估计而对所接收的检测信息进行处理，即进行多目标的跟踪。所以，雷达数据处理在不引起异议时也称多目标跟踪（MTT）或目标航迹处理。

6.5.2.1　TWS 数据处理

边扫描边跟踪（TWS）是指在跟踪已被检测到的目标的同时，搜索新的目标。TWS 雷达是兼备搜索雷达和跟踪雷达功能的系统，可在其波束覆盖扇区以中等数据率同时跟踪多个目标。跟踪目标的过程实际上是确认目标的航迹，包括它的历史和将来的趋势，对将来航迹的预测有助于提高测量精度和截获目标的概率。

在复杂环境中对雷达回波数据的处理主要涉及三方面的问题：目标的检测和点迹形成，点迹至航迹的互联，航迹的更新。边扫描边跟踪算法中的一个主要问题是点迹至航迹互联的多义性。由于漏警、虚警及未知目标源的回波，因此不可能确切地知道各个点迹中的哪个是所关心目标的回波；在杂波环境中跟踪机动目标的另一个主要困难是，机动检测和数据互联之间的基本冲突。所以，TWS 主要要解决下列问题。

（1）点迹录取（完成对目标回波的测量和预处理）。

（2）航迹起始（如何从点迹建立航迹）。

（3）数据关联（完成点迹与航迹的配对）。

（4）航迹更新或维持（完成对被跟踪目标的滤波和预测）。

（5）航迹终止（终止不需要或不能继续跟踪的航迹）。

（6）性能评估等。

TWS 的数据流程如图 6.5.5 所示。

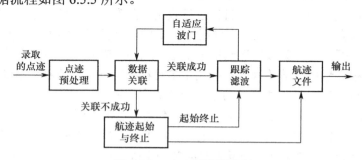

图 6.5.5　TWS 的数据流程

雷达探测到目标后，点迹录取器提取目标的位置信息形成点迹数据，经预处理后，新的点迹与已存在的航迹进行数据关联，关联上的点迹用来更新航迹信息（跟踪滤波），形成对目标下一位置的预测波门，没有关联上的点迹进行新航迹起始。如果已有的目标航迹连续多次没有点迹与之关联，则航迹终止，以减少不必要的计算开销。

航迹起始是对进入雷达监视区域的新目标快速建立航迹的过程。在获得一组观测点迹后，这些点迹首先与已存在的航迹（可靠航迹）进行关联，关联成功的点迹用来更新航迹文件，剩余的点迹存入暂时航迹文件，暂时航迹可能是由进入监视区域的新目标引起的，也可能是由噪声、杂波和干扰引起的虚假目标。因此，暂时航迹必须经过确认才能转为可靠航迹。

跟踪滤波的目的是，根据获得的目标观测数据对目标的状态进行精确估计。跟踪滤波的关键是对机动目标的跟踪，机动目标跟踪的主要困难是，设定的目标模型与实际的目标动力学模型的不匹配。一般目标做匀速直线航线运动，这时采用卡尔曼滤波技术可获得最佳估计，但是当目标偏离匀速直线航线而做机动飞行时，卡尔曼滤波可能会出现发散，所以需要采用自适应方法。

在多目标及杂波环境中，准确地判断点迹与目标的一一对应关系是一件很困难的事情。数据关联就是将雷达录取器送来的点迹与已跟踪的航迹进行比较，并确定正确点迹与航迹配对。最简单的数据关联方法是波门法，它以已存在的航迹预测点为中心的周围区域作为波门。当目标的波门内只有一个点迹时，关联的过程是比较简单的；但是当目标较多且相互靠近时，关联的过程变得十分复杂，此时要么是单个点迹位于多个波门内，要么是多个点迹位于单个目标波门内。目前对此类问题的解决方法有两种：一种是最近邻域法，另一种是全邻域法。

在多目标跟踪的过程中，要充分利用点迹序列的性质，对点迹的预期特性规定得越缜密，数据处理器区分不同目标和虚假点迹的能力就越强。相继的目标点迹的间隔决定于目标速度，当目标做各种机动时，其速度是不断变化的。如果目标是飞机，那么其速度值有一个上限和下限，而且飞机加速度的上限大大限制了飞机所能机动的轨迹。

1）点迹录取

点迹录取是实现多目标跟踪的第一步，它主要由点迹获取和点迹预处理组成。点迹获取可由本地点迹录取器结合操作员的人工操作来实现，也可由远方雷达通过通信设备传输点迹数据来完成。由于同一目标会跨越多个脉冲周期，点迹预处理首先要从输入缓冲区找出分散在不同区域的同一目标数据，进行点迹凝聚处理，消除多余回波，进行多目标分辨，再求取点迹的矩心值，实现坐标变换等。

2）航迹起始

航迹起始是多目标跟踪系统用来截获进入雷达威力区新目标的方法，可由人工操作实现或按某种逻辑自动实现。自动航迹起始的目的是在目标进入雷达威力区后能立即建立起目标的航迹文件；另一方面，要避免由于存在不可避免的虚假点迹而建立假航迹。所以航迹起始方法应在快速起始航迹的能力与防止产生假航迹的能力之间实现最佳折中。工程中常用的方法有以下几种。

（1）简单波门法。在每个第一批点迹周围形成起始波门，波门大小由目标可能速度、录取周期和观测精度决定，第二批点迹落入起始波门的被认为是同一目标，外推形成预测波门。若起始波门内落入多个点迹，则形成分支，待后续点迹到来再进行鉴别，错误的航迹会很快被删除。

（2）滑窗法。连续 n 个扫描周期中，波门中有 m 次以上的套住点迹，即满足 m/n 准则，则判断航迹起始，否则向后滑动一次扫捕周期，直到满足准则。此法有一定的抗虚警作用，适当选择 n 可以较好地满足快速航迹起始和抗虚假航迹能力的要求。

（3）序贯检验法。利用递推计算构成可能航迹各点迹似然函数与双门限比较，提高检验航迹真伪的正确率。

（4）其他概率计算法。计算航迹的最大似然函数和后验概率来起始航迹。

3）数据关联

数据关联是多目标跟踪技术中最重要和最困难的问题，其任务是将新的录取周期获得的一批点迹分配给各自对应的航迹。所面临的主要问题除跟踪波门大小的确定外，还有从当前的点迹和航迹中判断哪个点迹属于哪个目标航迹，哪些目标已经消失，哪些目标是新出现的等。

如果每个航迹的预测波门中只有一个点迹，就不用解关联问题。在目标密集、复杂杂波的环境中，可能出现一个点迹落入多个波门或者多个点迹落入同一波门的情况，要么是多个航迹"争夺"单个点迹，要么是相关波门中的多个点迹与同一航迹关联。当目标通过杂波区或几个目标同处于某个邻近区域，如跟踪飞机编队时，就会发生这样的模糊情况。此时，必须正确地解决点迹与航迹的相关互联问题，先将可供关联的点迹-航迹构成矩阵，通过解模糊，选择最好的那些点迹-航迹配对。常用的方法有以下几种。

（1）最近邻域法（NN）。这是一种最早采用的方法，它简单且易于工程实现，选用落入波门内与航迹预测点统计距离最近的点迹分配给航迹。具体实现时有三种准则，即距离最近优先、唯一性优先及总距离和最小准则。实质上最近邻域法是一种局部最优的"贪心"算法，它不能在全局意义上保持最优，在目标密度较大的情况下，多目标的波门相互交叉，最近的点迹未必由目标产生，因此，它有时会做出不正确的关联决策，甚至会导致航迹丢失。

（2）航迹分裂法。认为波门内的每个点迹都可能来自目标，都与目标航迹构成新的航迹分支，再对每个分支航迹进行滤波、预测处理，得到新的状态估计，计算该航迹的似然函数，用来判别该航迹的真伪。随着扫描次数的增加，在密集目标环境中，可能的航迹组合越来越多，呈指数级增长，会使计算机饱和过载，所以必须对似然函数值低于某门限的航迹予以删除，合并超过一定比例的重合点迹数目构成的航迹，及时删除假航迹。

（3）多假设检验法（MHT）。这是目前公认的理论上最完善的数据关联方法，也称最佳贝叶斯法。在接收到每个点迹数据时，考虑点迹的每种可能并形成假设，计算点迹来自先前已知的目标、新目标和假目标的假设概率，当相继扫描中收到更多的点迹数据时，递归算出关联假设概率，由于假设树不断地分裂，计算量和存储量很快会使计算机饱和，所以要进行假设管理（删除、合并、聚类等）。鉴于数学处理太复杂且费时，目前只在理论上进行探讨，因此限制了它的应用。

（4）概率数据互联和联合概率数据互联法（PDA/JPDA）。前者适用于单个目标的情况，后者适用于多目标交叠的情况，它计算波门内每个点迹的后验概率，然后用概率加权得到一个新的组合点迹，再用这个等效点迹来更新目标航迹。这种算法属于"全邻域"法，是目前比较完善的数据关联方法。实际上，JPDA 是 MHT 的一种特殊情况，它既保留了 MHT 的优点，又简化了 MHT 的计算量。但是，它还要计算所有点迹的后验概率，且计算量随目标或点迹数目成指数级增加，在实际应用场合仍然受到限制。

其他方法还有高斯和法、0-1 整数规划法、神经网络概率数据关联法、多维分配法、动态规划法等。

4）跟踪算法

对数据关联后分配给航迹的点迹数据进行处理，利用时间平均法减小观测误差、估计目标的速度和加速度、预测目标的未来位置。目标跟踪算法是利用现代动态系统理论和随机滤波理论来进行的，任何目标的运动都以各种物理运动规律为基础，按照一定物理规律运动的物体被视为非机动的；而机动是指运动物体受随机力量或确定力量的作用而发生突然改变，由于在大多数情况下，我们对目标机动的先验知识了解不多，因此建立的动力学模型很难反映实际目标的动力学特征。目标跟踪涉及如下三个问题。

（1）跟踪坐标系的选择。雷达目标的运动是在大地惯性坐标系中进行的，用直角坐标系描述最方便，而雷达的观测是在以雷达为原点的极坐标下得到的，所以必须选择适当的坐标系来保证模型的线性、可解耦性，从而提高状态估计的精度和减少计算量。现在常用直角坐标系来进行状态滤波，而把极坐标下的观测值进行坐标变换。

（2）机动目标模型。动态估计理论要求建立数学模型来描述与估计问题有关的物理现象。这种数学模型应把某一时刻的状态变量表示为前一时刻状态变量的函数。所定义的状态变量应是能够全面反映系统动态特性的一组维数最少的变量。在目标模型构造过程中，考虑到缺乏有关目标运动的精确数据及存在着许多不可预测的现象，如周围环境的变化及驾驶员主观操作等知识，需要引入状态噪声的概念。当目标做匀速直线运动时，加速度常被视为具有随机特性的扰动输入（状态噪声），并且假设是服从零均值的白色高斯噪声。然而，当目标发生诸如转弯或规避等机动现象时，上述假设则不尽合理，机动加速度变为非零均值时间相关的有色噪声过程，所以还要考虑加速度的这种分布特性，要求加速度分布函数尽可能地描述目标机动的实际情况。常见的机动目标模型包括：匀速直线运动的二阶常速白噪声模型；匀加速直线运动的三阶白噪声模型；辛格（Singer）的时间相关模型；Moose 的半马尔可夫模型；"当前"统计模型；自适应机动模型，包括机动检测、输入加速度估计、变维、实时辨识和交互多模模型（IMM）等。

（3）跟踪滤波器。建立目标动态模型和雷达的观测模型后，就可利用具体的滤波器来处理接收的点迹数据。根据要求的跟踪精度和现有的计算能力，可以选用两点外推、维纳滤波、α-β-γ 滤波、简化卡尔曼滤波、卡尔曼滤波、推广的卡尔曼滤波和非线性滤波器等。

5）航迹终止

出现如下事件时的航迹都应终止：数据关联错误形成错误航迹；目标飞离雷达威力范围；目标强烈机动，飞出跟踪波门而丢失目标；目标降落机场；目标被击落等。航迹终止是航迹起始的逆过程，其处理方法与航迹起始的类似。如果连续几个扫描周期波门内没有点迹，那么就令航迹终止，或者依据一定的概率准则，航迹为真的概率低于某一门限时，令航迹终止。

6）性能评估

影响多目标跟踪算法精度的主要因素是雷达的录取精度、扫描（采样）周期和目标是否机动；影响数据关联的主要因素有虚警、漏警和各目标航迹相接近的程度。要评价一套跟踪算法的性能，应综合考虑这些因素对性能的影响。

涉及数据录取的性能主要有目标的检测损失、点迹处理的时延、录取精度和目标录取分辨能力。涉及单目标航迹数据处理的性能指标有航迹自动起始成功率、航迹自动起始时延、虚假航迹自动起始概率、航迹跟踪精度、目标稳定跟踪能力、航迹交叉不丢失不混批概率、航迹交叉最小角、航迹交叉最小速率差、航迹处理时延、航迹处理容量和编队目标跟踪能力。对这些指标进行考核的方法有蒙特卡罗法、典型环境情况测试法、协方差分析法、概率分析法和马尔可夫链法。这几种方法分别从不同的角度评估算法的性能。

6.5.2.2　TWS 工作过程

下面举例说明雷达从探测目标到跟踪目标的基本过程。

假设在第一次扫描时雷达录取到一个点迹 $P_1(R_1, \theta_1)$，它与已经建立的航迹都不相关，换句话说，它不是已有航迹的新点迹，这种点迹称为自由点迹。自由点迹可能是假目标，也可

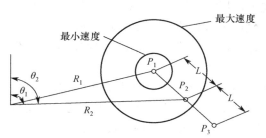

图 6.5.6　暂时航迹的建立

能是新出现的真目标，是真是假，要进一步加以判断。常用的判断方法是在 P_1 的周围形成一个环形区，即它的内径、外径分别为 $v_{\min}T$ 和 $v_{\max}T$（$v_{\min}$ 和 $v_{\max}$ 分别为目标飞行的最小速度、最大速度，T 为扫描周期），这样的区域在航迹处理中称为波门。由于只有 P_1 一个自由点迹，不知道目标的运动方向，所以这时只能产生这样的一个环形波门，把所有的方向都包括在内，如图 6.5.6 所示。

下次扫描时（第二次），如果在波门内出现一个点迹 $P_2(R_2, \theta_2)$，那么 P_2 很可能与 P_1 属于同一目标。这样，我们就可认为 P_1 与 P_2 的连线构成一条可能的航迹，目标的飞行方向是从 P_1 到 P_2，一个天线扫描周期所飞过的距离是 P_1P_2。从而建立第一点暂时航迹（航迹起始），对目标初始运动状态的估值（指其位置和速度）可从这两个相继目标回波中求得。目标速度由目标位移对雷达扫描时间的比率算出。但是，可能的航迹还不是真实的航迹，若出现了假点迹，则这种简单方法是不可靠的，还需要进一步的检验，以确定它是否为真实的目标航迹。因此，必须采用较长的点迹串，并把那些与预期目标特性相一致的序列作为航迹的开始。假设目标做匀速直线运动，目标在下次扫描时的位置可以利用其当前位置和速度的估计来预测（航迹预测逻辑），利用 P_1 到 P_2 两点提供的信息，在 P_1P_2 延长线上取与 P_1 到 P_2 相同的距离，得到下一扫描周期的目标可能出现的预测位置。但是，这种估计也许不准确，而且由于下次扫描时预期有点迹出现的位置上可能存在点迹噪声，也还有一个随机成分。因此，在搜索下一个目标回波时必须考虑到这些误差。为此，可以预测位置为中心而展开成一个搜索区域，在该区域内找到的点迹即认为与已经建立的航迹相关。这个搜索区域的大小由位置和速度的误差估计及点迹噪声的数量确定。搜索区域必须足够大，以保证下一次目标回波落入该区域的可能性很大；但其尺寸又必须力求最小，因为如果存在假点迹，搜索区域过大就会捕获更多的假点迹。这会使相关问题变得十分复杂，因为只要搜索区域内的点迹多于一个，就不知道哪个是所需要的目标点迹。

第三次扫描时，搜索以 P_3 为中心的波门内的点迹，希望获得同一目标回波信号并将其与航迹联系起来（点迹-航迹相关逻辑）。如果只发现点迹 P_3'，如图 6.5.7a 所示，可以认为 P_3' 是 P_1 与 P_2 构成的暂时航迹的最新观测值，暂时航迹也可确认为目标的航迹。如果在 P_3 的波门内没有出现新的点迹，如图 6.5.7b 所示，暂时航迹一般不立即撤销，再按原来的速度推出第 4 点的位置 P_4，如果在 P_4 的波门内再找不到点迹，那么建立的暂时航迹就被认为是不真实的，予以撤销。如果在 P_3 的波门内出现不止一个新的点迹，出现了模糊，就需要高级的点迹航迹数据关联技术来解决，要么用最近邻域法选择一个离预测点 P_3 统计距离最近的点迹；要么进行航迹分裂，建立多条暂时航迹，并各自算出外推点，待后续过程来判别真伪；要么按各点迹到预测点的统计距离来计算似然概率，用这个概率作为加权得出个组合点迹。

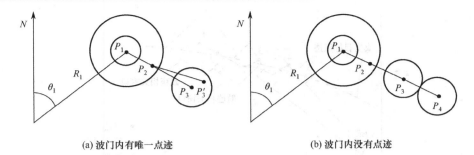

(a) 波门内有唯一点迹　　　　　　　(b) 波门内没有点迹

图 6.5.7　点迹和航迹相关示意图

　　上述方法只适用于非机动目标。从原理上说,它可以简单地推广到机动目标。现在假定对目标的机动能力做某些限定,最简单的是只限制目标的最大加速度。在这种情况下,目标的机动能力可以用一个围绕预测位置的"机动波门"来表示。因此,若不考虑估计误差和点迹噪声的影响,在下次扫描时,目标应出现在该波门内的某一点。这样,在目标的预测位置和真实位置之间就存在两种偏差来源,即由于估计误差和噪声引起的偏差源,以及由目标可能的机动性产生的偏差源。计算总搜索区域应该考虑到这两种偏差源出现最坏的结果,粗略地说,把噪声波门(非机动目标的搜索区域)和机动波门"相加",才能得到最后要找的总搜索区域。

　　假定下一个目标点迹与已建立的航迹密切相关,这时要用新获取的点迹继续更新和改善对目标位置与速度的估计(航迹滤波逻辑)。这一工作由数字滤波器完成,它求取点迹位置实测值与预测值之间的误差值,并输出目标位置与速度的平滑值。利用先前算出的与预测位置误差成比例的数值对目标的预测位置和速度进行校正,获得平滑航迹数据。为了初步说明上述数字滤波器执行的算法,引入所谓的"α-β算法"极为方便。这是一种循环算法,执行的是航迹平滑和预测,因而利用以前的估计和本次观测来求得本次估计。滤波器的阶数由 α 和 β 的数值确定。若 α 和 β 都等于1,则滤波的位置和速度主要取决于点迹位置的测量值;反之,若 α 和 β 都等于0,那么滤波的位置和速度主要取决于预测的位置。为了使目标位置和速度的估计误差最小,可用一种完善的理论来选择合适的每次扫描用的 α 和 β 值。图 6.5.8中显示了前三个雷达扫描周期的预测和滤波逻辑的作用原理。前两个点迹开始了目标航迹,而估出的速度能够预测出第三次扫描时的点迹位置。第三次扫描时得到的新点迹可用于校正目标的预测位置和速度。图 6.5.9 中显示了延伸的点迹序列经处理后其预测误差得到减小的情况,还显示了在扫描基础上求出的相关窗。相关窗的面积与预测误差成正比,但随雷达扫描次数的增加而减小。这种窗口具有极坐标扇面形式,但也有另外的形状。

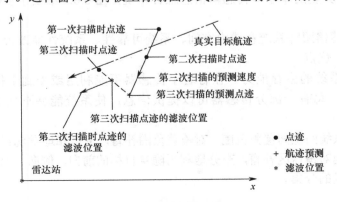

图 6.5.8　前三个雷达扫描周期的预测和滤波逻辑

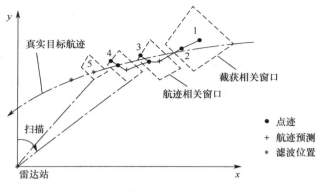

图 6.5.9　TWS 处理示意图

6.6　信息融合技术

随着科学技术和武器装备的飞速发展，在军事上对原有的防御系统提出了许多新的要求，如预警时间的缩短、空地一体化的协同作战、瞬息万变的战场态势等，迫切需要改进原有的防御系统，建立完整、多层次、多功能的防御系统，而且战场范围扩展到陆、海、空、天、电磁五维空间。随着隐身技术、反辐射导弹及电子对抗技术的迅速发展，单部雷达（或单个传感器）的工作和生存能力越来越受到威胁。因此，需要把微波、毫米波、红外、侦察装置、光电及卫星等不同类型的探测器与大容量信息处理系统结合起来，进行综合处理和分析，从而在最短的时间内做出最优决策，这就是多传感器信息融合问题。C^4ISR 系统是未来高技术战争的制高点和神经中枢，它的发展必然牵引着信息融合技术的研究。实际上信息融合是 C^4ISR 系统的核心软件，它的研制水平直接决定了整个 C^4ISR 系统性能指标的好坏。在多传感器系统中，传感器可分为有源/主动传感器（如雷达、合成孔径雷达、声呐等）和无源/被动传感器（如电视图像、红外探测器、航空声学传感器、电子情报收集器等）两大类。在多目标多传感器系统中，这些传感器分布在不同位置、不同平台上，按各自的虚警和发现概率、坐标系、时间、采样率、精度向指挥中心提供各自观测空间的信息。例如，雷达可提供距离、速度、方位、高度、尺寸和形状特征等；电子侦察器可提供对方发射机位置、有关发射机的参数（如扫描方式、调制方式、主要功能及型号）；图像传感器可提供地理特征、定位等。C^4ISR 系统至少应包括信息采集、数据处理、信息显示、指挥监督、通信网络和中央数据处理等。图 6.6.1 中给出了典型的军事多传感器信息融合系统，图 6.6.2 给出了多传感器信息融合功能模型。

多目标多传感器跟踪系统在威力空间、系统可靠性、系统性能改善等方面具有许多优点，主要包括如下优点。

（1）增加了系统的生存能力。在有若干传感器不能利用或受到干扰时，或某个目标不在覆盖范围时，总有一部分传感器可以提供信息，使系统能够不受干扰连续运行、弱化故障。

（2）可扩展系统的空间覆盖范围，对覆盖范围补盲，更可靠地发现目标。多传感器信息融合系统可有效地对覆盖区补盲，充分地利用隐身目标的前向、侧向、上、下反射的隐身缺口，以及空间能量的分集。

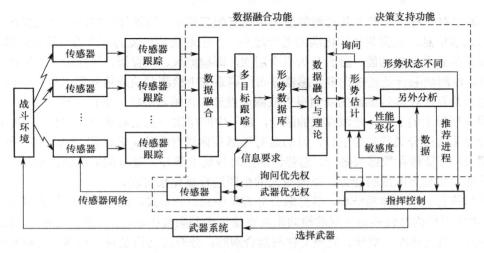

图 6.6.1　军事多传感器信息融合系统

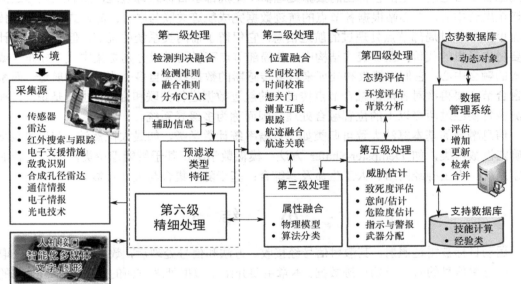

图 6.6.2　多传感器信息融合功能模型

（3）可以扩大时间覆盖，并在共同覆盖区内获得比单站更多的数据。通常目标航迹的滤波误差是随两个测量值之间的时间平方增加的，因此高数据率有利于提高跟踪精度。

（4）增加了信息的可信度。一个或多个传感器确认同一目标或事件。

（5）可扩大频率覆盖范围。它能覆盖整个电磁辐射频谱，而且充分利用隐身目标的频率缺口，实现频率分集。

（6）提高目标的检测与识别性能。多部雷达同时检测同一个目标，从而提高检测的可靠性，可以提前反应时间和航迹起始，保证航迹的连续性。

（7）提高系统精度。通过组网提高空间分辨率，增加空间维数，即利用两部或三部两坐标雷达获得高度信息，并对干扰交叉定位。

（8）系统内优势互补，资源共享，可提高资源的利用率。

多传感器信息融合的基本原理就像人脑综合处理信息的过程一样，它充分利用多传感器资源，通过对各种传感器及其观测信息的合理支配与使用，将各种传感器在空间和时间上的互补与冗余信息，依据某种优化准则组合起来，产生对观测环境的一致性解释和描述。

根据信息融合的功能，融合分为五个层次，即检测级、位置级、属性级、态势评估和威胁估计。检测级融合是直接在多传感器分布检测系统中检测判决或信号层上进行的融合；位置级融合是直接在多传感器的观测报告或测量点迹和传感器的状态估计上进行的融合，它包括时间和空间上的融合，是跟踪级的融合，属于中间层次，也是最重要的融合；目标识别级的融合也称属性分类或身份估计，目的是对观测实体进行定位、表征和识别，有三种方法，即决策级、特征级和数据级融合；态势评估是对战场上战斗力量分配情况的评价过程；威胁估计是通过将敌方的威胁能力，以及敌人的企图进行量化来实现。

依据信息融合的体系结构，信息融合分为集中式、分布式、混合式和多级式等多种体系结构。集中式结构将传感器录取的检测报告直接传递到融合中心，进行数据对准、点迹相关、数据关联、航迹滤波与更新、航迹文件与综合跟踪；分布式结构是每个传感器的检测报告在送到融合中心之前，先由它自己的数据处理器产生局部多目标跟踪航迹，然后把处理过的信息送至融合中心，中心站根据各节点的航迹数据完成航迹关联与融合；混合式结构同时传输探测报告和经过局部节点处理过的航迹信息，它保留了前两类系统的优点，但在通信和计算上要付出昂贵的代价；在多级式结构中，各局部节点可以同时或分别是集中式、分布式或混合式的融合中心，它们将接收和处理来自多传感器的数据或来自多个跟踪器的航迹，而系统的融合节点要再次对各局部融合节点传送来的航迹数据进行关联和合成。也就是说，目标的检测报告要经过两级以上的位置融合处理，因而称为多级式系统。

信息融合的基本算法大致可归类如下：概率统计数学类，如最大似然法、贝叶斯法等；不确定性数学类，如 Dempster-Shafer 方法；模糊数学类；基于智能理论类，如人工智能、专家系统、人工神经网络、人工生命及其综合；基于随机集合与关系代数类。

小　　结

运动目标被雷达照射，其散射信号经接收、方法和信号处理后，数据处理系统可获取包含目标位置信息的若干原始点迹数据。本章主要介绍了数据处理方面的基本概念和跟踪的主要流程，包括雷达数据处理的历史与现状，雷达数据处理的目的和意义，雷达数据处理的基本概念，如量测、预处理、点迹、波门、数据互联、航迹、起始与终止、跟踪等。

量测数据预处理技术是雷达数据处理过程中的一个重要技术环节，有效的量测数据预处理方法可以降低计算量和提高目标的跟踪精度，对系统的整体性能提高有很大的帮助。

坐标系的选择是一个与实际应用密切相关的问题。坐标系选择的好坏将直接影响到整个系统的跟踪效果。数据压缩技术不仅可以减少计算开销，而且在改善跟踪效果方面能收到良好的效果。量测数据中野值的剔除方法对提高跟踪性能可能更为突出。在实际问题中，设计者可视具体背景和条件灵活地应用某种方法。

在雷达数据处理方面，首先简要阐述了雷达数据处理的概念，然后详细介绍了卡尔曼滤波技术。卡尔曼滤波器由于具有良好的跟踪性能及适合计算机处理的迭代性能而受到人们的青睐，并且已被公认为目标状态估计的最好方法之一，其他方法均可通过对卡尔曼滤波算法的简化或推广得出。

思 考 题

1. 简述雷达数据处理的流程及各个流程的含义。
2. 简述点迹凝聚的主要方法。
3. 影响雷达量测的主要因素有哪些？
4. 简述雷达跟踪航迹起始的过程。
5. 简述雷达跟踪的过程。
6. 如何提高雷达的跟踪质量和精度？
7. 简述卡尔曼滤波器跟踪的过程原理。
8. 简述单目标跟踪和边扫描边跟踪的区别。
9. 分析 PD 雷达如何实现四维跟踪。
10. 未来数据处理的主要方向有哪些？

参 考 文 献

[1]　吴顺君，梅晓春. 雷达信号处理和数据处理技术[M]. 北京：电子工业出版社，2008.

[2]　朱自谦，胡士强. 机载雷达多目标跟踪技术[M]. 北京：国防工业出版社，2013.

[3]　贾舒宜，张高峰，刘传辉. 雷达机动目标自适应跟踪技术[M]. 北京：清华大学出版社，2020.

[4]　何友，修建娟，张晶炜，关欣. 雷达数据处理及应用（第二版）[M]. 北京：电子工业出版社，2009.

[5]　石章松，刘忠. 目标跟踪与数据融合理论及方法[M]. 北京：国防工业出版社，2010.

[6]　何友，王国宏，陆大绘，彭应宁. 多传感器信息融合及应用（第二版）[M]. 北京：电子工业出版社，2007.

[7]　张明友. 雷达系统（第 5 版）[M]. 北京：电子工业出版社，2018.

第 7 章 机载雷达阵列处理

7.1 引言

天线是雷达与目标、环境相互作用的端口。天线的形式很大程度上决定了雷达的体制。早期的机载雷达主要采用机械扫描天线，现代机载雷达主要采用电子扫描阵列（Electronically Steered Array，ESA）天线。根据实现方式的不同，电扫描实现方法可分为相位扫描法、频率扫描法和时延扫描法等，其中相位扫描法最为普遍，也是现有大多数机载雷达进行电扫描时所采用的方法。相控阵雷达即相位控制电子扫描阵列雷达。根据功率合成方式不同，相控阵雷达又分为有源相控阵和无源相控阵两类。目前，正如在电子系统中数字技术正在取代模拟技术一样，数字雷达正在取代模拟雷达。随着半导体器件技术的发展，有源相控阵雷达接收和发射也逐渐采用了数字波束形成技术，数字阵列雷达应运而生。数字阵列雷达（Digital Array Radar，DAR）是一种接收和发射波束都采用数字波束形成技术的全数字阵列扫描雷达，是数字雷达的主要类型。

本章介绍相控阵雷达的基本原理、分类和特点，数字阵列雷达的基本概念、分类，以及数字阵列雷达中常用的数字波束形成技术和空时自适应处理（Space-Time Adaptive Processing，STAP）技术。

7.2 相控阵的基本原理

相控阵天线的孔径由大量相同辐射单元（如裂缝、偶极子或贴片）组成，每个单元可实现相位和幅度上的独立控制，由此可得到可精确预期的方向图和波束指向。

通常，相控阵天线的辐射元，少的有几百，多的可达几千甚至上万。每个阵元（或一组阵元）后面接有一个可控移相器，利用控制这些移相器相移量的方法改变各阵元间的相对馈电相位，进而改变天线阵面上电磁波的相位分布，使波束在空间按一定的规律扫描。阵列天线有两种基本的形式：一种称为线阵列，所有单元都排列在一条直线上；另一种称为面阵列，辐射单元排列在一个面上，通常是一个平面。为了说明相位扫描原理，下面讨论图 7.2.1 所示 N 个阵元的线阵列天线的扫描情况，它由 N 个相距为 d 的阵元组成。假设各辐射元为无方向性的点辐射源，且同相等幅馈电（以零号阵元为相位基准）。在相对于阵轴法线的 θ 方向上，两个上阵元之间的波程差引起的相位差为

$$\Psi = \frac{2\pi}{\lambda} d \sin \theta \tag{7.2.1}$$

式中，λ 为接收信号的波长。于是，N 个阵元在 θ 方向远区某点的辐射场的向量和为

$$E(\theta) = \sum_{k=0}^{N-1} E_k \mathrm{e}^{jk\psi} = E \sum_{k=0}^{N-1} \mathrm{e}^{jk\psi} \tag{7.2.2}$$

式中，E_k 为各阵元在远区的辐射场，当 E_k 均等于 E 时，后一等式才成立。实际上，远区 E_k 不一定都相等，因而各阵元的馈电一般要加权。为讨论方便起见，假设等幅馈电，且忽略因

波程差引起的场强差别，所以假设远区各阵元的辐射场强近似相等，E_k 可用 E 表示。显然，当 $\theta = 0$ 时，电场同相叠加而获得最大值。

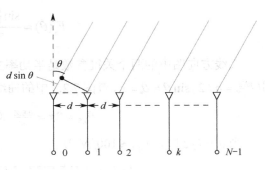

方向图是表征天线产生的电磁场及其能量空间分布的一个性能参量。天线的辐射特性可用场强（或功率）方向图、相位方向图和计划方向图来完备地描述。通常人们比较关心场强方向图。

图 7.2.1　线阵列天线的示意图

根据等比级数求和公式和欧拉公式，式（7.2.2）可写成

$$E(\theta) = E \frac{\mathrm{e}^{\mathrm{j}N\psi} - 1}{\mathrm{e}^{\mathrm{j}\psi} - 1} = E \frac{\mathrm{e}^{\mathrm{j}\frac{N}{2}\psi}(\mathrm{e}^{\mathrm{j}\frac{N}{2}\psi} - \mathrm{e}^{-\mathrm{j}\frac{N}{2}\psi})}{\mathrm{e}^{\mathrm{j}\frac{\psi}{2}}(\mathrm{e}^{\mathrm{j}\frac{\psi}{2}} - \mathrm{e}^{-\mathrm{j}\frac{\psi}{2}})} = E \frac{\sin\left(\frac{N}{2}\psi\right)}{\sin\left(\frac{\psi}{2}\right)} \mathrm{e}^{\mathrm{j}\frac{N-1}{2}\psi} \tag{7.2.3}$$

将式（7.2.3）取绝对值并归一化后，得到阵列的归一化方向函数 $F_a(\theta)$ 为

$$F_a(\theta) = \frac{|E(\theta)|}{|E_{\max}(\theta)|} = \frac{\sin\left(\frac{N}{2}\psi\right)}{N\sin\left(\frac{\psi}{2}\right)} = \frac{\sin\left(\frac{\pi Nd}{\lambda}\sin\theta\right)}{N\sin\left(\frac{\pi d}{\lambda}\sin\theta\right)} \tag{7.2.4}$$

如图 7.2.2 所示。当各个阵元不是无方向性的，而其辐射方向图为 $F_e(\theta)$ 时，阵列方向图变为

$$F(\theta) = F_a(\theta)F_e(\theta) \tag{7.2.5}$$

式（7.2.5）即为阵列天线的方向图乘积定理。式中，称 $F_a(\theta)$ 为阵列因子，有时简称阵因子，而称 $F_e(\theta)$ 为阵元因子。

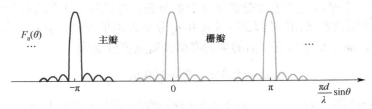

图 7.2.2　阵列因子示意图

当式（7.2.5）中的 $\frac{\pi Nd}{\lambda}\sin\theta = 0, \pm\pi, \pm 2\pi, \cdots, \pm n\pi$（$n$ 为整数）时，$F_a(\theta)$ 的分子式项为 0。而当 $\frac{\pi d}{\lambda}\sin\theta = 0, \pm\pi, \pm 2\pi, \cdots, \pm n\pi$（$n$ 为整数）时，由于分子和分母均为 0，所以 $F_a(\theta)$ 的值不确定。利用洛必达法则，当 $\sin\theta = \pm n\lambda/d, n = 0, 1, 2, \cdots$ 时，$F_a(\theta)$ 有最大值，这些最大值都等于 N。在 $n = 0$ 时的最大值称为主瓣，在 n 为其他值时的最大值均称为栅瓣。栅瓣的间隔是阵元间距的函数。栅瓣出现的角度为

$$\theta_{\mathrm{GL}} = \arcsin\left(\pm\frac{n\lambda}{d}\right) \tag{7.2.6}$$

式中，n 是整数。当 $d = \lambda$ 时，$\theta_{\mathrm{GL}} = 90°$。当 $d/\lambda = 0.5$ 时，由于 $\sin\theta_{\mathrm{GL}} > 1$ 不可能成立，所以空间不会出现第一栅瓣。

当 θ 很小时，$\sin\left(\frac{\pi Nd}{\lambda}\sin\theta\right) \approx \frac{\pi Nd}{\lambda}\sin\theta$，式（7.2.4）可近似为图 7.2.3 所示的辛格函数：

$$F_{a}(\theta) \approx \frac{\sin\left(\frac{\pi Nd}{\lambda}\sin\theta\right)}{\frac{\pi Nd}{\lambda}\sin\theta} \tag{7.2.7}$$

天线方向图中的两个关键参数是半功率主瓣宽度 $\theta_{0.5}$（图7.2.3）和旁瓣电平。设式（7.2.7）中 $\frac{\pi Nd}{\lambda}=a/2$，$\sin\theta \approx \theta = x$，查图7.2.3中的曲线，当 $\sin(ax/2)/ax/2 = 1/\sqrt{2}$ 时，得 $ax/2 = 0.443\pi$，

$$\theta_{0.5} = 2x = \frac{0.886}{Nd}\lambda(\text{rad}) = \frac{50.8}{Nd}\lambda(^\circ) \tag{7.2.8}$$

当 $d = \lambda/2$ 时，$\theta_{0.5} \approx 100/N(^\circ)$。

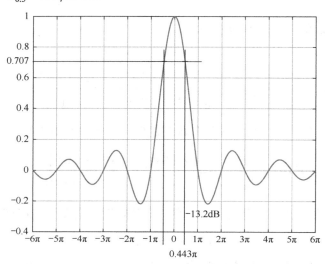

图7.2.3　归一化辛格函数曲线

可见，要在一个平面上产生波瓣宽度为 1° 的波束，需要用 100 个辐射元组成线阵。若在水平、垂直两个平面内都采用阵列天线，设 n_1 和 n_2 分别为水平方向和垂直方向的辐射元数目，则总数 $N = n_1 n_2$，而水平和垂直平面的半功率面波瓣宽度分别为

$$\theta_\alpha = 100/n_1, \quad \theta_\beta = 100/n_2 \tag{7.2.9}$$

所以 $\theta_\alpha\theta_\beta = \frac{10000}{n_1 n_2} = \frac{10000}{N}$。若 $n_1 = n_2$，则在水平面和垂直面产生 1° 的针状波束，需用 $N = 10000$ 个辐射元。

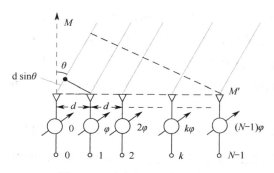

图7.2.4　波束相位扫描示意图

为了使波束在空间迅速扫描，可在每个辐射元之后接一个可变移相器，如图7.2.4所示。设各单元移相器的相移量分别为 $0, \varphi, 2\varphi, \cdots$，$(N-1)\varphi$。由于单元之间相对的相位差不为 0，所以在天线阵的法线方向上各单元的辐射场不能同相相加，因而不是最大辐射方向。当移相器引入的相移 φ 抵消了由单元间的波程差引起的相位差，即 $\psi = \varphi = 2\pi(d/\lambda)\sin\theta_0$ 时，在偏离法线的 θ_0 角度方向上，由于电场同相叠加而获得最大值。这时，波束指向由阵列法线方向 $\theta = 0$ 变

到 θ_0 方向。简单地说，在图 7.2.4 中，MM' 线上各阵元激发的电磁波的相位是相同的，称为同相波前，波束最大值方向与其同相波前垂直。可见，控制各种移相器的相移可以改变同相波前的位置，从而改变波束指向，达到扫描的目的。此时，式（7.2.2）变成

$$E(\theta) = E \sum_{k=0}^{N-1} e^{jk(\psi-\varphi)} \tag{7.2.10}$$

式中，ψ 是由相邻单元间的波程差引入的相位差，φ 是移相器的相移量。令

$$\varphi = \frac{2\pi}{\lambda} d \sin\theta_0 \tag{7.2.11}$$

则对于各向同性单元阵列，由式（7.2.10）得扫描时的方向性函数为

$$F_a(\theta) = \frac{\sin\left[\frac{\pi Nd}{\lambda}(\sin\theta - \sin\theta_0)\right]}{N \sin\left[\frac{\pi d}{\lambda}(\sin\theta - \sin\theta_0)\right]} \tag{7.2.12}$$

由式（7.2.12）可以看出：

（1）在 $\theta = \theta_0$ 方向上 $F_a(\theta) = 1$，有主瓣存在，且主瓣的方向由 $\varphi = (2\pi/\lambda)d\sin\theta_0$ 决定，只要控制移相器的相移量 φ 就可控制最大辐射方向 θ_0，从而形成波束扫描。

（2）在 $\frac{\pi d}{\lambda}(\sin\theta - \sin\theta_0) = \pm m\pi$ 的 θ 方向上，$m=1,2,\cdots$，有与主瓣等幅度的栅瓣存在。栅瓣的出现使测角存在了多值性，这是不希望发生的。为了不出现栅瓣，必须使

$$\frac{\pi d}{\lambda}|\sin\theta - \sin\theta_0| < \pi \tag{7.2.13}$$

因为 $|\sin\theta - \sin\theta_0| \leqslant |\sin\theta| + |\sin\theta_0| \leqslant 1 + |\sin\theta_0|$，所以，只要

$$\frac{d}{\lambda} < \frac{1}{1 + |\sin\theta_0|} \tag{7.2.14}$$

就一定能满足式（7.2.13），从而保证不出现栅瓣。

（3）波束扫描时，随着 θ_0 增大，波束要展宽。由图 7.2.3 可见，当 $ax/2 = \pm 0.443\pi$ 时，天线方向图的值降到最大值的 $1/\sqrt{2}$。用 θ_+ 表 $\theta > \theta_0$ 时对应于半功率点的角度，用 θ_- 表示 $\theta < \theta_0$ 时对应于半功率点的角度，即 θ_+ 对应于 $ax/2 = +0.443\pi$，θ_- 对应于 $ax/2 = -0.443\pi$。在 $\theta - \theta_0$ 角度较小时，$\sin\theta - \sin\theta_0$ 可在 θ_0 处按泰勒级数展开：

$$f(x) = f(x_0) + \frac{f'(x_0)}{1!}(x - x_0) + \frac{f''(x_0)}{2!}(x - x_0)^2 + \cdots$$

取前两项，得

$$\sin\theta - \sin\theta_0 \approx 0 + \frac{\cos\theta_0}{1!}(\theta - \theta_0) + \cdots \approx (\theta - \theta_0)\cos\theta_0$$

代入式（7.2.12），得近似式为

$$F_a(\theta) \approx \frac{\sin\left[\frac{Nd\cos\theta_0}{\lambda}\pi(\theta - \theta_0)\right]}{\frac{Nd\cos\theta_0}{\lambda}\pi(\theta - \theta_0)} \tag{7.2.15}$$

利用式（7.2.15），由图 7.2.3 可得

$$\theta_+ - \theta_0 = \arcsin \frac{0.443\lambda}{Nd\cos\theta_0} \approx \frac{0.443\lambda}{Nd\cos\theta_0} \qquad (7.2.16)$$

$$\theta_- - \theta_0 = \arcsin \frac{-0.443\lambda}{Nd\cos\theta_0} \approx \frac{-0.443\lambda}{Nd\cos\theta_0} \qquad (7.2.17)$$

因而在 θ_0 方向上相应的半功率波束宽度 $\theta_{0.5s}$ 为

$$\theta_{0.5s} \approx \frac{0.886\lambda}{Nd\cos\theta_0}(\text{rad}) \approx \frac{50.8\lambda}{Nd\cos\theta_0}(°) = \frac{\theta_{0.5}}{\cos\theta_0} \qquad (7.2.18)$$

可见，θ_0 方向的半功率波束宽度 $\theta_{0.5s}$ 与扫描角余弦值 $\cos\theta_0$ 成反比。θ_0 越大，波束展宽越厉害，当 $\theta_0 = 60°$ 时，$\theta_{0.5s} \approx 2\theta_{0.5}$。

式（7.2.18）适用于均匀线源分布，它很少用在雷达中。对于一个间距为 d 的 N 个单元的线阵，用 $a_0 + 2a_1\cos(2\pi n/N)$ 形式对各阵元辐射强度进行余弦幅度加权，波束宽度近似为

$$\theta_{0.5} \approx \frac{0.886\lambda}{Nd\cos\theta_0}\left[1 + 0.636(2a_1/a_0)^2\right] \qquad (7.2.19)$$

式中，a_0 和 a_1 是常数，参数 n 表示单元的位置。因为加权是假设关于中心单元对称的，n 取 $\pm1, \pm2, \cdots, \pm(N-1)/2$。尽管上述适用于线阵，类似的结果也可从平面孔径得到；这就是说，波束宽度近似地与 $\cos\theta_0$ 成反比变化。

（4）波束扫描时，随着 θ_0 增大，天线增益下降。对于等幅照射，面积为 A 的无损耗口径，其法线方向波束的增益由下式确定：

$$G_0 = 4\pi\frac{A}{\lambda^2} \qquad (7.2.20)$$

相控阵列的总面积定义为

$$A = Na \qquad (7.2.21)$$

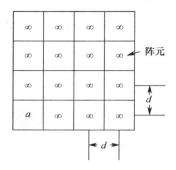

图 7.2.5　等间距辐射元面阵的面积估算图

式中，a 表示阵列中每个阵元占的面积，N 为阵元总数，如图 7.2.5 所示。当面天线阵由 N 个等间距辐射元组成，且间距 $d = \lambda/2$ 时，有

$$A = Nd^2 = \frac{N}{4}d^2 \qquad (7.2.22)$$

代入式（7.2.20），得法线方向的增益为

$$G_0 = N\pi \qquad (7.2.23)$$

在任意的扫描方向 θ_0，天线口径在扫描方向垂直面的投影为 $A_{\theta_0} = A\cos\theta_0$。若将天线考虑为匹配接收天线，则扫描波束收集的能量总和正比于天线口径的投影面积 A_{θ_0}，所以增益为

$$G_{0s} = 4\pi\frac{A_{\theta_0}}{\lambda^2} = \frac{4\pi A}{\lambda^2}\cos\theta_0 = N\pi\cos\theta_0 \qquad (7.2.24)$$

可见，增益随扫描角增大而减小。

总之，在波束扫描时，扫描的偏角 θ_0 越大，波束越宽，天线增益越小，因而天线波束性能变差。一般地，天线扫描角限制在 60° 之内。

以上所述的是等间距等幅值阵列，这种阵列的方向图旁瓣电平高（第一旁瓣为-13.2dB），不利于雷达的抗干扰。为了降低旁瓣电平，常采用等间距振幅加权阵列或密度加权阵列。所谓等间距振幅加权，即各辐射元馈电振幅大小不等，一般馈给阵列中间的辐射元功率大一些，周围的辐射元功率小一些，最常用的加权函数为泰勒分布。所谓密度加权，是指天线的阵元按一定疏密程度排列，天线阵中心附近的阵元数密一些，周围的阵元数稀一些，而每个阵元的幅度均相等。与等幅等距阵列相比，阵元数减少了，加权后天线增益有所降低，降低的程度与阵元数减少的程度成正比。波瓣宽度（主要决定于阵列的尺寸）基本一样，而主瓣周围的旁瓣电平有所降低。然而，密度加权阵列是以提高远角度旁瓣电平为代价（由此而降低增益）来换取主瓣附近的旁瓣电平降低的，所以有得有失。

在有源相控阵列中，为了简化结构，减少发射机品种，提高互换性，大型有源相控阵雷达以采用等幅阵元的密度加权阵列天线为主。

对于非均匀激励的阵列，计算波束宽度和旁瓣电平常采用数值计算法。表 7.2.1 中列出了几种孔径照射函数的远场辐射方向图的主要参数。

表 7.2.1　几种孔径照射函数的远场辐射方向图的主要参数

z 轴上的孔径照射函数	相对的最大指向性	半功率波束宽度/°	主瓣与第一旁瓣强度比值/dB
均匀的：$A(z)=1$	1	$51\lambda/d$	13.2
余弦：$A(z)=\cos^n(\pi z/2)$			
$n=0$	1	$51\lambda/d$	13.2
$n=1$	0.810	$69\lambda/d$	23
$n=2$	0.667	$83\lambda/d$	32
$n=3$	0.575	$95\lambda/d$	40
$n=4$	0.515	$111\lambda/d$	48
抛物线状：$A(z)=1-(1-\Delta)z^n$			
$\Delta=1.0$	1	$51\lambda/d$	13.2
$\Delta=0.8$	0.994	$53\lambda/d$	15.8
$\Delta=0.5$	0.970	$56\lambda/d$	17.1
$\Delta=0$	0.833	$66\lambda/d$	20.6
三角形：$A(z)=1-|z|$	0.75	$73\lambda/d$	26.4
圆形：$A(z)=\sqrt{1-z^2}$	0.865	$58.5\lambda/d$	17.6

7.3　相控阵的分类和特点

7.3.1　相控阵的分类

相控阵基本分为两类：无源相控阵和有源相控阵。

（1）无源相控阵。虽然无源相控阵远比机械扫描天线（Mechanical Scanned Antenna，MSA）复杂，但比有源相控阵要简单得多。它与 MSA 一样，具有相同类型的集中式接收机和发射机。每个辐射元件或一维阵的每行辐射单元后面都紧随一个电子控制移相器，用来实现天线波束的电扫描。移相器由波束扫描控制器（BSC）控制（图 7.3.1）。

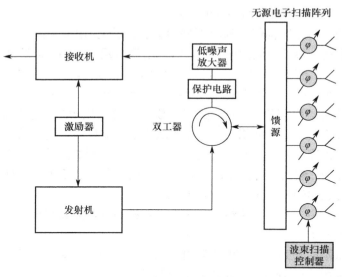

图 7.3.1　无源相控阵

（2）有源相控阵。有源相控阵的复杂程度比无源相控阵要大一个数量级，因为有源相控阵既包含发射机功率放大器功能，又包含接收机前端功能。在每个辐射元件的后面，直接连接一个微型 T/R 模块，取代移相器，见图 7.3.2。在有源相控阵中，微型的 T/R 模块置于每个辐射单元的后面。相应地，中央阵子（Radiator）集中式发射机、双工器及前端接收单元被除去。

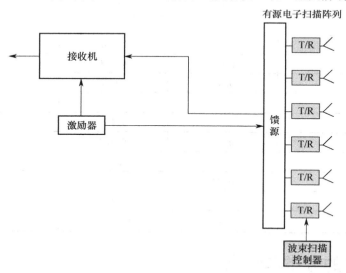

图 7.3.2　有源相控阵

T/R 模块包含一个多级高功率放大器（HPA）、一个双工器（环形器）、一个用于消除从双工器到接收信道的遗漏的发射脉冲的保护电路，以及一个用于接收电路的低噪声前置放大器（图 7.3.3）。射频输入输出都通过可变增益放大器和可变移相器，发射和接收一般都是分时的。逻辑电路依据从波束扫描控制器接收到的指令对上述组件连同辅助开关一起进行控制。

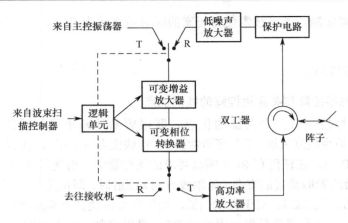

图 7.3.3　T/R 的基本单元模块

为了最大限度地降低 T/R 组件的成本，同时尽可能地缩小体积，使其可以安装在结构紧密的阵子后部，这种模块往往采用集成电路，且实现了微型化（图 7.3.4）。

多数 ESA（不论是有源还是无源）均使用移相器进行电子波束控制。如前所述，每个单元的相移量与频率有关。因此移相器仅能在宽带信号的一个相对窄的频段内实现精确的波束扫描。宽带 ESA 采用移相器时，会出现如图 7.3.5 所示的波束指向偏移。偏移量可表示为

$$\Delta\theta = \frac{-\Delta f}{f_0}\tan\theta_{\mathrm{s}} \tag{7.3.1}$$

虽然补偿自由空间路径长度所需的相移会随频率发生变化，但时延不会。因此，宽带阵列可直接用时延来代替相移。阵列中两个阵元之间所需的时延为

$$\Delta t = \frac{d\sin\theta}{c} \tag{7.3.2}$$

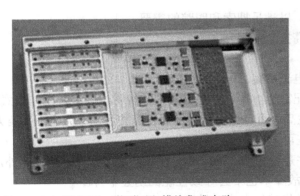

图 7.3.4　微型 T/R 模块集成电路

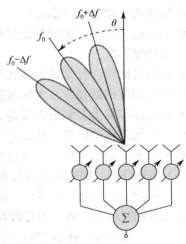

图 7.3.5　移相器导致波束指向偏移

时延的实现方式有多种。对于模拟实现，相移是通过改变各个 T/R 模块的馈源物理长度来获得的。利用通信系统中的光子技术，为每个模块提供光纤馈线。信号通过馈线时经历的时间延迟是通过将光纤的精确切割长度切换到馈线或输出来控制的。通过避免电子相

移固有的瞬时带宽限制，光子技术使得超宽的瞬时带宽成为可能。时间延迟也可用于数字波束形成。

7.3.2 相控阵的特点

7.3.2.1 无源相控阵和有源相控阵的共同优点

有源和无源相控阵有三个关键的优点，即很容易地减小飞行器的雷达散射截面积（RCS），可以做到波束极度灵敏，而且可靠性极高。这些优点对于军用飞机来说是至关重要的。

（1）易减小 RCS。在任何有 RCS 缩减要求的飞行器中，雷达天线的安装都受到严格关注。当从与飞行器的表面垂直的方向（如轴线方向）照射时，即使是一个相当小的平面阵列，也会产生几千平方米的 RCS。对于机械扫描，由于它是围绕其平衡线圈的轴做连续运动的，对于雷达观测，容易出现镜像反射，因此其 RCS 难以控制。对于相控阵，可倾斜安装于飞机上，形成无害反射，容易实现主要威胁方向的 RCS 缩减。

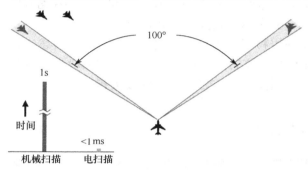

图 7.3.6　波束从相隔 100°的一个目标跳到另一个目标跟踪。

（2）波束的极度敏捷性。在相控阵的波束扫描时不需要克服惯性，所以这种波束要比机械扫面的波束敏捷得多。例如，机械扫描天线万向节的驱动电机以 100°～150°每秒的速度转动时，改变波束运动方向的时间约为 0.1s。与此相反，相控阵的波束能在不到 1ms 内于 ±60°范围内的任何一个位置出现（图 7.3.6）。如此高的灵敏度有很多益处。

● 目标一旦被侦查到，能够立即进行

● 能够实现单目标准确跟踪，以取代多目标跟踪。

● 当机载雷达控制的导弹所追踪的目标超过其搜索量时，机载雷达同样可对目标进行照射和跟踪。

● 驻留时间可以分别达到最优化，以满足搜索和跟踪的需要。

● 采用连续跟踪技术，大幅度提高搜索范围。

● 地形跟踪能力得到很大提高。

● 在天线工作范围内可处处运用电子欺骗。

● 利用波束的敏捷性，可通过分配雷达前端、处理资源来实现雷达的多种工作模式。

（3）可靠性高。相控阵不仅可靠性高，而且可以极大地简化工作程序。完全不需要万向节体制、驱动电机和旋转关节——这些可能导致故障的发生。

在无源相控阵中，唯一的有源器件是移相器，高质量的移相器是非常可靠的；此外，如果它们偶尔出现故障，那么 5%以内的故障率也不会导致性能的明显下降。

利用发射接收组件的高功率放大器代替集中式发射机，使得有源相控阵可靠性更高。历史上，在机载雷达经历的故障中，很大一部分是由行波管（Traveling Wave Tube，TWT）发射机及其高压电源造成的；而有源相控阵的 T/R 模块天生就高度可靠。原因在于，T/R 模块往往是由固态的集成电路制成的，而且只需低压直流电源供电。

另外，和无源相控阵中的移相器相似，有源相控阵中即使有 5%的模块出现故障，也不会严重影响其工作性能。即便如此，单个单元故障产生的影响仍然可以通过适当改变其最邻近单元的辐射来使其影响最小。这样，设计优良的有源相控阵的平均关键故障时间（Mean Time Between Critical Failures，MTBCF）就与飞行器的寿命相当。

7.3.2.2　有源相控阵的其他优点

有源相控阵与无源相控阵相比还有其他优点，许多优点得益于发射接收组件的低噪声前置放大器（LNA）和高功率放大器（HPA），它们紧接在阵子的后面，因此有效地消除了天线馈电系统及移相器中的损耗带来的影响。

- 如果忽略阵子、双工器和接收保护电路中相对较少的信号能量的损耗，那么接收链中的噪声系数是由低噪声前置放大器来确定的（图 7.3.7）。它可被设计成具有很低的噪声系数。
- 发射功率损耗同样会被减小。不过这种改进可能会被模块的效率和 TWT 的很高的潜在效率之间的差别抵消。
- 在接收和发射时，每个辐射单元的幅度和相位都能单独得到控制。因此，在地形跟踪、短程 SAR 和 ISAR 成像时，可以利用这种功能提供具有较高敏捷度的波束波形。

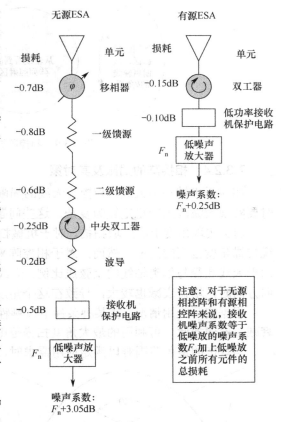

图 7.3.7　通过消除低噪声放大器前的损耗源，与无源 ESA 相比，有源 ESA 极大地降低了接收机的噪声系数（对于无源 ESA、有源 ESA，接收机噪声系数等于 LNA 的噪声系数 F 加上 LNA 之前所有元件的总损耗）

- 可把孔径分成子隔离单元并提供适当的馈源，辐射出多个独立可控的波束。
- 通过对 T/R 模块进行适当的设计，在很宽的频率范围内，使得不同频率形成的相互独立的不同波束可以同时分享整个孔径。

7.3.2.3　观测区域的局限性

当相控阵的波束被扫描偏离轴线方向时，孔径的有效宽度 W 缩小为 $W' = W\cos\theta$，如图 7.3.8 所示。

孔径有效宽度的缩小加宽了波束。重要的是，从偏离轴线的 θ 角看，减小了阵列的投影面积 $A' = A\cos\theta$，如图 7.3.9 所示。

由于天线增益与投影面积成比例，相控阵的实际最大观测域将限制在±60°以内。

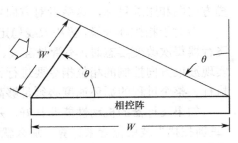

图 7.3.8　相控阵有效孔径随扫描角的变化

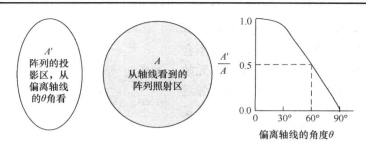

图 7.3.9　相控阵波束投影面积的减小

7.3.2.4　相控阵的局限及其对策

相对于机械扫描天线，相控阵天线的局限如下：① 扫描范围有限；② 在载机姿态改变时要实现天波波束的稳定较为复杂。这些问题及其解决办法将在下文中简单讨论。

（1）实现角度上的广域扫描。对于机械扫描天线，增加伺服机构旋转的角度范围即可实现扫描角度范围的拓展。然而，对于相控阵来说，当天线波束扫描偏离了天线法向方向时，由于天线孔径与偏离轴线的余弦成比例，天线的波束宽度增加，增益下降。在大角度偏离法向方向时，增益衰减也较大，导致在这个角度上单个发射机的增益很低。

根据实际应用情况，在某种条件下以牺牲扫描效率、增加驻留时间为代价来补偿增益的衰减。即便如此，可利用的最大角度扫描范围仍被限制在±60°。

当±60°的覆盖范围难以满足应用需求时，需要增加阵面来拓展覆盖范围。一种可能的方式是，以两个较小的"侧面"阵列来对一个前视的主阵列进行补充，以扩大两边的可观测范围（图 7.3.10）。如果需要更大的覆盖范围，就要使用不止一个相控阵来实现。在图 7.3.10 中，为了感知态势，两个小一点的侧面阵列辅助中央的主阵列，"侧面"阵列在两边提供的是短程覆盖。

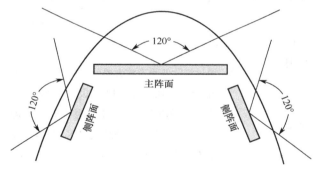

图 7.3.10　多面相控阵实现广域覆盖

（2）波束稳定性。对于机械扫描天线来说，波束的稳定性是不成问题的，因为天线被安放在万向节中，在快速动作的闭环伺服系统连同速率积分陀螺的作用下，一直指向空间坐标所期望的波束方向。如果天线和万向节是动态平衡的，那么该系统可以有效地隔离天线，从而使天线在飞行器改变飞行姿态时免受影响。波束扫描只用来跟踪波束搜索扫描方向图和跟踪目标，这两者对方向角都没有过高的要求

而对于相控阵来说，解决天线稳定性问题就不那么简单了。因为相控阵被固定在机身上，飞行器每次改变姿态时，不管是翻滚、倾斜还是偏航，其惯性都会被其感应。在每个阵子中，实现波束方向控制的相位指令要进行计算，然后这些指令被传送到移相器或 T/R 模块中进行执行。整个过程的循环速度必须足够高，才能跟上飞行器的姿态改变。

如果飞行器的机动性能非常好，那么这种速度将会非常高。如果以每秒 2000 个标准的"重新扫描"波束位置来计算，那么就要在不到 500μs 的时间内，对 2000～3000 个辐射单元的相位控制命令进行计算、分配和执行。

幸运的是，先进的机载数字处理系统具有这种巨量计算的处理能力。

7.3.2.5　相控阵特点小结

由于相控阵被固定在飞行器的结构中,所以它的波束控制是通过单独控制每个辐射单元的发射信号相位或接收信号相位来实现的。

无源相控阵是利用传统的集成式发射机和接收机来操作的,而有源相控阵在发射单元上装置了发射和接收前端。无源相控阵比机械扫描天线要复杂得多,而有源相控阵的复杂程度又要比无源相控阵多一个数量级。

两种体制都有三个主要的优点:① 飞行器主要威胁方向的 RCS 可以很容易减小;② 波束都很灵敏;③ 可靠性都很高,而且操作方式十分简单。此外,有源相控阵还有一个优点:可以提供极低的接收机噪声系数,并允许波形具有多种变形,同时还能发射相互独立的不同频率上的多个波束。

相控阵的主要缺陷如下:① 由于孔径被缩小,最大扫描范围被限制在约±60°;这样,在大角度偏离轴线时增益就会减小;② 在飞行器做复杂的机动动作时,为了稳定天线波束的指向,需要大量的处理器吞吐量。

7.3.3　机载有源相控阵雷达应用举例

7.3.3.1　F-22 上的 AN/APG-77 多功能火控雷达

AN/APG-77 多功能雷达是一种有源相控阵雷达（图 7.3.11）,可探测远程多目标和隐形飞行器,通过与 F-22 飞机上的综合信息处理机与其他传感器和航电设备相连,其可对天线的收发波束方向图进行控制,并对接收到的雷达数据进行处理。

有源电扫描阵列由 2000 个低功率 X 波段收发组件构成,每个辐射单元的发射机和接收机是分置的,具有高的灵活性、低 RCS 和宽带宽。每个收发组件的大小为 70mm×3mm,可产生 10W 的射频功率,采用的是砷化镓（GaAs）技术。

图 7.3.11　F-22 上的 AN/APG-77 雷达天线

该雷达的工作方式主要如下。

* 空–空:对空搜索与跟踪、边搜索边测距、边跟踪边扫描、单目标跟踪、群目标分辨等。
* 空–地:地形测绘、地面动目标跟踪、地面动目标显示（GMTI）。
* 空–海:海面目标检测、固定目标跟踪。

据报道,AN/APG-77 除了采用聚束 SAR 模式获得 3m 的高分辨,还采用逆 SAR 获得超高分辨,使其分辨率可以达到 0.3m。

7.3.3.2　EA-18G "咆哮者" 电子攻击机上的 AN/APG-79 雷达

AN/APG-79 雷达从一开始就要求具有最大的目标检测能力,能够渗透到敌方领空,对多目标实现 "先敌发现、先敌攻击、先敌击落"。因此,采用有源相控阵技术是唯一的选择。图 7.3.12 所示为 AN/APG-79 有源相控阵雷达。

1）AN/APG-79 雷达的技术特点

AN/APG-79 是一种可执行空–空和空–地作战任务的全数字化全天候多功能火控雷达,是宽带有源电扫阵列（AESA）雷达,具有多目标跟踪与高分辨 SAR 地形测绘的能力,可提供极高分辨率的地形测绘。该雷达的波束扫描十分快捷，这种快速扫描的特点大大增强了雷达的功能和可靠性，降低了成本且生存能力更强。可同时跟踪 20 个以上的目标，并对所跟踪目标自动建立跟踪航迹，边扫边跟踪，用交替技术基本上可以同时完成空–空和空–地功能。飞行员不必再对雷达工作方式或扫描方式进行选择。即使某一目标逃出了当前的扫描区域，该雷达还可重新探测到该目标，并使用一个单独的波束对其进行跟踪。该雷达使用的 T/R 组件非常薄，其厚度与 25 美分的硬币相仿。设计要求该阵列 10～20 年之内不需要维护。

图 7.3.12   AN/APG-79 雷达装有先进的 4 信道接收机/激励器，具有带宽能力，
能够产生空–空攻击、空–地攻击以及电子战任务所需的多种波形

2）AN/APG-79 雷达的性能数据

AN/APG-79 雷达的主要工作方式如下。

- 空–空：速度搜索（高 PRF），边搜索边测距（高/中 PRF），边扫描边跟踪（保持 10 个目标，显示 8 个目标），近程自动截获，火炮截获，垂直搜索截获，瞄准线截获，宽角截获，单目标跟踪，火炮引导，攻击判断。

- 空–地：实波束地形测绘，雷达导航地形测绘，多普勒波束锐化扇形区，多普勒波束锐化贴片，中分辨 SAR，固定目标跟踪，地面动目标指示与跟踪，空地测距，地形回避，精确速度更新。

- 空–海：海面搜索，可同时为双座舱运行两种不同工作方式，工作方式可以自动选择。

AN/APG-79 雷达的主要参数如下。

- 作用距离：> 180km。

- 重复频率：高、中、低 PRF。

- 跟踪能力：跟踪 20 个目标，显示 8 个目标。

- 天线形式：八边形平面阵列。

- A/D 变换：空–空：11 位，5MHz；空–地：6 位，58MHz。

- 处理机：运算速度为 6000 万次/秒复数运算（2000 万次/秒复数运算供扩容用）。

- 存储能力：2MB，256KB 16 位工作存储（1752A）。

- LRU：三个（电源、雷达接收机、可编程信号处理机）。

- MTBF：是 AN/APG-73 的 5 倍。

- BIT：可把故障隔离到单个组件，快速更换，无须拆机架。

- ECCM：比 AN/APG-73 强得多。

7.3.3.3　F-35 上的 AN/APG-81 雷达

AN/APG-81 雷达是诺斯罗普•格鲁门公司继 AN/APG-77、AN/APG-79 之后为 JSF（F-35）联合攻击战斗机研制的一部 AESA 多功能火控雷达，其独特之处在于，AN/APG-81 不再是一个独立的电子设备，而被称为多功能综合射频系统（MIRFS），作为 JSF 综合传感器系统（ISS）的一部分。

F-35 的 AESA 非常高效，并且可与机载传感器，如分布式孔径（DAS）系统和数据融合系统等配合工作。F-35 的分布式孔径系统非常灵敏，能为飞行员提供 360°全方位态势感知信息。分布式孔径系统能发现 1200 英里远的导弹。

F-35 的数据融合系统处理威胁信息以确定所探测的目标。处理数千个信号特征后，飞机可能会建议飞行员根据情况利用机上的光电目标瞄准系统（EOTS）或 AESA 雷达搜集更多的信息。发现导弹的 F-35 将与其他 F-35 和空天联合作战中心（CAOC）共享数据，空天联合作战中心将管理美军及其盟军飞机和卫星搜集的所有数据，其位于地面的大型计算机处理这些数据，并将其提供给未能采集到足够信息的飞机。目标一旦被识别，搜集工作即告完成。然后，飞机的融合中心给出将要打击的目标、采用何种武器、先打击哪个目标的建议。

F-35 的电子战和 ISR 能力是通过每秒能完成万亿次运算的中央处理器实现的，其机载电子战系统能够识别敌雷达与电子战的辐射，并将相关信息提交给飞行员，飞行员用光电目标瞄准系统对准要打击的目标、决定是用动能武器还是用电子手段摧毁目标。其中，AN/APG-81 有 1000 多个宽频带 T/R 组件，辐射单元为钉状辐射体，使天线表面呈现凹凸不平的奇异形状，有助于降低天线的反射、提高隐身效果，$1m^2$ 目标的探测距离为 170km 以上。该雷达能够实时跟踪目标、监测敌人电子辐射信号和干扰敌雷达，能够同时承担通信、干扰或目标搜索等任务。空地模式包括超高分辨合成孔径成像（SAR）、动目标显示（MTI）和地形跟随等。图 7.3.13 中显示了 AN/APG-81 雷达天线外形照片。不过，美国认为 APG-81 AESA 雷达易受赛博武器的攻击。解决该问题的办法是进行软件升级。

图 7.3.13　F-35 联合攻击战斗机装备的 AN/APG-81 雷达 AESA 天线近视图

7.3.3.4　其他机载有源相控阵雷达

除上述雷达外，还有由诺斯罗普•格鲁门公司针对 F-16 飞机升级而研制的一部高性能有源相控阵火探雷达 APG-83（图 7.3.14）。它是一部尺寸可变的捷变波束雷达（SABR），其尺寸规格是可变的，也可装备到其他多种机载平台上。

除美国外，俄罗斯第四代战斗机上的机载"雪豹"雷达系统可在 10000m 高空发现 400km 处的空中目标，它可同时监视 30 个目标，同时指挥射击 8 个目标。俄罗斯第五代战斗机 PAKFA/T-50 装备了 NIIP 公司研制的 SH-121 AESA 雷达，该雷达使用约 1500 个 T/R 模块，峰值功率可能达到 18kW，对 RCS 为 $2.5m^2$ 的目标，作用距离为 350～400km。图 7.3.15 所示为俄罗斯第五代战斗机雷达的天线阵面。

图 7.3.14   F-16 上的 APG-83 有源相控阵雷达

图 7.3.15   俄罗斯第五代战斗机雷达的天线阵面

国产 KLJ-7A 型机载有源相控阵雷达在 2017 年的法国巴黎航展上首次亮相。在 2018 年的珠海航展上，KLJ-7A 机载有源相控阵雷达以"家族化"的形式参展：固态单面阵（图 7.3.16）、机相扫（图 7.3.17）和三面阵（图 7.3.18）。KLJ-7A 雷达的技术水平与美国 F-22 隐身战斗机的 APG-77 雷达、F-35 使用的 AN/APG-81 型雷达不相上下。

KLJ-7A 的最大优势是其额定功率不变情况下的"低功耗"，其电源与冷却单元能够灵活地适应现役飞机的液冷、风冷方式。KLJ-7A 结构设计紧凑，具有很好的载机平台适装性。

图 7.3.16   KLJ-7A 有源相控阵雷达（基本型）   图 7.3.17   KLJ-7A 有源相控阵雷达（机相扫）

图 7.3.18　KLJ-7A 有源相控阵雷达（三面阵）

KLJ-7A 雷达拥有上千个 T/R 组件，可实现多种波形与不同种类的目标交战，雷达的自由度高、带宽更广，多模工作不会相互干扰，抗干扰能力大幅提升，能够同时应对多个干扰源。

KLJ-7A 雷达与计算机系统采用光纤传输信息，整体反应速度快，探测距离是传统雷达的 2 倍，能够同时跟踪多批次目标，并引导打击。多目标的打击能力主要取决于载机的载弹数量，以及载机内部空间是否允许容纳处理能力更强的分布式计算机系统。

KLJ-7A 具备高可靠性和便捷的可维护性，雷达的平均故障间隔时间非常长，例行检查自动化程度高（不打开雷达罩即可进行自检）。模块化插装式设计，维修也非常方便，地勤人员 10～15min 便可完成拆装作业。

另外，我国"枭龙"战斗机所装备的 LKF601E 机载风冷有源相控阵雷达于 2018 年珠海航展首次公开（图 7.3.19）。该型雷达运用高效风冷散热技术，成功解决了配装传统 PD 雷达战斗机不能在原位直接升级有源相控阵雷达的难题，在飞机现有的环控、电源、结构等不做任何改变的条件下进行原位直接换装，可大大降低换装成本，缩短换装周期，大幅提升飞机综合作战效能。

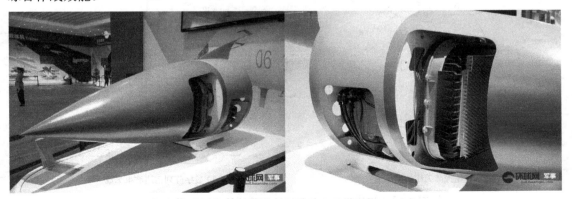

图 7.3.19　LKF601E 机载风冷有源相控阵雷达

有源相控阵雷达是雷达技术的一次飞跃，极大地提升了雷达的探测距离、工作带宽、多目标跟踪、同时多功能、射频综合、可靠性和抗干扰能力。但有源相控阵雷达的波束形成原理、和差波束形成方式和较少数量的接收处理通道，限制了雷达瞬时信号带宽的扩展、多波束和自适应阵列信号处理技术的应用，而这些是进一步提高雷达性能尤其是低截获、抗干扰性能的主要技术发展方向。

宽带瞬时信号是重要的频域低截获措施，而自适应数字波束形成是重要的空域抗干扰措施。另外，空时自适应处理是杂波抑制和地面慢动目标检测的重要技术手段，而这些技术措施在现有的有源相控阵雷达上难以实现，必须采用更加先进的数字阵列雷达架构。

7.4　数字阵列雷达技术

7.4.1　数字阵列雷达的基本概念

传统脉冲多普勒雷达的平板缝阵天线采用的波束形成方式是模拟波束形成，平板缝阵天线有着众多的波导缝隙用于辐射和接收信号。发射信号经过固定馈电网络到达这些波导缝隙，每个缝隙辐射的信号都有相同的相位，由此在天线阵面法线方向实现辐射信号的同相叠加，形成发射波束方向图。同理，接收是一个逆过程，在天线口面的同相接收信号，经过馈电网络，在信号合成端实现同相叠加，等效在天线阵面法线的方向形成接收波束方向图。

相控阵天线的波束形成仍然采用与平板缝阵天线相同的模拟波束形成原理，只是发射信号经过移相器后，各辐射器发射信号的等相位面是变化的，从而形成可变指向的发射波束方向图。接收时，通过移相器改变接收信号的等相位面与天线阵面的夹角，从而形成可变指向的接收波束方向图。

以上波束形成都采用了模拟射频信号波束形成原理，其缺陷是波束形成缺乏灵活性，难以形成同时多波束，不能满足阵列自适应信号处理的需要，对模拟电路的指标要求高。

数字阵列雷达是一种采用数字波束形成技术的全数字阵列扫描雷达，其波束形成不是在射频模拟信号域进行的，而是在数字域进行的，如图 7.4.1 所示。由于收发波束形成均以数字方式实现，因而它有较好的数字处理灵活性，拥有传统相控阵雷达不可比拟的优良性能。

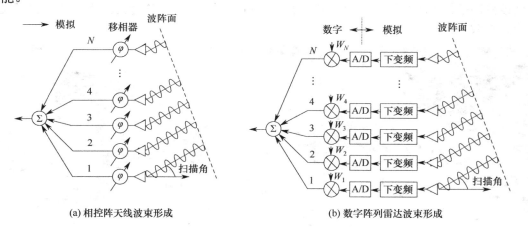

(a) 相控阵天线波束形成　　　　　(b) 数字阵列雷达波束形成

图 7.4.1　相控阵雷达与数字阵列雷达接收波束形成对比

除了采用数字波束形成技术带来的优越性，数字阵列雷达还克服了相控阵天线因孔径渡越带来的对瞬时信号带宽的限制。对于相控阵天线（包括无源和有源相控阵天线），当天线波束中心偏离法线方向时，发射和接收信号在每个阵元上都有不同的传输路径长度，即存在孔径渡越对应的孔径渡越时间问题。有源相控阵天线采用移相方法，使每个阵元对应的发射或接收回波在要求的波前面保持同相关系，从而实现空间波束合成。但由于同一孔径渡越时间对于不同的信号频率对应不同的补偿相位，因此采用同一移相值补偿的方法会导致不同频率形成的波束指向不同的方向，即波束指向"色散"现象，也称孔径效应，如图 7.4.2 所示。孔径效应会限制发射、接收信号的带宽。

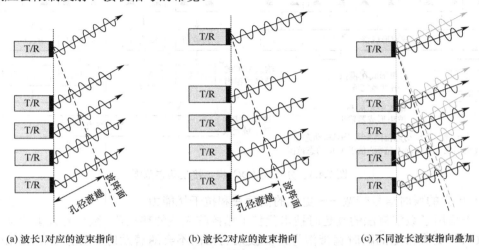

(a) 波长1对应的波束指向　　　　(b) 波长2对应的波束指向　　　　(c) 不同波长波束指向叠加

图 7.4.2　相控阵天线孔径效应示意图

相控阵天线存在宽带信号波束指向"色散"现象的根本原因是，用移相方法代替孔径渡越补偿需要的真延时/实时延时（True Time Delay）。数字阵列雷达可在数字域实现对每个通道信号的延时（真延时），从而精确补偿电扫天线存在的孔径渡越时间，实现对宽带信号的发射和接收。

总之，数字阵列雷达的主要特点是，天线每个阵元或子阵连接一个发射/接收处理通道，采用数字波束形成（DBF）算法在数字域实现波束的形成和扫描，用真延时对孔径渡越进行补偿。由于以上特点，数字阵列雷达相对相控阵雷达具有许多技术优势，具体如下。

1）更大的瞬时动态范围——更优的探测性能

数字阵列雷达天线划分为多个接收子天线，并且对应多个接收下变频通道，通过降低单通道雷达接收杂波干扰的天线增益，降低单个接收支路杂波的强度，同时采用分布式的多 ADC 量化，提高雷达接收机的动态范围，进而提高对低可观测目标的探测能力；理论上，等面积 N 个子阵划分可使雷达的动态范围提高 N 倍，如图 7.4.3 所示。

在大功率有源相控阵体制下探测隐身目标，意味着更强的地杂波和更小的目标回波，更高的瞬时动态范围提高了雷达对隐身目标的探测性能。

2）自适应数字波束形成——更优的抗干扰能力

数字阵列雷达的多阵元/多子阵天线和多通道接收处理，为自适应数字波束形成（ADBF）技术的应用创造了条件。ADBF 技术可在干扰方向形成方向图零点，从而减小干扰对雷达探测性能的影响。数字阵列雷达的每个天线单元或子阵都对应一个可控收发单元，提供了系统最大的空间自由度。空间自由度的增加带来了 ADBF 同时抑制干扰数量的增加，并改善了干扰抑制的效果。

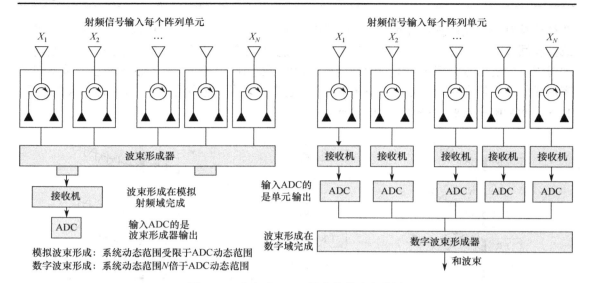

图 7.4.3   分布式 ADC 提高接收动态范围

3）更大的瞬时信号带宽——更优的低截获和抗干扰能力

由于采用了数字算法的真延时技术代替了相控阵天线的移相器，数字阵列雷达可以发射和接收具有更大带宽的瞬时宽带信号，而波束的指向不会随着发射信号频率的变化而出现"色散"现象，或者在信号带宽内，波束指向的偏差在允许的范围内（通常要求小于 1/4～1/2 波束宽度）。更大的瞬时信号带宽意味着更好的低截获性能和更强的抗干扰能力。

4）可实现超低副瓣——低截获

数字阵列雷达可以利用数字技术，通过对阵列误差、各单元幅度、相位不一致和互耦效应等进行精确校正，实现超低副瓣。而实现对幅度、相位精确校正的基础是对信号幅度、相位的高精度控制。对采用传统移相技术的相控阵雷达而言，其相位精度主要由移相器的位数决定：

$$\Delta\varphi_{min} = 2\pi/2^{k} \tag{7.4.1}$$

式中，$\Delta\varphi_{min}$ 为最小相移量，k 为移相器位数。

对于发射信号，数字阵列雷达一般用 DDS（直接数字合成器）来产生信号，信号的相位精度由 DDS 控制位数（D/A 位数）决定：

$$\Delta\varphi_{min} = 2\pi/2^{n} \tag{7.4.2}$$

式中，$\Delta\varphi_{min}$ 为最小相移量，n 为 DDS 控制位数或 D/A 位数。相控阵天线移相器的典型位数为 6 位，数字阵列雷达 DDS 控制位数或 D/A 位数的典型值为 12～14 位，数字阵列雷达对发射信号相位的控制精度远高于传统的相控阵雷达。

对于接收信号，数字阵列雷达在数字域采用数字信号处理方法，可对各通道接收信号进行高精度的幅度和相位校正。因此，总体而言，数字阵列雷达与传统相控阵雷达相比，其幅相控制精度可提高数十倍。

5）空时自适应处理——干扰杂波抑制/慢动目标检测

数字阵列雷达还可采用空时自适应处理（STAP）技术，以抑制主瓣和旁瓣杂波，从而改善雷达的杂波和干扰抑制性能，提高对地面慢动目标的检测能力和对空中目标过主杂波凹口的检测能力。

6）接收同时多波束形成——快速搜索和截获目标

即使是 AESA 雷达，丢失跟踪目标通常也意味着要浪费时间重新启动搜索模式，以重新截获目标并进行确认。为了避免这些时间损失，可采用宽波束发射并在丢失目标位置周围形成多个接收波束，提高雷达波束的空域覆盖范围，快速捕获丢失目标，避免重新启动搜索模式。一般可在方位上形成 2～3 个同时接收波束和 1 个宽的发射波束。

在搜索状态，数字阵列雷达也可通过宽波束发射和多波束接收的方法来提高波束扫描的速度，同时又不降低雷达的探测性能。

7）系统任务可靠性高

当数字阵列雷达有限个接收通道失效时，系统通过更改波束形成系数可减弱失效通道的影响，从而提高雷达的任务可靠性。另外，由于采用了模块化的数字阵列模块（Digital Array Module，DAM）设计，系统的可维修性得到了改善。

7.4.2　数字阵列雷达的分类

数字阵列雷达的核心是通过阵列天线和阵列信号处理实现数字波束形成，实现空时自适应处理抑制干扰和杂波，实现对瞬时宽带信号的发射和接收。阵列天线的单元越多、阵列信号处理的通道数越多，天线的瞬时信号带宽越大，自适应阵列信号处理的空间自由度就越大，数字阵列雷达的自适应处理效果就越好。

最理想的数字阵列雷达是单元级数字阵列雷达，即数字阵列天线的每个阵元都对应一个数字化的发射和接收通道，也就是实现阵元 100%数字化。单元级数字阵列雷达在低频段雷达上容易实现，因为低频段雷达的信号波长很长，整个雷达天线的阵元数量一般仅为 10～20，射频信号频率很低，可以直接进行数字化采样。世界上最典型的机载单元级数字阵列雷达是配装 E-2D 预警机（图 7.4.4）的 AN/APY-9 先进超高频雷达（Advanced UHF Radar，AURA）。AN/APY-9 工作在 UHF 波段，采用的是 18 个收/发通道的 ADS-18（Advanced Detection System，ADS）单元级数字阵列天线（图 7.4.5），采用了先进 STAP 处理技术。相对于 E-2C 飞机的预警雷达，AN/APY-9 雷达可以探测更多的目标，在探测距离和监视目标数量等方面几乎增加了一倍。在陆地上空及辽阔海面上方的更多杂乱回波、更强电磁干扰和抑制环境中，可以更好地探测到各种各样的威胁。

图 7.4.4　E-2D 预警机

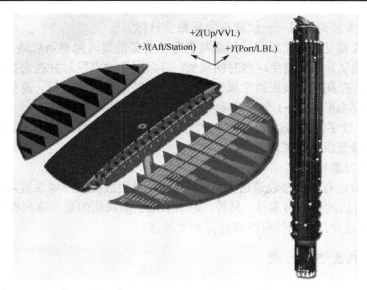

图 7.4.5　AN/APY-9 雷达单元级数字阵列天线

但是在高频段尤其是在机载火控雷达中采用的 X 波段，由于天线的阵元数量众多（2000个以上），如果实现阵元级的 100%数字化，那么，第一，将带来不可承受的经费压力；第二，自适应处理的运算能力需求将呈几何量级增加，超出现有计算设备的能力，且带来的自适应处理收益不会呈线性增长；第三，系统规模将过于庞大，难以解决工程制造和可靠性问题。

缓解单元级数字阵列雷达复杂和昂贵的方法是，在高频段采用子阵级数字阵列雷达形式。子阵级数字阵列天线将一定数量的天线阵元集合为一个天线子阵，每个天线子阵对应一个数字化的发射和接收通道。一般用数字化阵列与天线阵元的比例来衡量子阵级数字阵列雷达的数字化水平，并进行分类。子阵级数字阵列雷达可分为"小子阵"数字阵列雷达和"大子阵"数字阵列雷达（图 7.4.6）。当天线子阵的阵元数量介于阵元总数的 5%～10%时，雷达即达到"高数字化水平"（"小子阵"数字阵列）。高数字化水平数字阵列雷达已经可以获得足够的空间自由度、足够好的天线旁瓣抑制和足够的瞬时信号带宽。

高水平阵列数字化将带来以下技术优势。

（1）随着数字化水平的提高，雷达的接收信噪比（SNR）和无寄生动态范围（SFDR）将增加。理论上信噪比增加 $10\lg N$ dB，其中 N 为子阵或单元的批数，这是因为各接收通道寄生干扰是不相关的。

（2）数字化水平的增加将会带来接收机相位噪声的改善，这是因为各接收通道的 ADC 相位噪声是不相关的。ADC 相位噪声的改善同样将达到 $10\lg N$ dB。

（3）数字化水平的提高将会降低对模拟器件精度的要求。模拟器件的精度直接影响波束方向图的旁瓣抑制和波束指向精度。更多的数字化接收通道，意味着误差扩散到更多的通道上。数字技术能够实现更高精度的误差校准和宽带校准，从而改善系统的整体性能。

（4）数字波束形成将提供更多的波束。采用宽波束发射和多波束接收可以提高雷达的扫描速度。

（5）随着数字化水平的增加，阵列天线的瞬时宽带性能将会增加，可以实现对更宽的瞬时信号的发射和接收。

（6）更多的天线子阵和接收处理通道可以实现对更多干扰的抑制，这是通过自适应数字波束形成（ADBF）技术实现的。理论上，ADBF 可以同时抑制 $N-1$ 个不同方向进入的干扰。更多的接收处理通道还可改善天线方向图的干扰抑制深度。

（7）高水平数字化是空时自适应处理（STAP）的基础，STAP 技术可以抑制杂波，改善雷达对低速目标的探测性能。

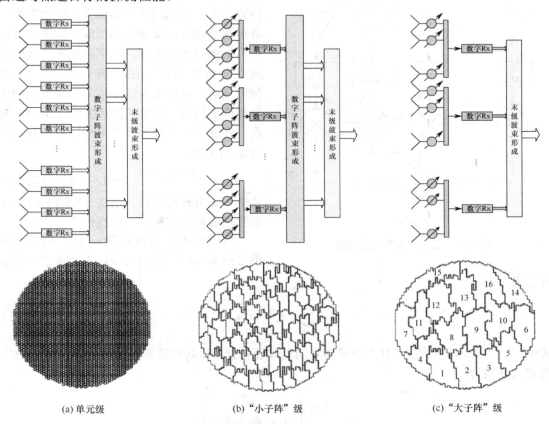

(a) 单元级　　　　　　　(b) "小子阵" 级　　　　　　(c) "大子阵" 级

图 7.4.6　数字阵列雷达的数字化等级

　　综上所述，机载火控雷达数字阵列雷达的最佳实现方案是子阵级数字阵列雷达，而且是平面二维划分的子阵级数字阵列天线，即天线子阵仍然是一个由多个 T/R 单元组成的面阵，天线的子阵数量一般介于 10+到 30+之间。过多的子阵数量将导致成本和复杂度的快速增长，但不会带来性能收益的线性增长；过少的子阵数量则无法满足需求，包括对天线瞬时信号带宽的要求和对干扰抑制数量和抑制深度的要求。

　　平面子阵级数字阵列雷达的设计，需要兼顾多种设计参数的平衡，涉及众多的复杂技术，其中最主要的关键技术包括子阵划分技术、真延时（TTD）技术、数字波束形成技术、空时自适应处理技术等，这里主要介绍数字波束形成技术和空时自适应处理技术。

7.5　数字波束形成技术

7.5.1　常规数字波束形成

　　数字波束形成（DBF）技术利用阵列天线孔径，通过数字处理方法在期望方向形成接收

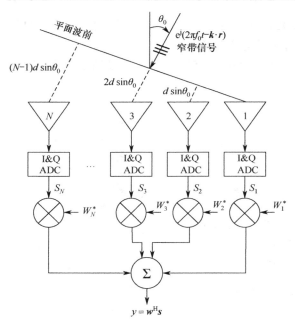

图 7.5.1 数字波束形成原理图

波束。DBF 的物理意义是对某一方向的入射信号，用复数权向量 $\boldsymbol{w}$ 的相位对阵列各分量进行相位补偿，使得信号方向上的各个分量同相相加，形成天线方向图的主瓣；而在其他方向上，非同相相加形成方向图的副瓣，甚至在个别方向反相相加形成方向图零点。

如图 7.5.1 所示，数字阵列雷达接收天线由 N 个等距线阵组成，阵元间距为 d。为便于分析，考虑窄带远场信号入射到空间均匀线阵的情形，信号的波达方向（DOA）为 θ_0，于是第 n 个阵元接收信号的基带复包络为 θ_0 的函数：

$$s_n = e^{j2\pi(n-1)\frac{d}{\lambda}\sin\theta_0}, \quad n = 1,\cdots,N \quad (7.5.1)$$

式中，λ 为载波波长。由式（7.5.1）可见，指数项的相位在整个阵列线性变化。

各通道引入复权系数 w_n 使阵列可在期望方向实现最大输出响应，于是接收向量 $\boldsymbol{y}$ 可以表示为

$$\boldsymbol{y} = \sum_{n=1}^{N} w_n^* s_n = \boldsymbol{w}^{\mathrm{H}} \boldsymbol{s} \quad (7.5.2)$$

式中，"*"表示复共轭，"H"表示向量的复共轭转置，即共轭转置，向量 $\boldsymbol{s} \in C^N$ 和 $\boldsymbol{w} \in C^N$ 的定义分别为

$$\boldsymbol{s}(\theta_0) = \begin{bmatrix} s_1 \\ s_2 \\ s_3 \\ \vdots \\ s_N \end{bmatrix} = \begin{bmatrix} e^{j0} \\ e^{j2\pi\frac{d}{\lambda}\sin\theta_0} \\ e^{j2\pi(2)\frac{d}{\lambda}\sin\theta_0} \\ \vdots \\ e^{j2\pi(N-1)\frac{d}{\lambda}\sin\theta_0} \end{bmatrix} \quad (7.5.3)$$

和

$$\boldsymbol{w} = \begin{bmatrix} w_1 \\ w_2 \\ w_3 \\ \vdots \\ w_N \end{bmatrix} \quad (7.5.4)$$

式中，C^N 表示 N 维复向量空间。当权向量为 $\boldsymbol{w} = k\boldsymbol{s}$ 时，上述波束形成器的输出为

$$\boldsymbol{y} = \boldsymbol{w}^{\mathrm{H}} \boldsymbol{s} = \sum_{n=1}^{N} s_n e^{-j2\pi(n-1)\frac{d}{\lambda}\sin\theta_0} \quad (7.5.5)$$

此时波束形成器的输出 y 归一化后为

$$|y| = \frac{1}{N} \frac{\sin\left[N\pi\frac{d}{\lambda}(\sin\theta - \sin\theta_0)\right]}{\sin\left[\pi\frac{d}{\lambda}(\sin\theta - \sin\theta_0)\right]} \tag{7.5.6}$$

假设 $d/\lambda = 0.5$（间距为半波长），$N = 16$，$\theta_0 = 30°$，当 θ 由-90°变换到90°时，波束形成器的输出如图 7.5.2 所示（$k = 1$）。由图可知，在 $\theta = 30°$ 附近具有最大响应，称为波束主瓣，主瓣以外的栅瓣统称旁瓣。对于均匀线，第一旁瓣相对于主瓣的幅度衰减约为 13dB，方向图主瓣宽度由阵元个数 N（阵列孔径）和扫描角度决定。

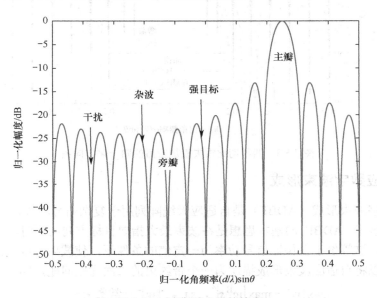

图 7.5.2　波束形成器的输出

在实际中，感兴趣的弱目标常被主瓣或旁瓣进入的强目标、杂波和干扰所掩盖，因此强旁瓣信号将在一定程度上干扰期望信号。常用的两种可降低阵列旁瓣电平的典型方法为阵列加窗和自适应波束形成。

阵列加窗处理通过对各阵元的输出施加一个幅度权向量（正实数），可实现对波束旁瓣的抑制，进而降低旁瓣干扰信号的影响。从数学角度讲，这个过程等价于将权向量 $w = s$ 替换为 $w = s \odot t$，其中 $\odot$ 表示 Hadamard 乘积。

式（7.5.5）给出的波束形成器的输出 y 可以写成 Hadamard 乘积的形式：

$$y = [1 \quad 1 \quad \cdots \quad 1](w^* \odot s) \tag{7.5.7}$$

式中，"$*$"表示向量的共轭，$[1 \quad 1 \quad \cdots \quad 1]$ 为全 1 的行向量，其作用等价于加法器。

图 7.5.3 中给出了两种切比雪夫权加窗后的归一化方向图。对比看出，虽然旁瓣明显降低，但主瓣也相应展宽，且增益有所下降。另外，加窗处理无法将弱目标信号从强的干扰信号中提取出来。

综上所述，由于采用固定相位补偿（随波束指向角而变，但与干扰无关）和固定加权方法，常规数字波束形成技术并不能抑制从天线旁瓣和主瓣进入的干扰。要实现对干扰的抑制，还需采用自适应波束形成技术。

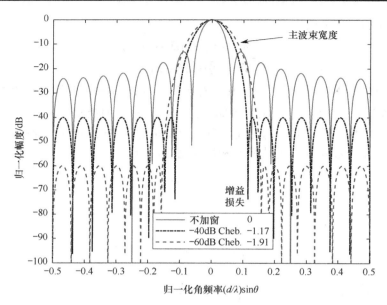

图 7.5.3 两种切比雪夫权加窗后的归一化方向图

7.5.2 自适应数字波束形成

自适应数字波束形成（ADBF）是自适应天线阵列用于复杂信号环境，针对阵列接收信号的一种波控技术。ADBF 的基本思想是在波束最大指向目标方向的同时，尽可能地抑制干扰和噪声功率。这等价于在保证信号功率为一定值的条件下，使波束形成输出功率最小化，因此数学上可以将自适应波束形成描述为一个带约束的二次优化问题，即

$$\max_{\{w\}}|y|^2 = \max_{\{w\}}\left|w^{\mathrm{H}}s\right|^2, \quad \text{s.t.} \quad \|w\|^2 = 常数 < \infty \tag{7.5.8}$$

式中，常数约束的作用是确保上述问题存在有限解。$w^{\mathrm{H}}s$ 是两个归一化向量 w 和 s 的内积，满足施瓦兹不等式 $\left|w^{\mathrm{H}}s\right|^2 \leqslant \|w\|^2\|s\|^2$，当且仅当两个向量满足 $w = ks$ 时等号成立，其中 k 是一个标量，它使权向量满足归一化约束。目前常用的优化约束准则有最小均方根误差（MMSE）准则、最大信噪比（MSNR）准则、线性约束最小方差（LCMV）准则等，这里采用最大信噪比准则进行分析。

综上所述，自适应数字波束形成技术的最优化权向量解通过对每个接收通道进行相位修正，从而补偿由渡越孔径引起的时间延迟。以第 n 个通道为例，其输出为 $w_n^* s_n \propto \mathrm{e}^{-\mathrm{j}\alpha_n}\mathrm{e}^{\mathrm{j}\alpha_n} = 1$，消除了时间延迟引起的相位差，即上述波束形成器对各通道的输出实现相参积累，使输出信号幅度最大化。自适应波束形成借用阵列雷达空域自由度的优势，自适应地调整接收方向图以获得期望信号并抑制干扰。由于干扰方向并没有先验信息，所以方向图的零陷必须自适应地对准干扰方向，下面从以下优化问题引出自适应波束形成器。

考虑期望信号与加性干扰信号共同经过均匀线阵波束形成器，干扰源包括杂波、有源/无源干扰及无处不在的噪声。将上述干扰信号统一表示为 n，阵列输出信号可表示为

$$y = w^{\mathrm{H}}s + w^{\mathrm{H}}n = y_s + y_n \tag{7.5.9}$$

式中，n 表示零均值、有限方差的随机向量。通常情况下，雷达系统的评价指标是输出信噪比（SNR），由式（7.5.9）可知输出信噪比为

$$\text{SNR} = |y_s|^2 / \text{E}\{|y_n|^2\} \tag{7.5.10}$$

式中，$\text{E}\{|y_n|^2\}$ 表示干扰相应幅度平方的期望值，

$$\text{E}\{|y_n|^2\} = \int_{-\infty}^{\infty} |y|^2 f_{y_n}(y) \mathrm{d}y \tag{7.5.11}$$

式中，$f_{y_n}(y)$ 为随机变量 y_n 的概率密度函数（Probability Density Function，PDF），可见 SNR 是信号能量与干扰平均能量的比值。由于权向量不是随机变量，干扰响应的期望值可进一步表示为

$$\text{E}\{|y_n|^2\} = \text{E}\{|\boldsymbol{w}^{\text{H}}\boldsymbol{n}|^2\} = \boldsymbol{w}^{\text{H}} \text{E}\{\boldsymbol{n}^{\text{H}}\boldsymbol{n}\} \boldsymbol{w} = \boldsymbol{w}^{\text{H}} \boldsymbol{R} \boldsymbol{w} \tag{7.5.12}$$

式中，

$$\boldsymbol{R} = \text{E}\{\boldsymbol{n}^{\text{H}}\boldsymbol{n}\} \in C^{N \times N} \tag{7.5.13}$$

$\boldsymbol{R}$ 称为干扰协方差矩阵。下面考虑干扰信号分别为加性白噪声和加性色噪声时的最优权值及 ADBF 的输出信噪比。

1）干扰信号为加性白噪声

首先考虑干扰信号仅为白噪声（通常指接收机热噪声）的情况，此时 $\boldsymbol{R} = \sigma^2 \boldsymbol{I}$，其中 $\boldsymbol{I}$ 为 $N \times N$ 维单位矩阵，标量 σ^2 为接收机噪声的方差，假设各接收机噪声特性一致。对于接收机热噪声 $\sigma^2 = kT_{\text{eff}}B$，其中 k 为玻尔兹曼常数，T_{eff} 为有效开尔文热力学温度，B 为接收机带宽。对于加性白噪声情形，可以得到

$$\max_{\{w\}} \frac{|\boldsymbol{w}^{\text{H}}\boldsymbol{s}|^2}{\boldsymbol{w}^{\text{H}}\boldsymbol{R}\boldsymbol{w}} = \max_{\{w\}} \frac{|\boldsymbol{w}^{\text{H}}\boldsymbol{s}|^2}{\sigma^2 \|\boldsymbol{w}\|^2}, \quad \text{s.t.} \quad \boldsymbol{w}^{\text{H}}\boldsymbol{w} = 1 \tag{7.5.14}$$

为了简便而不失一般性，选择约束条件为 1。将约束条件代入目标函数得

$$\max_{\{w\}} \frac{|\boldsymbol{w}^{\text{H}}\boldsymbol{s}|^2}{\boldsymbol{w}^{\text{H}}\boldsymbol{R}\boldsymbol{w}} = \max_{\{w\}} \frac{|\boldsymbol{w}^{\text{H}}\boldsymbol{s}|^2}{\sigma^2} = \max_{\{w\}} |\boldsymbol{w}^{\text{H}}\boldsymbol{s}|^2 \tag{7.5.15}$$

由式（7.5.15）可知，当干扰中仅存在白噪声时，目标函数的最优解为 $\boldsymbol{w} = k\boldsymbol{s}$，为满足单位约束条件，$k = 1/\sqrt{N}$，标量 k 不影响输出 SNR。值得注意的是，此时与无噪声条件下波束形成器的解一致，这是由于加性噪声无空间特性，各通道的噪声完全不相关，因此空间自由度被完全用来最大化输出期望信号响应。

将权向量的最优解代入式（7.5.10），得到相应的最优 SNR 为

$$\text{SNR}_{\text{opt}} = \frac{|\boldsymbol{w}^{\text{H}}\boldsymbol{s}|^2}{\sigma^2 \|\boldsymbol{w}\|^2} = \frac{|k\boldsymbol{s}^{\text{H}}\boldsymbol{s}|^2}{\sigma^2 k^2 \|\boldsymbol{s}\|^2} = \frac{\|\boldsymbol{s}\|^2}{\sigma^2} \tag{7.5.16}$$

可见最优 SNR 与常数 k 无关。输出 SNR 与输入 SNR 的比值定义为最优波束形成器的增益，

$$\text{SNR}_{\text{gain}} = \frac{\text{SNR}_{\text{opt}}}{\text{SNR}_{\text{in}}} = \frac{\|\boldsymbol{s}\|^2 / \sigma^2}{|s_n|^2 / \sigma^2} = \frac{\|\boldsymbol{s}\|^2}{|s_n|^2} \tag{7.5.17}$$

式中，SNR_{in} 为单通道 SNR（此处假设各通道信噪比相同，$n=1,2,\cdots,N$）。由此可见，上述表达式与 σ^2 无关，所以 SNR 增益是基于白噪声假设的一个相对值。

2）干扰信号为加性色噪声

首先考虑干扰信号为加性噪声的情况，即 n 包含白噪声和色噪声，色噪声通常指杂波或干扰源，干扰加噪声协方差矩阵 $\boldsymbol{R}$ 不是典型的对角矩阵。实际中加性色噪声是普遍存在的，要确保协方差矩阵 $\boldsymbol{R}$ 为正定矩阵，从而最优波束形成器有有限解。同样，以最大信噪比准则作为约束条件，

$$\max_{\{w\}} \frac{\left|\boldsymbol{w}^{\text{H}}\boldsymbol{s}\right|^2}{\boldsymbol{w}^{\text{H}}\boldsymbol{R}\boldsymbol{w}}, \quad \text{s.t.} \quad \boldsymbol{w}^{\text{H}}\boldsymbol{w}=1 \tag{7.5.18}$$

值得注意的是 $\boldsymbol{R}^{1/2}\boldsymbol{R}^{-1/2}=\boldsymbol{I}$，采用施瓦兹不等式可得

$$\frac{\left|\boldsymbol{w}^{\text{H}}\boldsymbol{s}\right|^2}{\boldsymbol{w}^{\text{H}}\boldsymbol{R}\boldsymbol{w}} = \frac{\left|\boldsymbol{w}^{\text{H}}\boldsymbol{R}^{1/2}\boldsymbol{R}^{-1/2}\boldsymbol{s}\right|^2}{\boldsymbol{w}^{\text{H}}\boldsymbol{R}\boldsymbol{w}} \leqslant \frac{(\boldsymbol{w}^{\text{H}}\boldsymbol{R}\boldsymbol{w})(\boldsymbol{s}^{\text{H}}\boldsymbol{R}^{-1}\boldsymbol{s})}{\boldsymbol{w}^{\text{H}}\boldsymbol{R}\boldsymbol{w}} = \boldsymbol{s}^{\text{H}}\boldsymbol{R}^{-1}\boldsymbol{s} \tag{7.5.19}$$

进一步简化为

$$\frac{\left|\boldsymbol{w}^{\text{H}}\boldsymbol{R}^{1/2}\boldsymbol{R}^{-1/2}\boldsymbol{s}\right|^2}{\boldsymbol{w}^{\text{H}}\boldsymbol{R}\boldsymbol{w}} \leqslant \boldsymbol{s}^{\text{H}}\boldsymbol{R}^{-1}\boldsymbol{s} \tag{7.5.20}$$

当 $\boldsymbol{R}^{1/2}\boldsymbol{w}=k\boldsymbol{R}^{-1/2}\boldsymbol{s}$ 时等号成立，即

$$\boldsymbol{w}=k\boldsymbol{R}^{-1}\boldsymbol{s} \tag{7.5.21}$$

由式（7.5.21）可见 SINR 的上限与 $\boldsymbol{w}$ 无关，即 $\text{SINR}_{\text{opt}}=\boldsymbol{s}^{\text{H}}\boldsymbol{R}^{-1}\boldsymbol{s}$。仅存在白噪声时（$\boldsymbol{R}=\sigma^2\boldsymbol{I}$），简化为式（7.5.16）。

前面提到，阵列通常采用加窗抑制旁瓣，将窗函数 $\boldsymbol{h}$ 代入式（7.5.21），得到此时的自适应权向量为

$$\boldsymbol{w}=k\boldsymbol{R}^{-1}(\boldsymbol{s}\odot\boldsymbol{h}) \tag{7.5.22}$$

图 7.5.4 中给出了上式的波束形成结果，窗函数 $\boldsymbol{h}$ 为-30dB 切比雪夫权，并给出了最优波束形成输出作为对比。之前的分析指出，窗函数会引起输出 SINR 的损失，对于上例，SINR 的损失约为 0.7dB。尽管如此，实际应用中鉴于低副瓣带来的好处，窗函数引起的 SINR 损失可以忽略。

ADBF 技术的另一个关键问题是，阵元数为 N 的阵列能够抑制多少个干扰信号。

令 $\boldsymbol{s}_{J_i}$ 表示第 i 个干扰的导向向量，要在此方向形成干扰零深权向量 $\boldsymbol{w}$，需满足 $\boldsymbol{s}_{J_i}^{\text{H}}\boldsymbol{w}=0$。为确保感兴趣的目标不会被抑制，需要引入一个主波束约束条件 $\boldsymbol{s}^{\text{H}}\boldsymbol{w}=1$。假设空间共有 N_J 个独立的干扰源，即有 N_J 个相互线性独立的干扰导向向量，且均与目标导向向量 $\boldsymbol{s}$ 线性独立，可得到如下线性方程组：

$$\begin{aligned} \boldsymbol{s}^{\text{H}}\boldsymbol{w}&=1 \\ \boldsymbol{s}_{J_1}^{\text{H}}\boldsymbol{w}&=0 \\ \boldsymbol{s}_{J_2}^{\text{H}}\boldsymbol{w}&=0 \\ &\vdots \\ \boldsymbol{s}_{J_{N_J}}^{\text{H}}\boldsymbol{w}&=0 \end{aligned} \tag{7.5.23}$$

式中有 N_J+1 个线性方程和 N 个未知数。由线性代数理论可知，当 $N_J+1\leqslant N$ 时，$\boldsymbol{w}$ 才有解，

即 N 个阵元最多能抑制 $N-1$ 个干扰。上述最优波束形成器是在相对理想的条件下求得的，假设干扰协方差矩阵确切可知，没有考虑通道的不一致性、阵元误差等实际因素的影响，实际应用中干扰协方差矩阵需通过回波数据估计得到，而实际系统的误差会直接影响最优波束形成器的性能。

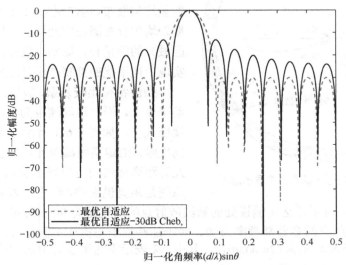

图 7.5.4　自适应波束形成方向图

7.6　空时自适应处理技术

7.6.1　空时自适应基本原理

在机载雷达中，地杂波强且存在空间谱和多普勒耦合现象，采用空时自适应信号处理（STAP）可以有效地消除这些地杂波。STAP 处理需实时、自适应进行，其处理的最佳选择是雷达系统保留每个单元信号的幅度、相位信息。数字阵列雷达对每个接收通道进行 A/D 处理，这为 STAP 处理创造了条件。下面对某一距离单元内的二维数据进行分析。图 7.6.1 所示为一个空时谱的示意图，其中包含干扰、杂波和运动目标信号。

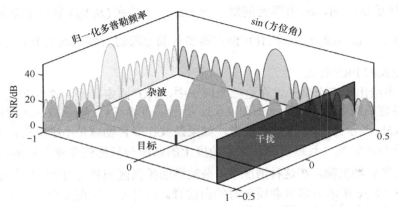

图 7.6.1　空时谱示意图

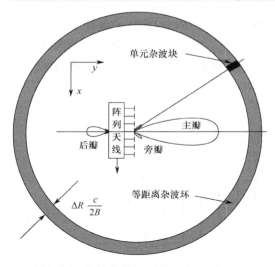

图 7.6.2 杂波的角度-多普勒关系示意图

接收机噪声在时域和空域都不具有任何相关性,因此在整个角度-多普勒域内表现为一个均匀的噪声平面,如图 7.6.2 所示。宽带噪声干扰在空域局限于某一波达方向附近,而在整个多普勒域能量均匀散布。这在图 7.6.1 中表现为一条沿多普勒轴均匀分布而在空间域被局域化(集中在某一区域)的能量脊,原则上仅需通过空域滤波即可实现上述干扰的抑制,空时二维处理也可实现。

杂波特征比较复杂,假设雷达放置在一个运动平台上,平台运动速度为 v,雷达工作于正侧视模式下,如图 7.6.3 所示。为简化分析,忽略高度维。给定某距离单元,其总的杂波回波来自此等距离环内所有位置散射点的贡献(如果雷达系统是距离模糊的,则此距离单元的杂波回波来自多个等距离环)。位于雷达正侧视处的杂波散射点的斜视角为 90°(与雷达运动速度向量的夹角),因此该散射点的多普勒频率为 0。对于那些位于与雷达正侧视方向夹角为 θ 处的杂波散射点,其多普勒频率为 $(2v/\lambda)\sin\theta$,其中,λ 表示雷达所发射电磁波的波长。可见,同一个多普勒频率对应两个不同角度的杂波散射单元,一个位于雷达观测方向,另一个位于雷达后瓣。由于天线后瓣增益很低,因此后瓣杂波通常被忽略,但在某些系统中必须考虑它们的影响。若忽略后瓣杂波,则杂波的多普勒频率和角度的关系为

$$f_{\mathrm{d}} = \frac{2v}{\lambda}\sin\theta \qquad (7.6.1)$$

可见杂波的多普勒频率与其角度一一对应,因此在多普勒-$\sin\theta$平面(空时平面)上,杂波回波为一条沿对角线出现的能量脊。在雷达正侧视方向附近,即主波束照射角度附近,杂波幅度最大,而在天线的旁瓣和后瓣区的杂波幅度较小。

式(7.6.1)可进一步写为

$$f_{\mathrm{d}} = \frac{2v}{\lambda}\sin\theta = \frac{2vT_{\mathrm{r}}}{d}\frac{d}{T_{\mathrm{r}}\lambda}\sin\theta = \beta K_{\theta} \qquad (7.6.2)$$

式中,T_{r} 为脉重复周期,d 为阵元间隔,$\beta = 2vT_{\mathrm{r}}/d$ 是在 (β, K_{θ}) 坐标下杂波脊的斜率,$K_{\theta} = \dfrac{d}{T_{\mathrm{r}}\lambda}\sin\theta$。通常情况下,杂波脊可能占据多普勒空间的一部分或整个多普勒空间,这与平台速度、波长和 PRF 有关。

图 7.6.3 中给出了三个例子。在这三个例子中,PRF 固定,平台速度变化。若平台静止不动,则零多普勒频率的杂波情形如图 7.6.3a 所示。若 $\beta \leq 1$,则杂波在多普勒域上是不模糊的。图 7.6.3b 所示为 $\beta = 0.5$ 的杂波脊,如果杂波在多普勒域是不模糊的,那么在多普勒域就可存在无杂波区域,且最多存在一个角度上的杂波与目标的多普勒频率相同。当 $\beta > 1$ 时,杂波存在多普勒模糊,在这种情况下,杂波谱的扩张区域将超过 PRF,混叠到可观测多普勒空间。图 7.6.3c 所示为多普勒模糊时的杂波脊。此时可能存在多个角度下的旁瓣杂波与目标具有相同的多普勒频率。随着 β 增大,主瓣杂波占据越来越多的多普勒空间。杂波的多普勒模糊越严重,越难抑制杂波。

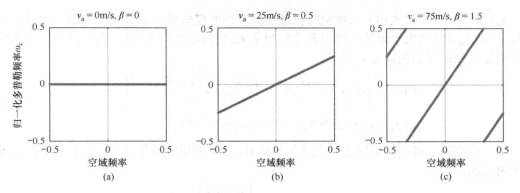

图 7.6.3　不同平台速度下的杂波脊

STAP 对每个距离单元的联合空时数据进行滤波处理，通常在脉冲压缩之后。对具有多个相位中心的数字阵列雷达而言，其回波数据可表示为雷达数据块，如图 7.6.4 所示。雷达数据块沿距离单元 l_0 的二维切片 $y[l_0, m, n]$ 称为空时快拍。将图 7.6.4 中某一 $N \times M$ 二维快拍的所有列堆叠在一起，形成一个 $NM \times 1$ 维的列向量 $\boldsymbol{y}$，即

$$
\boldsymbol{y} = \begin{bmatrix}
y[l_0, 0, 0] \\
y[l_0, 0, 1] \\
\vdots \\
y[l_0, 0, N-1] \\
y[l_0, 1, 0] \\
y[l_0, 1, 1] \\
\vdots \\
y[l_0, 1, N-1] \\
\vdots \\
y[l_0, M-1, 0] \\
y[l_0, M-1, 1] \\
\vdots \\
y[l_0, M-1, N-1]
\end{bmatrix}
\tag{7.6.3}
$$

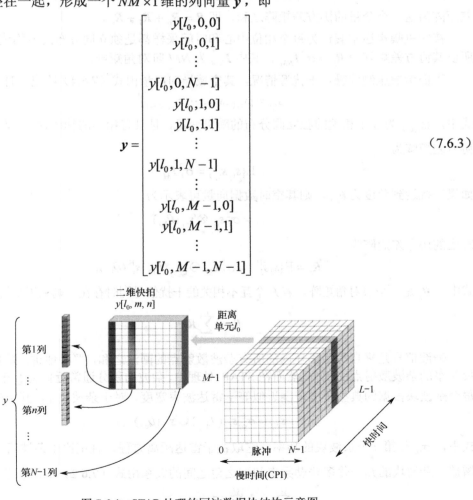

图 7.6.4　STAP 处理的回波数据块结构示意图

同样，采用式（7.5.18）求解空时自适应滤波器的权向量 w 满足式（7.5.21），目标导向向量 $s = s(f_{d0}, \theta_0)$ 代表来自某一特定多普勒频率 f_{d0} 和特定角度 θ_0 的期望目标信号。定义空域导向向量 s_s 和时域导向向量 s_t 如下：

$$s_s(\theta_0) = \left[e^{j0}, e^{j2\pi\frac{d}{\lambda}\sin\theta_0}, e^{j2\pi(2)\frac{d}{\lambda}\sin\theta_0}, \cdots, e^{j2\pi(N-1)\frac{d}{\lambda}\sin\theta_0} \right]^H$$

$$s_t(f_{d0}) = \left[e^{j0}, e^{j2\pi f_{d0}}, e^{j2\pi(2)f_{d0}}, \cdots, e^{j2\pi(M-1)f_{d0}} \right]^H \tag{7.6.4}$$

对一个空时二维快拍矩阵进行向量化的结果，就是期望空域导向向量和时域导向向量的克罗内克积：

$$s = s_t(f_{d0}) \otimes s_s(\theta_0) = \begin{bmatrix} s_{t0}s_s(\theta_0) \\ s_{t1}s_s(\theta_0) \\ s_{t(M-1)}s_s(\theta_0) \end{bmatrix} \tag{7.6.5}$$

接下来需要对扩展为 $NM \times NM$ 维的干扰协方差矩阵 R 进行建模。此时的干扰包括接收机噪声 n、干扰源 s_j 和杂波 s_c 分量。假设这三个干扰分量是互不相关的，那么总的干扰协方差矩阵为这三个分量的协方差矩阵之和，即 $R = R_n + R_J + R_c$。

接收机噪声通常假设为每个相位中心和时间采样都是独立同分布的零均值高斯白噪声，所以其协方差矩阵为 $R_n = \sigma^2 I_{NM}$，其中 I_{NM} 为 NM 阶对角矩阵。

下面考虑压制性噪声干扰源情况，其空域导向向量由式（7.6.4）给出，时域向量模型为

$$s_{t_J} = [s_{t_J 0}, s_{t_J 1}, \cdots, s_{t_J (M-1)}]^H \tag{7.6.6}$$

式中，$\{s_{t_J m}\}$ 为互不相关的独立同分布的随机变量，且具有相等的功率 σ_J^2。那么时域向量的协方差矩阵为

$$E\{s_{t_J}s_{t_J}^H\} = \sigma_J^2 I_M \tag{7.6.7}$$

如果干扰达到角度为 θ_{J0}，则其空时数据向量可表示为

$$s_J = \sigma_J^2 s_{t_J} \otimes s_{s_J}(\theta_{J0}) \tag{7.6.8}$$

对应的协方差矩阵为

$$R_J = E\{s_J s_J^H\} = \sigma_J^2 I_M \otimes [s_{s_J}(\theta_{J0})s_{s_J}^H(\theta_{J0})] \tag{7.6.9}$$

式中，R_J 是一个块对角矩阵。若 P 个互不相关的干扰信号同时存在，则总干扰协方差矩阵为

$$R_J = \sum_{p=1}^{P} R_{J_p} \tag{7.6.10}$$

杂波信号是来自等距离环内的所有杂波散射点的回波之和，严格地讲，是具有角度平均反射率的杂波散射点的积分。然而在 STAP 处理中，杂波的积分通常近似为 Q 个杂波块之和，每个杂波块占据的典型角度范围近似等于雷达波束宽度。对于杂波块 q，其空时数据向量为

$$s_{c_q} = \sigma_{cq}^2 s_{t_c}(f_{d_{cq}}) \otimes s_{s_c}(\theta_{cq}) \tag{7.6.11}$$

式中，σ_{cq}^2 是第 q 个杂波块的功率，它取决于雷达距离方程，且正比于杂波所在角度的天线增益。杂波块的归一化多普勒频率和到达角之间的关系由式（7.6.2）给出。总杂波分量为

$$s_c = \sum_{q=1}^{Q} s_{c_q} = \sum_{q=1}^{Q} \sigma_{cq}^2 s_{t_c}(f_{d_{cq}}) \otimes s_{s_c}(\theta_{cq}) \tag{7.6.12}$$

杂波协方差矩阵为

$$\boldsymbol{R}_{c} = \mathrm{E}\{\boldsymbol{s}_{c}\boldsymbol{s}_{c}^{\mathrm{H}}\} = \sum_{q=1}^{Q}\mathrm{E}\{\boldsymbol{s}_{c_{q}}\boldsymbol{s}_{c_{q}}^{\mathrm{H}}\}$$

$$= \sum_{q=1}^{Q}\sigma_{cq}^{2}[\boldsymbol{s}_{t_{c}}(f_{d_{cq}})\boldsymbol{s}_{t_{c}}^{\mathrm{H}}(f_{d_{cq}})]\otimes[\boldsymbol{s}_{s_{c}}(\theta_{cq})\boldsymbol{s}_{s_{c}}^{\mathrm{H}}(\theta_{cq})] \tag{7.6.13}$$

它是一个 $M\times M$ 维块矩阵，每个 $N\times M$ 维矩阵元素是两个不同 PRI 空域快拍的互相关矩阵。所以 $\boldsymbol{R}_{c}$ 可分解为

$$\boldsymbol{R}_{c} = \boldsymbol{C}\boldsymbol{\Sigma}_{c}\boldsymbol{C}$$

$$\boldsymbol{C} = [\boldsymbol{s}_{c0}, \boldsymbol{s}_{c1}, \cdots, \boldsymbol{s}_{c(Q-1)}] \tag{7.6.14}$$

$$\boldsymbol{\Sigma}_{c} = \mathrm{diag}\{[\sigma_{c0}^{2}, \sigma_{c1}^{2}, \cdots, \sigma_{c(Q-1)}^{2}]\}$$

前面均假设杂波在空域维是不相关的，而在慢时间域具有很好的相关性。而在实际应用中，在一个相干处理间隔内，任意给定块杂波不能建模为一个慢时间的常数项。对于自然杂波，由于内杂波运动（杂波反射体的内部运动），其反射系数会随时间波动。雷达系统本身也会带来对回波信号的时域调制，如天线扫描调制、脉冲间与通道间的不稳定性，所有这些反射率的时域波动都会导致杂波功率谱的展宽和时域去相关，此处不再详细讨论。

目标空时导向向量与干扰协方差矩阵已确定，应用与式（7.5.18）相同的优化准则得到类似于式（7.5.21）的期望多普勒 f_{d} 和波达方向 θ 的空时自适应权向量为

$$\boldsymbol{w}(f_{d}, \theta) = k\boldsymbol{R}^{-1}\boldsymbol{s}(f_{d}, \theta) \tag{7.6.15}$$

可见空时自适应处理需对每个 (f_{d}, θ) 组合求解一次空时自适应权向量，且每个距离单元重复一次，运算量非常大，不进行降维处理难以工程实现。虽然最优权向量由式（7.6.15）给出，但实际中通常期望对数据进行加窗以控制旁瓣，联合空域-多普勒域加窗过程可包含在权向量求解过程中，即

$$\boldsymbol{w}(f_{d}, \theta) = k\boldsymbol{R}^{-1}\boldsymbol{g}(f_{d}, \theta) \tag{7.6.16}$$

式中，$\boldsymbol{g}$ 是目标指向向量的加权形式，如为了降低旁瓣而进行的加权。定义 $\boldsymbol{h}_{a}$ 为 $N\times 1$ 维的空域权向量，$\boldsymbol{h}_{b}$ 为 $M\times 1$ 维的多普勒域加权向量，则

$$\boldsymbol{h} = \boldsymbol{h}_{a}\otimes\boldsymbol{h}_{b} \tag{7.6.17}$$

是一个可分的空时窗序列。此时，

$$\boldsymbol{g} = \boldsymbol{h}\odot\boldsymbol{s} \tag{7.6.18}$$

当按这种方式选择指向向量时，就称为加权全自适应。

7.6.2　空时自适应处理性能度量

为了评估全空时的自适应 STAP（全维度自适应处理）的性能，考虑一机载雷达系统，其平台参数、干扰和杂波参数由表 7.6.1 给出。杂波和干扰同时存在，其中单个阵元的干扰噪声比（JNR）为 38dB，单个阵元单个脉冲的杂噪比（CNR）为 47dB。此外，假设杂波在多普勒域上不模糊且不存在速度失配和内在杂波运动，在这些条件下，本节以最优全自适应 STAP 和加权全自适应 STAP 为例讨论 STAP 处理的相关性能指标。

给定一个由空时处理器得到的权值向量，其响应是角度和多普勒频率的函数，可以作为评估处理器性能的一个指标。该响应称为自适应方向图，定义为

$$P_{w}(\vartheta, \omega) = \left|\boldsymbol{w}^{\mathrm{H}}\boldsymbol{v}(\vartheta, \omega)\right|^{2} \tag{7.6.19}$$

表 7.6.1 平台、干扰和杂波参数

雷达平台参数	参 数 值
平台高度	9000m
平台速度	50m/s
杂波脊斜率	$\beta = 1$
速度失配角度	0°
干 扰	参 数 值
干扰源数目	2
方位角	−40°, 25°
俯仰角	0°, 0°
有效辐射功率密度（ERPD）	1000W/MHz
距离	370km
杂 波	参 数 值
杂波块数	360
距离	130km
反射系数 γ	−3dB
内在速度 σ_v	0m/s

自适应方向图是角度和多普勒频率的二维响应。对于均匀线性阵列和固定的脉冲重复间隔，方向性图即为权值向量的二维逆傅里叶变换。理想情况下，自适应方向图在总干扰的方向上会形成零陷，并且在假设的目标方向（对应目标角度与多普勒频率）上有高增益。自适应方向图的形状和旁瓣也是处理器性能的重要指标，在不存在总干扰（仅有噪声）的情况下，自适应方向图常称为静态方向性图。

1）自适应方向图

图 7.6.5a 给出了最优 STAP 自适应方向图的示例。其中假设的目标位于方位角 0°，多普勒频率为 100Hz。方向性图的主瓣位于目标位置，对干扰源信号，在所在方位角上的垂直凹口进行抑制。方向性图在杂波脊方向上有一个斜凹口，因此可抑制主瓣和旁瓣杂波。自适应方向图的这些凹口可以有效地抑制总干扰项，使其低于热噪声电平。图 7.6.5b 中给出了方向性图的两个主要切片：在目标多普勒频率上的方位响应表示接收波束形成器，第二个切片给出了在目标方位向上的多普勒响应，多普勒频率为零处的深杂波凹口有效抑制了主瓣杂波，干扰源方向和其他方位向上的凹口没有体现在这个切片图上。加权全自适应 STAP 对应的方向性图如图 7.6.6 所示，可分的空时加权包含了 30dB 的切比雪夫空域加权和 40dB 的切巴雪夫时域加权。从其抑制杂波和干扰源的凹口很容易看出，由于加权效果，方向性图的主瓣同时在角度和多普勒频率上展宽，在目标角度和多普勒频率处的方向性图切片的旁瓣电平得以降低，相应的代价是主瓣的展宽和信噪比增益的轻微损失。

2）SINR

空时处理器性能的一个测量指标是输出的信号与总干扰加噪声比（SINR），将输出信号分成目标和总干扰加噪声两部分，即

$$z = z_t + z_u = \alpha_1 \boldsymbol{w}^H \boldsymbol{v}_t + \boldsymbol{w}^H \boldsymbol{x}_u \qquad (7.6.20)$$

定义 $p_t = \mathrm{E}\{|z_t|^2\}$ 和 $p_u = \mathrm{E}\{|z_u|^2\}$ 为输出的目标信号功率和输出的总干扰加噪声功率。此时

SINR 可以定义为

$$\mathrm{SINR} = \frac{p_\mathrm{t}}{p_\mathrm{u}} = \frac{\sigma^2 \xi_\mathrm{t} \left| \boldsymbol{w}^\mathrm{H} \boldsymbol{v}_\mathrm{t} \right|^2}{\boldsymbol{w}^\mathrm{H} \boldsymbol{R}_\mathrm{u} \boldsymbol{w}} \tag{7.6.21}$$

式中，ξ_t 为目标在单个阵元的单个脉冲上的 SNR，由于 σ^2 为每个阵元的噪声功率，因此 $\sigma^2 \xi_\mathrm{t}$ 为单个阵元的单个脉冲上的输入目标信号功率。将最优权值向量代入式（7.6.21），可导出最优 SINR 为

$$\mathrm{SINR}_\mathrm{o} = \sigma^2 \xi_\mathrm{t} \boldsymbol{v}_\mathrm{t}^\mathrm{H} \boldsymbol{R}_\mathrm{u}^{-1} \boldsymbol{v}_\mathrm{t} \tag{7.6.22}$$

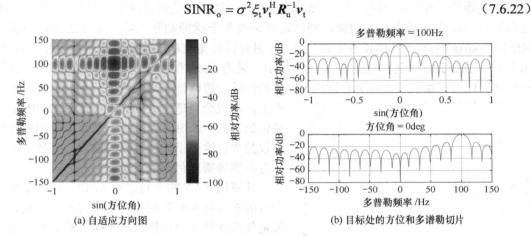

(a) 自适应方向图　　　　　　　　　(b) 目标处的方位和多谱勒切片

图 7.6.5　全空时 STAP

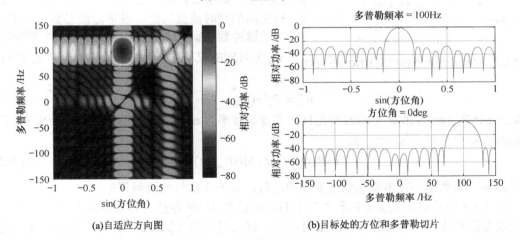

(a)自适应方向图　　　　　　　　　(b)目标处的方位和多普勒切片

图 7.6.6　加权全自适应 STAP

同理，加权全自适应处理所得的次优 SINR 为

$$\mathrm{SINR}_\mathrm{c} = \sigma^2 \xi_\mathrm{t} \boldsymbol{v}_\mathrm{t}^\mathrm{H} \boldsymbol{R}_\mathrm{u}^{-1} \boldsymbol{v}_\mathrm{t} = \frac{\sigma^2 \xi_\mathrm{t} \left| \boldsymbol{g}_\mathrm{t}^\mathrm{H} \boldsymbol{R}_\mathrm{u}^{-1} \boldsymbol{v}_\mathrm{t} \right|^2}{\boldsymbol{g}_\mathrm{t}^\mathrm{H} \boldsymbol{R}_\mathrm{u}^{-1} \boldsymbol{g}_\mathrm{t}} \tag{7.6.23}$$

由式（7.6.21）到式（7.6.23）可以导出某一角度和多普勒频率的 SINR 性能。但在实际中，由于目标速度未知，需要给出目标多普勒频率函数形式的 SINR 性能。多普勒空间的 SINR 性能就是通过固定目标角度，同时变化目标多普勒频率，计算得到对应每个多普勒频率的自适应权值向量及 SINR。令 $\boldsymbol{v}_\mathrm{t}(\varpi) = \boldsymbol{b}(\varpi) \otimes \boldsymbol{a}(\vartheta_\mathrm{t})$ 和 $\boldsymbol{g}_\mathrm{t}(\varpi) = \boldsymbol{t} \odot \boldsymbol{v}_\mathrm{t}(\varpi)$ 是对应多普勒频率 ϖ 的未

加权指向向量和加权指向向量，则有

$$\mathrm{SINR_o}(\varpi) = \sigma^2 \xi_t \boldsymbol{v}_t(\varpi)^{\mathrm{H}} \boldsymbol{R}_u^{-1} \boldsymbol{v}_t(\varpi) \tag{7.6.24}$$

$$\mathrm{SINR_c} = \frac{\sigma^2 \xi_t \left| \boldsymbol{g}_t(\varpi)^{\mathrm{H}} \boldsymbol{R}_u^{-1} \boldsymbol{v}_t(\varpi) \right|^2}{\boldsymbol{g}_t(\varpi)^{\mathrm{H}} \boldsymbol{R}_u^{-1} \boldsymbol{g}_t(\varpi)} \tag{7.6.25}$$

全自适应处理的 SINR 性能如图 7.6.7 所示。输入信噪比为 0dB，在大部分多普勒频率上，最优的全自适应 STAP 可以得到的 SINR 约为 25dB。在没有杂波和干扰的情况下，理想匹配滤波器的 SINR 为 10 lg MN = 25.1dB。存在杂波及干扰的情况下，最优全自适应 STAP 在目标处的增益近似为最大增益，同时可将杂波和干扰抑制到热噪声电平之下。当目标在 0Hz 或 300Hz 附近时，SINR 非常低，因为此时目标在角度和多普勒上都非常接近主瓣杂波。图中同时给出了加权全自适应 STAP 的 SINR，采用 30dB 的空域切比雪夫加权和 40dB 的多普勒域切比雪夫加权。加权全自适应 STAP 的性能一般略低于最优性能，在大部分多普勒频率上，加权全自适应 STAP 所能达到的 SINR 低于最优处理约 1.8dB。近似等于联合角度和多普勒的加权损失，这个损失及主瓣的展宽，就是压低自适应方向图旁瓣所付出的代价。

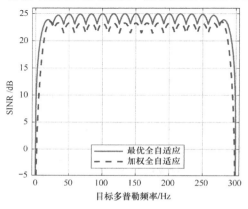

图 7.6.7   最优及加权全自适应 STAP 的 SINR

计算图 7.6.7 的全自适应 SINR 曲线，需要对每个可能的目标多普勒频率分别计算权值向量，其结果是任何次优 STAP 算法性能的平滑上界。在实际应用中，要通过计算一组权值向量以得到覆盖多普勒空间的空时滤波器组。通常滤波器数目等于 CPI 中的脉冲数 M。令 ϖ_m 为第 m 个滤波器的调谐频率，$\boldsymbol{w}_m$ 为对应的权值向量，则对最优的全自适应 STAP 为

$$\boldsymbol{w}_m = \boldsymbol{R}_u^{-1} \boldsymbol{v}(\varpi_m) \tag{7.6.26}$$

再定义 $\mathrm{SINR}_m(\varpi)$ 为第 m 个滤波器在目标多普勒频率为 ϖ 时的 SINR，则算法的 SINR 定义为滤波器输出的最大 SINR，即

$$\mathrm{SINR}(\varpi) = \max_m \mathrm{SINR}_m(\varpi) \tag{7.6.27}$$

当目标多普勒频率不在多普勒滤波器的中心时，会产生额外的跨越损失。

图 7.6.8 中给出了包含跨越损失的全自适应处理 SINR 性能，每条曲线都由一个 $M = 18$ 的滤波器组形成，由于最优 STAP 采用均匀加权，对应空时滤波器具有更窄的多普勒响应，因此相对加权全自适应 STAP 将产生更多的跨越损失。

3）SINR 损失

考查 STAP 性能时，将其与没有总干扰信号时的性能进行比较也是非常有用的。在只有热噪声的环境下，最优处理器简化为

$$\boldsymbol{w} = \boldsymbol{v}_t \tag{7.6.28}$$

它是一个空时匹配滤波器，其最优输出信噪比 $\mathrm{SNR_o}$ 为

$$\mathrm{SNR_o} = MN \xi_t \tag{7.6.29}$$

增益 MN 表示对 N 个阵元和 M 个脉冲的空域和时域相参积累。

空时处理算法的 SINR 损失 L_{SINR} 定义为处理器性能与无干扰最优输出信噪比 $\mathrm{SNR_o}$ 的比

值，因此有

$$L_{\text{SINR}}(\varpi) = \frac{\text{SINR}(\varpi)}{\text{SNR}_o} \qquad (7.6.30)$$

式中，$0 \leqslant L_{\text{SINR}} \leqslant 1$。造成性能损失的很多因素都体现在式（7.6.30）定义的 SINR 损失中，除了由抑制杂波及干扰造成的损失，还包含加权损失和滤波器跨越损失。图 7.6.9 中给出了全自适应 STAP 算法的 SINR 损失，最优 STAP 在大部分多普勒频率上的 SINR 损失接近 0dB。SINR 损失是比较次优算法的主要性能指标。

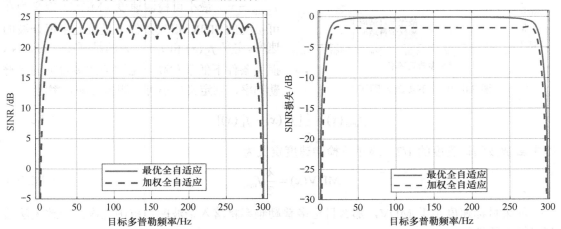

图 7.6.8　包含跨越损失的最优和加权全自适应 STAP　　　图 7.6.9　全自适应 STAP 的 SINR 损失

4）SINR 改善因子

令 SINR_{in} 为单个阵元及单个脉冲上的 SINR，即

$$\text{SINR}_{\text{in}} = \frac{\sigma^2 \xi_t}{\mathbf{R}_u(1,1)} = \frac{\xi_t}{1 + \xi_c + \xi_j} \qquad (7.6.31)$$

式中，ξ_c 和 ξ_j 为单个阵元及单个脉冲上的输入 CNR 和 JNR。定义 $\xi_i = \xi_c + \xi_j$ 为输入的总干扰噪声比。由于通常杂波和干扰很强，因此 SINR_{in} 是一个非常小的量。

SINR 改善因子 I_{SINR} 定义为

$$I_{\text{SINR}}(\varpi) = \frac{\text{SINR}(\varpi)}{\text{SINR}_{\text{in}}} \qquad (7.6.32)$$

在总干扰很强且 STAP 算法能给出接近最优的性能时，可以导出一个简单的公式，即

$$I_{\text{SINR}} = MN(1 + \xi_i) \approx MN\xi_i \qquad (7.6.33)$$

SINR 改善因子的值通常是很大的，且在总干扰增强时相应地增大。SINR 改善因子不仅包含对总干扰的抑制程度，而且包含经接收波束形成和多普勒滤波后目标处的相参增益。

图 7.6.10 中给出了 SINR 改善因子的示意图。输入的总干扰噪声比为 48.1dB，其中包括 47dB 的 CNR 和 JNR。在可达到最优 SINR 的多普勒空间中心区域，获得的改善因子为 73.2dB（73.2 = 48.1 + 25.1）。

SINR 改善因子的定义也可采用其他方式。例如，考虑 STAP 处理相对一些非自适应的参考处理方法的性能改善时，可以定义

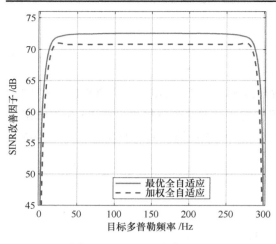

图 7.6.10　SINR 改善因子

$$I_{SINR}(\varpi) = \frac{SINR(\varpi)}{SINR_{ref}(\varpi)} \qquad (7.6.34)$$

式中，$SINR_{ref}(\varpi)$ 为参考处理方法的性能指标。

5）最小可检测速度和可用多普勒空间

SINR 性能作为多普勒频率的函数，可以用来导出空时处理算法的速度覆盖范围。首先定义可接受的 SINR 性能为 SINR 损失 $L_{SINR} = x$。最小可检测速度（MDV）定义为在可接受的 SINR 损失条件下最接近主瓣杂波的速度。定义 $f_L(x)$ 和 $f_U(x)$ 为满足可接受的 SINR 损失条件下低于和高于主瓣杂波多普勒的多普勒频率，则定义最小可检测多普勒频率为

$$f_{min}(x) = \frac{1}{2}[f_U(x) - f_L(x)] \qquad (7.6.35)$$

即主瓣杂波凹口宽度的 1/2。最小可检测速度定义为

$$MDV(x) = \frac{\lambda}{2}f_{min} \qquad (7.6.36)$$

如果目标速度小于 MDV，那么目标多普勒频率将落入杂波凹口范围之内，导致无法达到可接受的性能。

另一个重要的指标是在可接受性能指标范围内的多普勒频率分布，这个指标称为可用多普勒空间部分（UDSF），可用于选择多个 PRF 以覆盖单个 CPI 的多普勒模糊速度区间。天线的偏航及背瓣杂波可能导致空时处理器在主瓣杂波之外产生凹口，在这种情况下，MDV 就不能完全确定出满足 SINR 性能条件的多普勒空间的大小。USDF 可认为是假设目标多普勒频率均匀分布于多普勒空间，SINR 损失大于可接受值的概率。定义 $F_L(x) = Pr\{L_{SINR}(\varpi) \leq x\}$ 为 SINR 损失的累积分布，UDSF 由下式给出：

$$UDSF(x) = 1 - F_L(x) \qquad (7.6.37)$$

在多数况下只出现主瓣杂波凹口，此时式（7.6.37）可以简化为

$$UDSF(x) = 1 - 2f_{min}/f_r \qquad (7.6.38)$$

表 7.6.2 中给出了对应图 7.6.10 的两种可接受 SINR 损失值下的最小可检测速度（MDV）和可用多普勒空间（UDSF）。对于加权全自适应 STAP，低旁瓣电平的要求除了导致 SINR 性能的损失，还导致 MDV 的损失。

表 7.6.2　全自适应 STAP 的 MDV 和 UDSF

衡 量 指 标	最优全自适应	加权全自适应
MDV（−12dB）	1.1m/s	3.0m/s
UDSF（−12dB）	97.8%	96.1%
MDV（−5dB）	2.7m/s	3.7m/s
UDSF（−5dB）	94.5%	92.6%

7.6.3　采样矩阵求逆（SMI）协方差矩阵估计方法

以上例子中权值向量都是在假设协方差矩阵 $\boldsymbol{R}_\mathrm{u}$ 已知的情况下得到的，在实际应用中，$\boldsymbol{R}_\mathrm{u}$ 只能从可得到的有限数据中估计出来。采样矩阵求逆（SMI）算法就是利用 K_e 个空时快拍数据估计样本协方差矩阵 $\boldsymbol{R}_\mathrm{u}$ 的：

$$\hat{\boldsymbol{R}}_\mathrm{u} = \frac{1}{K_\mathrm{e}} \sum_{l=1}^{K_\mathrm{e}} \boldsymbol{x}_l \boldsymbol{x}_l^\mathrm{H} \tag{7.6.39}$$

通常训练样本 $\boldsymbol{x}_l$ 包含感兴趣的距离门周围的样本数据，但不包括感兴趣距离门处的数据。SMI 的权值向量由下式得出：

$$\boldsymbol{w} = \hat{\boldsymbol{R}}_\mathrm{u}^{-1} \boldsymbol{g}_\mathrm{t} \tag{7.6.40}$$

由于协方差矩阵是估计得到的，所以权值向量是次优的，这将导致额外的性能损失。此损失由样本数目和 $\boldsymbol{g}_\mathrm{t}$ 与目标指向向量之间的关系决定。设 SINRC 为式（7.6.23）给出的已知协方差矩阵的 SINR，则由式（7.6.40）的 SMI 权值向量得到的 SINR 为

$$\mathrm{SINR}_\mathrm{a} = \frac{\sigma^2 \xi_\mathrm{t} \left| \boldsymbol{g}_\mathrm{t}^\mathrm{H} \hat{\boldsymbol{R}}_\mathrm{u}^{-1} \boldsymbol{v}_\mathrm{t} \right|^2}{\boldsymbol{g}_\mathrm{t}^\mathrm{H} \hat{\boldsymbol{R}}_\mathrm{u}^{-1} \boldsymbol{g}_\mathrm{t}} \tag{7.6.41}$$

它是由用于协方差矩阵估计的快拍数据确定的随机变量。定义一个新的随机变量，

$$\rho = \frac{\mathrm{SINR}_\mathrm{a}}{\mathrm{SINR}_\mathrm{c}} \tag{7.6.42}$$

它是相对于已知协方差矩阵的情况下，由协方差矩阵估计导致的性能损失。在快拍数据为独立同分布高斯的假设下，该损失的期望值为

$$\mathrm{E}\{\rho\} = \frac{1}{K_\mathrm{e}+1}\left[K_\mathrm{e} + 1 - N_\mathrm{dof} + \frac{1}{\rho_\mathrm{e}} \right] \tag{7.6.43}$$

式中，N_dof 为权值向量的维数。定义

$$\rho_c = \frac{\left| \boldsymbol{g}_\mathrm{t}^\mathrm{H} \boldsymbol{R}_\mathrm{u}^{-1} \boldsymbol{v}_\mathrm{t} \right|^2}{(\boldsymbol{g}_\mathrm{t}^\mathrm{H} \boldsymbol{R}_\mathrm{u}^{-1} \boldsymbol{g}_\mathrm{t})(\boldsymbol{v}_\mathrm{t}^\mathrm{H} \boldsymbol{R}_\mathrm{u}^{-1} \boldsymbol{v}_\mathrm{t})} \tag{7.6.44}$$

为 $\boldsymbol{g}_\mathrm{t}$ 和 $\boldsymbol{v}_\mathrm{t}$ 间的失配程度。当目标导向向量完全匹配时，$\rho_\mathrm{c}=1$ 且 ρ 为贝塔分布的随机变量，期望值为

$$\mathrm{E}\{\rho\} = \frac{K_\mathrm{e}+2-N_\mathrm{dof}}{K_\mathrm{e}+1} \tag{7.6.45}$$

在这种情况下，预期损失与总干扰环境无关，仅由样本数 K_e 和权值向量的维数决定。由式（7.6.45）可知，对平稳环境下的有效性能，估计协方差矩阵的独立样本数必须在 $2N_\mathrm{dof}$ 和 $5N_\mathrm{dof}$ 之间。在导向向量失配的情况下，损失的期望值通过 ρ_c 依赖于总干扰，对于小的加权和方向失配，这种依赖是很弱的。

利用上述结果，可将协方差矩阵估计的影响包含到任一 SINR 性能指标中。SINR 损失可修正为

$$L_\mathrm{SINR}(\varpi, K_\mathrm{e}) = \mathrm{E}\left\{ \frac{\mathrm{SINR}_\mathrm{a}}{\mathrm{SNR}_\mathrm{mf}} \right\} = \mathrm{E}\left\{ \frac{\mathrm{SINR}_\mathrm{a}}{\mathrm{SINR}_\mathrm{c}} \right\}\left(\frac{\mathrm{SINR}_\mathrm{c}}{\mathrm{SNR}_\mathrm{mf}} \right) = \rho(K_\mathrm{e}) L_\mathrm{SINR}(\varpi, \infty) \tag{7.6.46}$$

式中，$L_{\text{SINR}}(\varpi,\infty)$ 为协方差矩阵已知时的 SINR 损失。

为了说明协方差矩阵估计的影响，考虑举例系统的全自适应 SMI 算法，其中 $N_{\text{dof}} = MN = 324$。图 7.6.11 中给出了式（7.6.46）表示的期望 SINR 损失，假设指向向量（最优全自适应）匹配，当 $K_e = 324$ 时，由于样本数目不足，难以得到好的协方差估计，因此导致性能损失超过 20dB。要获得已知协方差矩阵时 SINR 损失在 3dB 内的效果，至少需要 $2N_{\text{dof}} - 3 = 645$ 个独立样本。

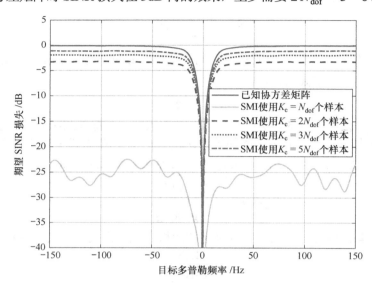

图 7.6.11　导引向量匹配的 SMI 算法的 SINR 损失期望值

通过减少自适应权向量的维数，由特定大小的样本数据获得的性能将显著提高。在实际情况下，雷达杂波和干扰的非平稳性导致样本支持问题更加困难。距离向上的非均匀性及由距离决定的杂波功率和俯仰角，都将减少满足平稳杂波特性的距离门数目。而一段距离间隔上的样本数目取决于雷达的瞬时带宽，当带宽变窄时，给定距离间隔内的样本数目将减少，反之，样本数目增加。因此，实现有效的样本协方差矩阵估计是研究各类降维算法的一个主要考虑因素。注意，假设形成 SMI 权值向量的空时快拍样本中不包含目标信号。对于大部分雷达，目标信号微弱且限定在单个距离门内，特别是训练集合中排除了感兴趣的距离门，使得一般条件下都能满足上述假设。对于强目标信号，为了达到给定的性能要求，需要大幅度加大样本数目。

7.6.4　降维 STAP

由以上分析可知，由于计算量巨大及加权训练样本支持的要求，全自适应 STAP 无法实际应用。本节讨论固定结构降维（或部分自适应）STAP 算法，目的是将大维数问题分解为多个计算量小的小维数问题，同时保持性能接近最优。事实上，降维处理器具有更小的协方差矩阵估计损失，因此可以提供比全自适应处理更好的性能。此处仅讨论统一的部分自适应处理结构，即由预处理矩阵进行数据变换，接着进行降维的自适应处理。事实上，几乎所有固定降维结构均可归纳到本节的统一降维结构，此处不再赘述。

部分自适应 STAP 的统一结构如图 7.6.12 所示，设输入数据是一个一维的空时快拍 y。通过一个 $MN \times D$ 维线性预处理矩阵 T，可将输入数据变换为一个新的 $D \times 1$ 维向量 $\tilde{y}$，即

$$\tilde{\boldsymbol{y}} = \boldsymbol{T}^{\mathrm{H}} \boldsymbol{y} \tag{7.6.47}$$

在本节中，上标"～"表示降维空间的量（数据、指向向量、协方差矩阵等）。通常将数据预变换分解为

$$\tilde{\boldsymbol{y}} = \alpha \tilde{\boldsymbol{s}} + \tilde{\boldsymbol{s}}_{\mathrm{u}} = \boldsymbol{T}^{\mathrm{H}}(\alpha \boldsymbol{s} + \boldsymbol{s}_{\mathrm{u}}) \tag{7.6.48}$$

式中，$\tilde{\boldsymbol{s}} = \boldsymbol{T}^{\mathrm{H}} \boldsymbol{s}$ 是降维变换后的目标导向向量，$\tilde{\boldsymbol{s}}_{\mathrm{u}} = \boldsymbol{T}^{\mathrm{H}} \boldsymbol{s}_{\mathrm{u}}$ 是降维变换后的总干扰加噪声信号。

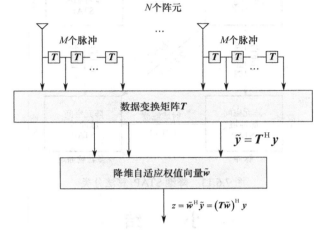

图 7.6.12　统一的部分自适应 STAP 结构

经数据变换后，$D \times 1$ 维自适应权值向量为

$$\tilde{\boldsymbol{w}} = k \tilde{\boldsymbol{R}}^{-1} \tilde{\boldsymbol{s}} \tag{7.6.49}$$

降维变换后的 $D \times D$ 维干扰协方差矩阵为

$$\tilde{\boldsymbol{R}} = \mathrm{E}\{\tilde{\boldsymbol{s}}_{\mathrm{u}} \tilde{\boldsymbol{s}}_{\mathrm{u}}^{\mathrm{H}}\} = \boldsymbol{T}^{\mathrm{H}} \boldsymbol{R} \boldsymbol{T} \tag{7.6.50}$$

如果全自适应处理的期望响应是经过加窗处理的导向向量 $\boldsymbol{g}$，那么新的期望响应定义为

$$\tilde{\boldsymbol{g}} = \boldsymbol{T}^{\mathrm{H}} \boldsymbol{g} \tag{7.6.51}$$

应用权值后得到最后的输出为

$$z = \tilde{\boldsymbol{w}}^{\mathrm{H}} \tilde{\boldsymbol{y}} = (\boldsymbol{T}\tilde{\boldsymbol{w}})^{\mathrm{H}} \boldsymbol{y} \tag{7.6.52}$$

部分自适应权值向量 $\tilde{\boldsymbol{w}}$ 可以反变换为 $MN \times 1$ 维的全维合成权值向量

$$\boldsymbol{w}_{\mathrm{pa}} = \boldsymbol{T}\tilde{\boldsymbol{w}} \tag{7.6.53}$$

体现了预处理器和自适应加权的级联关系。合成权值向量可用来比较全自适应和部分自适应处理器的性能。将合成权向量 $\boldsymbol{w}_{\mathrm{pa}}$ 代入式（7.6.16）和式（7.6.21）等，可直接得到由该降维权向量得到的二维空时自适应方向图和输出 SINR。

由上面的分析可知，降维 STAP 的主要问题是如何设计变换矩阵 $\boldsymbol{T}$。如果 $\boldsymbol{T}$ 是可逆的，那么性能不会有任何损失，但维数也无法降低。设计 $\boldsymbol{T}$ 时，我们期望 $D \ll MN$ 尽可能地小，同时性能又尽可能地接近全自适应（最优）的性能。

根据非自适应预处理变换是在空域中还是在时域中进行，目前广泛采用的降维方法分类和统一的模型如图 7.6.13 所示，即将降维 STAP 方法分为四类。每个方框都代表不同的变换后一个距离单元的数据平面。这四类方法各具优势，不同方法适用于不同的应用场合。单独的波束空间算法目前广泛用于空域零陷和角度估计，空域滤波（以 DFT 方法实现）实现可以局域化空域。不过，由于很多系统的天线通道数有限，空域局域化的效果并不明显。由于

杂波多普勒依赖于角度，因此时域滤波（以 DFT 方法实现）实现可以在角度上局域化杂波，而且时域滤波器可以获得非常低的旁瓣，因此 Poster 多普勒算法可以明显地减少所需自由度的数目，所以更为实用。

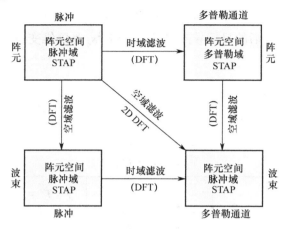

图 7.6.13 降维 STAP 算法分类

小　　结

本章介绍了机载雷达常用的相控阵技术和数字阵列雷达技术。关于相控阵，分别阐述了相控阵雷达的基本概念、基本原理、相控阵的典型分类及其特点，简要列举了有源相控阵雷达在现有主流战斗机上的应用。关于数字阵列雷达，简要描述了数字阵列雷达的基本概念、分类，以及数字阵列雷达实现中的典型技术，包括数字波束形成技术和空时自适应技术。

思　考　题

1. 什么是相控阵雷达？
2. 相对于传统机械扫描雷达，相控阵雷达的优缺点是什么？
3. 相控阵天线的波束宽度是由哪些因素决定的？如何计算？
4. 相控阵天线波束宽度如何随扫描角的变化而变化？
5. 为了保证不出现栅瓣，相控阵天线的阵元间距应如何设置？
6. 有源相控阵雷达和无源相控阵雷达的根本区别是什么？
7. 相对于无源相控阵雷达，有源相控阵雷达有什么优势？
8. 什么是数字阵列雷达？数字阵列雷达相对于相控阵雷达有何优点？
9. N 个阵元的阵列最多能够抑制多少个干扰信号？
10. 空时自适应技术是如何抑制杂波的？空时自适应处理为何要降维？如何降维？

参 考 文 献

[1] （美）Skolnik Merrill I 著，左群声等译. 雷达手册（第三版）[M]. 北京：电子工业出版社，2010.
[2] 朱庆明. 数字阵列雷达述评[J]. 雷达科学与技术. 2004, 2(3): 136-141, 146.
[3] 罗钉. 机载有源相控阵火控雷达技术[M]. 北京：航空工业出版社，2018.

[4]　蒲文强. 优化算法在阵列信号处理中的若干应用研究[D]. 西安：西安电子科技大学，2018.

[5]　于连庆，马亮，王宁，等. 数字阵列机载预警雷达子阵优化研究[J]. 现代雷达. 2020, 42(5): 30-34.

[6]　陈小利，柏业超，张兴敢. 基于真延时的时控阵雷达波束形成方法[J]. 数据采集与处理. 2013, 28(4): 431-435.

[7]　岳寅. 宽带相控阵雷达发射多波束形成和雷达通信一体化技术研究[D]. 南京：东南大学，2017.

[8]　郭明，张书瑞. 数字真延时宽带波束形成原理的硬件演示和验证[J]. 航天电子对抗. 2020, 36(3): 41-45.

[9]　谢文冲，段克清，王永良. 机载雷达空时自适应处理技术研究综述[J]. 雷达学报. 2017, 6(06): 575-586.

[10]　（德）Kiemm Richard 著，南京电子技术研究所译. 空时自适应处理原理（第 3 版）[M]. 北京：高等教育出版社，2009.

[11]　何友，王国宏，陆大綮，彭应宁. 多传感器信息融合及应用（第二版）[M]. 北京：电子工业出版社，2007.

第8章　机载雷达高分辨成像

8.1　雷达成像及其发展概况

早期雷达的分辨能力很低，其分辨单元通常远大于目标，因而雷达将观测对象（如飞机、车辆等）视为"点"目标来测定它的位置和运动参数。为了获取目标的更多信息，雷达科技工作者做了许多研究工作，设法从回波中提取目标特性。实际上，提高雷达的分辨能力应当是最有效的方法之一，当分辨单元远小于目标的尺寸时，就有可能对目标成像，从图像来识别目标显然要比从"点"回波识别可靠得多。

雷达的距离分辨率受制于信号频带，提高距离分辨率相对容易一些。例如，若信号频带为 300MHz，则通过匹配滤波输出的脉冲宽度为 3.3ns，相当的距离长度为 0.5m（考虑到脉压时为降低距离副瓣所引起的脉冲主瓣展宽，距离分辨率为 0.6m 多）。在微波波段，现在要产生 300MHz 或更宽频带的信号是不困难的。

提高横向分辨率要依靠减小波束宽度，即要采用大孔径的天线。举个实际例子，若天线孔径为 300 个波长（在 X 波段约为 10m），其波束宽度约为 0.2°，则在 30km 处的横向距离分辨率约为 100m。因此，要将上述横向距离分辨率提高到 1m，天线孔径长度还要加大到100 倍，即约为 1000m，实际上这是难以做到的，特别是在飞行平台上。

如果只是为了提高方位分辨率，原理上用小天线（称为阵元）排成很长的线性阵列是可行的，为了避免方向模糊（不出现波束栅瓣），阵元间距应不超过二分之一波长。若目标是固定的，为了简化设备，可以将阵元同时接收改为逐个收发，并铺一条直轨，将小雷达放到轨道上的小车上，步进式地推动小车，而将每步得到的回波记录下来，这些回波含有接收处回波的相位、幅度信息，将它们按阵列回波做合成处理，显然能得到与实际阵列类似的结果（合成孔径阵列与实际阵列稍有差别，实际阵列只能用同一个发射源，各阵元回波的波程差是单程的，而合成阵列的发射与接收同时移动，波程差是双程的），即可以得到很高的方位分辨率。以此类推，将雷达安装到飞机或卫星上，在飞行过程中发射和接收宽频带的信号对固定的地面场景进行观测，将接收和存储的信号做合成阵列处理，便会得到径向距离分辨率和横向距离分辨率均很高的地面场景图像，合成孔径雷达正是由此而得名的。

利用飞行的雷达平台对地面场景获得高的方位分辨率还可用多普勒效应来解释，当雷达载机以一定速度水平飞行时，地面的固定目标方位不同，其视线与雷达（载机）的速度向量的夹角也不同，即它们有不同的相对径向速度和多普勒。因此，对同一波束里的固定目标回波做多普勒分析，只要多普勒分辨率足够高，仍然可将波束无法分辨的目标加以分辨。

1951 年，美国 Goodyear 公司在这种特定条件下，利用多普勒分析提高方位分辨率，他们将这种方法称为多普勒锐化，即通过多普勒分析将同一波束内的回波按方位不同分成一组多普勒波束，而将原波束宽度与多普勒波束宽度的比值称为锐化比。直至今日，多普勒锐化技术仍在机载雷达中应用，其锐化比通常可做到 32～64，以 2° 的波束宽度为例，多普勒锐化波束可窄到 0.06°～0.03°。图 8.1.1 是 X 波段雷达波束锐化的地面场景图，其信号频带为

5MHz，波束宽度为 1.5°，通过锐化比约为 64 的多普勒锐化，多普勒波束约为 0.023°。图 8.1.1 中纵向分辨率约为 30m，横向分辨率为 20m。这样的分辨率是较低的，只能得到地面场景的轮廓图。

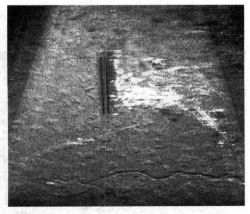

图 8.1.1　雷达波束锐化的地面场景图

提高图像的纵向分辨率相对简单一些，只需加宽信号频带，而横向分辨率则取决于多普勒分辨，因而需要加长相干积累时间，也就是要加大前面提到的合成孔径。为了得到米级的分辨率，合成孔径长度一般应为百米的数量级，即飞机要飞行几百米后才能得到所需的分辨率。前面提到，相对于雷达不同方位角的地面固定目标，多普勒值是不同的。对某一地面固定目标，在飞机飞行过程中，由于视角不断变化，回波多普勒也随之变化。在前面所说的多普勒锐化中，只是由于相干时间不长（合成孔径不大），多普勒的变化可以忽略。现在为提高横向分辨采用了大的合成孔径，这时多普勒锐化波束不能再用简单的傅里叶变换，而需要做特殊处理（后面还要详细讨论），习惯上用非聚焦和聚焦来区分二者（这两个名词也将在后面说明）。实际上，上面介绍的多普勒波束锐化也就是非聚焦方法。1953 年夏在美国密歇根大学的暑期讨论会上，明确了非聚焦和聚焦方法，"合成孔径"的概念也是在这次会上提出的。

有了清晰的概念、严格的理论分析和部分原理性试验成功后，接下来就是工程实现的研制。当时，高相干的宽频带信号产生、发射和接收，信号的存储和处理都还是难题。1958 年，密歇根大学雷达和光学实验室研制出第一部合成孔径雷达，并得到清晰的地面场景图像。当时的数字处理技术还比较落后，需要用光学设备实现复杂的二维处理成像。随着数字技术的迅速发展，光学处理方法很快被数字处理所代替。

对横向分辨率的要求越高，所需合成孔径长度越长，即要有长的相干积累时间。所谓聚焦处理，就是将在相干时间内由雷达至目标长度变化引起的相位非线性变化和包络平移通过补偿进行处理，分辨率越高，相干积累时间就越长，对补偿精度的要求也越高，从而处理也越复杂。因此，合成孔径雷达能够达到的分辨率是逐年提高的，早期的分辨率可达 10～20m，不久就到了米级；近年来，国外已有分辨率达 0.1m 的报道。当然，在应用中并不都要求最高的分辨率，而是根据实际要求确定，图 8.1.2 与图 8.1.1 是同一地区的合成孔径雷达场景图，分辨率为 3m。可见作为广域普查，3m 分辨率已可满足要求。如果要求观察清楚其中一小部分特定区域，则要求更高的分辨率。

合成孔径雷达发展的一个新里程碑是高程测量。前面提过，为了在方位向得到高的横向分辨率，需要大的横向合成孔径。因此，如果要在高度方向得到高的分辨率，同样需要在高度向有大的天线孔径，这是难以做到的。但是，对合成孔径雷达图像做高程测量，只是对已在距离-方位平分离开的点测高，这时可用垂直于航向分开的两副接收天线，各自做合成孔径成像，将两幅图像加以配准，则图像中的每点均有分开的天线的两路输出，对它们做比相单脉冲处理（雷达技术中所用的术语，在物理学中称为干涉法），就可得到该点的仰角值，从而根据该点相对于雷达的几何位置计算出它的高程。可以想象，所测高程的精度与两天线之间的基线长度有关，无论是在飞机上还是在卫星上安装两副天线，上述基线都不可能很长，其测高精度一般比较低。要提高测高精度，就要采取另外的措施。能测量高程的合成孔径雷达称为干涉式合成孔径雷达（INSAR），双天线 INSAR 的原理是在 20 世纪 70 年代中期提出的，真正达到实用则是 20 世纪 80 年代后期的事，这将在后面详细介绍。

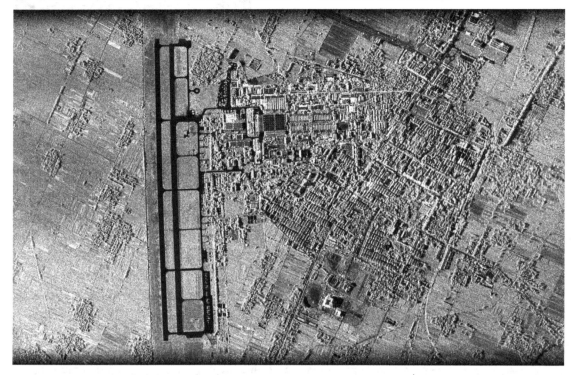

图 8.1.2　分辨率为 3m 的合成孔径雷达场景图

　　合成孔径雷达的另一个新发展是地面动目标显示（SAR-GMTI），在军事上是战场感知的重要手段。它也用两副接收天线和两个通道，只是这时的两副接收天线沿平台运动方向前后放置。合成孔径图像的横坐标实际上是多普勒，只是由于雷达平台相对于地面固定场景的相对速度和几何位置已知，从上述多普勒值可以换算出横向位置。当然，这只是对固定目标，如果场景中有运动目标（如车辆等），那么它还有额外的多普勒，因而动目标显示的横向位置会"错位"。

　　当用前后放置的两副接收天线的信号各自成像时，两幅复图像有一段时间差，如果将时间差加以补偿（主要是横向位置配准，后面会详细介绍），那么两天线相当于在同一地点成像，两幅固定场景的复数像会完全相同，两者相减原理上可以完全抵消。动目标则不一样，因为两幅复数像实际是在不同时间得到的，两者的相位不同，因而在两幅复数像相减会留下动目标。不过动目标的横向位置是"错位"的，要得到动目标的真实横向位置还要另想办法，这也将在后面介绍。

　　合成孔径雷达的应用领域越来越广，20 世纪五六十年代只用于飞机。人造卫星发成功后，很快有人研究星载合成孔径雷达，并于 1978 年试验成功。现在，机载、星载合成孔径雷达的应用已十分广泛，在军用方面有战场侦察、目标识别、对地攻击等，而在民用方面有地形测绘、海洋观测、灾情预报、农作物评估、天体观测等，在国民经济和国防建设方面发挥了重要作用。

　　逆合成孔径雷达（ISAR）是又一个发展方向。实际上，合成孔径是利用雷达与目标之间的相对运动形成的，这里是目标不动，而雷达平台做直线运动。反过来，如果雷达平台不动，而飞机运动，当以飞机为基准时，也可将雷达视为反向运动，并在虚拟的运动中不断发射和接收信号，而用合成孔径技术得到飞机图像。其实两者在原理上是相同的，不存在原理上的"逆"问题，只不过运动方倒置，而在雷达界习惯称为逆合成孔径雷达。在 20 世纪 80 年代初，就实现了非合作目标的逆合成孔径雷达成像，现已得到较广泛的应用，图 8.1.3 中显示了一种 ISAR 的飞机图像。逆合成孔径雷达在实际应用中存在的主要问题是目标（如飞机）通常是非合作的，很难要求它做规则的直线飞行，因而形成的逆合成孔径的阵列在空间形成复杂的阵列流形。对机动目标的逆合成孔径成像，现在仍然是研究的热点。

图 8.1.3　C 波段频带为 400MHz 雷达
实测数据的 ISAR 成像

　　应当说，合成孔径技术发展到今天，不仅有专用的合成孔径雷达，而且应用该技术的雷达成像已成为一种新的功能用于各种雷达。在许多现代雷达中都配备有宽带信号，并根据需要加成像处理，使雷达具有对场景的合成孔径成像（对运动平台的雷达）功能和对目标的逆合成孔径成像（对运动或固定平台的雷达）功能。

8.2　雷达成像的基本原理

　　雷达成像有别于一般雷达应用最主要的一点是，使用合成孔径技术（也可用多普勒效应来解释）可以得到高的横向分辨率。为了使读者在阅读后面各章时能集中精力掌握各种具体情况下的特殊方法，这里对雷达成像的基本概念和基本原理进行简单介绍。为便于理解，先从介绍逆合成孔径雷达（ISAR）开始。

8.2.1　逆合成孔径雷达（ISAR）

　　逆合成孔径的一般情况是，雷达不动而目标（如飞机）运动。为简化分析，暂时假设雷达和目标位于同一个平面内，且目标做匀速直线飞行。

　　将目标的运动分解成平动和转动两个分量。设目标上有一个参考点，目标平动是指该参考点沿目标运动轨迹移动，而目标相对于雷达射线的姿态（可用目标轴向与雷达射线的夹角表示）保持不变；转动分量是指目标围绕该参考点转动。不难看出，当目标以散射点模型表示时，若目标处于雷达的远场，雷达电磁波可用平面波表示，在只有平动分量的情况下，目标上各散射点回波的多普勒完全相同，对雷达成像没有贡献。设法将平动分量补偿掉，则相当于把目标上的参考点移到转台轴上，而成为转台目标成像（图 8.2.1a）。

　　转台目标成像的原理容易理解。为了成像，必须有高的二维分辨率。在平面波照射下，纵向分辨率主要依靠信号的宽频带 B，在对回波做匹配滤波的条件下，纵向距离分辨率

$$\rho_r = c/2B \tag{8.2.1}$$

式中，c 为光速。

如果信号频带 B 为 400MHz，则 ρ_r 为 0.375m，考虑到脉压过程中为了降低距离副瓣而做的加权，ρ_r 会展宽到约 0.5m。

横向高分辨主要靠多普勒效应，如图 8.2.1a 所示。当目标以顺时针方向转动时，目标上各散射点的多普勒值是不同的。位于轴线（轴心至雷达的连线）上的散射点没有相对于雷达的径向运动，其子回波的多普勒为零，而在其右侧或左侧的多普勒分别为正或负，且离轴线越远，多普勒的值越大。于是，将各距离单元的回波序列分别通过傅里叶分析变换到多普勒域，只要多普勒分辨率足够高，就能将各单元的横向分布表示出来。

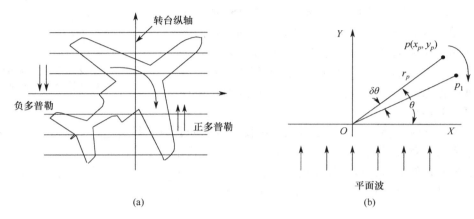

(a)   (b)

图 8.2.1   转台目标成像的示意图

如图 8.2.1b 所示，设在相邻两次观测中目标相对于雷达视线转了一个很小的角度 $\delta\theta$，它上面的某一散射点则从点 p 移到了点 p_1，其纵向位移为

$$\Delta y_p = r_p \sin(\theta - \delta\theta) - r_p \sin\theta = -x_p \sin\delta\theta - y_p(1 - \cos\delta\theta) \tag{8.2.2}$$

式中，x_p, y_p 为散射点 p 相对于转台轴心的坐标，且 $x_p = r_p\cos\theta$，$y_p = r_p\sin\theta$。纵向位移 Δy_p 引起子回波的相位变化为

$$\Delta\varphi_p = -\frac{4\pi}{\lambda}\Delta y_p = -\frac{4\pi}{\lambda}[-x_p\sin\delta\theta - y_p(1-\cos\delta\theta)] \tag{8.2.3}$$

若 $\delta\theta$ 很小，则上式可近似写为

$$\Delta\varphi_p \approx \frac{4\pi}{\lambda}x_p\delta\theta \tag{8.2.4}$$

式（8.2.4）表明，两次回波的相位差正比于横距 x_p。该散射点相邻两个周期的回波相差一个相位旋转因子 $\exp\left(\mathrm{j}\frac{4\pi}{\lambda}\delta\theta x_p\right)$，当转台连续转动时，子回波的相位变化表现为多普勒，x_p 越大，该散射点子回波的多普勒频率越高。

目标均匀转动，并在观测过程中接收到 M 次回波，即总转角 $\Delta\theta = M\delta\theta$，当两散射点的横向距离差为 Δx 时，两散射点子回波总的相位差为

$$\Delta\Phi_M = \frac{4\pi}{\lambda}\Delta\theta \cdot \Delta x \tag{8.2.5}$$

用傅里叶变换做多普勒分析时，只要 $\Delta\Phi_M \geqslant 2\pi$，两点即可分辨，即横距分辨率 ρ_a 为

$$\rho_a = \frac{\lambda}{2\Delta\theta} \tag{8.2.6}$$

上面是以某瞬间的散射点位置和子回波多普勒值的关系来说明横向高分辨的。但是，多普勒分辨越高，所需的相干积累时间就越长，散射点是否会移动而改变位置呢？移动肯定存在，但一般情况下影响不大。例如，若 $\lambda = 3\,\text{cm}$，$\Delta\theta = 0.05\,\text{rad} \approx 3°$，则 $\rho_a = 0.3\,\text{m}$。可见，对于厘米波雷达，为得到零点几米的横距分辨率，所需的总转角很小，一般是 $3°$ 左右。

虽然很小的转角就能实现转台目标成像，但在转动过程中，散射点还是要有纵向移动的，偏离轴线越远，移动越大。设目标横向尺寸为 10m，当总转角为 0.05rad 时，两侧散射点的相对纵向移动为 0.5m；若横向尺寸为 40m，则相对纵向移动为 2m。这超过了一般逆合成孔径雷达距离分辨单元的长度，即在此期间产生了越距离单元徙动。

前面提到，一般的成像算法是按距离单元将许多周期的数据序列做多普勒分析得到高分辨的，若在此期间产生了越距离单元徙动，则该散射点的子回波序列将分段分布在两个或多个距离单元中，且在每个距离单元的驻留时间缩短。

实际上，由于受到系统分辨率的限制，从雷达回波数据重建图像的形状和原物体是有区别的。以理想的点目标为例，重建图像的纵向由于信号有一定的频带（B）而时间展宽为 $1/B$，横向（多普勒）由于相干积累时间 T 的限制，多普勒展宽为 $1/T$。还可以在距离-多普勒平面画出上述重建图像的形状，该图像的数学表示式称为点散布函数，信号频带越宽、相干时间越长，点散布函数就越集中，表明该系统具有高的分辨率。当散射点产生越距离单元徙动时，点散布函数会在纵向展宽，同时由于在几个距离单元中的驻留时间缩短，横向（多普勒向）也会展宽，结果是使转台目标的重建图像具有不同的点散布函数：离转轴越远，点散布函数就越差。不过，在实际应用中，上述现象通常可以容忍。但也有方法来消除越距离单元徙动产生的不良影响，这将在后面介绍。

上面是将运动目标通过平动补偿为匀速转动的平面转台目标，当飞机做直线平稳飞行时，一般满足或近似满足上述条件。如果飞机做加速或减速的直线飞行，仍可补偿为平面转台目标，只是转速是非均匀的。更有甚者，如果飞机做变向机动飞行，则平动补偿后的转台目标是三维转动的。这些问题也将在后面讨论。

8.2.2　合成孔径雷达（SAR）

前面提到，当用飞机平台上的雷达观测固定的地面场景时，可以用多普勒效应来说明其横向高分辨，如图 8.2.2a 所示，在与飞机航线平行的一条地面线上的某一时刻 O，线上各点到雷达天线相位中心的连线与运动平台速度向量的夹角是不同的，因而具有不同的瞬时多普勒。但是，为了得到高的多普勒分辨率，必须有长的相干积累时间，也就是说，飞机要飞一段距离，它对某一点目标的视角是不断变化的。图 8.2.2b 中的上图用直角坐标表示飞行过程中点目标 O 的雷达回波相位变化图，当点 O 位于飞机的正侧方时，目标 O 到雷达的距离最近，假设以此时的回波相位为基准（假设为 0），而在此前、后的相应距离要长一些，即回波相位要加大，如图 8.2.2b 的上图所示。不难从距离变化计算出相位变化的表示式，它近似为抛物线。上述相位变化的时间导数即多普勒，如图 8.2.2b 中的下图所示，这时的多普勒近似为线性变化，图中画出了水平线上多个点目标回波的多普勒变化图，它们均近似为线性调频信号，只是时间上有平移。

在多普勒为常数的情况下，用傅里叶变换做相干积累，也就是脉冲压缩。现在是线性调频信号，只要线性调频率已知，对它做脉冲压缩是不难的。

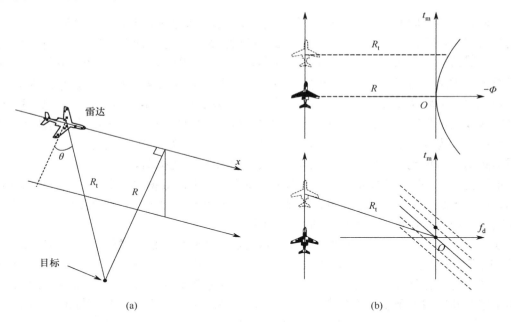

图 8.2.2　SAR 成像几何关系及 SAR 信号的相位和多普勒图

从图 8.2.2b 还可看出，与飞行航线平行的线上的点目标具有相同的冲激响应，而当该平行线与航线的垂直距离不同时，冲激响应也不同，主要是调频率发生了变化。冲激响应的空变性给图像重建的计算带来了一定的复杂性。

在上面的讨论中，只考虑了目标到天线相位中心距离变化引起的相位变化。如果上述距离变化是波长级的，只考虑相位变化即可；若距离变化与径向距离分辨单元的长度可以相比拟，甚至长达多个距离单元，就要考虑越距离单元徙动的问题，这在前面讨论逆合成孔径成像时已提到过，不过合成孔径雷达观测的场景通常要比逆合成孔径雷达的目标大得多，只要分辨率高一些就可能发生。有关问题将在后面详细讨论。

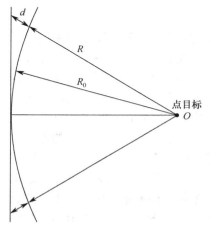

图 8.2.3　合成孔径沿航迹排列图

上面用多普勒效应对合成孔径技术的横向高分辨问题做了说明。用合成孔径的概念同样也可做出解释，这里不再重复。不过，用合成孔径来说明聚焦和非聚焦，可以得到更清晰的概念。

图 8.2.3 中画出了飞行航线和场景中的点目标 O，合成孔径沿航线排列。如果合成孔径较长，应考虑目标 O 回波的波前为球面波。从图中可见，若波前为平面波，则合成孔径阵列上各阵元的相位相同，将它们直接相加就可重建目标 O 的形状（横向）。但实际波前为球面波，造成不同阵元的信号有不同的相差，只有补偿相差后相加才能正确重建，这相当于光学系统里的聚焦。实际上，这里的聚焦相差补偿也就是前面所说的多普勒调频率补偿，只是解释方法不同而已。

如果合成孔径长度不大，那么可用图 8.2.3 中与球面波相切的一小段直线近似球面波的弧线，这时可用平面波的直接相加来近似重建目标，称为非聚焦方法。

上面提到非聚焦方法的合成孔径只能用"一小段直线"，那么一小段是多长呢？下面做一些说明：设阵列以 A 为中点前后对称排列，若波前为平面波，则所有阵元上的信号相位均相同，而在球面波情况下，直线上阵元的信号会有相位差，若仍以点 A 为基准，则偏离点 A 越远，相位差就越大，当相位差大到 $\pi/2$（考虑到收、发双程，即该阵元与球面波前的距离差为 $\lambda/8$）时，再加大孔径而得到的积累增益已经很小，因此通常以到球面波前的距离差为 $\lambda/8$ 来确定有效孔径长度。通过简单的几何运算，得到非聚焦时的有效孔径长度 $L_e = \sqrt{R\lambda}$，R 为目标距离；并且可计算得到这时的横向（方位）分辨率为 $\rho_a = \frac{1}{2}\sqrt{R\lambda}$。例如，若波长 $\lambda = 3\,\text{cm}$，距离 $R = 30\,\text{km}$，那么非聚焦的有效孔径长度 $L_e = 30\,\text{m}$，横向分辨率 $\rho_a = 15\,\text{m}$。若距离加长，横向分辨率还要下降。

8.3　SAR 成像

在雷达发展的历史上，SAR 成像技术的出现是先于 ISAR 成像的。当第二次世界大战结束时，雷达的距离向分辨率已达 150m，但对于 1000km 处目标的方位向分辨率则大于 1500m。当机载雷达用真实天线波束做地形测绘时，方位（横向）分辨率是依靠天线产生窄的波束而达到的。

20 世纪 50 年代，美国密歇根大学的一批科学家认为，一根长的线阵天线之所以能够产生窄波束，是由于发射时线阵的每个阵元同时发射相参信号，接收时由于每个阵元又同时接收信号在馈线系统中叠加形成很窄的接收波束。他们认为多个阵元同时发射、同时接收并不是必需的，可以先在第一个阵元发射和接收，然后依次在其他阵元上发射和接收，并且把在每个阵元上接收的回波信号全部存储起来，然后进行叠加处理，效果类似于一个长的线阵天线同时发、收雷达信号。因此，只要用一副小天线沿长线阵的轨迹等速移动并辐射相参信号，记录下接收信号并进行适当处理，就能获得相当于一个很长线阵的横向高分辨率。人们称这一概念为合成孔径天线，采用这种技术的雷达称为合成孔径雷达。同样，上述概念推广到雷达不动、目标运动的情形，也能合成一个大的等效天线孔径，称为逆合成孔径雷达。

总之，只要雷达与目标之间具有视线上的相对运动，就总能通过适当的信号处理技术合成一个等效的大孔径天线，进而极大地提高对目标的方位分辨率。事实上，现代雷达所面临的目标探测问题越来越复杂，SAR 和 ISAR 的界限也变得模糊起来，有时统称为 SAR 成像。例如，对地面或海面慢速活动目标成像时，若以平台运动来合成孔径，则是 SAR 体制，此时成像算法需要对活动目标做特殊的运动补偿处理，否则目标图像将因散焦而模糊；另一方面，若利用目标运动来合成孔径，则属于 ISAR 体制，此时需要对平台运动进行补偿。此外，也可采取 SAR/ISAR 交替成像的工作模式等。

8.3.1　SAR 原理

下面以图 8.3.1 所示的 N 个阵元的线阵列为例进行说明。该线阵列的辐射方向图可以定义为单个阵元辐射方向图和阵列因子的乘积。阵列因子是阵列中天线阵元均为全向阵元时的总辐射方向图。

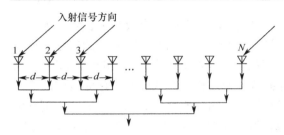

图 8.3.1 N 个阵元的线阵列天线的示意图

若忽略空间损失和阵元的方向图,则阵列的输出可表示为

$$V_R = \sum_{n=1}^{N} \left\{ A_n \exp[-j(2\pi/\lambda)d] \right\}^2 \quad (8.3.1)$$

式中,V_R 为阵列输出中各阵元幅度的平方和;A_n 为第 n 个阵元的幅度;d 为线阵列阵元的间距;N 为阵列中阵元的总数。

因此,阵列的半功率点波瓣宽度为

$$\theta_{0.5} = \lambda / L(\mathrm{rad}) \quad (8.3.2)$$

式中,L 为实际阵列的总长度。若阵列对目标的斜距为 R,则其横向距离分辨率为

$$\delta_x = \lambda R / L(\mathrm{m}) \quad (8.3.3)$$

假如不用这么多的实际小天线,而只用一副小天线,让这副小天线在一条直线上移动,如上例所述。小天线发出第一个脉冲并接收从目标散射回来的第一个回波脉冲,把它存储起来后,就按理想的直线移动一定距离到第二个位置。小天线在第二个位置上再发一个同样的脉冲波(这个脉冲与第一个脉冲之间有一个由时延引起的相位差),并把第二个脉冲回波接收后也存储起来。以此类推,一直到这个小天线移动的直线长度相当于阵列大天线的长度时为止。这时把存储起来的所有回波(也是 N 个)都取出来,同样按向量相加。在忽略空间损失和阵元方向图情况下,其输出为

$$V_s = \sum_{n=1}^{N} \left\{ A_n \exp[-j(2\pi/\lambda)d] \right\}^2 \quad (8.3.4)$$

式中,V_s 是同一阵元在 N 个位置的合成孔径阵列输出的幅度平方和,其区别在于每个阵元接收的回波信号是由同一个阵元的照射产生的。

所得的实际阵列和合成阵列的双路径波束如图 8.3.2 所示。合成阵列的有效半功率点波瓣宽度近似于相同长度的实际阵列的一半,即

$$\theta_s = \lambda / 2L_s(\mathrm{rad}) \quad (8.3.5)$$

式中,L_s 为合成孔径的有效长度,它是当目标仍在天线波瓣宽度内时飞机飞过的距离,如图 8.3.3 所示;因子 2 代表合成阵列系统的特征,出现的原因是往返的相移确定合成阵列的有效辐射方向图,而实际阵列系统只是在接收时才有相移。从图 8.3.2 中还可看到,合成阵列的旁瓣比实际阵列的稍高一些。

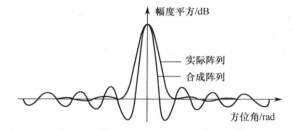

图 8.3.2 实际阵列和合成阵列的双路径波束示意图

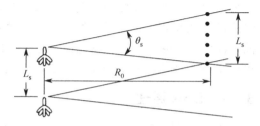

图 8.3.3 侧视 SAR 的几何图的示意图

用 D_x 作为单个天线的水平孔径,合成孔径的长度为

$$L_s = \lambda R / D_x \quad (8.3.6)$$

则合成孔径阵列的横向距离分辨率为

$$\delta_s = \theta_s R \tag{8.3.7}$$

或将式（8.3.5）和式（8.3.6）代入式（8.3.7），得分辨率为

$$\delta_s = \frac{\lambda}{2L_s}R = \frac{\lambda R D_x}{2\lambda R} = D_x / 2 \tag{8.3.8}$$

有几点值得注意。首先，其横向距离分辨率与距离无关。这是由于合成天线的长度 L_s 与距离呈线性关系，因而长距离目标比短距离目标的合成孔径更大，如图 8.3.4 所示。

其次，横向距离分辨率和合成天线的"波束宽度"不随波长而变。虽然合成波束宽度随波长的加长而展宽，但是由于长的波长比短的波长的合成天线长度更长，从而抵消了合成波束的展宽。

最后，如果将单个天线做得更小，则分辨率会更好，这正好与实际天线的横向距离分辨率的关系相反，具体可参照图 8.3.5 来解释。因为单副天线做得越小，其波束就越宽，因而合成天线的长度就更长。当然，单副天线小到什么程度是有限制的，因为它需要足够的增益和孔径，以确保合适的信噪比。

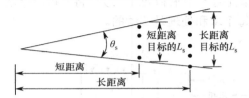

图 8.3.4　目标距离对侧视 SAR 的影响示意图 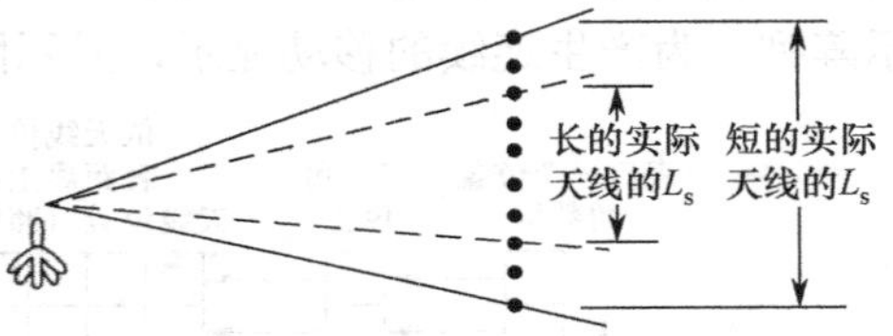　　图 8.3.5　单副天线尺寸对侧视 SAR 的影响示意图

为达到式（8.3.8）的分辨率，需要对信号进行附加处理，所需的处理是对 SAR 天线在每个位置上接收到的信号进行相位调整，使这些信号对于一个给定目标来说是同相的。它属于聚焦型合成孔径。

合成孔径可分为聚焦式和非聚焦式两种。所谓非聚焦式，是指不用改变孔径内从各种不同位置来的信号的相移，就能完成被存储信号的积累。可以想到，既然对各种不同位置来的回波不进行相位调整，那么相应的合成孔径长度一定受到限制。设 L_s 是非聚焦合成孔径长度，超过这个长度范围的回波信号由于其相对相位差太大，如果让它与 L_s 范围内的回波信号相加，结果反而会使能量减弱而非加强，这很容易用两个向量相加的概念来理解。如果两个向量的相位差超过 $\pi/2$，则它们的向量和可能小于原来向量的幅度。下面计算非聚焦式合成孔径雷达的分辨率。

首先要确定非聚焦合成孔径长度 L_s。由图 8.3.6 所示的几何关系得

$$\left(R_0 + \frac{\lambda}{8}\right)^2 = \frac{L_s^2}{4} + R_0^2 \tag{8.3.9}$$

图 8.3.6 表明，一个目标到非聚焦式合成阵列中心和边沿的双程距离差应等于 $\lambda/4$，以保证合成孔径范围内的回波相干相加。式（8.3.9）可简化为

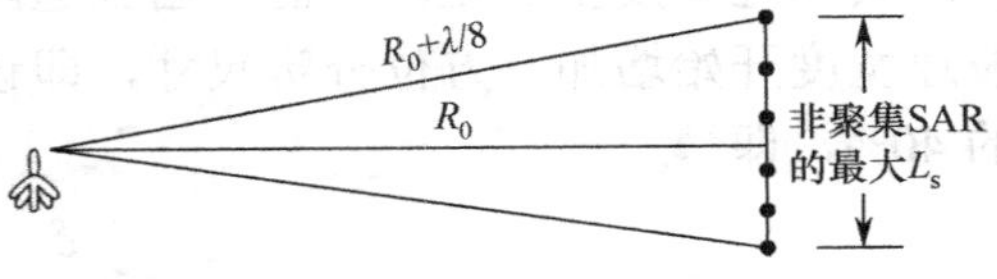

$$\lambda\left(R_0 + \frac{\lambda}{16}\right) = L_s^2 \tag{8.3.10}$$

图 8.3.6　非聚焦 SAR 的 L_s 限制示意图

式中，R_0 为航线的垂直距离。由于非聚焦处理时，散射体总在合成天线的远场区，所以

$R_0 \gg \lambda/16$。式（8.3.10）变成

$$L_s \approx (\lambda R_0)^{1/2} \tag{8.3.11}$$

将式（8.3.11）代入式（8.3.5），得

$$\theta_s \approx \frac{\lambda}{2}(\lambda R_0)^{-1/2} = \frac{1}{2}\left(\frac{\lambda}{R_0}\right)^{1/2} \tag{8.3.12}$$

将式（8.3.12）代入式（8.3.7），得

$$\delta_s \approx \frac{1}{2}(\lambda R_0)^{1/2}(\text{rad}) \tag{8.3.13}$$

式中，θ_s 和 δ_s 表示非聚焦式合成孔径阵列的有效半功率点波瓣宽度和横向距离分辨率。

图 8.3.7 是非聚焦 SAR 处理的示意图。首先，在飞行路径的每个位置上接收各距离单元上的信号，然后对不合规格的方位角做校正并存储。各距离单元存储到所需的信号数后，将来自不同天线位置的信号相干地相加。每个距离单元有一个求和处理，最后将所得结果送入显示阵列。为产生连续的移动显示，显示阵列对每个求和处理是移动的。

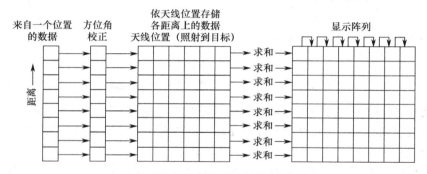

图 8.3.7 非聚焦 SAR 处理的示意图

对于式（8.3.11）和式（8.3.13）的结果，可以通过绘出图 8.3.8 所示的非聚焦阵列的增益和波速宽度与阵列长度的关系曲线来分析。从图中的几何关系可以看出，对应于给定增益及波束宽度的阵列长度与 $\sqrt{\lambda R_0}$ 成正比，这里 λ 为波长，R_0 为距离。为了使图 8.3.8 适用于任何 λ 和 R_0 的组合，阵列长度在这里用 $\sqrt{\lambda R_0}$ 来表示。最大有效阵列长度为

$$L_{\text{eff}} = 1.2\sqrt{\lambda R_0} \tag{8.3.14}$$

研究散焦作用的另一个途径如下：假设从足够远的距离处到各阵列单元的视线基本平行，向给定长度的一个非聚焦阵列靠近，那么在此距离上向阵列靠近，阵列的波速宽度不会随其靠近而发生变化。然而，当到达阵列长度为最佳而散焦作用开始显现的距离时，波速宽度开始增加。方位分辨尺寸，即该距离处可达到的最高分辨率，大致是阵列长度的 40%，即

$$\delta_{s_{\max}} = 0.4 L_{\text{eff}} \tag{8.3.15}$$

超过该距离时，就无法像期望的那样使雷达的方位分辨率与距离无关。进一步增加阵列长度时，方位分辨尺寸按距离的平方根增加（图 8.3.9）。

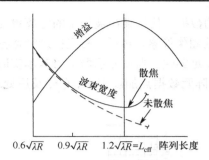

图 8.3.8 阵列长度的增加对非聚焦合成阵列增益
及波束宽度的影响。当长度 $L=1.2\sqrt{\lambda R}$
时，增益最大，而波束宽度最小

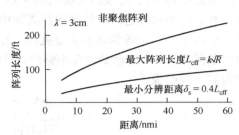

图 8.3.9 非聚焦阵列的最大有效长度按距离
的平方根增大。长度达到最佳分辨
的尺寸约为阵列长度的 40%

注意：非聚焦型合成天线的横向线性分辨率与实际天线孔径大小无关，采用短的波长可改善横向距离分辨率。该分辨率与 $\sqrt{\lambda}$ 成比例地变化，并随着距离的平方根增加而变差。

在聚焦式中，给阵列中每个位置来的信号都加上适当的相移，并使同一目标的信号都位于同一距离门内。于是，与目标的距离无关，D_x 的全部横向距离分辨率潜力都可以实现。图 8.3.10 中显示了距离有差别的一组样本的数据，图 8.3.10a 是一组原始样本数据，图 8.3.10b 是一组聚焦校正后的样本数据。

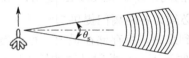

(a) 在聚焦校正前目标的数据位置   (b) 在聚焦校正后目标的数据位置

图 8.3.10 聚焦前、后的数据示意图

相位校正采用图 8.3.11 所示的原理。对于第 n 个阵元位置的相位校正，根据所示的图形可列出如下方程：

$$(\Delta R_n + R_0)^2 = R_0^2 + (ns)^2 \qquad (8.3.16)$$

式中，R_0 是从垂直的 SAR 阵元到被校正的散射体的距离；ΔR_n 是垂直的 SAR 阵元和第 n 个阵元之间的距离差；n 是被校正阵元的序号；s 是阵元之间的飞行路径间距。

假设 $\Delta R_n / 2R_0 \ll 1$，则由上述方程解出

$$\Delta R_n = \frac{n^2 s^2}{2R_0} \qquad (8.3.17)$$

与聚焦距离误差有关的相位误差为

图 8.3.11 聚焦原理示意图

$$\Delta \varphi_n = \frac{2\pi (2\Delta R_n)}{\lambda} = \frac{2\pi n^2 s^2}{\lambda R_0} \qquad (8.3.18)$$

式中，$2\Delta R_n$ 中的系数是为了考虑来回双程。

图 8.3.12 所示为聚焦处理示意图。数据阵由每个阵列阵元（行）的每个距离单元（列）的 I 和 Q 两路组成。在相位角校正后，数据阵就如图中所示的那样被框住。该框表示实际天线的波束，而框内的数据为一个 SAR 处理的数据。框内的全部数据阵都实施相位校正，于

是，由图 8.3.10a 表示的数据变换成图 8.3.10b 所表示的数据，其结果在被校正的距离单元范围内求和。这个和就是在被处理的距离和横向距离上的图像像素。然后，沿飞行途径数据阵列逐步引入下一个图像像素且重复处理。若处理器速度足够快，则在显示器上将基本实时地呈现一条图像带。若处理器速度不够快，则需要将一批阵元数据点加以积累、存储及后处理，以便得到一幅图像。

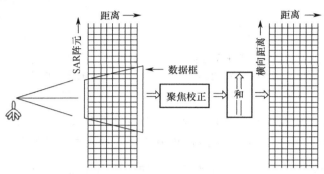

图 8.3.12　聚焦处理示意图

为了简化叙述，这里省略了预先求和的步骤。此外，还假设阵列长度、脉冲重复频率和距离的组合使分辨横向距离 δ_s 约等于阵列单元的间距 δ_a。图 8.3.13 是对图 8.3.12 的进一步说明。当未做预先求和时，为了使阵列聚集，必须为各距离门提供与阵列单元一样多的存储行数。任何一个发射脉冲（阵列单元）的回波到来时，将存储在最上一行。当接收到最远距离单元的回波时，各行的内容向下移一行，以便为下一个发射脉冲的输入回波留出空位置。最下面一行的内容则被丢弃。

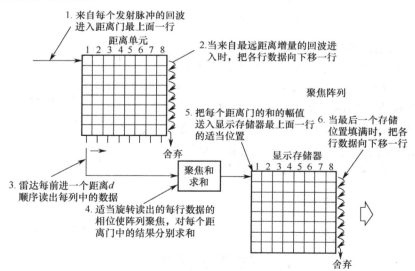

图 8.3.13　逐行处理器中阵列的聚焦方式。为了简化叙述，假设分辨横向距离 δ_s 等于阵列单元间距 δ_a。因此，每发射一个脉冲，必须合成出一个新的阵列

在移位过程中，顺序读出每个距离门中对应列的数据，并将这些数据做适当的相移后相加（该过程称为方位压缩过程）。把每个距离门和值的振幅值送入显示存储器最上一行中的

适当距离位置。于是，对该例子中假设的条件而言，每当接收到来自另一个发射脉冲的回波时（雷达每前进一个等于阵列单元间距的距离时），合成出另一个阵列。

综上，可由图 8.3.14 示出 SAR 数据处理图像的示意图。因为在方位向合成孔径必须在一个时间周期内建立，所以来自所谓"距离线"的相继发射脉冲的雷达回波必须存储到存储器中，直到获得足够产生目标图像的方位向样本数为止。因此，所得 SAR "行数据"具有一种矩形格式，沿距离一维对应于"距离时间" t_g，沿另一维则对应于"方位时间" t_a。

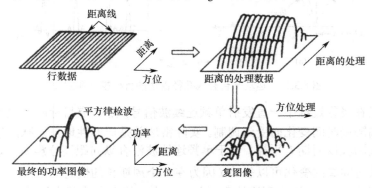

图 8.3.14　SAR 数据处理图像的示意图

8.3.2　SAR 的横向分辨率

实际合成孔径雷达通常装配在运动载体（如飞机）上，载体平台平稳地以速度 v 直线飞行，而雷达以一定的重复周期 T_r 发射脉冲，于是在飞行过程中，在空间中就形成了间隔为 $d = vT_r$ 的均匀直线阵列，而雷达依次接收到的序列数据即相应顺序阵元的信号。因此，可用二维时间信号——快时间信号和慢时间信号，分别表示雷达接收到的回波信号和雷达天线（合成阵列的阵元）相位中心所在的位置。用时序信号进行分析处理更符合雷达技术人员的习惯。本节用时域信号分析、处理的概念和方法来讨论合成孔径技术。为简单起见，暂时假设载体做理想的匀速直线飞行，且不考虑载机高度，即在场景平面形成的阵列为均匀线阵。

严格地说，上一节逐次移位形成的合成阵列和载机运动形成的阵列是有区别的，前者是"一步一停"地工作的，而后者是连续工作的，即在发射脉冲到接收回波期间，阵元也是不断运动的。不过这一影响很小，快时间对应于电磁波速度（光速），而慢时间对应于载机速度，两者相差很远，在以快时间计的时间里载机移动很小，由此引起的合成阵列上的相位分布的变化可以忽略。为此，仍可采用"一步一停"的方式，用快、慢时间分析。

前面提到，用长的合成阵列只能提高横向距离分辨率，实际的合成孔径雷达为同时获得高的纵向距离分辨率，总是采用宽频带信号，通常为线性调频（LFM）脉冲。前面还指出，在宽频带工作条件下，阵列线上的包络延迟必须考虑，这就使得分析复杂化。这里主要讨论合成阵列的横向分辨，为简化分析，仍假设发射信号为单频连续波。

如图 8.3.15a 所示，假设载机在 X-Y 平面内沿 X 轴飞行（暂不考虑载机高度，在二维平面中讨论飞行平台的合成阵列），目标是沿与 X 轴平行且垂直距离为 R_s 的直线上分布的一系列点目标 $\sigma_1, \cdots, \sigma_N$，其 X 方向的坐标为 $X_1, \cdots, X_N$。之所以采用这一简单的目标模型，是由于单频连续波信号不能提供纵向距离信息，没有纵向分辨率，且合成阵列做聚焦处理，必须知道目标到阵列的垂直距离。

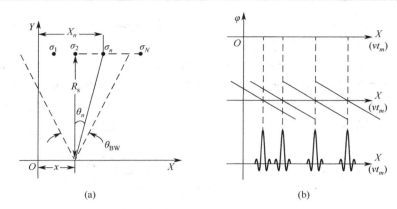

图 8.3.15　运动平台合成孔径雷达的目标模型和回波

若雷达载机在飞行过程中一直发射单频连续波信号，那么点目标回波也是连续波，只是其相位会因距离随慢时间变化而受到调制。实际雷达总是周期性地发射脉冲信号，其回波可视为对上述连续回波以周期 T_r 采样。由于单频连续波没有纵向距离分辨率，如上所述，回波的相位调制在快时间域的变化可以忽略（因为在一个周期长的快时间区间上，目标到雷达的距离变化可以忽略）。上面还提到连续飞行与"一步一停"方式基本等效，所以慢时间采样可取 $t_m = mT_r$ （m 为整数）。

如图 8.3.15a 所示，由于机载雷达的波束有一定的宽度（设为 θ_{BW} ），它在点目标连线上覆盖的长度为 $L = R\theta_{BW}$ 。在载机飞行过程中，波束依次扫过各个点目标，得到慢时间宽度各为 L/v 的一系列回波，其中 v 为载机速度。

图 8.3.15a 中画出了 t_m 时刻从雷达天线相位中心（ $x = vt_m$ ）到第 n 个点目标的斜距 $R_n(t_m)$ ，

$$R_n(t_m) = \sqrt{R_s^2 + (X_n - vt_m)^2} \tag{8.3.19}$$

若发射的单频连续波为 $e^{j2\pi f_c t}$ ，则在 t_m 时刻该点目标的回波为 $e^{j2\pi f_c\left(t - \frac{2R_n(t_m)}{c}\right)}$ ，通过相干检波，得基频回波为

$$s_n(t_m) = \sigma_n e^{-j\frac{4\pi f_c}{c}R_n(t_m)} \tag{8.3.20}$$

实际上，回波的振幅还受到天线波束方向图的调制，由于对分析不重要，这里略去，而回波相位的变化是重要的，若以雷达最接近点目标时为基准，则其相位历程为

$$\varphi_n(t_m) = \frac{-4\pi f_c}{c}\left[R_n(t_m) - R_s\right] \tag{8.3.21}$$

上式对慢时间取导数，得到回波的多普勒为

$$f_d = \frac{1}{2\pi}\frac{d}{dt_m}\varphi_n(t_m) = -\frac{2f_c}{c}\frac{d}{dt_m}R_n(t_m) = \frac{2f_c v}{c}\frac{X_n - vt_m}{\sqrt{R_s^2 + (X_n - vt_m)^2}} \tag{8.3.22}$$

考虑到 $R_s + (X_n - vt_m)^2$ ，式（8.3.22）又可近似写成

$$f_d = \frac{2f_c v}{cR_s}(X_n - vt_m) \tag{8.3.23}$$

式中，f_d 与 t_m 呈线性关系，即在慢时间域中回波是线性调频的，且在 $t_m = X_n/v$ 时（雷达最

接近点目标时）$f_d = 0$。

关于目标回波的多普勒，雷达技术人员是很熟悉的。由图 8.3.15a 可知，当雷达对点目标 σ_n 的斜视角为 θ_n 时，回波的多普勒

$$f_d = \frac{2f_c v}{c} \sin \theta_n = \frac{2f_c v}{c} \frac{X_n - vt_m}{\sqrt{R_s^2 + (X_n - vt_m)^2}} \qquad (8.3.24)$$

为非线性调频，若 θ_n 较小，采用近似 $\sin \theta_n \approx \tan \theta_n$，式（8.3.24）可写成

$$f_d \approx \frac{2f_c v}{cR_s}(X_n - vt_m) \qquad (8.3.25)$$

以上两式的结果与式（8.3.22）、式（8.3.23）相同。式（8.3.25）表明，当雷达的横向位置（$x = vt_m$）小于点目标的 X_n 时，θ_n 为正，其多普勒也为正；而当 $x(= vt_m)$ 大于 X_n 时，θ_n 为负，其多普勒也为负。也就是说，面向目标飞行，多普勒为正；而背向目标飞行，多普勒为负。只有当 $x = X_n$ 时，点目标 σ_n 相对于雷达的径向速度为 0，这时的多普勒也为 0。

从式（8.3.25）还可得到回波的多普勒调频率 γ_m 为

$$\gamma_m = -\frac{2f_c v^2}{cR_s} = -\frac{2v^2}{\lambda R_s} \qquad (8.3.26)$$

由上式可得回波的多普勒带宽 Δf_d 为

$$\Delta f_d = \left| \gamma_m \frac{L}{v} \right| = \frac{2vL}{\lambda R_s} \qquad (8.3.27)$$

式中，$L / R_s \approx \theta_{BW1} = \lambda / D$，其中 θ_{BW1} 和 D 分别是阵元的波束宽度和横向孔径长度，于是上式又可写成

$$\Delta f_d = \frac{2v}{D} \qquad (8.3.28)$$

根据回波调频多普勒的谱宽，可以计算得到脉压（匹配滤波）后的时宽为

$$\Delta T_{dm} = \frac{1}{\Delta f_d} = \frac{D}{2v} \qquad (8.3.29)$$

将该时宽乘以载机速度 v，即得点目标的横向分辨长度 ρ_a，

$$\rho_a = v\Delta T_{dm} = \frac{D}{2} \qquad (8.3.30)$$

上式表明，合成阵列若充分利用其阵列长度（受阵元波束宽度限制），那么所能得到的横向距离分辨单元长度为 $D/2$，而与目标距离远近无关。

还可从另一个角度来表示合成阵列的横向分辨率。从式（8.3.27）的 $L / R_s \approx \theta_{BW1}$，可将 ρ_a 写成

$$\rho_a = \frac{v}{\Delta f_d} = \frac{\lambda}{2\theta_{BW1}} = \frac{D}{2} \qquad (8.3.31)$$

上式即目标的横向分辨率取决于合成阵列对它的观测视角变化范围，在波长一定的条件下，必须有足够大的视角变化范围，才能得到所需的横向分辨率。条带式合成孔径雷达依靠减小实际雷达（阵元）的天线横向孔径，加大波束宽度，以提高视角范围。当然也可用其他方法来加大视角范围，如聚束式合成孔径雷达就是调控波束指向，使波束较长地覆盖目标，靠载机运动，以加大视角范围来提高横向分辨率。

　　这里可能产生一个问题：为提高横向距离分辨率，机载雷达应采用小的横向孔径长度 D，是否可尽量减小 D 而使 ρ_a 无限减小呢？

　　答案是不可能的。在上面的分析中，从式（8.3.28）出发采用了机载雷达天线波束较窄时的近似；天线进一步缩小，波束随之加宽，但这是有限制的，极端地说 $\theta_{BW1} = \pi$，相当于无方向性天线，则式（8.3.28）中的近似不能应用，这时 $\Delta f_d = 4v/\lambda$。考虑到 $\rho_a = v\Delta T_{dm} = v/\Delta f_d$，这种极限情况下的 ρ_a 为

$$\rho_a = \frac{v}{\Delta f_d} = \frac{\lambda}{4} \tag{8.3.32}$$

8.3.3　RAR 和 SAR 的比较

　　对于尺寸为 L_{RA} 的孔径天线，其波束宽度大致为

$$\theta_B = \frac{\lambda}{L_{RA}} \tag{8.3.33}$$

式中，λ 为雷达波长。根据前面的讨论，对于 SAR/ISAR 成像，如果合成孔径的张角为 $\Delta\theta$，那么其横向分辨率为

$$\delta_{cr}(\text{SAR/ISAR}) \approx \frac{\lambda}{2\Delta\theta} \tag{8.3.34}$$

　　现在来看实孔径雷达（RAR）和合成孔径雷达（SAR）在成像分辨率上的差异，图 8.3.16 对 RAR 和 SAR 做了比较。在距离 R 处，RAR 的横向距离分辨率为

$$\delta_{cr}(\text{RAR}) = \theta_B R = \frac{R\lambda}{L_{RA}} \tag{8.3.35}$$

而在相同条件下，SAR 的横向分辨率为

$$\delta_{cr}(\text{SAR}) = \frac{\lambda}{2\Delta\theta} = \frac{R\lambda}{2L_{SA}} \tag{8.3.36}$$

式（8.3.35）和式（8.3.36）意味着，当 $L_{RA} = L_{SA}$ 时，SAR 比相同孔径的 RAR 的横向距离分辨率要高出 1 倍，即

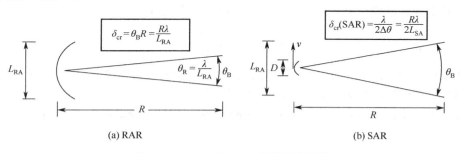

(a) RAR　　　　　　　　　　　　　　(b) SAR

图 8.3.16　RAR 与 SAR 的分辨率比较

$$\left.\frac{\delta_{cr}(\text{SAR})}{\delta_{cr}(\text{RAR})}\right|_{L_{SA}=L_{RA}} = \frac{1}{2} \tag{8.3.37}$$

　　对上述结果的直观解释是：RAR 的分辨率是由波束单程传播在横向上的展宽决定的，而 SAR 的分辨率是由双程传播相位相干处理后合成得到的，这种差异导致了 SAR 的合成孔径天线方向图主瓣只有 RAR 天线主瓣宽度的一半。

事实上，设有由 N 个单元组成的线性阵列，长度为 $L = (N-1)d$，如图 8.3.17a 所示。若该线性阵列为实际阵列，则其方向图为 $\mathrm{sinc}(L\theta/\lambda)$；该实际阵列同时用作发射和接收时，其方向图为 $\mathrm{sinc}^2(L\theta/\lambda)$；如果该线性阵列是合成阵列，则由于各阵列单元自发自收，其合成方向图为 $\mathrm{sinc}(2L\theta/\lambda)$。因此，上述三种情况下的主波束形状如图 8.3.17b 所示，其 3dB 波束宽度分别为 $0.88\lambda/L$、$0.64\lambda/L$ 和 $0.44\lambda/L$，而主瓣宽度分别为 λ/L、λ/L 和 $\lambda/2L$。由瑞利分辨准则，长度为 L 的实孔径与同样长度的合成孔径阵列之间的分辨率相差 2 倍。

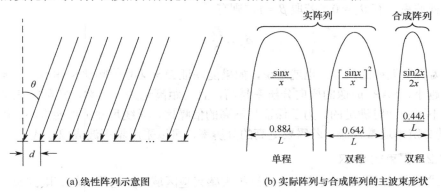

图 8.3.17　实际阵列与合成阵列的比较

8.3.4　SAR 的成像模式

SAR 成像的几种主要模式包括条带式、聚束式和扫描式等。

8.3.4.1　条带式 SAR

条带式 SAR 也称为搜索模式 SAR，其分辨率一般较低，主要用于大区域成像。图 8.3.18 为条带式 SAR 的示意图。在这种模式下，随着雷达平台的移动，天线的指向保持不变。天线基本上匀速扫过地面，得到的图像也是不间断的。该模式对于地面的一个条带成像，条带的长度仅取决于雷达移动的距离，方位向的分辨率由天线的长度决定。

条带式 SAR 的天线波束方向与飞行路径（假设直线行）的垂直方向保持固定倾角 θ_{sq}（称为斜视角），可连续观测出与飞行路径平行的带状地域。当 $\theta_{sq} = 0$（垂直于飞行路径）时，称为正侧视 SAR，如图 8.3.18a 所示；θ_{sq} 不为 0 时称为斜视 SAR，如图 8.3.18b 所示。

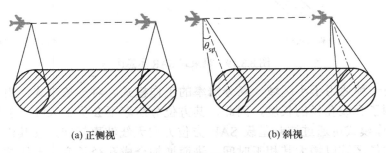

(a) 正侧视　　　　　　　　　　(b) 斜视

图 8.3.18　条带式 SAR 示意图

对于条带式 SAR，其最大合成孔径张角不可能超出真实孔径波束的张角，否则不能完成相参积累处理。孔径为 D 的天线的 3dB 波束宽度为

$$\Delta\theta_{\mathrm{m}} = \theta_{3\mathrm{dB}} \approx \beta\frac{\lambda}{D\cos\theta_{\mathrm{sq}}} \qquad (8.3.38)$$

式中，β 是一个接近于 1 的常数因子。因此，其横向分辨率为

$$\delta_{\mathrm{cr}} \approx \frac{\lambda}{2\Delta\theta_{\mathrm{m}}} \approx \frac{1}{\beta}\frac{D\cos\theta_{\mathrm{sq}}}{2} \qquad (8.3.39)$$

对于正侧视波束，有 $\theta_{\mathrm{sq}} = 0$，若取 $\beta = 1$，则有

$$\delta_{\mathrm{cr}} = \frac{D}{2} \qquad (8.3.40)$$

式中，D 为真实天线的尺寸。也就是说，如果能保证 $D \gg \lambda$ 且信噪比 $\mathrm{SNR} \gg 1$，那么天线的物理尺寸越小，SAR 成像的横向分辨率越高，且与距离无关。当然，实际雷达系统中的这些条件是不可能同时满足的。为了保证足够高的信噪比，天线尺寸不可能太小。因此，条带式 SAR 的分辨率通常较低。若需要更高的分辨率，可以采用聚束波成像模式。

8.3.4.2　聚束式 SAR

聚束式 SAR 如图 8.3.19a 所示。通过扩大感兴趣区域（如地面上的有限圆域）的天线照射波束角宽，可以提高条带模式的分辨率。这一点可以通过控制天线波束指向，使其随着雷达飞过照射区而逐渐向后调整来实现。波束指向的控制可以在短时间内模拟出一个较宽的天线波束，但是波束指向不可能永远向后，最终还是要调回到前向，这就意味着地面覆盖区域是不连续的，即一次只能对地面的一个有限的圆域成像。在这种成像模式中，当雷达平台掠过目标时，波束方向随之变动，并始终指向目标。这样，最后合成孔径的等效张角可远大于天线波束宽度 θ_{B}，所以具有较高的分辨率。聚束式 SAR 可在单次飞行中实现同一地区的多视角成像，从而提高目标的识别能力。聚束式 SAR 的最大缺点是不能像条带模式那样实现对载机通过地区的连续观测，对地面的覆盖性能较差。

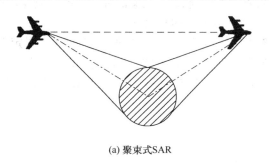
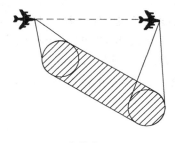

(a) 聚束式SAR　　　　　　　　　　　　　　(b) 扫描式SAR

图 8.3.19　聚束式 SAR 示意图

该模式是一种适用于小区域、高分辨率的工作模式。对于条带式，由于方位向天线波束宽度限制了合成孔径的长度，因此，其方位分辨率不会优于天线长度的一半。而聚束式 SAR 工作模式可通过控制星载 SAR 方位方向天线波束指向，使其沿飞行路径连续照射同一块成像区域以增大其相干时间，进而增加合成孔径长度，天线波束宽度不再限制方位分辨率。

条带式 SAR 或聚束波式 SAR 成像时数据采集所需时间 t_{A} 的推导如下。设雷达平台运动速度为 v，要求分辨率为 δ_{cr}，由于

$$\delta_{\text{cr}} \approx \frac{\lambda}{2\Delta\theta_{\text{m}}} \approx \frac{\lambda R}{2L_{\text{SA}}\cos\theta_{\text{sq}}} = \frac{\lambda R}{2vt_{\text{A}}\cos\theta_{\text{sq}}} \qquad (8.3.41)$$

因此，

$$t_{\text{A}} = \frac{\lambda R}{2v\delta_{\text{cr}}\cos\theta_{\text{sq}}0} \qquad (8.3.42)$$

可见，并不是说斜视角越大，所能得到的横向分辨率就越高。事实上，斜视角越大，相同分辨率下要求的合成孔径越长，采集时间也越长。极限情况下，90°斜视角是根本不可用的。

8.3.4.3　扫描式 SAR

除了以上讨论的两种 SAR 模式，还有一种模式是扫描式 SAR，如图 8.3.19b 所示，其波束观测的带状地域和飞行路径并不平行。该模式的主要目的和用途是实现超宽测绘带成像，其代价是横向分辨率下降。显然，随着斜距增大，SNR 逐渐减小，最后将小于成像所需门限，因此，这种带状地域是有限长的。这种模式与条带模式的不同之处在于，在一个合成孔径时间内，天线会沿着距离向进行多次扫描。通过这种方式，牺牲了方位向分辨率（或者方位向视数）而获得了宽的测绘带宽。扫描模式能够获得的最佳方位分辨率，等于条带模式下的方位向分辨率与扫描条带数的乘积。

单一采用扫描模式的 SAR 较少，一般用于军事侦察中因战场条件所限而不得不采用此种工作模式的情况。但是，这种模式也常用于与条带式 SAR 相结合，即所谓的扫描条带式 SAR。在这种模式下工作的 SAR，雷达平台沿某一路径飞行，同时对多个条带进行扫描成像，形成扫描条带成像模式，从而获得比单一条带模式更宽的条带成像区域。图 8.3.20 所示为扫描条带式 SAR 示意图。

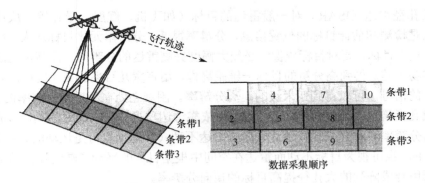

图 8.3.20　扫描条带式 SAR 示意图

随着有源相控阵天线的应用，SAR 工作模式将包括：

- 宽测绘带/中分辨 SAR 模式。
- 窄测绘带/高分辨 SAR 模式。
- 斜视 SAR 模式。
- 很高分辨聚束/多波束模式。
- 动目标 MTI/ISAR 模式。

图 8.3.21 中给出了三种不同 SAR 成像模式在分辨率和测绘宽度方面的性能比较。

图 8.3.22 中给出了一幅 SAR 应用及图像的例子。在实际中，三种 SAR 成像模式不是孤立使用的，而是结合不同的任务需求，使用相应的 SAR 成像模式。注意图中的人造目标（图像中心区域停机坪上驻泊的 B-52 飞机、周边建筑物等）与自然背景之间 SAR 图像特性的差异。

成像模式	分辨率	测绘宽度
扫描式SAR	低	大
条带式SAR	中	中
聚束式SAR	高	小

图 8.3.21　SAR 成像模式性能比较

图 8.3.22　SAR 应用及图像示例

8.4　ISAR 成像

逆合成孔径雷达（ISAR）对一般雷达的目标（如飞机、舰船、导弹等）成像。早期雷达的功能只是检测和估计目标的位置信息，分辨率很低，分辨单元比目标还大，因此将上述目标视为"点"目标。要对目标成像，必须大幅度提高雷达的分辨率。提高雷达的距离分辨率相对要容易一些。得到高分辨的目标一维距离像，用带宽几百兆赫兹（现在已有宽到千余兆赫兹的）的信号，可以得到亚米级的距离分辨率。困难之处在于横向分辨率的提高。

与合成孔径雷达一样，逆合成孔径雷达也依靠雷达与目标间的相对运动，形成合成阵列来提高横向分辨率。逆合成孔径雷达一般是雷达不动（实际上也可是运动的）而目标运动。运动是相对的，也可视为目标不动而雷达在空间中根据目标的平动和转动逆向地形成虚拟合成阵列，利用合成阵列的大孔径提高目标的横向分辨率。

可以想象，逆合成孔径雷达的合成阵列分布要比合成孔径雷达的复杂得多。合成孔径雷达阵列形成的主动权在自己，控制载体做匀速直线飞行，便可在空间形成均匀的线阵；而逆合成孔径雷达形成阵列的主动权在对方，航向、速度和目标姿态的变化都会影响合成阵列的分布。机动飞行的目标可以在空间形成十分复杂的虚拟阵列，而且阵列的分布是不可能准确测量的。好在为得到亚米级的横向分辨率，雷达对目标视线的变化（目标相对雷达射线的转角）只要几度，在此期间由于目标的惯性，姿态变化不可能十分复杂。即使如此，其合成阵列的问题也远比合成孔径雷达复杂。

逆合成孔径雷达在另一些方面要比合成孔径雷达简单，主要是目标的尺寸比合成孔径雷达所要观测的场景小得多，一般目标不超过几十米，大的也只有百余米，当目标位于几十千米以外时，电波的平面波假设总是成立的，因而为成像分析带来了方便。

8.4.1　ISAR 基本原理

8.4.1.1　概述

传统的 SAR 不适合为船只和飞机这类可以转动的目标成像。然而，可采用 ISAR 提供目标成像。因为在 ISAR 中横向距离分辨率是由高多普勒频率分辨率来保证的。动目标的每个部分相对于雷达的速度不同，尤其是在目标运动有很大旋转分量的情况下，多普勒频率分辨使得动目标的不同部分在横向距离上能分辨出来，径向距离分辨可以由窄脉冲或脉冲压缩来实现。

对于 ISAR，其原理与 SAR 聚束模式是相同的。但是距离变化率差异的原因在于相对于观测雷达而言，被照射的目标由于偏航、倾斜和翻滚带来的转动。两者的区别如图 8.4.1 所示。因为图 8.4.1 所示的目标背向雷达（顺时针）运动，所以轨迹上点 P_1 的距离变化率比点 P_2 的距离变化率稍小一些。这样，来自点 P_1 和 P_2 之间的所有点的回波的多普勒频率随各点到点 P 的距离的不同而变化。

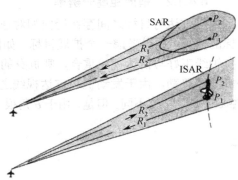

图 8.4.1　对于常规 SAR，能够提供角度高分辨的多普勒频差是由机载雷达的前向运动引起的。而对于 ISAR，频差是由目标相对于观测雷达的角度转动引起的

要对目标成像，首先必须进行相位校正，以补偿在雷达接收用于成像的回波信号期间，将目标相对于雷达可分辨距离增量处的回波送入一个多普勒滤波器组，于是，与常规 SAR 测绘一样，滤波器的输出信号就能生成目标图像。

由此可见，逆合成孔径雷达也是利用雷达与目标之间的相对运动成像的。它是一种高分辨率的微波成像雷达，用于取得空中目标、海上目标、外空目标，以及月球和行星等天体的雷达图像。这是一种相参雷达，它利用距离和多普勒分辨技术来得到目标的图像。也就是说，一方面利用宽频带的脉冲信号得到很高的径向分辨率；另一方面，利用由于目标相对于雷达的姿态转动所产生的多普勒频率变化梯度来得到很高的横向分辨率；然后将采集到的信号进行相应的处理，就可以获得目标的二维雷达图像。目标的运动使成像技术的复杂性和难度大为增加，因为必须对目标进行探测跟踪和参数测量，并进行复杂的信号处理，才能获得目标的二维图像。

目标被雷达辐射的电磁波所激励，形成电磁波的二次散射源，其中一部分能量重新返回雷达站，这就构成雷达检测目标的物理依据。雷达接收机收到的回波应是目标各部分散射能量的综合。若雷达所提供的分辨单元过大，则在雷达接收机与其信号处理机的输出中，只能获得目标上各部分散射的总向量和，分辨率不可能很高。实际上，雷达目标各部分的散射强度不尽相同，若雷达能给出很小的分辨单元，就可能得到高分辨率的雷达图像，即雷达目标各部分散射强度的分布图。显然，这种高分辨率的雷达图像提供了识别目标最强有力的依据。图 8.4.2 中示出了低分辨率雷达和高分辨率雷达所得到的雷达图像。

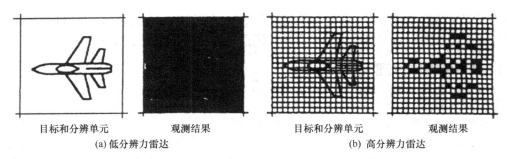

目标和分辨单元　　　　　　　观测结果　　　　　　　目标和分辨单元　　　　　　　观测结果

(a) 低分辨力雷达　　　　　　　　　　　　　　　　　　(b) 高分辨力雷达

图 8.4.2　低分辨率和高分辨率雷达所得到的图像

8.4.1.2　横向距离分辨率

当雷达与目标之间存在径向相对速度时，会产生一个多普勒频率。这是把目标视为点目标的情况。如果考虑一个扩展目标，如图 8.4.3 所示，若图中目标的径向速度为 v，飞机的机身轴线正好与雷达视线重合，则机身的多普勒频率为 $f_{d0} = 2v/\lambda$。现在来看挂在机翼下的发动机的多普勒，由于发动机与雷达视线之间存在一个小夹角 θ，因此，其多普勒频率为 $f_{d1} = 2v\cos\theta/\lambda$，与 f_{d0} 不同。但是，由于 θ 角很小，故在很短的瞬间雷达是很难将 f_{d1} 与 f_{d0} 分辨开来的。

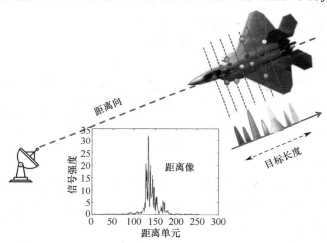

图 8.4.3　扩展目标的横向距离像

现在考虑这样一种情况，即目标与雷达之间不但存在相对径向速度，而且存在一个与雷达视线正交方向的速度分量。这样，如果雷达对目标跟踪观测，在雷达看来，将相当于存在一个目标绕自身的某个轴旋转的速度分量。结果是，不同横向距离上的目标散射中心具有不同的多普勒频率。如图 8.4.3 所示，目标有一个垂直纸面向外的转动分量，从雷达看去，除了目标的径向速度，目标左侧的部件会有一个等效后撤的速度分量，因此其多普勒频率小于 f_{d0}；而目标右侧部件存在一个附加的向雷达接近的运动分量，因此其多普勒频率大于 f_{d0}。这样，如果雷达用一组多普勒滤波器组接收该扩展目标的多普勒回波，经过一定的相干处理时间间隔，可得到图 8.4.3 所示的扩展的多普勒频谱。

目标旋转运动造成的这种多普勒频率变化，正是合成孔径雷达和逆合成孔径雷达能提高其横向距离（角）分辨率的基础。因此，下面首先讨论旋转目标情况来研究雷达的横向分辨率问题。

与 SAR 成像类似,雷达不动而目标移动的 ISAR 成像必须是纵向和横向二维高分辨率的。分辨率的要求取决于目标的大小及成像的清晰度要求。ISAR 成像的基本原理也用距离-多普勒原理来获得需要的目标图像,即发射大带宽信号获得好的距离分辨率,利用目标相对于雷达的转动产生多普勒频率梯度来获得好的方位向分辨率。

首先将目标和雷达的相对运动分解成目标上某个参考点相对于雷达的轨道运动和目标绕参考点的转动两部分,如图 8.4.4a 所示,雷达目标从 A 移到 B,等效为从 A 移动到 C 并旋转 θ 角(至于从 C 到 B 的那一段圆周运动,由于切向速度对于多普勒频率没有贡献,因此对方位分辨不起任何作用)。在从 A 到 C 的平移运动中,由于目标的所有散射点都做相同的径向运动,因此它们产生的多普勒频率是相等的,对于区分不同的散射点不起作用。只有目标相对于参考点 O 的旋转运动才会产生所需的能够成像的多普勒频率。可见,首先要通过运动补偿去掉雷达回波中的目标参考点的轨道运动成分,然后才可用各种 ISAR 成像算法进行成像处理。

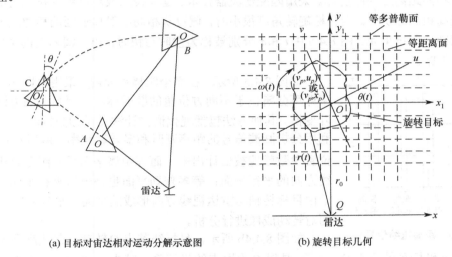

(a) 目标对宙达相对运动分解示意图   (b) 旋转目标几何

图 8.4.4　旋转目标成像的示意图

ISAR 成像处理的基本任务是以散射点模型为依据,对雷达回波进行相干积累,重建目标散射点的空间分布。雷达成像可以理解为由许多散射点构成"目标的图像"。

运动目标相对于雷达的运动可分为平动分量和转动分量,平动分量是指目标姿态相对于雷达射线保持不变,在平面波照射的近似条件下,目标上各散射点相对于雷达的距离变化量相同,即它们的子回波具有相同的多普勒,当目标只有平动时,它的距离像是不变的。转动分量是指目标围绕某个基准点转动,设目标平稳飞行,若将其平动分量加以补偿,则等效为平面转台,且在很小的转角范围(因为 ISAR 成像所需的转角很小)内转速近似是均匀的。如 8.2.1 节中的图 8.2.1 所示,若转台顺时针方向旋转,则位于转台中心轴上的散射点的子回波的多普勒为零,右侧的为正,左侧的为负,且偏离中心轴越远,多普勒值越大。

转台的旋转使各散射点的子回波发生两方面的变化:包络时延和相位变化。两者都是由于散射点发生径向走动,但它们的影响程度不同,相位的影响是相对于雷达波长的,微波雷达波长为厘米级,因而毫米级的径向走动会产生明显的相位变化;而包络位移是相对于距离分辨单元而言的,它通常要比距离单元长度小得多。虽然如此,在成像的转动期间,总会有一些散射点从一个距离单元进入邻近的距离单元,称为越距离单元徙动(MTRC)。在前面

SAR 的成像处理中我们知道，横向分析是按距离单元进行的，发生 MTRC 会对成像效果有影响，主要是分辨率下降。

一个比较粗略的近似是，在 ISAR 成像的转动过程中，只考虑散射点子回波的相位变化，而认为不发生散射点的越距离单元徙动。在这一近似条件下，转台模型的 ISAR 成像大大简化，因为在转动过程各距离单元内的散射点是一定的，只是由于其距中心轴的横距不同，它的子回波的多普勒也不同。因此，将各距离单元的回波做傅里叶变换就可得到散射点的横向分布，从而实现转台成像。

在有些情况下，上述假设是过于近似的，后面将加以修正。目标的运动也不一定是平稳的，如转动不均匀，甚至有三维转动。这里先从最简单的情况开始，讨论运动的平动补偿。

8.4.1.3　转台成像

首先只考虑目标绕原点的旋转，忽略雷达与目标在距离上的平动。采用不同的时间延迟可以分辨不同距离上的散射体。采用匹配滤波器技术、延伸技术或步进频率技术之类的宽带技术能提高距离分辨率。当目标旋转角度很小时，假设从相同散射体返回的相邻回波信号被集中在相同的距离单元。图 8.4.5 中 t 和 τ 分别被称为慢时与快时，出于清晰度的考虑，只显示信号的振幅。

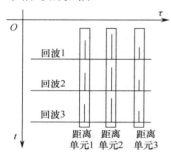

图 8.4.5　距离压缩信号

如图 8.4.5 所示，在每个距离单元内，采用不同的多普勒频率即可分辨位于不同方位角的散射体。应用最广的方法是傅里叶变换。其他方法包括现代谱估计法及时频分析法。由此可见，利用分析回波信号的距离延时和多普勒频率，散射点 (x_0, y_0) 的位置参数就能被估计出来。而等距离平面是一组垂直于雷达视线方向的平行平面；等多普勒平面也是一组平行平面，且平行于由目标转轴与雷达视线方向形成的平面，如图 8.4.5 所示。下面对转动成像进行分析。

如图 8.4.4b 所示，目标绕某点 O 转动，角速度是 $\omega(t)$，雷达处于 x–y 坐标系的原点 Q。x_1–y_1 是以 O 为原点的坐标系，其中 y_1 轴与 y 轴重合且同向，它是雷达的视线轴，因此是距离轴（纵轴），x_1 是方向轴（横轴）。u–v 坐标系固定在目标上，并随目标旋转，其原点仍为 O，u–v 坐标系、x–y 坐标系与 x_1–y_1 坐标系共面。在 t 时刻，u 轴与 x_1 轴的夹角为 $\theta(t)$，即

$$\theta(t) = \int_0^t \omega(\tau) \mathrm{d}\tau \tag{8.4.1}$$

点 O 在 x–y 坐标系上的坐标为 $(0, r_0)$，则有如下坐标变换关系：

$$\begin{cases} x = x_1 \\ y = y_1 + r_0 \end{cases} \tag{8.4.2}$$

$$\begin{cases} x_1 = u\cos\theta(t) - v\sin\theta(t) \\ y_1 = u\sin\theta(t) + v\cos\theta(t) \end{cases} \tag{8.4.3}$$

$$\begin{cases} u = x_1\cos\theta(t) + y_1\sin\theta(t) \\ v = -x_1\sin\theta(t) + y_1\cos\theta(t) \end{cases} \tag{8.4.4}$$

设 p 是目标上的任意一点，$p - Q = r(t)$，点 p 在 x_1–y_1 坐标系中的坐标为 $(x_{1p}(t), y_{1p}(t))$ 在坐标系 x–y 中的坐标则为 $(x_p(t), y_p(t))$，在 u–v 坐标系中的坐标是 (u_p, v_p)，故

$$r(t) = [x_p^2(t) + y_p^2(t)]^{1/2} \tag{8.4.5}$$

依据式（8.4.2）的关系，上式变为

$$r(t) = \{x_{1p}^2(t) + [y_{1p}(t) + r_0]^2\}^{1/2} \tag{8.4.6}$$

由式（8.4.3）的关系，上式进一步变成

$$r(t) = uv\left\{[u_p \cos\theta(t) - v_p \sin\theta(t)]^2 + [u_p \sin\theta(t) + v_p \cos\theta(t) + r_0]\right\}^{1/2} \tag{8.4.7}$$

$$\Rightarrow r(t) = \left[r_0^2 + u_p^2 + v_p^2 + 2u_p r_0 \sin\theta(t) + 2v_p r_0 \cos\theta(t)\right]^{1/2}$$

D_r 是目标的最大径向尺寸，D_a 是目标的最大横向尺寸，若 r_0 远大于目标尺寸，即 $r_0 \gg D_r$ 且 $r_0 \gg D_a$ 时，式（8.4.7）可近似为

$$r(t) \approx r_0 + \frac{u_p^2 + v_p^2}{2r_0} + u_p \sin\theta(t) + v_p \cos\theta(t) \tag{8.4.8}$$

忽略其二次项，有

$$r(t) \approx r_0 + u_p \sin\theta(t) + v_p \cos\theta(t) \tag{8.4.9}$$

假设目标做匀速旋转运动，即 $c_v(t) = c_0$ 是常数，则由式（8.4.2）有

$$\theta(t) = \omega t \tag{8.4.10}$$

代入式（8.4.9），有

$$r(t) \approx r_0 + u_p \sin\omega t + v_p \cos\omega t \tag{8.4.11}$$

雷达工作波长为 λ，则点 p 相对于雷达的多普勒频率是

$$f_{dp} = \frac{1}{\lambda}\frac{\mathrm{d}[2r(t)]}{\mathrm{d}t} = \frac{2}{\lambda}\frac{\mathrm{d}r(t)}{\mathrm{d}t} \tag{8.4.12}$$

$$\Rightarrow f_{dp} \approx \frac{2u_p\omega}{\lambda}\cos\omega t - \frac{2v_p\omega}{\lambda}\sin\omega t = \frac{2u_p\omega}{\lambda}\cos\theta(t) - \frac{2v_p\omega}{\lambda}\sin\theta(t)$$

若雷达仅在 $t = 0$ 附近的极小范围内 $[\theta(t) \ll 1\mathrm{rad}]$ 处理回波信号（此区间称为信号处理区间），这样

$$\sin\theta(t) \approx 0 , \quad \cos\theta(t) \approx 1 \tag{8.4.13}$$

则式（8.4.12）变为

$$f_{dp} \approx 2u_p\omega / \lambda \tag{8.4.14}$$

式（8.4.11）变为

$$r(t) = r_0 + v_p \tag{8.4.15}$$

由于点 p 是目标上的任意一点，故可消去式（8.4.14）、式（8.4.15）中 u_p 和 v_p 的下标，得到

$$f_d = 2u\omega / \lambda \tag{8.4.16}$$

$$r(t) = r_0 + v \tag{8.4.17}$$

从式（8.4.16）可以看出，在 ω、λ 不变的情况下，不同的值，即不同方位（横向）上的点，对应着不同的多普勒频率（在方位上存在多普勒频率梯度）；同一方位，即等 u 值上的点，对应于相同的多普勒频率，故在目标上的等 u 值线即等多普勒线。从式（8.4.17）可以看出，不同的 v 值（距离）对应于不同的距离，相同的 v 值对应于相同的距离，故目标上的等 v 值线即为等距离线。

　　因此可以通过对回波的多普勒频率滤波，得到目标的方位向信息，通过对回波进行距离上的选通，即可得到目标距离向的信息，这两个方向上的信息组合起来就可构成目标的二维图像。

　　归纳起来，如果：① r_0 远大于目标尺寸；② 信号的处理区间（相干处理时间）很短 [$\theta(t) \ll 1\text{rad}$]，即小转角成像；③ r_0、ω 和参数 λ 已知的情况下，目标的散射函数可以从接收到的回波中的不同距离和不同多普勒频率值所对应的回波幅值和相位中获得。求得目标上所有的点后，就获得了目标的微波图像。

　　雷达的距离分辨率是由单个脉冲信号具有的带宽决定的，即

$$\delta_{\text{r}} = c / 2B \tag{8.4.18}$$

式中，c 是电磁波传播速度；B 是信号带宽。

　　由式（8.4.18）可见，要获得高的距离分辨率，必须使发射信号具有大带宽。雷达的方位分辨率 δ_{s} 是由对回波信号的多普勒频率的分辨率 Δf_{d} 决定的，由式（8.4.16）有

$$\Delta f_{\text{d}} = \frac{2\omega}{\lambda} \Delta u \Rightarrow \Delta f_{\text{d}} = \frac{2\omega}{\lambda} \delta_{\text{s}} \tag{8.4.19}$$

则

$$\delta_{\text{s}} = \frac{\lambda}{2\omega} \Delta f_{\text{d}} \tag{8.4.20}$$

　　要达到 Δf_{d} 的多普勒频率分辨率，要求相干积累时间 ΔT 必须满足

$$\Delta T = 1 / \Delta f_{\text{d}} \tag{8.4.21}$$

故

$$\delta_{\text{s}} = \frac{\lambda}{2\omega} \frac{1}{\Delta T} \tag{8.4.22}$$

　　由式（8.4.10）得

$$\theta(\Delta T) = \omega \Delta T = \theta \tag{8.4.23}$$

　　代入式（8.4.22）得

$$\delta_{\text{s}} = \lambda / 2\theta \tag{8.4.24}$$

式中，θ 是目标转角，从式（8.4.24）可见，方位分辨率与转角 θ 有直接的关系，在 λ 不变的情况下，要提高方位分辨率，必须增大 θ 值（处理区间）。实际上，式（8.4.24）是在小目标转角条件下推导出的一个近似表达式，在这种情况下可以利用距离-多普勒二维可分的信号处理进行成像。但是，当 θ 值增大时，$r(t)$ 值和 f_{d} 值均会发生变化，其变化值可能超过式（8.4.18）的 δ_{r} 值和式（8.4.19）的 Δf_{d} 值（可能使等距线的变动超过一个距离分辨单元，使等多普勒线的变动超过一个多普勒分辨单元，这就是走动现象），使式（8.4.16）和式（8.4.17）的简单近似关系不成立。也就是说，不能用简单的距离-多普勒二维可分的信号处理进行成像，而要采用坐标或更复杂的成像处理方法才可能，否则会造成离旋转中心较远的散射点穿越分辨单元现象。因此，要想将式（8.4.16）和式（8.4.17）的简单表达式作为成像依据，必须限制转角 θ 或相干积累时间 ΔT，使目标上的散射点的走动不超过一个距离分辨单元 δ_{r} 和一个横向分辨单元 δ_{s}。

　　没有走动现象出现的条件是

$$\theta D_{\text{s}} / 2 < \delta_{\text{r}} \text{ 和 } \theta D_{\text{r}} / 2 < \delta_{\text{s}} \tag{8.4.25}$$

　　由式（8.4.24）得到

$$\theta = \lambda / 2\delta_s \tag{8.4.26}$$

代入式（8.4.25）得

$$\begin{cases} \delta_s \delta_r > \lambda D_s / 4 \\ \delta_s^2 > \lambda D_r / 4 \end{cases} \tag{8.4.27}$$

上式是目标最大径向尺寸和最大横向尺寸分别为 D_r、D_s 的条件下，没有走动时可能达到的分辨率条件。

假设 $\delta_s = \delta_r = \delta$，即距离分辨率值等于方位分辨率值，则有

$$\begin{cases} \delta^2 > \lambda D_s / 4 \\ \delta^2 > \lambda D_r / 4 \end{cases}, \quad \text{即} \quad \begin{cases} \delta > \sqrt{\lambda D_s} / 2 \\ \delta > \sqrt{\lambda D_r} / 2 \end{cases} \tag{8.4.28}$$

上式表明，当要成像的目标尺寸 D_r 和 D_s 很大时，不可能要求 δ 值很小，否则就会出现走动现象，造成图像模糊。此时，可以通过校正方法克服距离走动的影响。

图 8.4.6 是引用 1989 年 IEEE 文献中提供的一架 Lockheed L-1011 飞机的雷达 ISAR 图像。该雷达采用一部发射机和两部接收机，其中一部接收机与发射机布置在一起，而另一部则距离发射机 25m，它们对同一目标成了两个不同的像，然后把两个接收天线组合起来作为一个干涉仪成目标的第三个像，如图 8.4.6a 所示。

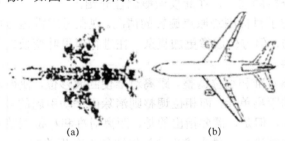

(a)   (b)

图 8.4.6   飞行中的 Lockheed L-1011 飞机的雷达 ISAR
图像：(a)ISAR 像；(b)用于比较的轮廓图

8.4.2 ISAR 成像关键技术

ISAR 技术是在 SAR 技术的基础上发展起来的，虽然 ISAR 成像和 SAR 成像的基本原理是一样的，它们同样要依靠成像物体与雷达之间的相对运动实现横向高分辨，利用大带宽信号实现纵向高分辨，但各具有其技术特点。ISAR 成像的关键问题如下：首先，由于目标为非合作目标，很难得到目标的精确运动轨迹，这给精确地进行运动补偿带来了很大的困难。其次，很难得到目标本身在成像期间的姿态变化信息，这些变化导致成像质量下降，而且在 ISAR 中的成像物体主要是飞机、舰船等较小的目标，为了获得可辨认的雷达图像以达到识别的目的，其分辨率要求一般比 SAR 成像的高，因此高要求的分辨率与难以精确实现的运动补偿使得 ISAR 成像技术难度增加。

利用 ISAR 成像技术对运动目标成像主要包括运动补偿、成像处理两个方面的研究。运动补偿将目标相对于雷达的运动中的平移分量精确地补偿掉，使之等效为转台运动的模式。成像处理就是利用这种等效的转台回波数据进行图像重建，勾画出散射点对电磁波反射的空间分布的。

下面简要对一些主要的运动补偿和成像方法进行介绍，并讨论其特点和存在的问题。

要实现二维高分辨率成像，就要减小距离单元宽度和增加相干处理时间，这两种情形都会增大脉冲回波出现距离走动的可能性。在相干处理时间内，距离在脉冲间存在较大变化，回波包络函数可能出现数倍于发射脉宽的变化，因此在运动补偿之前，应先对回波采样信号进行距离校正。

在雷达系统中，通常采用卡尔曼滤波器将每个波形的第一个强回波置于特定的距离门，以便实现距离跟踪。例如，飞机目标上的最强点可能是机翼，这时就将机翼对不同脉冲的回波锁定在同一距离门，使不同距离门的回波分别做相干处理。但是，由于多个反射点的闪烁效应，这种方法不一定有效，即可能出现数据对不准现象，因此应该采用自动算法重新校正，这就是所谓的距离校正。

目前，常用的距离校正方法有两种：一是频域校正法，二是空域校正法。国外对未知航迹运动目标回波的处理大都采用空域校正法，然后进行运动补偿。

8.4.2.1　运动补偿技术

由于运动目标的非合作性，ISAR 中的运动补偿相对于 SAR 中的运动补偿难度增加很多，为此人们做了大量研究工作。运动补偿技术是 ISAR 成像技术中的一个关键问题，它是后面进行成像处理和图像分析的基础，在此仅做概念性介绍。

前面的分析只考虑了目标围绕原点旋转的情况。现在考虑雷达与目标在距离上的平动情况。距离成像是相同的，但方位成像更加复杂。在进行傅里叶变换之前，必须先消除平动的影响，这称为平动补偿。

平动补偿包括距离对准和相位调整。距离对准使回波移位，使得来自相同散射体的相邻回波信号聚集在相同的距离单元，而相位调整则消除由平动引起的多普勒相位。这里只讨论平动补偿的这两步方案。但是，需要指出的是，距离对准和相位调整不单在快时域进行，在慢时域及频域内同样能够进行。最小熵平动补偿即使没有相关的平动信息也同样适用。

因此，ISAR 运动补偿过程可分为距离对准和相位对准两步，也称径向距离运动补偿和横向距离运动补偿。距离对准使相邻重复周期的回波信号在距离上对齐；相位对准把目标距离走动造成的多普勒相移补偿掉。图 8.4.7 所示为一平稳飞行飞机的 ISAR 像，选取目标平稳飞行数据段，采用距离-多普勒（RD）算法进行 ISAR 成像。可见，对于平稳飞行的数据段，RD 算法的成像质量很好。在实际情况下，飞机是极少平稳飞行的，绝大多数为机动飞行，这就使得 ISAR 图像模糊，无法识别目标，如图 8.4.8 所示。

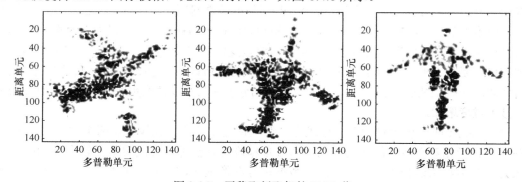

图 8.4.7　平稳飞行飞机的 ISAR 像

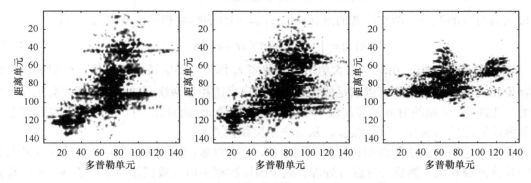

图 8.4.8　机动飞行（非平稳）飞机的 ISAR 像

1）距离对准

平动的一个结果是使得来自相同散射体的信号在相邻回波中位于不同的距离单元内。因此，需要使回波移位，从而使得来自相同散射体的不同回波信号聚焦在相同的距离单元，这称为距离对准（见图 8.4.9。出于清晰度的考虑，只显示信号的振幅）。如果事先没有平动的相关信息，则距离对准通常基于回波包络的相似性。常见的方法包括峰值法、最大相关法、频域法、霍夫变换法和最小熵法等。

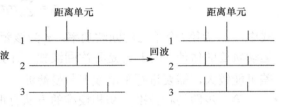

图 8.4.9　距离对准的示意图

2）相位调整

平动的另一个结果是信号相位中包含一个与时间变化相关的平动多普勒相位。通常，由于平动多普勒相位，对应于一个散射体的多普勒频率不再是一个常数。这意味着方位成像时，若直接采用傅里叶变换，则所成的图像比较模糊。

因此，在进行傅里叶变换前，必须消除平动多普勒相位，将之转换为一个常数，这称为相位调整。相位调整的常用方法包括主散射体法、散射重心法、相位梯度法、时频法、最大对比法和最小熵法等。但是，上述方法大多数仅适用于平稳飞行目标。下面仅对运动补偿技术进行简述。

设某次回波信号为

$$s(t) = f(t)\mathrm{e}^{\mathrm{j}\omega_0 t} \tag{8.4.29}$$

式中，$f(t)$ 为回波复包络；ω_0 为载波角频率。设回波延迟时间 τ，则时延信号为

$$s(t-\tau) = f(t-\tau)\mathrm{e}^{-\mathrm{j}\omega_0 \tau}\mathrm{e}^{\mathrm{j}\omega_0 t} \tag{8.4.30}$$

通常信号处理在基频进行，时延后的复包络为

$$s(t-\tau)\mathrm{e}^{-\mathrm{j}\omega_0 t} = f(t-\tau)\mathrm{e}^{-\mathrm{j}\omega_0 \tau} \tag{8.4.31}$$

由此可见，根据目标回波的特征，运动补偿可分为两步进行：第一步对复包络 $s(t-r)$ 做时延平移对准（粗补偿），即包络对齐，其对准误差一般要求小于半个距离单元（通常为几十厘米）；第二步对复包络对准后的回波做初相 $\omega_0\tau$ 的进一步校准（精补偿），不过精补偿要求的精度比粗补偿的高得多，以波长 $\lambda = 3\mathrm{cm}$ 为例，若距离对准误差为 1.5mm，则初相误差达 36°，故允许的误差精度应是亚毫米级的。

第一步即包络对齐时，由于观察目标的视角变化很小，ISAR 回波信号相邻两次回波之间的相关性很强，包络幅度相关法利用相邻两次回波的距离像平移做相关处理，并以相关系

数最大为对齐的准则。两次回波的复包络 $f_1(t)$ 和 $f_2(t)$ 的幅度相关函数定义如下：

$$R(\tau) = \int_{-\infty}^{+\infty} \left[|f_1(t)| \, |f_2(t+\tau)| \right] \mathrm{d}t \tag{8.4.32}$$

求 $R(\tau)$ 的最大值，用这个最大值所在的位置 τ_0 作为运动轨迹的估计值。一般来说，包络幅度相关法的对齐精度可以满足成像要求。但只采用相邻两次回波相关对准，会因误差积累而产生漂移，使总的对齐误差超过一个或几个距离单元。而且在干扰和模型突变等情况下，相邻两次回波的相关性会变得很差，从而产生突跳误差。

为减少包络相关法的误差积累和突跳误差，可采取多回波相关的办法，将一次回波与前面的几次回波相关，然后进行综合处理，减少因逐次相关而导致误差积累的漂移。利用指数加权法、卡尔曼滤波法、超分辨法、最大熵法也可减少漂移和突跳误差。

频域法是利用相邻两次回波的相位变化来估计包络的位移量的，若相邻两次回波中，由于转动引起的相位变化相对于平移引起的相位变化来说很小，那么经处理后可以较好地估计包络的位移量。但在实际中转动引起的相位变化可能较大，会给估计带来误差。

散射重心借助物理学中物体重心的概念，定义雷达回波的时延重心为

$$\tau_0 = \sum_i \sigma_i \tau_i \Big/ \sum_i \sigma_i \tag{8.4.33}$$

式中，σ_i 为第 i 个单元的回波功率；τ_i 为该距离单元的时延。用重心 τ_0 的位置作为实际目标运动轨迹的估计。由于 τ_0 是各次回波独立计算的，不存在误差积累的问题，但每次估计的误差可能较大，需要进行平滑或卡尔曼滤波。

第二步即初相校准。初相校准的方法有很多，归纳起来主要有以下两类。

- 散射点跟踪的补偿方法。包括特显点法、多特显点综合法、散射重心法及改进的散射重心法等。其基本思想都是设法从回波中找出一个参考点，以其作为初相调整的基准。
- 参数估计的补偿方法。利用最大似然估计的原理，通过回波的相位关系，估计出目标的运动参数，以完成初相校准。

8.4.2.2　成像处理

运动补偿完成后，就可进行成像处理，也就是对转台目标成像。

1）距离–多普勒成像法

图 8.4.10 中示出了常规的距离–多普勒（RD）ISAR 成像处理图。首先把雷达接收机接收的相位历史数据（去斜坡后的或解调的步进频率信号）进行距离压缩，再经过粗略的距离对准后进行精细的横向相位校准，使径向运动得以补偿。最后，用傅里叶变换转换成其他超分辨率频谱分析法来生成感兴趣的目标 ISAR 图像。

该 RD 方法采用 FFT 进行谱分析得到多普勒信息，具有速度快的优点，对于平稳飞行目标成像，往往可以得到较为清晰的目标 ISAR 图像。但当目标机动飞行时，运动过程很复杂，各个散射点的多普勒频率变化差异很大，而且是时变的，此外目标散射点还会产生距离单元游动，目标图像就会变得模糊。

（1）角坐标距离–多普勒成像（RD 方法）。适用于小转角（3°～5°）成像，在观测时间内散射点的走动不超过一个分辨单元的情况下，所获得的频率域目标信号的极坐标数据可近似认为是直角坐标网格上的数据，对距离和方位向的数据分别进行傅里叶变换就可获得目标的雷达图像。这种方法的优点是运算量小，适合于实时处理。

（2）子孔径距离–多普勒成像。在长的相干积累时间内，目标散射点出现走动，可采用

子孔径 RD 成像法将获得的数据分成若干小的子孔径，使每个子孔径满足 RD 方法的处理条件。每个子孔径按 RD 方法处理可得到一个低分辨的目标像，最后将这些低分辨目标像进行相干叠加而得到高分辨的目标像。

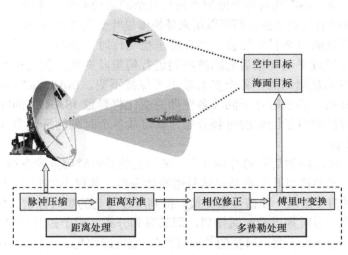

图 8.4.10　常规 ISAR 成像系统的原理框图

（3）极坐标距离-多普勒成像。实际情况中，尤其是在大转角成像时，接收的回波数据更接近极坐标格式，这时需要将极坐标网格上的回波数据经插值变换成直角坐标网格上的数据，然后进行二次傅里叶变换得到目标像。插值变换的质量直接关系到图像的清晰度，插值不当可能产生虚假目标，而过高的插值精度会使得运算量大大增加。需要在要求的插值精度和运算量之间进行折中。

（4）子区距离-多普勒成像。如果目标较大，可以在距离和方位方向上进行分割，将目标分成若干子区，使得每个子区满足 RD 方法的条件，对每个子区进行 RD 成像，最后将得到的各个子区图像拼接起来，得到一幅完整的目标图像。

图 8.4.11 中给出了舰船目标 ISAR 像示例。

(a) 目标图片　　　　　　　　　　(b) 目标ISAR像

图 8.4.11　舰船目标 ISAR 像示例（RD 算法）

2）时频变换替代傅里叶变换

近年来，将时频分析或小波分析应用于机动目标 ISAR 成像，也取得了重要进展。由于由傅里叶变换谱分析得到的是某段时间内信号所包含的频率，且目标机动飞行时各散射体点回波多普勒是时变的，为了对机动目标进行 ISAR 成像，可以用在时域和频域同时具有高分辨率的时频变换代替傅里叶变换，分析信号不同时刻的频率，得到目标的距离-瞬时多普勒像，用时频方法可以得到较为清晰的目标图像且已经过实测数据检验。用时频方法不仅可以得到清晰的目标图像，而且不需要对各个散射点进行复杂的运动补偿。原则上，任何在时域和频域同时具有高分辨率的时频变换，都可以用来替换傅里叶变换进行谱分析。

从雷达直接得到的只是目标回波，当目标平稳飞行时，各散射点子回波的多普勒为不同的常数，因此对通过平动补偿后的回波序列进行傅里叶变换，就能得到 ISAR像。非平稳运动目标在成像的观测期间，各个多普勒不再保持不变。ISAR 像实际是以转动分量的多普勒作为横坐标的，各散射点子回波多普勒的变化将导致 ISAR 像的时变性。若能得到各距离单元里所有散射点子回波的时频分布，就可从各个时刻的瞬时多普勒分布得到相应时刻的瞬时 ISAR 像。

通过时频分析可以得到信号的时频分布，最常见的是短时傅里叶变换（STFT），又称滑窗傅里叶变换。一般的傅里叶变换是对信号做整体变换，体现不出信号的"局域性"，短时傅里叶变换用"时窗"截取一段信号做变换，得到所在时刻的短时频谱。将"时窗"沿时间轴滑动，并将得到的短时频谱沿时间排列，即其时频分布。对于短时傅里叶变换，"时窗"宽度的要求是矛盾的，为了突出时变的"局域性"，宽度应取短，但时窗短则频谱分辨率差。实际上，一般 ISAR 成像为取一段数据做傅里叶变换得到散射点的横向分布。

实际上，要对复杂时变的信号做高分辨的时频分析是有困难的，好在飞机一类目标的惯性较大，姿态和转速的变化不是突然的，即回波信号各分量的时频变化不会十分复杂。大多数情况下，在成像所需的转角范围内，回波各分量的相位历程可用二次和二次以下的多项式近似，三次以上的相位项（相当于转角的加加速）可以忽略。也就是说，回波中各散射点子回波分量可以用不同斜率的线性调频信号（单频连续波可视为斜率为零的线性调频波）表示。

安-26 飞机实测数据的某个距离单元回波直接计算得到的 Wigner-Ville 分布（WVD）示于图 8.4.12a 中，各分量的线性调频性质清晰可见，只是交叉项混杂其中，用它做瞬时成像质量较差。图 8.4.12b 是抑制交叉项后的 WVD。对这样的非平稳飞行目标，用传统的距离-多普勒法做成像处理，将完全失效。图 8.4.13a 是一个例子。图 8.4.13b 和图 8.4.13c 是用本节介绍的距离-瞬时多普勒法在两个不同时刻成像的结果，图像是比较清晰的。两者的尺度有明显差别，这是由目标姿态变化转速不同造成的。ISAR 的横向尺度并不是目标的实际尺寸，而是各散射点的多普勒分布，转速加大使得目标横向增宽。

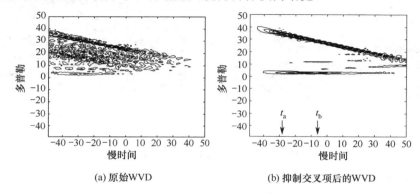

(a) 原始WVD　　　　　　　　　　(b) 抑制交叉项后的WVD

图 8.4.12　非平稳飞行目标实测数据 WVD 示例

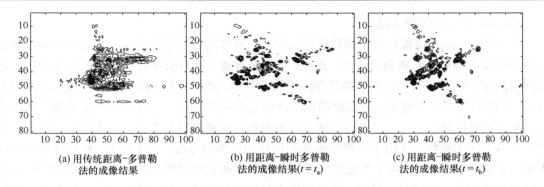

(a) 用传统距离-多普勒　　　　(b) 用距离-瞬时多普勒　　　　(c) 用距离-瞬时多普勒
法的成像结果　　　　　　法的成像结果($t = t_a$)　　　　法的成像结果($t = t_b$)

图 8.4.13　非平稳飞行目标实测数据 ISAR 成像示例

3）超分辨 ISAR 成像算法

超分辨 ISAR 成像技术，实质上是将高分辨最佳估计应用于该领域，具体算法很多。该类算法以空间谱估计技术为基础，基本思想是正交子空间的概念，求解过程是找到信号子空间或噪声子空间。该类算法的分辨精度克服了 FFT 算法受照射角度和照射频率带宽的限制，其分辨率较 FFT 提高了近一个数量级，主要适用于短数据或飞机机动性较强的情况。它的缺点是对 SNR 比较敏感，且运算量较大。超分辨 ISAR 成像的主要算法有以下两种。

（1）矩阵束法。为了提高成像分辨率，可以采用现代谱估计中的外推技术，利用观测数据估计出测量范围之外的一部分空间谱数据。结合目标回波为谐波的特点，将用于谐波恢复的矩阵束法（MP）在谱域对数据进行外推，同时仍然采用高效的傅里叶变换（FFT）算法对外推后的谱域数据进行处理。在二维成像过程中，采用 FFT 进行距离向分辨，横向分辨采用 FFT 和矩阵束方法，实测数据处理结果表明了该方法的有效性。

（2）线性调频脉冲估计方法。在对机动目标进行 ISAR 成像时，雷达回波信号通常为线性调频脉冲，包括了运动目标的许多重要信息。在 ISAR 成像中需要线性调频信号去斜率，这也需要进行线性调频脉冲估计。现已提出一种新的应用于 ISAR 成像的线性调频脉冲估计算法，这种新的算法是对基于正弦信号幅度和相位估计（APES）的自适应 FIR 滤波方法的扩展，是对正弦信号参数估计算法的概括和综合。其中对于滤波器的设计思想是，首先估计具有最大能量的脉冲，然后将其从信号中减去，再对剩下的信号重复这个过程，直至剩下的信号的能量极小为止。

4）用 Radon 模糊变换（RAT）法进行转角估计

在对目标进行 ISAR 成像时，需要知道目标与雷达之间的相对总转角变化 $\Delta\theta$。因为已知总转角才能完成对目标的横向定标，否则横向尺寸仅为多普勒频率信息，无法真实反映目标的横向维大小；对于较大转角和大目标情况，传统 RD 方法会产生散射点距离单元走动现象，从而影响成像质量。而当已知总转角时，就可采用极坐标内插技术很好地解决这一问题。在实际的 ISAR 成像中，目标通常为非合作运动，相对转角只能是近似知道或根本不知道，因此，通过目标的回波准确估计出未知的转角很有必要。现已提出一种新的方法来对转角进行估计。这种方法根据目标转动时，在不同的纵向距离单元中引入不同调制率的线性调频信号的特点，采用 RAT 法估计线性调频分量的调制率，进而得到目标相对雷达的总转角，从而达到横向定标和改善成像质量。在实际应用中通常需要对多个纵向距离单元进行计算，然后对各估计值统计平均，以便使估计值合理有效。该方法不需要目标的轨迹信息，且估计精度较高。同时，它无须隔离孤立散射点，具有较好的稳健性。

5）幅度和相位压缩方法

大量用于 ISAR 成像的数据需要进行压缩。随着雷达成像技术的发展，近年来雷达图像数据的有损压缩已引起相当的关注。ISAR 是一个有源、高分辨率及相干微波成像系统，且其图像的相干特性将其和不相干的光学图像区分开来，因此将光学图像的先进压缩方法用于 ISAR 图像的压缩是不现实的。雷达图像的压缩是面向目标的，它既可在时变的相位领域进行，又可在图像领域进行。已提出一种在时变的相位领域进行的方法，因为幅度矩阵和相位矩阵具有不同的特性，提出了一种幅度和相位分别压缩的方法，以便对 ISAR 相位数据进行压缩，它包含两步：对于幅度数据的有损压缩及对于相位数据的无损压缩。相位分量的无损压缩和光学图像的压缩是一样的，可以用霍夫曼编码来实现。因此可以将重点放在幅度矩阵的压缩上，幅度矩阵的压缩可以用差值脉冲编码调制法（DPCM）或建立在 DCT 基础上的方法来实现。

6）ISAR 图像重建算法

（1）建立在小角方法基础上的视线图像重建。其中图像是将极坐标用小角方法通过逆傅里叶转换重新得到的。

（2）采用德朗奈三角测量法以最邻近值内插为基础，通过极坐标与直角坐标之间的转换来对固定点的图像进行重建。在坐标转换中，再采样这一标准的过程得到广泛应用。

（3）一种非常规的方法已提出，即不进行坐标转换，直接从极坐标对图像进行重建，实验证明这是比较好的一种方法。随着计算机技术的发展，这种方法将是可行的。

（4）傅里叶变换在 ISAR 图像重建中应用十分广泛，但是为了获得清晰的图像，需要进行运动补偿。当目标平稳运动时，运动补偿只需进行距离对准和相位对准；但是，当目标运动较为复杂如旋转和机动运动时，运动补偿也就较为复杂，如极坐标的重排也是需要的。为了进行极坐标的重排，还需要目标的初始动态数据。通过使用空间相关 ISAR 图像重建，可以将这种限制去掉。在重建过程中，要从复杂轨迹的 ISAR 返回信号提取目标的几何反射函数，并且需要预先知道速度向量分量及特定时刻物体质量中心的坐标。

8.4.3　ISAR 成像技术的优缺点

8.4.3.1　ISAR 成像技术的主要优点

ISAR 成像技术的主要优点如下。

（1）当目标姿态转角速度较大时，目标图像质量较好。

（2）横向分辨能力与目标距离无关，故成像作用距离较远。

（3）适用于对空中或海面目标进行监视和识别。

（4）雷达的二维分辨能力是相互独立的，横向分辨能力不依赖于径向分辨能力。

8.4.3.2　ISAR 成像技术的主要缺点

ISAR 成像技术的主要缺点如下。

（1）横向分辨能力建立在目标姿态转动的基础上，因此对于姿态不转动或转速极低的目标，成像极为困难。

（2）从雷达信号中不能直接确定目标姿态旋转的方向，所以 ISAR 图像较难表示出目标的真实姿态。

（3）当目标姿态转速较低时，产生每幅图像所需的时间太长，往往达到几秒或十几秒。

综上所述，ISAR 动目标成像在军事和民用的许多方面都非常重要，包括非合作飞机的 ATR（自动目标识别）、战场观察、低可观察飞机的开发及维修和目标特性识别、在射电天文学研究中对月球和行星成像，以及机场的地面交通监视。与通常的低分辨率大范围监视雷达相比，ISAR 能改善探测和跟踪性能，并提供现代雷达需要的专有的目标识别能力。鉴于这种情况，许多国家现在尽力将实验室的这种技术转入实际应用。

在转台成像框架中，可以将 ISAR 和 SAR 的基本原理加以统一。当今，实时产生固定目标高分辨率图像的 SAR 技术是一种成熟的技术，近 30 种空载和机载 SAR 系统目前正在军事和民用中广泛使用，且世界上正在研制更多的 SAR 系统。另一方面，ISAR 成像仍处于开发和研制阶段，只建立了很少几个实验系统。这种不平衡发展的原因在于，雷达和目标的相对运动在 SAR 中是合作的，因此，相比 ISAR 的非合作相对运动更容易补偿。在固定目标的 SAR 成像中，从机载雷达的运动平台得到的导航数据可用来确定运动参数的预先估算。对 SAR 成像而言，已提出许多复杂的运动补偿算法，剩下的问题是如何在图像质量和计算成本之间做出较好的折中。然而，ISAR 成像的运动补偿比固定目标 SAR 成像的情况复杂得多，因为雷达跟踪数据不能达到产生可辨别图像所需的精度，而且运动参数只能通过基于数据的自聚焦算法来获得。因此，如何设计鲁棒且高效的自聚焦算法就成了 ISAR 成像的主要问题，因为一旦聚焦，就可使用成熟的 SAR 成像技术形成 ISAR 图像。

小　结

合成孔径雷达天线往往仅用单个辐射单元，沿一直线依次在若干位置平移，且在每个位置发射一个脉冲信号，接收相应发射位置的雷达回波信号并存储起来，然后通过信号处理的方法产生一个等效的长线性阵列天线。合成孔径雷达的特点是分辨率高，能全天候工作，可有效地识别伪装和穿透掩盖物。

SAR 通过脉冲压缩技术改善距离分辨率，它与发射信号的带宽有关，带宽越大，分辨率越小；通过合成孔径技术改善方位分辨率，条带式 SAR 理论上可以达到天线尺寸的 1/2，聚束式 SAR 分辨率更小。高的分辨率要求采用小的天线而不是大的天线，并且与距离和波长无关。当然，受到其他因素的影响，天线孔径也不可能无限小。

SAR 需要存储雷达回波，由于数据不是同时采集的，需要对一定时间间隔内接收的信号进行运算。A/D 转换后对数字信号进行存储，选择存储介质时必须考虑到信息记录的速率、记录的数据容量、完成方位压缩和脉冲压缩时存储数据的读取速度。SAR 天线在每个位置发射脉冲信号、接收目标回波并按顺序存储，然后通过二维匹配滤波实现目标的距离和方位向的高分辨。

ISAR 图像的维分为距离维和方位维。所谓距离维，是指雷达视线方向，一般称为距离向；方位维是与视线垂直的方向，且垂直于目标旋转轴，又称方位向或横向。ISAR 图像的清晰程度依赖于图像在这两个维度上的分辨率。距离分辨率可通过控制雷达波形参数（如信号类型、重复周期、处理算法等）来实现，其值可从几厘米到几十米不等。有了距离分辨率，目标上的散射点才能映射到不同的距离单元中。方位向的分辨率取决于雷达载波以及成像期间目标相对于雷达的视角变化。为获取方位向上各点的分辨率，目标需要相对于雷达做旋转运动。由于旋转过程中各散射点相对雷达有不同的速度，因此会在反射波中表现出不同的多普勒频率。使用信号处理方法将这些多普勒频率加以区分，就可通过合成的手段区分目标上的散射点在方位维上的分布。

思 考 题

1. 简述雷达成像的发展及国际主流装备的参数。
2. 简述 SAR 与 ISAR 的区别和联系。
3. SAR 的距离维高分辨是如何形成的？分辨率和什么有关？方位维高分辨是如何形成的？
4. 聚焦和非聚焦 SAR 及实孔径（RAR）的方位分辨率如何计算？
5. ISAR 的方位维高分辨（横向分辨）是如何形成的？分辨率和什么有关？
6. ISAR 成像的主要优缺点是什么？
7. ISAR 成像的主要方法有哪些？各有什么特点和优劣势？
8. SAR 与 ISAR 成像对于目标识别有什么作用？
9. 如何进一步提高雷达的成像质量？
10. 简述 ISAR 成像中距离-多普勒成像法和时频变换成像法的主要原理与过程。

参 考 文 献

[1] 邢孟道，保铮，李真芳. 雷达成像算法进展[M]. 北京：电子工业出版社，2010.

[2] 张欣，叶灵伟，李淑华，王勇. 航空雷达原理[M]. 北京：国防工业出版社，2012.

[3] 张明友，汪学刚. 雷达系统[M]. 北京：电子工业出版社，2013.

[4] 许小剑，黄培康. 雷达系统及其信息处理[M]. 北京：电子工业出版社，2010.

[5] 王勇. 复杂运动目标逆合成孔径雷达成像技术[M]. 北京：科学出版社，2020.

[6] 保铮，邢孟道，王彤. 雷达成像技术[M]. 北京：电子工业出版社，2005.

[7] 孔思博，张光普，李鸿志，赵春晖. 舰载逆合成孔径雷达成像[M]. 哈尔滨：哈尔滨工业大学出版社，2019.

[8] 王永良，彭应宁. 空时自适应信号处理[M]. 北京：清华大学出版社，1999.

第9章 机载雷达新技术及发展趋势

9.1 雷达目标检测新技术

9.1.1 雷达目标检测技术面临的主要难点

低可观测目标回波处理面临的复杂环境，高速高机动飞行器带来的多普勒扩散，雷达分辨率提高带来的目标能量扩展及距离徙动，隐身目标带来的雷达散射截面积（Radar Cross Section，RCS）下降，目标类型多带来的分类与识别难，都是目前雷达对低可观测目标探测过程中亟待解决的难点问题，其技术难点主要体现在以下几个方面。

9.1.1.1 探测环境复杂，背景杂波认知难度大

雷达目标回波不仅包括目标本身，而且受复杂探测环境的影响，雷达探测环境包括气象、陆地、海洋和电子干扰等，这些背景产生的回波对目标检测产生不利影响，称为背景杂波。以海杂波为例，海杂波中的雷达目标检测技术研究首先要掌握海杂波特性，但由于受气象、地理等诸多环境因素的影响，海面非线性随机变化，杂波形成机理非常复杂，并且海杂波还与雷达平台、波段、极化、擦地角、高度、分辨率等参数有关。在高海况或低入射角时，还会表现出明显的时变、非高斯、非线性和非平稳特性，使得对海杂波特性的认知极其困难，如图 9.1.1 所示。

1级海况　　　　　　　4级海况　　　　　　　暴雨天气

图 9.1.1　不同海况条件下雷达 P 显画面

9.1.1.2 目标类型多，回波信杂比低

目标的低可观测特性使得回波的 SCR 低，增大了雷达检测的难度。具有低可观测特性的目标大体可分为如下 4 类。

（1）小尺寸目标，使其回波很微弱，如小木船、潜艇通气管和潜望镜等。

（2）隐身目标，RCS 小，如隐身快艇、飞机和巡航导弹等。

（3）大目标，但由于雷达分辨率低、距离远等因素导致目标单元中 SCR 的信杂比很低，如超视距雷达观测时的情况。

（4）高速或高机动目标，其在观测时间内会出现距离或多普勒走动，导致能量分散，如图 9.1.2 所示。

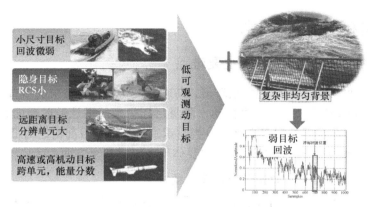

图 9.1.2 低可观测动目标及其回波

9.1.1.3 复杂非均匀背景检测参数选择难，适应性差

雷达目标检测技术在实际应用过程中面临的背景并不是均匀背景、杂波边缘背景和多目标环境这三类背景中的任意一类，而是由海面、岛屿、陆地、海尖峰、其他目标、强散射点距离旁瓣及不同海情等形成的涵盖这三类背景的复杂非均匀环境，基于统计分布的常规检测技术，如单元平均恒虚警检测器（Cell-Average Constant False Alarm Rate，CA-CFAR），是建立在假设的某个背景类型基础上的，而对于实际中的复杂非均匀环境，常规检测技术在参数选择上存在困难，如参考单元和保护单元选取、强目标影响等。

9.1.1.4 单一探测手段限制因素多，探测概率低

仅靠雷达单一的对海探测手段，只能获取目标的幅度、速度等信息，难以有效地对目标进行分类和识别。同时受观测角度、波段等影响，目标回波时隐时现，探测概率低。采用多手段联合对海探测，把不同平台的雷达、光学红外信息进行融合，可获得目标的位置信息、运动轨迹信息、身份类型信息、外形轮廓等，进一步提高探测和识别概率。图 9.1.3 所示为多传感器综合对海监视系统示意图。

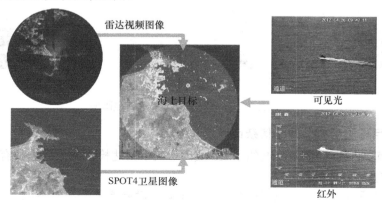

图 9.1.3 多传感器综合对海监视系统示意图

9.1.2　雷达目标检测技术分类综述

经过国内外众多学者的长期努力，已经发展出了针对各种不同观测条件下不同类型海上目标的雷达检测技术。下面按照不同的分类方式，从不同的角度对海杂波中的雷达目标检测技术进行综述。

9.1.2.1　从检测机理的角度

根据检测机理的不同，可将雷达目标检测器分为能量检测器和特征检测器。

大多数雷达目标检测器利用的是数据的一阶（如幅度）或二阶（如功率、功率谱）统计特征，称为能量检测器，该类检测器的主要构造方法是似然比检验。例如，自适应匹配滤波（Adaptive Matched Filter，AMF）检测器的原理框图如图 9.1.4 所示，最终与门限进行比较的是经过白化和相参积累处理后的回波功率。

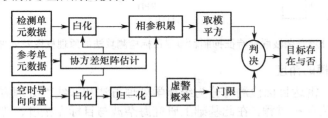

图 9.1.4　AMF 检测器的原理框图

特征检测器则将目标检测问题转化为分类问题，即判断回波是否属于背景所在的类。该类检测器的形成关键是提取稳健的具有可分性的特征空间，并形成判别区域。图 9.1.5 给出了特征检测器的概念框图。

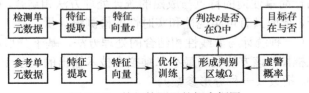

图 9.1.5　特征检测器的概念框图

图 9.1.6 中给出了基于分形维特征的检测算法的原理框图及处理结果演示图。

一种是基于分形维特征的检测算法。该算法通过提取分形特征（如分形维数、分形谱等）来反映海杂波与目标所具有的不同的自相似特性，进而判断回波是属于"纯海杂波"类还是属于"海杂波+目标"类。

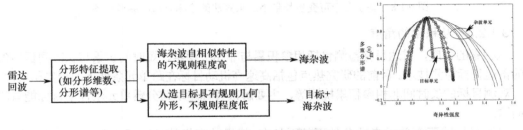

图 9.1.6　基于分形维特征的检测算法的原理框图及处理结果演示图

另一种是高分辨海杂波联合特征抑制和漂浮目标检测算法。该算法中的三维特征空间是指由从高分辨海杂波中提取的相对平均幅度（Relative Average Amplitude，RAA）、相对多普勒峰高（Relative Doppler Peak Height，RPH）和幅度谱相对向量熵（Relative Vector-Entropy，RVE）三个特征形成的特征空间；凸包判决是指采用凸包优化算法计算出"纯海杂波"与"海杂波+目标"两类之间的判别空间；图 9.1.7 中右侧的两图从左往右表示，随着处理时间的延长（利用的数据点越多），两类之间的区分度越大，检测效果越好。

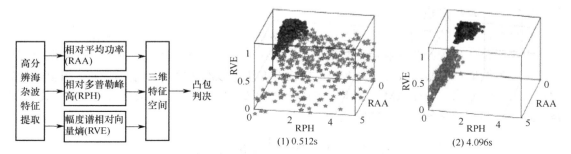

图 9.1.7　高分辨海杂波联合特征抑制和漂浮目标检测算法的原理框图及处理结果演示图

9.1.2.2　从建模的角度

从建模的角度，雷达目标检测可分为统计学处理方法和非线性处理方法。统计学处理方法将雷达回波建模为随机过程，在此基础上研究海杂波与目标在幅度、谱和相关性等统计属性上的差异，建立相应的模型形成检测统计量。然而，随着研究的深入，尤其是针对海杂波这类复杂背景，统计模型日益复杂，可操作性及物理含义下降。海面起伏是非线性的，非线性处理方法能很好地反映海杂波的非线性物理属性。典型的非线性处理方法是分形处理方法，该类方法具有参数估计简单便捷的特点。不过，该类方法难以形成闭式的检测统计量。将海杂波分形参数估计简单便捷的特点与成熟的统计处理方法相结合，提取能反映海杂波非线性物理属性的特征，形成具有可实现性和实时性的检测统计量，是一个很有意义的发展方向。图 9.1.8 中给出了一种统计与非线性相结合的处理方法，基于分形可变步长最小二乘算法的检测方法的原理框图，该方法利用最小二乘拟合技术输出的误差作为检测统计量，而其中估计的参数是 Hurst 指数（一种分形参数）。

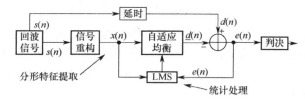

图 9.1.8　基于分形可变步长最小二乘算法的检测方法的原理框图

9.1.2.3　从积累的角度

从积累的角度，雷达目标检测包括相参积累与非相参积累、短时间积累与长时间积累条件下的雷达目标检测技术。目前的研究热点包括高速高机动目标在跨单元条件下的相参积累检测、低可观测目标的长时间非相参积累检测等，主要解决目标运动跨分辨单元条件下目标能量的积累问题。

（1）目标跨距离单元走动条件下基于拉东-傅里叶变换的长时间相参积累检测方法。根据目标运动参数提取距离-慢时间平面中的观测序列，然后通过离散傅里叶变换对该序列进行积分，实现目标能量的相参积累。通过联合搜索参数空间中的目标参数，解决距离走动与相位调制的耦合问题。相比于常规 MTD 方法，基于拉东-傅里叶变换的长时间相参积累检测方法可将相参积累时间延伸至多个距离单元。

（2）目标跨距离和多普勒单元走动条件下基于拉东-分数阶傅里叶变换的长时间相参积累检测方法。该方法融合了拉东-傅里叶变换和分数阶傅里叶变换两者的优点，不仅能获得与拉东-傅里叶变换方法同样长的相参积累时间，而且对非平稳信号具有良好的能量聚集性，同时能补偿由目标机动产生的距离和多普勒走动。

（3）基于检测前跟踪技术的长时间非相参积累检测。该类方法的基本思想是，针对低信杂比条件下单帧数据不能可靠检测目标的情况，在单帧不设门限或设较低的门限，然后根据目标运动在帧间的关联性，存储、处理和积累多帧数据，最后与门限相比，在得到目标航迹估计的同时完成对目标的判决。该类方法解决的是目标在长时间运动时跨距离-方位-多普勒单元条件下的非相参积累检测问题。在多目标条件下，基于逐目标消除的多目标检测前跟踪方法，该方法针对近似直线运动的低可观测目标群，通过动态设定霍夫参数单元的第二门限，采取逐目标消除的思想，将多目标检测前跟踪问题中的多目标航迹搜索转化为单目标航迹的逐个搜索，有效避免了多目标航迹之间的相互干扰。

9.1.2.4　从雷达分辨率的角度

随着雷达分辨率及硬件处理能力的逐渐提高，雷达一维距离像及 SAR 成像条件下的目标检测问题一直是雷达目标检测领域的研究热点。

1）距离扩展目标的检测

在高距离分辨率雷达中，目标各散射中心回波在时域上是分离的，这为实现各散射点回波能量的积累、提高雷达对目标的检测能力提供了重要前提。图 9.1.9 中给出了距离扩展目标的通用检测框图，主要包括自适应门限的形成和检测统计量的形成两部分。这两部分内容在高距离分辨率条件下面临如下几方面的难点：① 如何精确估计增多的目标参数？② 如何在非高斯环境下控制虚警？③ 如何适应扩展目标的复杂运动模式？④ 如何提高对实际环境的适应性和对失配情况的鲁棒性？⑤ 如何研究计算复杂度较低的高效算法？

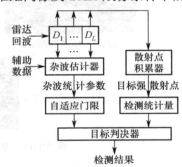

图 9.1.9　距离扩展目标的通用检测框图

2）SAR 图像中的舰船目标检测

SAR 图像舰船目标检测主要分为直接检测舰船本身和通过检测舰船尾迹来确定舰船两种途径，前者适用于舰船相对海面背景较为明显的情况，后者则要求舰船处于运动状态。多波段 SAR 图像融合是舰船目标检测技术的一个研究热点，其融合层次包括像元级、特征级和决策级，图 9.1.10 中给出了多波段 SAR 图像三种融合层次的流程图。图 9.1.11 利用同一区域目标的 C、L 和 P 波段 SAR 图像演示了多波段 SAR 图像决策级融合检测的处理结果。

9.1.2.5　从照射源的角度

此角度的分类包括合作照射源条件下的目标检测与非合作照射源条件下的目标检测，参见图 9.1.12。大多数雷达目标检测都是在合作照射源条件下完成的，即雷达发射信号是已知的；然而，随着海上电磁环境的日益复杂及雷达自身安全形势的日益严峻，非合作照射源条件下的海上目标检测逐渐成了研究热点。

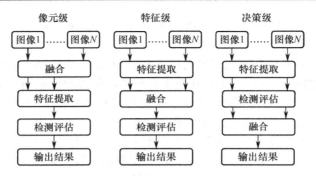

图 9.1.10　多波段 SAR 图像三种融合层次的流程图

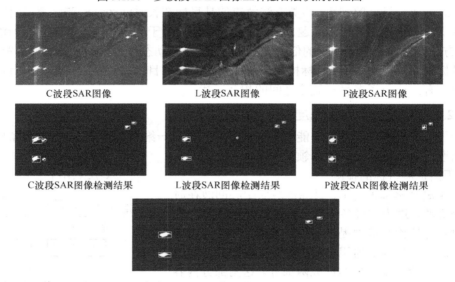

图 9.1.11　多波段 SAR 图像决策级融合检测的处理结果

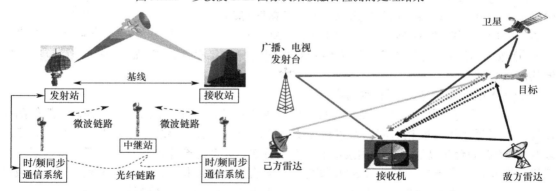

图 9.1.12　合作式（左）和非合作式（右）双/多基地雷达示意图

　　挪威奥斯陆大学的 Sindre Stromoy 利用奥斯陆机场航管雷达作为非合作辐射源，设计了"搭车者"双基地雷达试验系统，对机场的民航飞机进行探测，并利用 ADS-B 民航数据进行验证（图 9.1.13）。对采集的实测数据采用脉冲压缩、非相参积累、相参距离-多普勒积累等方法进行处理，检测到了机场附近的多架民航飞机，检测结果和 ADS-B 民航数据一致，证实了该类系统的有效性。

9.1.2.6　从信息源的角度

对于海杂波背景中的目标检测问题来说，独立的信息来源越丰富，越有利于目标检测。其中，信息既包括关于目标的信息，又包括关于背景的信息。因此，从信息源的角度来看，雷达目标检测技术包括基于单雷达的目标检测技术、基于多雷达信息融合的目标检测技术（如空间分集 MIMO 雷达）、基于多种类型传感器信息融合的目标检测技术、基于知识辅助（Knowledge-Aid，KA）的目标检测技术等。

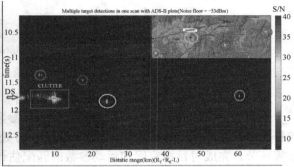

图 9.1.13　"搭车者"双基地雷达试验系统和民航飞机检测结果

1）空间分集 MIMO 雷达目标检测技术

空间分集 MIMO 雷达目标检测技术利用复杂目标 RCS 随视角剧烈变化的特点，通过融合多个视角的观测数据来获得较为稳定的平均 RCS 条件下的检测性能。

2）基于知识辅助的空时自适应处理（Space-Time Adaptive Processing，STAP）技术

基于知识辅助的空时自适应处理（KA-STAP）将专家系统的思想推广到多维滤波问题中。传统 STAP 的核心是一种基于样本协方差矩阵的技术，而 KA-STAP 研究将潜在信息资源的利用充分扩展到全部自适应处理过程中，提高雷达对环境的感知能力，其结构如图 9.1.14 所示。

图 9.1.14　KA-STAP 结构示意图

多传感器相互印证的预警探测体系已成为发展趋势，而 KA 的思想正好符合这个发展趋势。然而，多种先验数据与雷达观测的同时配准及误差条件下的配准问题、先验知识的有效融合问题，都是目前基于 KA 的雷达目标检测技术需要解决的难题。利用地理信息系统（GIS）提供的先验信息进行参考数据筛选，尽量提取与待检测单元相近的均匀数据，获得的检测效果优于 CA、GO、SO、OS 等常规 CFAR 检测器，如图 9.1.15 所示。

9.1.2.7　从处理域的角度

此角度的分类包括基于单域处理的目标检测技术和基于多域联合处理的目标检测技术。前者只利用一个域中的信息或单个特征完成目标检测，如传统的 CFAR 技术（时域）、MTD 技术（频域）、分数阶傅里叶域等；后者联合多个域或多个特征来进行目标检测，如多维联合相参积累技术、多维 CFAR 处理技术、变换域中的分形检测技术等。

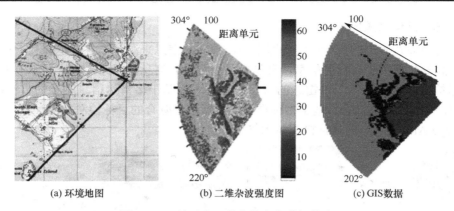

(a) 环境地图　　　　　　　(b) 二维杂波强度图　　　　　　(c) GIS数据

图 9.1.15　基于 GIS 信息的参考数据筛选

1）空时频检测前聚焦——一种多维联合相参积累技术

该技术将目标长时间相参积累问题转换为参数化模型匹配问题，在对应的参数空间中形成目标的"多维聚焦图像"，整合常规雷达信号处理的宽带波束形成、脉冲压缩和多普勒滤波等环节，完成对目标空间和运动参数的匹配估计，克服"三跨"效应，提高能量积累、目标检测、参数测量和特征提取等方面的处理性能。

2）多维联合 CFAR 海杂波抑制与目标检测方法

目前 CFAR 方法大都基于距离维幅度数据，而实际上，雷达接收机接收到的数据包括距离维、脉冲维、方位维、扫描间（帧间）、多普勒等多维度数据。通过多维数据的选择进行海杂波的抑制与目标检测，可降低虚警，提高检测概率。图 9.1.16 以机械扫描雷达为例，给出了单帧和多帧数据中可利用的多维度信息，图 9.1.17 中给出了某 X 波段非相参雷达综合利用空间、角度、帧间等多维度信息进行海杂波抑制与目标检测的处理结果。

3）变换域分形检测技术

变换域分形检测联合了海杂波与目标在变换域特性和分形特性上的差异，在证明海杂波具有变换域分形特征的前提下，充分利用变换域处理带来的信杂比改善和分形参数估计简单便捷的特点，提取变换域谱的分形特征（如 Hurst 指数等），以区分"纯海杂波"单元与"海杂波+目标"单元。图 9.1.18 中对比了时域分形方法与频域分形方法的处理结果，显然，频域处理明显增强了小目标回波的分形特征。

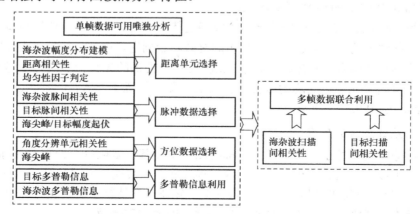

图 9.1.16　机械扫描雷达单帧和多帧数据中可利用的多维度信息

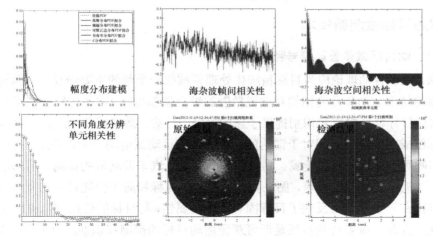

图 9.1.17　X 波段非相参雷达多维度信息的处理结果

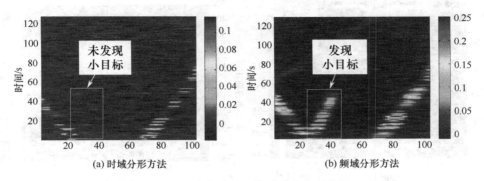

(a) 时域分形方法　　　　　　　　　　　　　(b) 频域分形方法

图 9.1.18　变换域分形检测技术处理结果

9.1.2.8　从目标特性的角度

此角度的分类包括针对常规目标、低可观测目标（隐身目标）、高速高机动目标及慢速/漂浮目标的检测技术。例如，针对低可观测目标的检测技术包括基于长时间相参积累的检测技术、基于长时间非相参积累的检测技术、基于非线性处理的检测技术、基于多域特征联合处理的检测技术等；针对高速高机动目标的检测技术包括"三跨"条件下的长时间相参积累检测技术；针对慢速/漂浮目标的检测技术包括基于非线性处理的检测技术、基于多域特征联合处理的检测技术等。

9.1.2.9　从背景类型的角度

按统计特性来分，包括白噪声/色噪声背景下的目标检测问题、高斯/非高斯杂波背景下的目标检测问题，以及干扰下的目标检测问题。按背景均匀性来分，包括均匀背景、多目标背景、杂波边缘背景下的目标检测问题。

在雷达海上目标检测的工程实际应用过程中，背景类型不可能是单一的，而是复杂非均匀的，这使得基于某种或某些背景类型设计的检测器在实际应用中面临性能下降的问题，因此必须研究能适应海上复杂非均匀环境的目标检测技术。

9.1.3　雷达目标检测新技术

9.1.3.1　动目标微多普勒信号特征提取技术

近年来，微多普勒理论成为目标精细化处理领域的一个新的重要途径。目标的微动特征反映了目标的精细运动和几何结构对电磁散射的综合调制特征，微多普勒反映了多普勒变化特性，为雷达目标特征提取和识别提供了新的途径。目前，微多普勒的广义概念可以理解为目标或目标组成部分在径向相对于雷达的小幅非匀速运动或运动分量，例如，人体的四肢摆动、心跳和呼吸运动、直升机旋翼、鸟类翅膀的运动、汽车发动机的振动、船舶的晃动、导弹的颤动、飞机螺旋桨的转动等。图 9.1.19 为直升机目标和海上快艇目标的微多普勒谱。目标的微动特征在一定程度上反映了目标固有的运动属性，与目标的结构和电磁散射特性有着密切的关联，因此，微多普勒特征是低可观测运动目标的探测和识别的重要手段与途径。

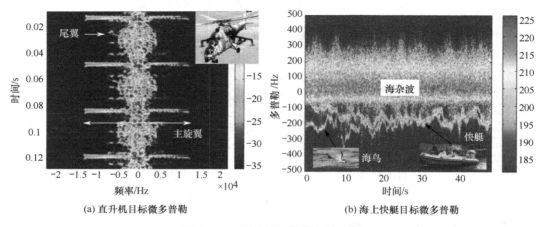

(a) 直升机目标微多普勒　　　　　　　　(b) 海上快艇目标微多普勒

图 9.1.19　运动目标的微多普勒谱

微多普勒特征提取和分析方法主要以非平稳、时变信号、多分量信号处理技术为主要手段，如时频分析方法、信号分解分析方法、相位匹配分析方法和参数模型分析方法等。也有学者从图像处理的角度对微多普勒信号进行检测和提取。在谱图域，正弦调制的微多普勒信号表现为曲线或直线，采用图像处理方法中的霍夫变换（HT）和拉东变换（RT）提取时频平面上的曲线参数，可获得目标的微动参数。微多普勒能够精细描述信号特征，增加了信息量，并且可以很好地刻画信号本身的频率变化，因此具备提高运动目标检测和识别性能的可能性。

9.1.3.2　动目标高分辨稀疏时频表示域处理技术

利用动目标回波信号具有稀疏性的特点，将稀疏分解的局部优化思想引入时频分析，即采用稀疏时频分析的方法对目标特性进行研究，能够有效提高算法运算效率、时频分辨率和参数估计性能，从而更有利于获得目标精细特征。目前，美国麻省理工学院（MIT）成立了专门的实验室对该领域进行技术攻关，提出了稀疏傅里叶变换（Sparse FT，SFT）方法，MIT《技术评论》将其评选为 2012 年的十大颠覆性技术。SFT 是一种次线性算法，核心思想是通过"分筐"将 N 点长序列转换为 B 点短序列并做 DFT 运算，可将傅里叶变换的计算

复杂度由 $O(N \log N)$ 降至 $O(k \log N)$，其中 N 为信号长度，k 为稀疏度。尽管目前 SFT 算法存在很多不同的版本，但整体上都遵循如图 9.1.20 所示的理论框架。但是，SFT 不能反映信号频率的时变特性，也不能处理非匀速运动目标信号。FRFT 对匀加速运动目标有良好的能量聚集性和检测性能，但其需要旋转角匹配搜索，运算量较大。结合 SFT 和 FRFT 的优势，北京理工大学陶然教授等人给出了稀疏分数阶傅里叶变换（Sparse FRFT，SFRFT）的实现方法。将 SFRFT 应用于雷达非平稳时变信号分析，在获得高分辨的信号谱特征的同时，抑制背景噪声和杂波、改善 SCR，在大数据量处理时，与 FRFT 相比运算量显著降低。

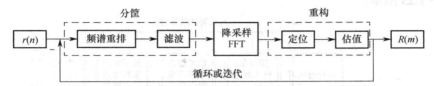

图 9.1.20　SFT 算法理论框架

　　SFT 理论体系促进了信号处理的飞跃，但其仍然存在以下两个方面的缺陷。一是 SFT 假设信号的离散频率落在 DFT 的网络上。事实上，受网格大小等因素的影响，信号频率可能落在网格点之间，导致离散频率泄漏到其他频率单元，显著降低信号的稀疏性；二是频率检测问题，大多数 SFT 算法假设信号的稀疏度已知，通过比较 DFT 的幅度来预设门限，然而，在实际应用中，信号确切的稀疏度可能是未知的或变化的，于是在实测雷达数据处理方面该算法就有了局限性。针对 SFT 理论体系的上述缺陷，在 SFT 和 SFRFT 理论框架的基础上，结合时频分布（TFD）类动目标检测和稀疏表示方法的优势，建立了短时稀疏TFD（ST-STFD）原理框架，提出了短时稀疏傅里叶变换（ST-SFT）和短时稀疏分数阶傅里叶变换（ST-SFRFT）雷达动目标检测方法，并应用于海上动目标微动特征提取及检测中。实测雷达数据验证表明，该方法在时间-稀疏域能够实现时变信号的高分辨、低复杂度时频表示，如图 9.1.21 所示。

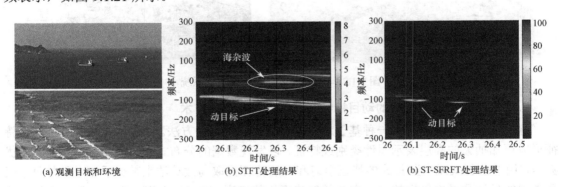

(a) 观测目标和环境　　　　(b) STFT处理结果　　　　(b) ST-SFRFT处理结果

图 9.1.21　海上动目标信号稀疏时频表示域处理结果（S 波段实测雷达数据）

9.1.3.3　多手段动目标信息感知与融合技术

　　人类在获得感觉、知觉、表象等信息的基础上，通过归纳和演绎、分析和综合的方法，以概念、判断、推理的形式，实现对事物由浅入深、由低到高、由片面到全面的认识，如图 9.1.22 所示。信息感知与融合过程就是采用信息技术模拟人类认识事物的一种过程，是人类认识和改造世界不可或缺的技术途径与方法。"感"是指信息获取手段，即利用声、电、光、磁等各类传感器来"获取"多维空间各类数据信息;"知"是对信息的正确理解,是目的,即"知道"或"知晓"。"感"是手段,"知"是目的,"融合"是途径,三者互为依存,不可分割。多传感器信息感知与融合的过程包括分布式检测融合、位置融合、属性融合、态势评估和威胁评估。

检测、跟踪与识别是目标探测中的重要环节,依靠单一手段难以实现。多传感器结合对动目标的综合监视系统集雷达、光电和 AIS/ADS 等多种手段,综合应用优势互补的多种探测手段,实现对目标的协同感知,掌握监视区域内目标态势,识别具有潜在威胁的非合作目标,如图 9.1.23 所示。

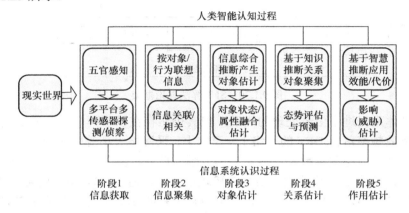

图 9.1.22　人类智能认知过程

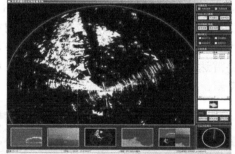

图 9.1.23　多传感器目标综合监视系统

9.1.3.4　基于深度学习的动目标特征智能学习和识别技术

深度学习是机器学习中一种基于对数据进行表征学习的方法。深度学习通过组合低层特征形成更加抽象的高层表示属性类别或特征,以发现数据的分布式特征表示。深度学习的优势是,用非监督式或半监督式的特征学习和分层特征提取高效算法来替代手工获取特征。表征学习的目标是寻求更好的表示方法并创建更好的模型,进而从大规模未标记数据中学习这些表示方法。目标运动特征参数与运动状态、雷达观测方式、环境和背景均有密切的关系,试图从数学建模和特性认知的角度去寻找参数之间的关系,并基于特征差异开展运动目标识别,是一种可行的技术途径,但复杂的运动形式和环境因素,其内在的关系有时难以用模型和参数的方式描述清楚。采用深度学习等智能学习的思路,通过构建多层卷积神经网络,发现高维数据中的复杂结构,在图像识别和语音识别等领域,经过验证具有很强的特征表述能力和较高的分类识别准确率。

　　雷达目标识别的关键在于特征的选取和提取过程,目标信号特征包括电磁散射特征、多普勒特征、极化特征、一维距离像起伏特征、二维图像特征等,这些特征依赖于观测条件,在不同条件下特征差异很大,普适性不强。而特征的提取过多地依赖于算法本身,受限于运算量和精度。深度学习能够获取目标的深层本质特征信息,从而有助于提高识别精度。可以将深度学习方法,如深度神经网络、卷积神经网络、深度置信网络和递归神经网络,用于微动特征描述、提取和识别,通过设置不同的隐藏层数和迭代次数,获取数据各层次的特征表达,然后和近邻方法相结合,对目标进行识别。图 9.1.24 所示为基于多模态卷积神经网络并行深度网络微动特征的描述与场景辨识方法。

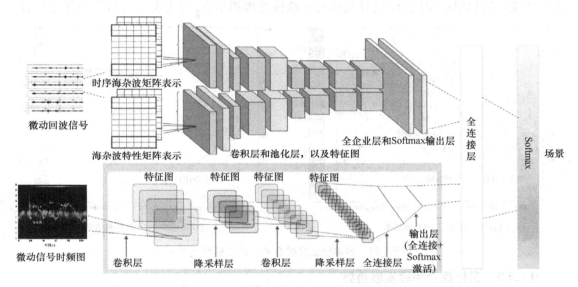

图 9.1.24　基于卷积神经网络的微动特征提取

9.1.4　雷达目标检测发展趋势

9.1.4.1　目标探测技术发展趋势

　　雷达信号处理技术研究从简单到复杂,不断延伸信号处理的维度,经历了从时域、频域、空域的单域处理,到时-频、空-时的二维处理,再到空、时、频的多域处理的发展历程。20 世纪 40 年代提出的固定门限检测,其标志是脉冲压缩和匹配滤波技术的出现;20 世纪 50 年代出现了以短时傅里叶变换为代表的变换域检测方法,后续又在压缩感知和稀疏表示的基础上发展到表示域处理技术。恒虚警检测技术满足了雷达对虚警率控制的要求,并逐渐应用到雷达装备中。20 世纪 90 年代,以分形和混沌为代表的非线性科学逐步应用到雷达目标检测中,成为一个十分活跃和重要的分支。进入 21 世纪,出现了许多新的研究方向,如多传感器融合检测、智能信号处理方法等,并逐渐走向工程应用。

　　雷达动目标探测技术的发展趋势可从如下两个方面进行概括。

　　(1)多维度信息的融合利用。融合利用多维度信息,可对回波信号进行更精细化的描述,改善检测、估计、识别、评估和决策的性能。这些信息包括目标信息、背景信息及雷达信号资源等。目标信息是指目标的 RCS 起伏特性、相关特性、运动学特性、变换域特征、非线性特征、微多普勒特征等;背景信息是指背景的电磁散射特性、统计分布特性、相关特性、变换域谱特性、非线性特性等；雷达信号资源是指雷达发射信号本身所具有的空域信息（阵元间、雷达间）、时域信息（脉间、帧间）、频域信息、波形信息（波形形式）、极化信息、频率信息、波段信息等。图 9.1.25 中给出了多维度信息融合利用动目标检测结果，相比单一维度 CFAR 检测方法，多维联合 CFAR 检测结果杂波剩余明显减少，目标检测性能得到大幅提升。

（2）多手段融合处理提高检测性能。融合多种处理手段，有利于充分利用各层次信息，改善检测、估计、识别、评估和决策的性能。例如，相参积累与非相参积累相结合、短时间相参与长时间非相参结合、低分辨与高分辨相结合、低分辨搜索与高分辨确认结合、自适应处理与知识辅助相结合、统计处理与非线性处理相结合、检测问题与分类问题相结合。

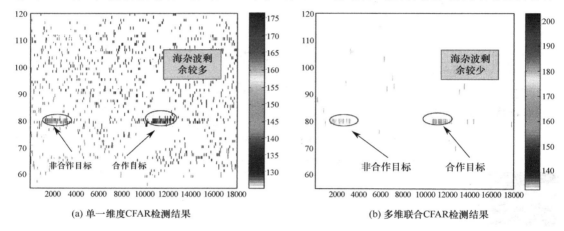

(a) 单一维度CFAR检测结果　　　　　　　　　　(b) 多维联合CFAR检测结果

图 9.1.25　多维度信息融合利用动目标检测结果

9.1.4.2　目标探测手段发展趋势

工作平台是雷达赖以存在的几何空间，是决定雷达获取信息方式的基本要素，也是雷达技术发展和体制创新的重要途径之一。新平台的合理利用，有可能使雷达的探测方式、回波模型、信息提取、系统构型、实现技术、探测效能等方面发生根本性变化，进而为动目标探测技术的发展提供新的动力和机遇。目前发展的雷达新体制包括认知雷达、多输入/多输出雷达（MIMO）、无源雷达、凝视雷达、量子雷达、分布式相参雷达、超宽带雷达等，朝着智能化、多源化、网络化、软件化、无人化、一体化的方向发展。

1）认知雷达

认知雷达是针对复杂电磁环境下目标探测提出的一种新体制雷达，其构成闭环的全自适应雷达处理架构，使得雷达能够通过与环境的不断交互和学习，获取环境的信息，不断调整雷达接收机和发射机参数，自适应地探测目标，从而实现实时自动发现、锁定、跟踪、管理和评估目标的目的，尤其适用于复杂电磁环境。具备对环境和目标信息在线感知和记忆能力，结合先验知识，可以实时优化雷达发射和接收处理模式，达到和目标及环境的最优匹配，提高目标探测性能。

2）MIMO 雷达

MIMO 雷达是利用多个发射天线同步地发射分集的波形，同时使用多个接收天线接收回波信号，并集中处理的一种新型雷达体制。相比于传统雷达，MIMO 雷达在发射波形、阵列结构等方面有着更大的灵活性，同时也有更多的自由度。因此，将 MIMO 雷达用于动目标探测，能显著提高系统的目标检测、跟踪、识别和参数估计等性能。

3）量子雷达

量子雷达将量子信息技术引入预警探测领域，构建探测新体制，通过对量子资源的利用，实现多维度量子态调制和高灵敏度检测，提升多维度调制信息对抗、精细识别、作用距离等性能。量子信息技术中信号的产生、调制和接收、检测的对象均为单个量子，因此整个接收系统具有极高的灵敏度，大大提升雷达对微弱目标甚至隐身目标的探测能力。

4）太赫兹雷达

太赫兹是电磁频谱上频率为 $0.1\sim10THz$ 的辐射，介于无线电波和光波之间。太赫兹波具有穿透性强、安全性高、定向性好、带宽高等特性。一方面，它的波长很短，因而可以用于探测更小的目标和更精确的定位；另一方面，它有非常宽的带宽，大大超过现有隐身技术的作用范围。因此，太赫兹雷达具有很强的探测隐身目标能力。

5）网络化、软件化、多功能雷达

未来的雷达探测技术将突破现有思路的束缚，由目前集中式的信息获取、基于设备的探测模式、单频段单极化的系统构成，向分布式信息获取、基于体系的探测模式、多频段多极化的系统构成等方向拓展，主要特征将是网络化、软件化、多功能及高维信号空间处理。网络化雷达综合应用了现代雷达组网技术与远程遥控等技术，具有较强的抗摧毁能力、抗干扰能力、反隐身能力和低空探测能力；而软件化则使得雷达在成本降低的同时，可靠性得到进一步提高；同时，多功能化使得未来的雷达同时具有空中监视、海面搜索、指挥和控制功能，大大扩展了雷达的应用范围。

当前该领域已不再满足于检测有无目标这一层次，而是向着更精细化、更智能化处理的方向发展。随着多波段、多视角、多时相、多极化、多维度和多尺度信息技术的应用，以及多学科的交叉融合，机载雷达低可观测动目标探测和识别技术也将迎来更大发展。

9.2　机载雷达系统发展趋势

9.2.1　机载雷达发展历程

从第二次世界大战尤其是太平洋战争开始，"海空一体"成为海军作战的主要模式，依托航母战斗群、岛基和岸基机场的作战飞机，控制区域制空权和制海权。海军航空兵作为实施依空制海战略的核心力量，在现代海战中担负了实施区域侦察、监视、火控打击和指挥中枢的作用，其中机载雷达作为海军各类型作战飞机获取战场态势、引导火力打击、保障飞行安全的重要机载传感器发挥了举足轻重的作用。世界上第一部机载雷达于 1937 年诞生在英国，此后的七八十年间，机载对海雷达技术经历了各种各样的改进与变化，大体上可以分为三个阶段：机载单脉冲雷达、机载多脉冲多普勒雷达和机载有源相控阵雷达。

9.2.1.1　机载单脉冲雷达

早期的机载雷达为脉冲雷达，主要应用于 20 世纪 50 年代到 60 年代的全天候截击机、预警监视机。脉冲雷达能够实现自动搜索、单目标跟踪及实波束地图测绘等功能，发展到后期具备了初步的下视能力。脉冲雷达成功的装备在米格-21、F-104G 等战斗机及 TBM-3W 等预警监视机上。虽然早期的脉冲雷达初步具备了下视能力，但由于相继发射的脉冲是相关的，因此不容易区分空中目标与地/海杂波，其下视能力只能算是勉强合格。典型机载对海脉冲雷达有美国装载于预警监视机的 AN/APS-3、AN/APS-6、AN/APS-20 预警搜索雷达等。

图 9.2.1　AN/APS-20 预警搜索雷达

AN/APS-20 雷达是美国最早的预警搜索雷达（图 9.2.1），工作于 S 波段，整个雷达包括天线、发射机、接收机、电子控制放大器、方位距离显示器、雷达控制盒，以及 2 个陀螺仪。AN/APS-20 功能相对简单，最早装载于 TBM-3W 飞机，并于 1945 年 4 月开始进行飞行试验，TBM-3W 飞机受技术条件和载机的限制，还需将雷达信号在处理后发回水面舰艇的战斗信息中心进一步处理。此后，为了弥补此短板，又在 B17 轰炸机上进行试验，使之不但可以进行雷达搜索，而且可以承担空中指挥所的功能。后续美国海军相继将此套雷达系统装在 AF-2S 反潜机、AF-2W 空中早期预警机、P2V-7 巡逻机甚至 ZPG-2W/ZPG-3W 飞艇上，并由 AF-2W 和 AF-2S 这两种机型共同参与航母猎潜作战，由 AF-2W 探测水面航行的敌潜艇，由反潜型的 AF-2S 执行攻击。

早期的 APS-20 雷达没有动态图形显示、没有高度信息、没有目标自动跟踪能力，系统粗糙、笨重、使用不便，需要大量的电子辅助设备、冷却系统和维护设施，而且受海杂波影响，其对水面舰艇的探测能力不佳，在近岸搜索及多目标跟踪等任务能力上存在极大的不足。

9.2.1.2　机载脉冲多普勒雷达

脉冲多普勒（PD）雷达的出现有效避开了地/海杂波抑制问题。脉冲多普勒雷达普遍应用于当代常规战斗机、监视机和预警机，具备远距离小目标探测、海面/地面运动目标探测与跟踪以及地/海杂波抑制与下视等功能。脉冲多普勒雷达装备的典型战机包括米格-29、F-15、F-16、F-14 与 F/A-18A/B 等。F-14 装备的 AWG-9 雷达真正标志着机载雷达完全的对海探测能力，可作为远距和中距脉冲多普勒探测器使用，能从地面或海面杂波干扰背景中检测和跟踪低空飞行目标。在 F-14 之后，美军新一代舰载机 F/A-18AB 装备的 AN/APG-65 雷达则代表了 20 世纪 80 年代机载 PD 火控雷达的最高水平，具备海面目标搜索与跟踪能力，其后续改进型 AN/APG-73 雷达在对海探测方面的杂波抑制能力更强。典型的机载对海脉冲多普勒雷达还有美国安装于预警监视机 E-2C 上的 AN/APS-145 预警雷达，安装于巡逻机 P-3C 上的 AN/APS-137、P-8A 上的 AN/APY-10 搜索雷达。

1）AWG-9

AWG-9 雷达为机载武器控制雷达（图 9.2.2）。最初是 1968 年 Hughes Aircraft 公司为海军的 F-111B 飞机研制的。F-111B 取消后，AWG-9 雷达及其火控系统的研制并没有停止，而是加以修改和进一步扩大使用范围，从而用于新研制的"空中优势"战斗机 F-14A。海军的 F-14A 主要用于舰队防御，其近战能力和机动性比 F-111B 均有改善，1973 年夏正式装备部队使用。AWG-9 还具有边搜索边跟踪的能力，能同时跟踪 24 个分散的目标。

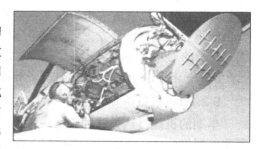

图 9.2.2　AWG-9 雷达

2）AN/APY-10

Raytheon 公司以 AN/APS-137 雷达为基础，为美国海军（USN）P-8A 海神海上巡逻与监视飞机研制了 AN/APY-10 海上与地面监视雷达（图 9.2.3）。AN/APY-10 由天线控制电子部件、雷达数据中心、发射机、接收机/激励器/处理机及天线 5 个武器可更换组件（WRA）构成。与 AN/APS-137 雷达相比，新雷达体积小、重量轻，所需功率低，并且提高了平均故障间隔时间（MTBF），增加了目标跟踪和彩色气象回避能力。在 P-8A 武器系统中，实现了系统控制、显示和数据分配、AN/APY-10 与飞机任务控制和显示系统（MCDS）的完全集成。AN/APY-10 的海面、沿海地区及地面监视功能得到了优化，问世之初就被视为唯一具有海上及地面监视"超高分辨率"成像模式的系统。

3）AN/APS-145

AN/APS-145 装载于美国 E-2C 预警机（图 9.2.4），是专为工作在海面上空和沿海陆地上空而设计的，可提供 2400 万立方千米的空间监视，并能同时监测和跟踪 2000 个目标，以及同时探测和跟踪来自海面、空中、地面和海陆交界处的威胁。AN/APS-145 在海面上空时能够跟踪运动和静止的海面与空中目标；在地面、海面和超视距（OTH）交界处，随着搜索环境的变化，雷达的环境管理系统（EMS）能自动修正信号处理和跟踪算法以适应环境的变化。配有 EMS 的 APS-145 雷达成功地集综合性、高性能和高可靠性于一体。据 E-2C 的制造商 Northrop Grumman 公司称，与 APS-138 和 APS-139 相比，APS-145 的作用距离和识别能力增加了 40%，搜索范围扩展了 60%，跟踪目标的能力提高了 4 倍，显示目标数增加了 9.6 倍。

图 9.2.3　AN/APY-10 雷达　　　　　图 9.2.4　装有 AN/APS-145 雷达的 E-2C 预警机

9.2.1.3　机载有源相控阵雷达

随着对高灵敏波束天线的需求日益迫切，电子扫描阵列（ESA）天线的重要性日益凸显。世界各军事大国相继开展了机载 ESA 的研究，机载雷达开始从机械扫描的 PD 体制向电子扫描的相控阵体制发展。相控阵雷达拥有较远的作用距离、较高的波束灵敏度、较好的低截获性能、高可靠性、支持多目标跟踪，同时多功能等特征。目前，典型的机载对海相控阵雷达包括美国固定翼巡逻机 P-8A 上的 AN/APS-154 搜索雷达、日本固定翼巡逻机 P1 上的 HPS-106 搜索雷达、美国 F-35 联合攻击战斗机上的 AN/APG-81 火控雷达。

1）APG-81

AN/APG-81 是为 F-35 联合攻击战斗机研制的一部有源相控阵多功能火控雷达（图 9.2.5）。APG-81 充分借鉴了 F/A-22 飞机雷达 AN/APG-77 的研制经验与成熟技术，淘汰了机械传动部件，可靠性显著提高；系统采用"可更换组件"，使得软硬件模块的维修和升级换代更加简易快速。APG-81 雷达除了能够全天候对空、海、地目标进行探测和攻击，还继承了新型有源相控阵雷达在探测性能、射频隐身、雷电一体甚至经济性方面的优点。目前，美国海军 F/A-18E/F 和 F-35 战斗机已经装备有源相控阵雷达并投入使用。

图 9.2.5　AN/APG-81 雷达

2）AN/APS-154

APS-154 雷达是 APS-149 的升级，具备很强的陆地、濒海、海洋成像能力，以及陆/海目标检测与识别能力（图 9.2.6）。2015 年 5 月，P-8A 搭载先进机载传感器（Advanced Airborne Sensor，AAS）即 APS-154 进行了首飞，报道称 APS-154 作为海面情报、监视、侦察及目标攻击一体化传感器，将给指挥员提供高置信度战场感知能力。APS-154 的形状与 APS-149 略有差别，APS-149 是倾斜的方形；而 APS-154 是长方体形。目前，关于 APS-154 具体功能、能力的报道非常少。对一些国外零星报道材料进行分析可以猜测，APS-154 在潜望镜探测能力及对地/对海成像能力方面具有较大的改进。

3）HPS-106

P-1 配备了比较先进、齐全的探测系统，包括 HPS-106 主动有源相控阵对海搜索雷达（图 9.2.7），该雷达不仅在机首整流罩内安装有天线，还在前起落架舱门附近安装有侧视天线，具备探测距离远、分辨能力高的优点。该雷达不仅有对海搜索、导航、气象和对空警戒等工作模式，而且具备合成孔径工作模式，可在高空发现潜艇的潜望镜。其搜索距离虽然尚未公布，但考虑到其打算与美军 P-8A 巡逻机联合作战，P-8A 所用的 APY-10 雷达数据可供参照：最大对海搜索距离为 200 海里，对潜望镜搜索距离 32 海里，可同时搜索跟踪 256 个目标。

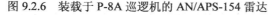

图 9.2.6　装载于 P-8A 巡逻机的 AN/APS-154 雷达　　　图 9.2.7　装载于 P1 的 HPS-106 雷达

综上分析，目前世界各国的空军和海军装备的主要机载雷达都已迈入有源相控阵时代。在有源相控阵雷达大量装备的基础上，需要重点思考有源相控阵之后机载对海探测雷达的发展方向（发展历程见图 9.2.8），尤其是新体制雷达和处理技术在未来机载雷达对海探测上的发展趋势，支持未来海军航空兵核心装备的发展分析。

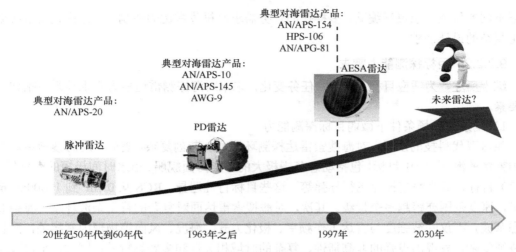

图 9.2.8　机载对海探测雷达基本发展历程

9.2.2　机载对海探测雷达发展需求

机载雷达的发展受到其载体平台发展及作战定位的牵引，世界各国根据各自海军承担的任务角色对其战斗机、监视飞机及预警机的对海探测雷达功能和性能都有着各自的规划。但就一般性规律而言，平台的打击目标、作战环境和作战任务，是促成机载雷达系统发展演变的主要外部因素。因此，目前对机载雷达系统发展最重要的推动因素是打击对象的多样化、作战环境的复杂化和使命任务的多元化。下面以机载雷达对海探测为例，分别从机载雷达对海探测的难点挑战和能力发展上进行分析。

9.2.2.1　机载雷达目标探测难点挑战

1）目标多样化

对海探测雷达面临的目标种类多，动态范围大，目标散射强度差异大。通常，大型舰船、货轮、航母等回波强度极大（RCS 约为 3000m²），要比潜望镜、通气管等目标信号（RCS 为 1～10m²）强 35dB 左右。此外，随着隐身技术的发展与广泛应用，各军事大国极力发展隐身舰艇，美国新一代 DDG 1000 驱逐舰及濒海战斗舰具有优越的隐身性能，其 RCS 据称和渔船相当。俄罗斯最新的"波基"隐身护卫舰也采用隐身设计，据称其隐身性能接近美国 DDG 1000 驱逐舰。典型隐身目标的 RCS 普遍缩减了一到两个数量级，这给未来对海探测雷达带来了极大的挑战。

2）环境复杂化

电磁干扰环境对雷达的性能具有举足轻重的影响，未来对海探测雷达面临的复杂环境主要表现如下：来自陆海空全方位干扰的数量越来越多，各种舰载、机载和岸基电子战装备在区域海空战场中密集分布；海上作战气象和水文条件变化多端，机载雷达需要适应不同的海洋环境，在不同的海况下具备稳定的目标探测与跟踪能力。

3）任务多元化

舰载战斗机或者海军侦察机等不仅需要执行对海监视与打击任务，而且需要担负远洋区域防空、支援对地打击作战、对敌近海进行封锁等任务，并且随着海上分布式作战概念的推广，以空空联合或空海联合为主要作战形式的空海打击作战体系的建立，各类型的平台需要根据不同的作战需求灵活编队。多样化的任务需求对机载雷达的体制、工作模式及系统架构产生复杂的设计需求。

9.2.2.2　目标探测能力需求

综上所述，为适应目标、环境、任务变化，未来对海探测雷达能力需求体系包括如下能力要素。

1）复杂海战场条件下微弱目标探测能力

随着现代科技的发展，对海搜索雷达探测环境愈加苛刻复杂。首先，对海搜索雷达面临种类繁多的海面、空中目标，包括动态范围极大的各类海面舰船、出水时间极短的潜望镜（通气管）目标、低空快速掠海飞行导弹等。这些目标特性迥异，RCS 从 $0.1m^2$ 到 $10000m^2$ 量级不等，速度范围亦跨越多个量级。其次，对海搜索雷达面对复杂的背景杂波环境。海杂波为动态杂波，不仅回波强度与雷达工作频率、极化方式、海况、风向等物理因素相关，而且回波特征复杂，表现出很强的非高斯性、复杂的时域相关性和多普勒特性；同时，来自濒海陆地（岛屿）的地杂波与海杂波特性差异极大，海面目标特性表现不明显。此外，对海搜索雷达面临来自海面、空中、地基的各种有意无意的干扰，干扰域几乎覆盖全维空域、时域、频域、极化域。为了克服复杂目标、杂波、电磁环境对雷达探测带来的挑战，未来对海探测雷达需要具备智能化信号处理能力，通过实时感知战场环境，实现系统资源自优化、处理自匹配，提高雷达复杂环境下的微弱目标探测能力。

2）复杂海上目标远程识别能力

海上目标密集分布、数量众多、种类繁杂、运动状态多样且多变，需要对海上复杂目标进行探测识别以检测高价值军事目标并筛选高优先级目标，借此保障战场态势显示的完整和高价值目标的精确跟踪。机载雷达具备复杂海面目标探测识别能力可大幅提升海战场态势感知深度，有效区分民用货轮、渔船及军舰以避免误伤，精确识别航母、驱护舰、导弹艇等高价值目标以准确评估目标威胁等级。

3）广域海量目标信息处理能力

海面目标具有广域、海量与特定区域密集的特点，且种类多样，如有渔船、大型舰艇、小型潜艇、导弹快艇等各种运动目标，高/低速目标，大型/小型目标，机动/非机动目标混杂，特征差异大，造成对这些目标的检测、跟踪及识别过程非常复杂，给雷达的信息处理带来巨大的挑战。机载雷达通过海量信息处理技术，降低雷达系统处理冗余，优化机载对海探测雷达的资源管理策略，可大幅度提升广域海战场上海量目标的处理能力，提升重点目标的发现概率与跟踪精度，满足海战场对雷达精确感知能力的需求。

4）海空分布式协同探测能力

为了应对周边日益增长的海上威胁，对海探测与打击能力急需提高。由于受到传感器探测原理、波段、视角及目标特性的约束，单一传感器在探测范围、稳定性、可靠性及反应速度上都有所限制，无法适应复杂的海战场环境。因此，需要发展海空协同探测技术。海空分布式探测能力依靠舰载多波段雷达和机载雷达的组网，充分发挥多平台视角优势、异类传感器的探测体制以及广域覆盖优势，同时对网络的资源进行统一调度，并通过信息共享，获得互补增益，提升对海作战探测系统的反隐身、抗干扰能力以及作用范围，大幅度增强海战场感知能力。同时海空分布式协同还可以形成飞机突前探测-舰船发射-飞机制导的模式，进行防区外打击，大大拓宽海面舰船的打击范围。

9.2.3　机载雷达技术发展

9.2.2 节以机载雷达对海探测为例，提到的四大能力需求——复杂海战场条件下微弱目标探测能力、复杂海上目标远程识别能力、广域海量目标信息处理能力与海空分布式协同探测能力，是牵引机载对海探测雷达总体能力发展的动力。本章将总结机载雷达的发展趋势并列举几种颠覆性技术方向。

9.2.3.1　机载雷达发展趋势

1）多源化、网络化、体系化

多基联合预警，提高体系对抗和探测能力。受平台资源和雷达体制制约，在与实际对目标探测时，仅依靠单架机载雷达设备很难完全担负起弱小目标探测、反隐身和反干扰任务，空中多平台协同作战是提升综合探测能力的有效手段。通过单平台多传感器信息融合、多平台多传感器信息融合、多平台有源/无源探测相结合等手段扩展探测空域与探测对象，提高体系探测能力和抗干扰能力。

2）宽带化、综合化、一体化

高低频段优势互补，探测识别综合化、对空对地一体化，提高全息感知能力。未来机载雷达除了必须具备较强的目标探测能力外，还应具有较强的空海目标识别能力、地面运动目标显示能力（GMTI）和侦查成像能力（SAR），以适应发现、定位、识别一体化能力，真正做到"一机多能"。高分辨目标识别和成像要求雷达瞬时带宽宽，因此，频段还要往高端扩展。另外，宽带的有源相控阵技术也为综合电子战、高数据率数据通信等功能提供了硬件基础。

3）小型化、共形化、无人化

近年来，随着雷达轻型化、小型化和共形化技术的发展，对平台的要求也得以降低，以 Saab 340B、EMB-145、湾流 G550、运八为代表的中型平台也有了用武之地，先后研制出满足不同用户、不同任务使命的预警机。在现代战争中，无人机以其独有的快速、灵活和持久性渗透到各种作战任务中，在获取信息的优越性、高作战效费比等方面，愈加展现出不可或缺性。可以预测，无人机必将成为未来预警、监视、侦察、通信的最佳平台，在未来的信息化战争中发挥重要作用。

4）相控阵、软件化、智能化

有源相控阵与先进信号处理结合，提高抗杂波和干扰能力，提高环境适应性。相控阵体制与数字化技术相结合将提供更多的系统自由度，为采用更先进、更复杂的算法提供了可能，软件化技术可以提高信号处理的灵活性和精细化程度，智能化处理技术则将进一步增强雷达在强杂波和电磁干扰环境下的探测性能。虽然 STAP 相对于 PD 有了很大进步，但其处理仍然是基于理想杂波模型的最佳滤波，发射波形、处理方法和处理方式基本固定不变，而雷达实际的工作环境是时变、非平稳和非均匀的，比如地形起伏和陆海交界产生的非均匀杂波，密集地面车辆形成的移动"杂波"，铁塔、大型建筑物、山峰等离散目标，杂波谱随距离非平稳变化等均影响 STAP 理想性能的发挥。未来机载雷达在 STAP 基础上采用认知雷达理论和智能化处理与控制技术，增强环境自感知能力、智能化处理能力和发射自适应能力。

9.2.3.2　机载探测雷达颠覆性技术方向

雷达的颠覆式技术是指以意想不到的方式取代现有雷达主流技术的技术，是潜在颠覆雷达行业主流产品和市场格局的创新技术。本节通过梳理近年来主要的前沿技术发展成果，以机载对海探测为例，分析若干在机载对海探测雷达领域具有重大应用潜力且具备颠覆现有对海探测雷达体制和工作方式的技术方向。

1）微波光子学

微波光子技术在电子系统中的最初应用形式为光模拟信号传输，即将单个或多个模拟微波信号加载到光载波上，并通过光纤进行远距离传输。近年来，微波光子逐渐从模拟光传输功能，演变为包括微波光子滤波、变频、光子波束形成等多种信号处理功能的综合能力。

微波光子学在雷达系统的研究领域内具有广泛的应用前景，能够大幅提升雷达系统的工作带宽、数字化程度及抗干扰能力等，实现超宽带对海探测。其中，微波光子链路的技术成熟度、光子集成化程度和系统的一体化设计是制约其实用化的关键因素，这三者也构成了未来微波光子雷达研究和发展的主旋律。图 9.2.9 中给出了微波光子雷达 ISAR 舰船目标高分辨成像示意图。

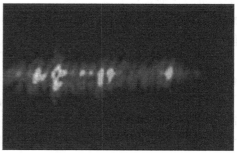

图 9.2.9　微波光子雷达 ISAR 舰船目标高分辨成像示意图

2）人工智能

人工智能技术作为 IT 产业的战略性和前瞻性新兴产业方向，其实质是把人的某些神经生理智能赋予机器，使机器能像人类那样进行学习、联想、判断、推理乃至行动。它经过信息采集、处理和反馈三个核心环节，综合表现出智能感知、智能处理、智能反馈三个层层递进的特征。由此可以看出，人工智能技术的这些特点与未来机载雷达的发展需求高度吻合；而且，从新一轮的产业革命来看，正在兴起的物联网、机器人等产业无一不以人工智能技术为支柱。可以判断，人工智能技术作为一项引领产业变革的新技术，将为机载雷达的设计和性能提升提供更多的选择和可能。

空海一体化打击时，要求传感器具备自主决策能力。利用人工智能技术，对海探测雷达能够连续不断感知、学习和适应战场环境，自主分析处理并做出正确反应。自主/人工智能技术被视为"改变未来战争规则"的颠覆性技术，随着人工智能与大数据技术日趋运用到现代战争的方方面面，战争形态将由信息化向智能化加速转变。然而，目前人工智能面临训练数据缺乏、硬件计算能力瓶颈和理论算法不成熟等问题，这些问题的解决将推动雷达智能化发展。图 9.2.10 中给出了认知雷达对海探测示意图。

3）超材料

超材料一般定义为具有天然材料所不具备的超常物理性质的人工复合结构或复合材料，是将人造单元结构以特定方式排列形成的具有特殊电磁特征的人造结构材料。典型的超材料包括"左手材料"、光子晶体、"超磁性材料"等。超材料作为一种拥有独特结构和优异性能的新型材料，近几年来其理论研究、制备方法及功能化应用等都已成为国内外学者研究的热点。

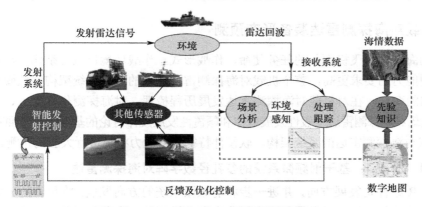

图 9.2.10　认知雷达对海探测示意图

在机载雷达领域，在包括半导体器件、天线、隐身材料、T/R 组件、三防设计等方面都有广泛的应用前景，相关的研究成果已有很多被公开发表。超材料的发展在给雷达技术发展带来机遇的同时也带来了挑战，先进吸波材料的诞生能够调整抑制目标电磁波的频率范围，实现在更宽频段内全方位抑制电磁波散射，引导电磁波螺旋式行进，直至被"黑洞"吸收，舰船涂覆先进吸波材料将对对海探测提出新的考验。"一代材料，一代装备"，新兴材料的诞生必将颠覆现有对海探测雷达形态。图 9.2.11 中给出了"隐身斗篷"频选柔性超材料示意图。

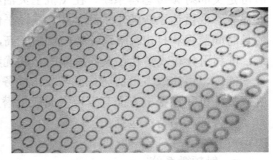

图 9.2.11　"隐身斗篷"频选柔性超材料示意图

4）量子雷达

量子雷达将量子信息技术与雷达技术相结合，采用微波光子进行远程探测，利用光子的量子态提高雷达探测、识别和分辨目标的能力，其在工作原理、收发、检测、核心器件等方面与传统雷达系统大为不同。量子雷达通过对目标反射回来的光子态的识别与处理，能够突破传统雷达接收机灵敏度极限，极大增强雷达系统对微弱目标甚至隐身目标的探测能力。同时，量子雷达对光子的量子态进行调制，可以增加信息处理的维度，具有比传统雷达更强的抗干扰和低截获能力。

利用量子雷达的探测特性，可以在远距离探测海面隐身目标、综合抗干扰、海面目标高精度成像等方面发挥优势。目前，量子雷达的研究还处于理论研究及验证阶段，国内外众多科研院所和高校投入了相当大的研究精力。作为射频探测领域重要的发展方向，应该得到足够的重视，该项技术一旦获得突破并逐步成熟，将是一次颠覆性的技术飞跃。图 9.2.12 中给出了量子雷达对海探测示意图。

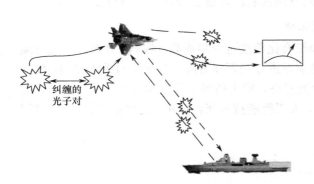

图 9.2.12　量子雷达对海探测示意图

9.2.4　机载对海探测雷达装备形态预测

未来的海军作战飞机面临的任务使命、作战形式、作战环境日益复杂化，对机载雷达系统目标探测能力的要求更高，整个机载对海探测雷达系统的总体系统架构和软硬件技术形态将发生深刻的变化。在对机载对海探测雷达发展历程梳理、对海探测作战需求、雷达能力发展需求及机载对海探测雷达一般性发展规律和颠覆性发展规律讨论的基础上，下面对未来 10～30 年，机载对海探测雷达的系统架构、软硬件特征以及能力状况进行大胆的预测。

9.2.4.1　阶段 1：基于射频微系统的多孔径数字阵对海探测雷达

数字 T/R 组件是发展方向，并进一步朝射频微系统的方向发展。将现有的庞大射频机架和模块进行芯片化设计，按频段和功能划分为多种类型的标准芯片组件，与轻薄相控阵天线进行高密度集成，形成标准的射频微系统子阵模块。可根据应用需求，组成软件可重构和功能可定义的射频传感器系统，在飞机上灵活布阵。射频微系统集成化、综合化程度更高，能够显著降低雷达系统的重量和体积，减轻平台的载荷负担，支撑战机对广域海面及空中目标的长时间监视和打击；微系统架构自由度高，支持更加灵活地在平台上构建多孔径的探测系统；可利用分布式多孔径全向感知的体制优势，提高全空域态势感知能力；具备更强的信息处理能力，可完成多机协同探测与攻击任务分配。未来该体制雷达在海上多用途监视飞机、舰载战斗机和预警机方面有着巨大的应用潜力，主要软硬件特征总结如下。

硬件架构与特征包括：

- 多孔径数字阵列；
- 射频微系统；
- 雷达与电子战实现孔径与通道复用；
- 分布式处理架构。

软件架构与能力特征包括：

- 多核交换处理阵列与分布式并行处理，支持对海探测的海量信息处理；
- 软件架构可重构、开放式，支持对海广域监视、区域重点监视、特定目标；
- 初步建立目标识别数据库，进一步提高远距离目标类型识别能力；
- 灵活的多维度射频资源管控架构，具备较强的海战场复杂电磁对抗环境适应能力；
- 数据级协同技术成熟，往检测级协同方向发展；具备空海联合探测与打击能力。

9.2.4.2　阶段 2：多功能共形对海探测雷达

射频的频段范围和射频的功能集成化和综合化程度进一步提高。探测、侦察、干扰与通信等功能所需的射频资源会在统一的任务需求下进行管理和分配。共形化的系统架构，使得孔径布局更加自由。微波光子技术构建的全光网络，极大拓展雷达带宽和数据传输速率，可实现海量信息处理。构建目标特征大数据库，人工智能技术获得应用，支持系统智能化处理、决策与打击能力。

硬件架构与特征包括：

- 共形多孔径阵列；
- 集成度更高的射频微系统；
- 全光采集、全光传输、全光控制；

- 雷达、电子战、通信实现孔径、通道高度共用。

软件架构与能力特征包括：

- 分布式相参处理，支持广域大威力对海探测；
- 中间件技术成熟，射频功能实现软件化；
- 面向作战任务和战场态势自主决策的射频资源管控能力；
- 高动态环境下多机信号级协同探测与蜂群自组织协同探测能力；
- 目标特征大数据库与人工智能算法结合，进一步提高精确目标识别能力。

9.2.4.3 阶段 3：多功能智能蒙皮化对海探测雷达

在射频微系统的基础上，进一步研制"多功能智能蒙皮"系统，在不增加平台雷达散射截面积的前提下，提升雷达系统的探测能力。多功能智能化蒙皮雷达在物理形态上真正实现传感器架构与机身的物理融合，平台的属性更加趋近于真正意义上的"传感器飞机"，机载射频传感器实现真正的系统大综合，并能够根据作战环境和态势的进行深度智能化处理与决策，真正解决飞行员"人在回路"对作战灵活性的束缚。多功能智能蒙皮化对海探测雷达除了支持单平台的对海探测与打击外，在未来还能够很好的融入海上分布式作战云体系，灵活综合各类型射频传感器，发挥多平台协同探测优势，并在云协同的支持下，开展海空一体化作战，该阶段雷达主要软硬件特征总结如下。

硬件架构与特征包括：

- 高端产品实现超轻薄的蒙皮式射频前端；
- 雷达、电子战与通信实现高度综合；
- 有可能采用量子计算技术；
- 云协同作战体系的下开放式、即插即用的射频云端。

软件架构与能力特征包括：

- 开放式自学习的大数据库；
- 个体具备自主学习与演进能力；具备个体至群体迁移的能力；
- 强对抗条件下全频谱智能云掌控技术；
- 基于仿生视觉感知与类脑深度学习的多模图像目标智能识别；
- 高速高精度的态势生成与威胁估计能力用于辅助决策，决策准确性和决策速度优于资深雷达专家。

小　　结

预测未来是非常困难的。尤其是在技术飞速发展，新技术层出不穷，产品形态日新月异的今天，想要准确地说清楚机载对海探测雷达未来几十年的发展规律和趋势，更是不容易的事情。本章从对海探测的能力需求出发，基于雷达产品发展的一般规律，综合考虑当前的一些具有颠覆性前景的新技术，大胆预测了未来机载对海雷达的发展趋势。产品的具体形态发展受到各种因素的影响，技术的发展速度也可能远超我们的想象；此外，雷达作为一种对抗性的装备，将始终在博弈和对抗中发展，这也进一步增大了预测的难度。

思 考 题

1. 雷达目标检测主要难点有哪些？
2. 雷达目标检测的主要分类和特点是什么？
3. 雷达目标检测的发展趋势是什么？
4. 从信号处理的角度改善信噪比或信杂比的方法有哪些？
5. 如何提高复杂海战场条件下微弱目标探测能力？
6. 如何提高复杂海上目标识别能力？
7. 查找世界主流的机载雷达装备，详细了解其性能指标及工作体制。
8. 搜集相关机载雷达新技术和新体制的资料，并对未来战争的支撑作用进行研讨。

参 考 文 献

[1] 何友，黄勇，关键，陈小龙. 海杂波中的雷达目标检测技术综述[J]. 现代雷达，2014, 36(12): 1-9.

[2] 陈小龙，关键，黄勇，何友. 雷达低可观测目标探测技术[J]. 科技导报，2017, 35(11): 30-38.

[3] 陈小龙，关键，黄勇，等. 雷达低可观测动目标精细化处理及应用[J]. 科技导报，2017, 35(20): 19-27

[4] 谢文冲，段克清，王永良. 机载雷达空时自适应处理技术研究综述[J]. 雷达学报，2017, 6(6): 575-586.

[5] 战立晓，汤子跃，朱振波. 雷达微弱目标检测前跟踪算法综述[J]. 现代雷达，2013, 35(4): 45-52.

[6] 杨建宇. 雷达技术发展规律和宏观趋势分析[J]. 雷达学报，2012, 1(1): 19-27.

[7] 种劲松，周晓中. 合成孔径雷达图像海洋内波探测研究综述[J]. 雷达学报，2013, 2(4): 406-421.

[8] 陈小龙，关键，何友. 微多普勒理论在海面目标检测中的应用及展望[J]. 雷达学报，2013, 2(1): 123-134.

[9] 吴仁彪，贾琼琼，李海，等. 机载雷达高速空中机动目标检测新方法[J]. 电子学报，2013, 41(1): 86-90.

[10] 郭汉伟，张玉玲，等. 机载合成孔径雷达运动目标成像研究[J]. 系统工程与电子技术，2006(8): 1164-1168.

[11] 张怀根，何强. 机载雷达抗干扰技术现状与发展趋势[J]. 现代雷达，2021, 43(3): 1-7.

[12] 贺丰收，张涛，芦达. 机载对海探测雷达发展趋势[J]. 科技导报，2017, 35(20): 28-35.

[13] 赵为伟，宋晓伟. 机载雷达技术的发展现状及趋势[J]. 电子科技，2018, 31(1): 79-82.

[14] 潘时龙，张亚梅. 微波光子雷达及关键技术[J]. 科技导报，2017, 35(20): 36-52.

反侵权盗版声明

电子工业出版社依法对本作品享有专有出版权。任何未经权利人书面许可，复制、销售或通过信息网络传播本作品的行为；歪曲、篡改、剽窃本作品的行为，均违反《中华人民共和国著作权法》，其行为人应承担相应的民事责任和行政责任，构成犯罪的，将被依法追究刑事责任。

为了维护市场秩序，保护权利人的合法权益，我社将依法查处和打击侵权盗版的单位和个人。欢迎社会各界人士积极举报侵权盗版行为，本社将奖励举报有功人员，并保证举报人的信息不被泄露。

举报电话：（010）88254396；（010）88258888

传　　真：（010）88254397

E-mail：　dbqq@phei.com.cn

通信地址：北京市万寿路 173 信箱

　　　　　电子工业出版社总编办公室

邮　　编：100036